全国普通高等院校生命科学类"十二五"规划教材

生 态 学

主　编　梁士楚　李铭红
副主编　聂呈荣　王文强　饶本强　唐　政　韩秀锋
编　委　（以姓氏笔画为序）
　　　　马姜明　广西师范大学
　　　　王文强　延安大学
　　　　方　强　河南科技大学
　　　　李铭红　浙江师范大学
　　　　李景蒇　湖北第二师范学院
　　　　宋金柱　哈尔滨工业大学
　　　　张　梅　辽东学院
　　　　张立影　江汉大学文理学院
　　　　张忠华　广西师范学院
　　　　赵满兴　延安大学
　　　　胡　刚　广西师范学院
　　　　饶本强　信阳师范学院
　　　　聂呈荣　佛山科学技术学院
　　　　唐　政　贺州学院
　　　　梁　林　哈尔滨工业大学
　　　　梁士楚　广西师范大学
　　　　韩秀锋　塔里木大学

U0370408

华中科技大学出版社
中国·武汉

内 容 简 介

　　本书主要阐述了生态学的基础理论知识及其应用。全书分为5章,其中第一至四章主要介绍生态学的基础理论知识,包含个体、种群、群落和生态系统4个生物层次及其与环境之间的相互关系,第五章主要介绍生态学的应用,突出反映现代生态学研究的热点问题。

　　本书可供高等院校生态学、生物科学、环境科学、林学等专业作为教材使用,也可作为社会各界了解生态学知识的参考书。

图书在版编目(CIP)数据

生态学/梁士楚,李铭红主编.—武汉:华中科技大学出版社,2014.5　(2025.1重印)
ISBN 978-7-5609-9715-5

Ⅰ.①生…　Ⅱ.①梁…　②李…　Ⅲ.①生态学-高等学校-教材　Ⅳ.①Q14

中国版本图书馆 CIP 数据核字(2014)第 101478 号

生态学　　　　　　　　　　　　　　　　　　　　　　　　　　梁士楚　李铭红　主编

策划编辑:罗　伟
责任编辑:罗　伟
封面设计:刘　卉
责任校对:邹　东
责任监印:周治超
出版发行:华中科技大学出版社(中国·武汉)　　　电话:(027)81321913
　　　　　武汉市东湖新技术开发区华工科技园　　　邮编:430223
录　　排:华中科技大学惠友文印中心
印　　刷:广东虎彩云印刷有限公司
开　　本:787mm×1092mm　1/16
印　　张:18.25
字　　数:476千字
版　　次:2025 年 1 月第 1 版第 8 次印刷
定　　价:58.00 元

全国普通高等院校生命科学类"十二五"规划教材
编 委 会

全国普通高等院校生命科学类"十二五"规划教材
组编院校

（排名不分先后）

北京理工大学	华中科技大学	云南大学
广西大学	华中师范大学	西北农林科技大学
广州大学	暨南大学	中央民族大学
哈尔滨工业大学	首都师范大学	郑州大学
华东师范大学	南京工业大学	新疆大学
重庆邮电大学	湖北大学	青岛科技大学
滨州学院	湖北第二师范学院	青岛农业大学
河南师范大学	湖北工程学院	青岛农业大学海都学院
嘉兴学院	湖北工业大学	山西农业大学
武汉轻工大学	湖北科技学院	陕西科技大学
长春工业大学	湖北师范学院	陕西理工学院
长治学院	湖南农业大学	上海海洋大学
常熟理工学院	湖南文理学院	塔里木大学
大连大学	华侨大学	唐山师范学院
大连工业大学	华中科技大学武昌分校	天津师范大学
大连海洋大学	淮北师范大学	天津医科大学
大连民族学院	淮阴工学院	西北民族大学
大庆师范学院	黄冈师范学院	西南交通大学
佛山科学技术学院	惠州学院	新乡医学院
阜阳师范学院	吉林农业科技学院	信阳师范学院
广东第二师范学院	集美大学	延安大学
广东石油化工学院	济南大学	盐城工学院
广西师范大学	佳木斯大学	云南农业大学
贵州师范大学	江汉大学文理学院	肇庆学院
哈尔滨师范大学	江苏大学	浙江农林大学
合肥学院	江西科技师范大学	浙江师范大学
河北大学	荆楚理工学院	浙江树人大学
河北经贸大学	军事经济学院	浙江中医药大学
河北科技大学	辽东学院	郑州轻工业学院
河南科技大学	辽宁医学院	中国海洋大学
河南科技学院	聊城大学	中南民族大学
河南农业大学	聊城大学东昌学院	重庆工商大学
菏泽学院	牡丹江师范学院	重庆三峡学院
贺州学院	内蒙古民族大学	重庆文理学院
黑龙江八一农垦大学	仲恺农业工程学院	

前　言

　　生态学是研究生物与环境之间相互关系的科学。生态学自诞生以来,经历了不同的发展阶段,并各有所侧重。早期的生态学研究主要是在中观尺度上以自然生态系统作为研究对象,探讨生物与环境之间的关系及作用规律。到 20 世纪 60 年代以后,随着全球性的人口、资源、环境问题的不断出现,生态学在研究层次、时空尺度、内容和技术方法等方面发生了较大的变化。现代生态学的研究对象向宏观和微观两个尺度扩展,并由自然生态系统扩展到自然-经济-社会复合生态系统。如何协调人与自然的关系以及改善人类的生存环境成为了现代生态学研究的重要任务,从而使生态学成为一门与人类生存密切相关的学科。随着农学、林学、环境科学、数学、化学和其他相关学科的交叉、渗透以及新技术和方法的应用,生态学产生了许多分支学科,由此亦促使了生态学成为高等院校许多专业开设的课程。

　　本书重视理论生态和应用生态相结合,以生态学基础理论和方法为重点,同时注重与人类生存、环境保护和可持续发展密切相关的问题。第一至四章主要介绍生态学的基本原理和基础知识,按照个体、种群、群落和生态系统 4 个生物层次来编写;第五章主要介绍生态学的应用,重点讨论环境污染、土壤退化、全球气候变化、外来物种入侵、生物多样性、人口增长、城市化等热点问题,并提出了生态学的解决对策。在内容编写上,力求知识性、系统性、适用性和创新性紧密结合,始终贯穿理论与方法相结合、基础与前沿并重,并适应现代生态学的发展变化,反映现代生态学的最新研究进展和学科发展动态。为了便于学生掌握知识,每个章节均按照"提要、正文、思考题、扩充读物"的顺序进行编写,其中:"提要"的目的是引导学生抓住重点、难点;"思考题"的目的是帮助学生加深对知识的理解和巩固;"扩充读物"的目的是帮助学生扩大视野,培养学生的学习兴趣、思维能力,使学生形成完整的知识体系。

　　本书的绪论由梁士楚编写;第一章的第一节和第六节由张立影编写,第二至四节由李景嘻编写,第五节由唐政编写;第二章的第一至二节、第六至八节由李铭红编写,第三至五节由张忠华、胡刚和梁士楚编写;第三章的第一节由王文强编写,第二至三节由张梅编写,第四节由梁士楚和张梅编写,第五节由梁士楚和方强编写,第六节由赵满兴编写,第七节由王文强编写;第四章的第一至二节由韩秀锋编写,第三至六节由梁士楚编写,第七节由饶本强和梁士楚编写,第八节由马姜明编写;第五章的第一节、第四至六节由聂呈荣编写、第二节由宋金柱编写,第三节和第七节由梁林编写。全书由梁士楚负责统稿。

　　由于编写水平有限,难免有错漏之处,恳请同行专家和广大读者批评指正。

编　者

目　　录

绪　论

【提要】　生态学的定义、研究对象和研究内容；生态学的发展历程及其主要特点和代表性著作；生态学的分支学科及其划分依据；生态学的主要研究方法；现代生态学的特点及发展趋势。

20世纪60年代以来，日趋凸显的环境问题把生态学推向了学科前沿，"生态"成为了家喻户晓的名词。全球变化、生物多样性保护、可持续发展等重大问题的出现，开启了生态学研究的新时代。因此，认识生态的本质，维护生态系统健康和可持续发展，具有十分重要的意义。

第一节　生态学的定义及研究对象

一、生态学的定义

（一）"生态学"一词的提出

"生态学"一词最早是由德国博物学家海克尔（Haeckel）于1866年提出来的，用德语写成"oecologie"，翻译成英语后最初写成"oecology"，直到1893年才被简化成"ecology"。而"oecologie"源于希腊语"οικοσ"（oikos：意为房屋或家务）和"λογοσ"（logos：意为语言或学科），后来这个词曾经作为"Ökologie"出现过。因此，人们普遍认为"ecology"一词是来源于希腊文，由词根"oikos"和"logos"演化而来的。

（二）国外的生态学定义

生态学定义是海克尔（Haeckel）于1866年在其著作《普通生物形态学》（*Generelle Morphologie der Organismen*）中首先提出来的，他认为生态学是关于生物与其周围环境相互关系的科学，其中环境包括有机环境和无机环境。由于这个定义的范畴比较广泛，所以引起了许多学者的争论，随后一些相对狭义的生态学定义相继出现，而且在不同的时期其侧重点有所不同。有侧重于个体生态学研究的，例如英国生态学家埃尔顿（Elton，1927）认为生态学是研究科学的自然历史，苏联生态学家卡什卡洛夫（Кашкаров，1945）认为生态学研究应包括生物的形态、生理和行为的适应性；有侧重于种群生态学研究的，例如澳大利亚生态学家安德烈沃斯（Andrewartha，1954）认为生态学是研究有机体的分布与多度的科学，加拿大学者克雷布斯（Krebs，1972）认为生态学是研究决定有机体的分布与多度的相互作用的科学；有侧重于生态系统生态学研究的，例如美国生态学家奥德姆（Odum，1958）认为生态学是研究生态系统的结构和功能的科学。

（三）国内的生态学定义

我国著名生态学家马世骏（1980）提出生态学是研究生命系统和环境系统相互关系的科学，强调必须把生物看成是有一定结构和调节功能的生命系统，把环境看成是诸要素相互作用组成的一个环境系统。其他学者，例如周道玮等（1990）认为，生态学是研究自然界客观存在的科学，其中自然界是指地球表面生物及其组合与环境的统一体，客观存在是指二者协调合理的历史过程和现状；而方萍等（2008）认为，生态学是关于生物生存态势研究的科学，即生态学不能仅仅是生物与生物、生物与环境之间相互关系的研究，而且应该是重视生物的生存现状及其发展趋势的研究，也就是说，生态学是一门研究一定环境条件下生物的生存现状及发展趋势的科学。

总之，古今中外一直有不同学者从各种不同角度定义和使用生态学的概念。虽然不少学者曾对生态学给出了不同的定义，但实质上并未脱离经典的生态学涵义。长期以来，生态学学者普遍采用的还是海克尔在1866年首次提出的生态学定义，即生态学是研究生物与环境之间的相互关系的科学。

二、生态学的研究对象

生态特性是物种适应周围环境的基本性能，这种特性因物种及其个体数量，以及与其他物种的关系而复杂化，因而生态学包含着不同的研究对象和研究重点。生态学的研究对象复杂多样、范围广，例如根据生物类群划分包括植物、动物和微生物，而根据生物层次划分包括分子、基因、细胞、个体、种群、群落、生态系统、景观和生物圈等。通常将以研究一般生物及其环境为主体的生态学称为经典生态学，而将超出一般生物学范围，以研究人及其环境为主体的生态学称为现代生态学。经典生态学主要研究各类生物（植物、动物和微生物）的生存条件，以及它们与生存环境之间的相互关系及其规律性，其研究对象主要是个体、种群、群落和生态系统。而现代生态学已经超越经典生态学的研究范畴，朝着更为宏观和更为微观的方向发展，其研究对象在宏观方向上扩展到景观和生物圈，在微观方向上扩展到分子水平；同时，也更加重视生态学应用领域的研究，而且众多的应用生态学领域已成为研究前沿领域。

第二节 生态学的形成与发展

生态学的形成及其发展大致可以划分为三个阶段：生态学萌芽时期（公元前2世纪至17世纪）、生态学建立和形成时期（17世纪至20世纪60年代）和现代生态学时期（20世纪60年代至今）。

一、生态学萌芽时期

公元前2世纪至17世纪是生态学思想的萌芽时期。自从生物在地球上出现，其就与周围环境产生了密切的关系。人类最初主要依靠采集野果和狩猎来维持生计，直到出现农作物栽种和畜牧养殖，才逐渐摆脱完全依赖于自然的状况。因此，古代人类必须熟悉有关动植物的生长习性及生态特征，从而逐渐形成了朴素的生态学思想，这些思想陆续地被记载在一些古籍中。例如,在我国战国末期的《尔雅》列有释虫、释鱼、释鸟、释兽、释畜、释草、释木等类,包含动物专名 340 多个、木本植物 170 多种、草本植物 50 多种,并对它们的形态特征及环境特点进行了描述。公元前 11 世纪至公元前 6 世纪的《诗经》记载的动植物有 250 多种,同时描述了它们的自然生态特征,例如"五月斯螽动股,六月莎鸡振羽,七月在野,八月在宇,九月在户,十月蟋蟀入我床下。"反映了斯螽、莎鸡、蟋蟀等动物在不同季节中的生活特征。"维鹊有巢,维鸠居之",说明了鸟类的寄生现象。战国时期的《尚书·禹贡》描述了"鸟鼠同穴"的共栖现象。汉代的《管子·地员篇》记述了水泉深度、土壤肥力、土壤水分、土壤盐分、光照条件与植物生长的关系以及植物的适应性,指出了植物沿水分梯度呈现带状分布的现象。公元前 100 年左右,我国的农历二十四节气,反映了作物、昆虫等生物现象与气候之间的关系。《禽经》总结了宋代以前的鸟类知识,包括命名、形态、种类、生活习性等。明代李时珍的《本草纲目》则描述了中草药的生境特点和药用动物的生活习性。此外,我国其他重要的有关古籍还有《农政全书》《齐民要术》等。在国外,早在公元前 450 年,古希腊的恩培多克勒(Empedocles)就已注意到植物营养与环境之间的关系。亚里士多德(Aristotle)不仅描述了动物不同类型的栖息地,还将动物按栖息地分为水栖动物和陆栖动物,按食性分为食肉动物、食草动物、杂食动物和特殊食性动物。公元前 300 年,古希腊哲学家泰奥弗拉斯托斯(Theophrastus)在其著作中根据植物与环境的关系来区分不同树木类型,并注意到动物色泽变化是对环境的适应,因而被后人认为是最早的一位生态学家。

这一时期的主要特点是古人在长期的农牧渔猎生产和生活过程中对自然生态现象有了朴素认识,并在一些著作中对其有所记载,但还没有提出生态学的概念。

二、生态学建立和形成时期

17 世纪至 20 世纪 60 年代是生态学的建立和形成时期,它包含两个主要的过程,一是生态学的建立,二是生态学理论体系的基本形成。

(一)生态学的建立

到 17 世纪之后,随着社会经济发展,生态学作为一门学科逐渐成长。例如,1670 年英国化学家波义耳(Boyle)以小白鼠、猫、鸟、蛙、蛇和无脊椎动物作为实验材料,研究了低气压对动物的影响,标志着动物生理生态学的开端。1735 年,法国昆虫学家雷奥米尔(Reaumur)在其《昆虫自然史》著作中,记述了许多昆虫生态学资料,并成为研究积温与昆虫发育生理的先驱。法国博物学家布丰(Buffon,1707—1788)则指出了生物物种的可变性以及生物的数量动态概念。1798 年,英国经济学家马尔萨斯(Malthus)在《人口论》中,论述了生物繁殖与食物资源的关系,并特别探讨了人口增长与食物生产之间的关系。1792 年,德国植物学家韦尔登诺(Willdenow)在《草学基础》中讨论了气候、水分和高山低谷对植物分布的影响。1807 年,德国科学家洪堡德(Humboldt)在《植物地理学知识》中,描述了植物的分布和形态变化与地理环境之间的关系,并指出"等温线"对植物分布的意义,提出了"群丛"(association)和"外貌"(physiognomy)的概念。1840 年,德国农业化学家李比希(Liebig)提出了限制植物生长的最小因子定律。1855 年,瑞士植物学家卡多勒(Cadolle)将积温的概念应用于植物生态研究。1859 年,英国生物学家达尔文(Darwin)在《物种起源》一书中创立了自然选择学说,促进了生物与环境关系的研究。1866 年,海克尔(Haeckel)提出了"生态学"一词并给出了定义,由此标志着生态学作为一门生物学分支学科开始建立。

（二）生态学理论体系的基本形成

在植物生态学方面,1895 年,丹麦植物学家瓦尔明(Warming)出版了《以植物生态地理为基础的植物分布学》,1898 年,德国生态学家辛柏尔(Schimper)出版了《以生理为基础的植物地理学》。这两部著作全面总结了 19 世纪末叶以前植物生态学的研究成就,被公认为生态学的经典著作,标志着植物生态学作为一门生态学独立分支学科的成长和成熟,也有人把这一时期称为"Warming-Schimper 时代"。1903 年,瑞士植物学家施罗特(Schröter)提出,生态学可以分为两大部分,植物个体与环境相互关系的研究称个体生态学(autoecology),而植物群落与环境相互关系的研究称群体生态学(synecology)。此后,植物生态学得到了更大的发展,具有代表性的著作相继出现,例如美国克列门茨(Clements)的《植被的结构与发展》(1904)和《植物的演替》(1916)、英国坦斯利(Tansley)的《英国的植被类型》(1911)和《实用植物生态学》(1923)、瑞典杜瑞兹(Du Rietz)的《近代植物社会学方法论基础》(1921)、法国布朗-布兰奎特(Braun-Blanquet)的《植物社会学》(1928)、克列门茨(Clements)与韦弗(Weaver)著的《植物生态学》(1929)、苏联苏卡切夫(Сукачёв)的《植物群落学》(1908)和《生物地理群落学与植物群落学》(1945)等。1975 年,奥地利拉舍尔(Larcher)编著的《植物生理生态学》的出版,宣告了这门学科的正式形成。

各地的自然环境条件、植物区系、植被性质等的差异,使得各植物生态学学派在研究对象、研究方法、研究重点等方面有所不同,形成了著名的植物生态学四大学派。

(1) 英美学派。代表人物是美国的克列门茨(Clements)和英国的坦斯利(Tansley),他们是以研究植物群落的演替和创建顶极学说而著名的;有影响的著作是克列门茨(Clements)的《植物的演替》(1916)、克列门茨(Clements)和韦弗(Weaver)的《植物生态学》(1929)、坦斯利(Tansley)的《实用植物生态学》(1923)等。

(2) 法瑞学派。代表人物是法国的布朗-布兰奎特(Braun-Blanquet)和瑞士的鲁贝尔(Rübel)。这个学派的特点是重视群落研究的方法,以特征种和区别种划分群落类型,称为群丛,并建立了比较严格的植被等级分类系统。主要著作有布朗-布兰奎特(Braun-Blanquet)的《植物社会学》(1928)和鲁贝尔(Rübel)的《地植物学研究方法》(1922)等。

(3) 北欧学派。代表人物是瑞典的杜瑞兹(Du Rietz),该学派以注重植物群落分析为特点;重要著作有杜瑞兹(Du Rietz)的《近代植物社会学方法论基础》(1921)。

(4) 苏联学派。代表人物是苏联的苏卡切夫(Сукачёв),该学派注重建群种和优势种,并重视植被地理和植被制图工作。代表著作有苏卡切夫(Сукачёв)的《植物群落学》(1908)和《生物地理群落学与植物群落学》(1945)等。

在动物生态学方面,1877 年,德国生物学家摩比乌斯(Möbius)在研究海底牡蛎种群时,注意到它与其他动物生长在一起,形成了比较稳定的有机整体,而将其称为"生物群落"(biocoenosis)。1878 年,福布斯(Forbes)开始对鱼类的食物和湖泊中的食物供应感兴趣,其《湖泊是一个微宇宙》一文被公认为是湖泊学和生态学的经典之作。进入 20 世纪,动物生态学逐步得到了较大发展,首先表现在动物行为学、动物发育生理学、动物耐性生理学、动物群落生态演替等方面取得的进展。例如,1905 年,美国帕卡德(Packard)研究指出低氧张力对某些海洋鱼类和海洋无脊椎动物的生存会产生的影响,以示有机体暴露在外界因素的各种不同程度的耐性极限。1907 年,德国巴赫梅捷夫(Bachmetjew)研究了光和温度对昆虫发育时期的作用。1909 年,美国亚当斯(Adams)研究了鸟类的生态演替。1913 年,美国谢尔福特(Shelford)的《温带美洲的动物群落》论述了群落生态方面的内容。1915 年,约丹(Jordan)和凯洛(Kellogy)的《动物的生活与进化》阐述了动物的生态演替。1913 年,亚当斯(Adams)的《生物生态学的研究指南》被认为是第一本动物生态学教科书。美国伯斯(Pearse)和英国埃尔顿(Elton)分别于 1926 年和 1927 年著述的《动物生态学》是当时一般大学生态学学者采用的两本教科书。1931 年,美国的查普曼(Chapman)以昆虫为重点,编著了《动物生态学》。1937 年,费鸿年编写的《动物生态学纲要》被认为是我国第一部动物生态学著作。1945 年,苏联卡什卡洛夫(Кашкаров)出版了《动物生态学基础》。1949 年,阿利(Allee)、爱默生(Emerson)等著的《动物生态学原理》,被公认为当时内容最丰富、最完整的动物生态学教材,标志着动物生态学进入了成熟期。

除此之外,生态学其他的一些分支学科也在这一时期孕育和成长起来。例如,数学生态学孕育于 20 世纪 20 至 40 年代,在这一时期,数学方法及模型开始应用于生态学,其中最有名的数学模型有比利时学者沃赫斯特(Verhulst,1838)和珀尔(Pearl,1927)的 logistic 模型、洛特卡(Lotka,1925)和沃尔泰勒(Volterra,1926)的种间竞争模型和捕食模型、汤普森(Thompson)的昆虫拟寄生模型(1924)、Kermack-Mckendrick 的传染病模型(1927)等。分子生态学是以分子遗传为标志解决生态学和进化问题的,其启蒙性研究工作始于 20 世纪 50 年代(Cain 等,1954),重点研究野生种群对环境的适应和调节,即遗传物质在引起种群差异和进化优势中的作用(Ford 等,1964)以及氨基酸多样性的遗传变异(Berry 等,1955;Gartier 等,1955)。1992 年,《分子生态学》(*Molecular Ecology*)杂志的创刊才标志着这门分支学科的建立。诺贝尔奖获得者德国的罗伦兹(Lorens)和丁伯根(Tinbergen)发展了行为生态学,使动物行为生态学研究提高到了一个新的阶段。

这一时期的主要特点是生态学的建立及其理论体系的基本形成,标志着生态学由定性描述向实验研究和定量分析发展。最为突出的变化,一是生态系统(ecosystem)概念的提出,即 1935 年英国生态学家坦斯利(Tansley)提出的生态系统概念,不仅把生态学推向新的研究高度,而且也为生态学的研究对象提供了不同层次的平台,并为认识和解决日益突出的环境问题进行了理论准备。二是营养动力学的产生和研究方法的定量化,即 1942 年美国生态学家林德曼(Linderman)以实验为基础,通过对不同营养级的能量分析,创造性地提出了著名的"百分之十定律",从而为能量生态学的研究提供了定量化的途径和手段。

三、现代生态学时期

现代生态学发展始于 20 世纪 60 年代。随着世界人口的急剧增长,人类对自然资源及环境的不合理开发和利用,对自然生态系统造成了持续的干扰或者破坏,使得全球生态环境发生了较大的变化,出现了全球变暖、海平面上升、环境污染、生物入侵、生物多样性急剧减少、荒漠化加剧、生态系统退化、水资源短缺等一系列关系到人类自身生存的重大问题。对于这些问题的解决,迫切需要生态学,同时学科之间的相互渗透、高新技术的应用以及国际间的广泛合作与交流,促使生态学产生了新的发展,并呈现出新的特点和发展趋势。

(一)现代生态学研究进展

在个体生态学研究方面,在 20 世纪 60 年代的国际生物学计划(International Biological Program,IBP)、70 年代的人与生物圈计划(Man and Biological Programme,MAB)等的带动下,与生物量研究和产量生态学有关的光合生理生态研究、生物能量学研究成为典型,突破了以个体生态学为主的范围,向群体生理生态学发展。同时,分子生物学、生物技术的兴起,促使生理生态学向着细胞、分子水平发展,利用数学模型对生物形态特征和生理特征进行模拟也成为生理生态学研究的重要途径。近年来,植物生理生态学的研究层次从细胞到生态系统各个组织层次放大的同时,又重新将重点集中到个体水平;研究对象从过去的以作物和常见种为主转向生物多样性和全球变化的关键种类。代表性的著作有美国罗森伯格(Rosenberg)的《小气候——生物环境》(1974)、德国拉舍尔(Larcher)的《植物生理生态学》(1975)、奥地利特兰奎利尼(Tranquillini)的《高山林线生理生态》、日本村田吉男的《作物的光合作用与生态》(1981)、汤森德(Townsend)等的《生理生态学:对资源利用的进化研究》(1981)以及我国赵福庚等编著的《植物逆境生理生态学》(2004)、蒋高明的《植物生理生态学》(2004)等。

在种群生态学方面,其发展迅速,并成为生态学研究的热门。其中,动物种群生态学大致经历了以生命表方法、关键因子分析、种群系统模型、控制作用的信息处理等发展过程;植物种群生态学则经历了种群统计学、图解模型、矩阵模型研究、生活史研究,以及植物间相互影响、植物-动物间相互作用研究的发展过程,同时注重遗传分化、基因流的种群统计学意义、种群与植物群落结构的关系等。代表性的著作有登博尔(Den Boer)和格拉德韦尔(Gradwell)的《种群动态》(1971)、瓦利(Varley)等的《昆虫种群生态学分析方法》(1981)、哈珀(Harper)的《植物种群生物学》(1977)、索尔布林(Solbring)的《植物种群生命统计与进化》(1980)、贝冈(Begon)和莫蒂默(Mortimer)的《种群生态学——动物和植物的统一研究》(1981)、克雷布斯(Krebs)的《生态学——分布和多度的实验分析》(1983)、西尔维唐(Silvertown)和查尔斯沃斯(Charlesworth)的《简明植物种群生态学》(1987)、王伯荪等的《植物种群学》(1987)等。其中,哈珀(Harper)的《植物种群生物学》突破了研究植物种群的难点,发展了植物种群生态学,并使动、植物种群生态学融为一体。西尔维唐(Silvertown)和查尔斯沃斯(Charlesworth)的《简明植物种群生态学》将植物种群生态学、遗传学和进化生物学有机地结合起来,进一步拓宽了植物种群生态学的研究领域。

在群落生态学方面,进入了新阶段,由描述群落结构,发展到数量生态学,包括群落数量分类和排序,并进而探讨群落结构形成的机理。代表性的著作有美国生态学家道本麦尔(Daubenmire)的《植物群落——植物群落生态学教程》(1968)、美国米勒-唐布依斯(Müeller-Dombois)和埃伦伯格(Ellenberg)著的《植被生态学的目的和方法》(1974)、德国科纳普(Knapp)的《植被动态》(1974)、英国蒙蒂思(Monteith)的《陆地植物群落的物质生产》(1975)、美国利特(Lieth)等的《生物圈的第一性生产力》(1975)、日本佐藤大七郎的《陆地植物群落的物质生产》(1977)、美国怀特克(Whittaker)编著的《植物群落分类》和《植物群落排序》(1978)、加拿大皮洛(Pielou)的《生态学数据的解释》(1984)以及肯尼思(Kenneth)和约翰(John)著的《定量与动态植物生态学》(1964,1973,1985)等。

在生态系统生态学方面,占据了现代生态学的突出地位。奥德姆(Odum)的《生态学基础》(1953,1959,1971,1983)对生态系统的研究产生了重大影响。1974年,德国斯特恩(Stern)和罗丁(Rodin)著的《森林生态系统遗传学》,把生态遗传学的研究引入生态系统,阐述了森林生态系统的遗传、进化以及对环境的适应对策等。而史密斯(Smith)的《生态学模型》(1975)、奥德姆(Odum)的《系统生态学引论》(1983)等著作的问世,标志着系统生态学的形成和发展。美国舒加特(Shugart)和尼尔(Neill)的《系统生态学》(1979),以及杰弗斯(Jeffers)的《系统分析及其在生态学上的应用》(1978),应用系统分析方法研究生态学问题,使生态学研究方法有了新的突破。一些新概念的出现,例如关键种(keystone species)、功能团(functional group)、体现能(embodied energy)、能质(energy quality)等,也有力地推动了现代生态学的发展。此外,生态学原理在解决人口、资源、环境等重大问题中的应用,促进了应用生态学迅速发展。研究层次更为宏观的景观生态学、区域生态学和全球生态学也成为了现代生态学的重要发展方向。

(二)现代生态学的特点和发展趋势

生态学自诞生以来,在不同的发展时期,其研究侧重点有所差异。前期的生态学研究较多地突出自然属性,以动植物生态和生态系统的结构和功能为主。现代生态学突破了经典或传统生态学的自然科学界限,在研究层次、时空尺度、内容和技术方法上均有较大的转变,出现了一些新的特色和研究趋势。

1. 研究对象及时空尺度扩展

生态学在建立和形成时期,其研究对象主要是个体、种群、群落和生态系统,它们被视为生态学研究的中观尺度。现代生态学的研究对象不仅仅局限在这些层次上,而是在此基础上进行了扩展,主要表现在两个方面。一是生态学研究对象向宏观和微观两个尺度扩展:在宏观尺度上,生态学的研究对象扩展到景观、区域、生物圈,由此产生了景观生态学、区域生态学和生物圈生态学或全球生态学;在微观尺度上,生态学的研究对象扩展到了分子水平,由此产生了分子生态学。二是生态学的研究对象由自然生态系统扩展到自然-经济-社会复合生态系统:经典生态学一般是将自然生态系统作为其研究对象,以揭示自然状态下生物与环境之间的相互关系;然而,自20世纪60年代以来,生态学内涵产生了进一步深化,它不仅包括生物与生物、生物与非生物环境之间的关系,而且开始涉及人与人、人与环境之间的关系,如何协调人与自然的关系以及改善人类的生存环境成为了生态学研究的重要任务之一。在时间尺度上,现代生态学研究由短期调查向长期定位研究、更长时段的地质历史回溯和以更长时段的长期预测扩展。例如,全球生态学在时间尺度上与气象学、古生物学、古地质学、冰川学等学科相结合,在更大的时间尺度上研究生物与环境之间的相互作用以及对其演化的历史进行回溯,同时对未来环境的变化进行预测。

2. 研究方法和手段更新

高新技术的应用以及数学、物理、计算机等学科的渗透,促进了生态学研究方法和手段的更新,主要表现在如下几个方面:①"3S"技术的应用。"3S"技术是RS(remote sensing,遥感)技术、GIS(geographic information system,地理信息系统)技术和GPS(global positioning system,全球定位系统)技术的总称,其已被广泛应用于生态学的各个领域。例如,"3S"技术可以提供及时的可视化、图像化的植被现状,因此被用于植被的动态监测和分析。②同位素示踪法(isotopic tracer method)的应用。同位素示踪法就是利用放射性核素作为示踪剂对研究对象进行标记的微量分析方法。例如,利用放射性同位素对古生物的过去保存时间进行绝对的测定,使地质时期的古气候及其生物群落得以重建,比较现存群落和化石群落成为可能。③精密仪器设备的使用。例如,LI—6400光合仪具有不离体测定植物的光合、呼吸、蒸腾等功能,还可以同时获得光照、温度、CO_2浓度等环境参数。④现代分子生物学技术和方法的应用。例如,PCR-DGGE技术是诊断和评价复杂微生物群落的种群结构、动态及群落结构的重要技术手段。⑤生态定位观测站及自动监测设备的使用。例如,我国已经建成42个生态站,共同组成中国生态系统研究网络(CERN),涵盖了农田、森林、草原、荒漠、湖泊、海湾、沼泽、喀斯特和城市9种类型生态系统。⑥数量分析和数学模型的应用。例如,群落的数量分类和排序、应用系统分析的方法来模拟生态系统的行为以及各种管理措施等。把系统分析的方法应用于生态学称为系统生态学,它的形成和发展是现代生态学在方法论上的突破,被认为是"生态学领域的革命"。

3. 新的分支学科不断产生

生态学不仅与生理学、遗传学、行为学、进化论等生物学其他学科相交叉,而且与数学、地理学、化学、物理学等自然科学相交叉,同时还超越了自然科学界限,与经济学、社会学、城市学等社会科学相交叉,从而产生了许多的分支学科。例如,生态学与生物学的其他学科相结合,形成了生理生态学、行为生态学、遗传生态学、进化生态学、古生态学等分支学科;与数学、化学、物理、地理、经济等基础学科交叉,形成了数学生态学、化学生态学、物理生态学、地理生态学、经济生态学等分支学科。生态学在解决人类所面临的人口、资源、环境等问题的过程中,也形成了一系列的应用性分支学科,例如资源生态学、农业生态学、产业生态学、渔业生态学、城市生态学、恢复生态学、生态工程学、环境生态学等。

4. 研究重点转移

现代生态学的研究重点主要表现在两个方面,一是生态学机理、过程与功能的研究,二是应用生态学的研究。对生态现象从描述、解释走向机理的研究是现代生态学的重要标志之一,现代生态学以生态系统为中心,探讨生态系统关键的物理、化学与生物过程,生态系统适应与进化,生态系统服务等。现代生态学的另一个重要特色就是应用生态学的迅速发展。随着人口的激增以及工农业生产的迅猛发展,人类对环境的干扰持续加大,必须应用生态学的原理和方法来协调人类与环境之间的关系,生态学已经成为指导人们生活和生产实践的重要理论基础。生态学越来越紧密结合社会和生产中的实际问题,向解决社会当前面临的社会问题发展,并在实现社会的可持续发展中起着越来越重要的作用。目前,生态学已经应用到农、林、牧、副、渔以及工业生产和环境保护各个领域。例如,农业生产中的生态种植、工业生产中的工业生态链、环境保护中的废水处理与利用生态工程等。

5. 研究向网络化和全球化发展

由于研究对象、任务和时空尺度的变化,现代生态学研究已从局部的、孤立的研究向区域化和全球化研究发展,一些以生态学研究为核心的全球性合作研究计划相继被提出。例如,由联合国教科文组织(UNESCO)提出、1964 年开始实施的"国际生物学计划(IBP)",包括陆地生产力、淡水生产力、海洋生产力和资源利用管理等 7 个领域,其中心是全球主要生态系统的结构、功能和生物生产力研究;由联合国教科文组织(UNESCO)于 1971 年发起的"人与生物圈计划(MAB)",主要任务是研究在人类活动的影响下,地球上不同区域各类生态系统的结构、功能及其发展趋势,预报生物圈及其资源的变化和这些变化对人类本身的影响;由国际科学联盟委员会(ICSU)于 1986 年提出的"国际地圈生物圈计划(IGBP)",主要目标是描述和了解控制地球系统及其演化的相互作用的物理、化学和生物过程,以及人类活动在其中所起的作用;由国际生物科学联盟(IUBS)、环境问题科学委员会(SCOPE)和联合国教科文组织(UNESCO)于 1991 年共同发起的"生物多样性计划(DIVERSITAS)",旨在发现生物多样性并预测其变化趋势,评估生物多样性变化对生态系统功能和服务的影响以及发展生物多样性保护与可持续利用;2001 年由联合国秘书长安南宣布启动的"千年生态系统评估(MA)",主要任务是评估生态系统现状,预测生态系统的未来变化,提出改善生态系统服务的策略和途径,并在一些典型地区启动了若干个区域性生态系统评估计划。在国家、区域和全球尺度上进行观测及监测的网络研究已经成为国际生态学的一种发展趋势和关键研究平台。例如,在国家尺度上,有美国国家生态观测网络(NEON)、美国长期生态网络(LTER)、英国环境变化监测网络(ECN)、加拿大生态监测分析网络(EMAN)、德国陆地生态学研究网络(TERN)、中国生态研究网络(CERN)等;在区域尺度上,有西欧、环北极和地中海沿岸建立的生态监测和研究网络;在全球尺度上,有国际长期生态观测研究网络(ILTER)、全球陆地观测系统(GTOS)、全球气候观测系统(GCOS)、全球海洋观测系统(GOOS)等。这些生态系统观测研究网络在促进生态学发展方面发挥了重要作用。

总之,由于全球性环境问题以及人类生存和发展的需要,生态学在研究方向、内容、尺度、方法上都有较大的转变,分子生态学、生态系统生态学、景观生态学、全球生态学以及应用生态学的形成和发展是现代生态学的重要标志,全球变化、可持续发展、生物多样性、景观生态、退化生态、生态恢复与重建、湿地生态、生态工程等成为了现代生态学研究的热点问题。

第三节　生态学的研究内容与分支学科

一、生态学的研究内容

生态学的研究内容始终围绕着生物与环境两大要素,探讨它们之间的相互关系及作用规律。对于生态学的一般规律或者基本原理,美国著名环境学者、生态学家米勒(Muller)总结出了三大定律:①生态学第一定律,或者称生态偏移原理,指在生态系统中人们所做的每件事都可能产生难以预测的后果;②生态学第二定律,或者称生态学关联原理,指自然界的每一个事物都与其他事物相联系,人类全部活动亦居于这种联系之中;③生态学第三定律,或者称化学上不干扰原则,指人类产生的任何化学物质都不应干扰地球上的自然生物地球化学循环,否则地球上的生命维持系统将不可避免地退化。我国著名生态学家马世骏总结出 5 条规律:①相互制约和相互依赖的互生、共生规律;②物质循环转化的再生规律;③物质输入、输出的动态平衡规律;④相互适应与补偿的协同进化规律;⑤环境资源的有效极限规律。

根据生态学的定义,生态学的主要研究内容包括以下几个方面。

(一) 对生态因子的研究

研究光、温度、水分、土壤、生物等各种生态因子对生物的生态作用,探讨它们对生物的生理、生化、形态、行为等方面的影响。

(二) 对不同生物层次的生态研究

生态学的研究对象包括分子到生物圈的不同生物层次,主要研究内容包括:①生物与环境相互作用及其适应与进化的分子机制;②生物的生存和发展对各种生态因子的反应和适应,以及生物对环境的改造作用;③种群结构与动态、种内种间关系及其调节过程,以及种群对特定环境的适应对策;④生物群落的组成、结构、功能和动态,以及生物群落的分布规律;⑤生态系统的组成、结构和功能,以及生态系统的发展和演化与人类的关系;⑥景观的结构、功能、生态过程及动态变化;⑦全球范围或整个生物圈的生态问题,例如全球气候变化、人口增长、生物多样性丧失、生物入侵等。

（三）应用生态研究

研究人工生态系统或半自然生态系统的组成、结构和功能及其健康发展，以及生物多样性可持续利用的生态技术和方法。

二、生态学的分支学科

生态学是一门内容广泛、综合性强的学科，根据其研究对象的生物层次、分类学类群、生境类型、研究性质、交叉的学科以及研究尺度范围，可以划分出一系列的分支学科。

（一）根据研究对象的生物层次划分

生态学的研究对象从分子、个体、种群、群落、生态系统、景观到生物圈，与此相对应，可以划分为分子生态学（molecular ecology）、个体生态学（autoecology）或生理生态学（physiological ecology）、种群生态学（population ecology）、群落生态学（community ecology）、生态系统生态学（ecosystem ecology）、景观生态学（landscape ecology）、生物圈生态学（biosphere ecology）等分支学科。生物圈生态学又称全球生态学（global ecology）。

（二）根据研究对象的分类学类群划分

生态学的研究对象包括生物各个分类学类群，由此生态学可以划分为植物生态学（plant ecology）、动物生态学（animal ecology）、微生物生态学（microbial ecology）、昆虫生态学（insect ecology）、鱼类生态学（fish ecology）、鸟类生态学（avian ecology）等分支学科。

（三）据研究对象的生境类型划分

根据研究对象的生境类别，生态学可以划分为淡水生态学（fresh-water ecology）、海洋生态学（marine ecology）、河口生态学（estuary ecology）、岛屿生态学（island ecology）、湖沼生态学（lake ecology）、流域生态学（watershed ecology）、湿地生态学（wetland ecology）、草地生态学（grassland ecology）、荒漠生态学（desert ecology）、冻原生态学（tundra ecology）等分支学科。

（四）根据研究性质划分

根据研究性质，生态学可以划分为理论生态学（theoretical ecology）与应用生态学（applied ecology）。对于理论生态学，有两种不同的理解：一是与应用生态学相对应的理论生态学，这种理解实际上是指生态学基础理论，其是对自然界中的生态现象给予的分析、解释和预测；二是与定性描述的生态学相对应，即把生态学从定性描述提高到定量分析，并进行数量模拟和预测。应用生态学可以划分为农业生态学（agriculture ecology）、工业生态学（industrial ecology）、渔业生态学（fishery ecology）、家畜生态学（domestic animal ecology）、城市生态学（urban ecology）、生态工程学（engineering ecology）、污染生态学（pollution ecology）、放射生态学（radiation ecology）、资源生态学（resource ecology）等分支学科。

（五）根据交叉的学科划分

生态学与其他学科之间的相互渗透，产生了许多的分支学科，例如数学生态学（mathematical ecology）、化学生态学（chemical ecology）、物理生态学（physical ecology）、经济生态学（economic ecology）、地理生态学（geographic ecology）、进化生态学（evolutionary ecology)、行为生态学(behavioral ecology)、遗传生态学(genetic ecology)等。

（六）根据研究尺度范围划分

由于研究对象在时间尺度或空间尺度上的差异,出现了诸如古生态学(palaeoecology)、微观生态学(microscopic ecology)、宏观生态学(macroscopic ecology)等分支学科。

第四节　生态学研究的主要方法

生态学研究首先需要对自然界或实验中的研究对象进行观察和测量,然后对数据资料进行综合分析,找出生态学规律。通常认为,生态学的研究方法可以分为原地观测、受控实验和理论分析三大类。

一、原地观测

原地观测是指在自然界原生境条件下对生物与环境之间的关系进行观测,包括野外考察、定位观测、原地实验等不同方法。

（一）野外考察

野外考察是指从生态学的角度对生物个体或群体进行考察。进行野外考察时,首先要确定研究对象的生存空间范围,然后从中进行取样调查和观测。例如,进行植物种群野外考察时,不仅要考虑其定居的植株分布,还应考虑其种子向外扩散的范围。动物种群活动范围要着重考虑其取食的空间范围,有迁徙或洄游行为的动物种群的活动空间范围更大。至于野外取样方法,动物种群调查有样方法、标志重捕法、去除取样法等,植物种群和群落调查有样方法、无样方取样法等。样方的大小、数量和空间配置视调查的物种及要求而异,但必须符合统计学原理以及能够反映总体的特征。

（二）定位观测

定位观测是指在典型地域设置固定观测站点,对生物要素和环境要素进行长期的、连续的、系统的观测和研究,分为人工观测和自动观测两大类。定位观测时限,取决于研究对象和目的。例如,植物群落演替动态的定位观测,需要几年、十几年、几十年甚至上百年或更长的时间。受人力、财力、定位观测站数量等方面的限制,对生态系统进行的相对短期的、不连续的观测和研究,则称为半定位观测。

（三）原地实验

原地实验是指在自然或田间条件下,通过采取某些措施,获得有关因子的变化对生物及其他因子影响的实验。例如,在草场上进行围栏实验,可掌握放牧活动对草场植物种群或群落的影响;在植物群落中人为去除或引进某个种群,可辨识该种群对群落及生境的影响。原地实验是野外考察和定位观测的一个重要补充,不仅有助于阐明某些因素的作用和机制,还可为受控实验或生态模拟提供参考依据。

二、受控实验

受控实验是指通过对单项或多项因子的模拟或控制,研究这些因子的变化对生物及环境的影响。例如,"微宇宙"是人为设计建造的具有生态系统水平的生态学实验研究单元,在光照、温度、土壤、营养元素等都可完全控制的条件下,通过改变其中某一因子,或同时改变几个因子,来研究实验生物的个体、种群,以及小型生物群落或生态系统的结构功能、生活史动态过程及其变化的动因和机理。

三、理论分析

理论分析是指在统计分析的基础上,借助概念、判断、推理等思维形式,对调查资料的内在联系进行系统分析,从而获得调查对象的本质认识,由此上升到理性认识的过程,包括对生态数据进行数量统计、数量分类和排序、生态建模等。

总之,原地观测是认识生态现象的基础,并且是第一性的。受控实验是分析生态学现象因果关系的重要补充手段,其优点是实验条件可控,结果比较可靠,重复性强,然而受控实验不可能完全再现自然现实,其结果和结论需要回到自然界中验证。而理论分析主要是应用数学手段对生态数据进行分析和模拟,建立生态模型;同样,生态模型也必须要经过现实检验,可以通过参数修正等方法实现更高精度的拟合。

思考题

一、名词解释

生态学　经典生态学　现代生态学　理论生态学　应用生态学　古生态学　微观生态学
宏观生态学

二、简答题

1. 简述生态学的定义、研究对象和范围。

2. 简述生态学的发展史。

3. 简述生态学的分支学科及其划分依据。

4. 简述经典生态学的四大学派及其特点。

5. 简述现代生态学的特点和发展趋势。

6. 简述生态学的主要研究方法。

三、论述题

1. 论述生态学概念的形成及其发展。

2. 试分析为什么人类活动已经成为现代生态学研究的热点。

扩充读物

[1] 白哈斯. 基础生态学发展趋势[J]. 内蒙古民族大学学报:自然科学版,2001,16(1):
101-103.

[2] 方萍,曹凑贵."生态学"定义新解[J]. 江西农业大学学报:社会科学版,2008,7(1):

107-110.

　[3] 戈峰. 现代生态学[M]. 2版. 北京:科学出版社,2008.

　[4] 何兴元,曾德慧. 应用生态学的现状与展望[J]. 应用生态学报,2004,15(10):1691-1697.

　[5] 林祥磊. 梭罗、海克尔(Haeckel)与"生态学"一词的提出[J]. 科学文化评论,2013,10(2):18-28.

　[6] 阎传海,张海荣. 宏观生态学[M]. 北京:科学出版社,2003.

第一章

个体生态学

【提要】 个体生态学的定义及其主要研究内容；环境和环境因子的概念及其类型；生态因子的概念、类型及其基本作用规律；生态因子的生态作用与生物的适应。

生物个体是生态学研究的起点和基础，环境条件在进化过程中约束了生物形态、生理、习性和行为特征的进化，而生物的生命活动又影响着环境的变化。因此，了解各物种的个体与环境之间的相互关系是通往生态学更高层次和更深入研究的必经途径。

第一节　生物种与个体生态学

一、生物种的概念

（一）生物种的定义

生物种（简称物种），其英文"species"原为拉丁文，意为"种类"或"外貌"。人们在辨别或者区分不同种类的植物和动物时，首先依赖的是外貌差异，这种差异在多数情况下是显而易见的。把物种作为生命形式的一个基本概念是理所应当的，但是给它确切的生物学含义却不太容易。英国博物学家雷（Ray，1686）在其编著的《植物史》中，对物种的定义进行了讨论，认为"物种是形态相似的个体的集合"，物种具有通过繁殖而永远延续的特点。瑞典植物学家林奈（Linna，1753）在其出版的《植物种志》中，认为"物种是形态相似的个体集合，同种个体可自由交配，产生可育的后代"，并创立了物种的双命名法。美国生物学家迈尔（Mayr，1963）从种群遗传学的角度，认为"能实际地或潜在地彼此杂交的种群的集合构成一个物种"。我国昆虫学家陈世骧（1978）认为"物种是繁殖单元，由又连续又间断的局群所组成；物种是进化单元，是生物系统线上的基本环节，是分类的基本单元。"在生物学上，物种是指一类生物个体的集合，这类个体之间在自然条件下能相互交配产生具有生殖能力的正常后代个体。

我们不能将生物学的物种概念应用于所有情况，例如无性生殖的生物。物种的形成不仅与遗传相关而且还与其生活的环境密切相关。因此，物种是由内在因素（生殖、遗传、生理、生态、行为）相联系的个体的集合，是自然界中的一个基本进化单位和功能单位，是生物分类的基本单位，也是具有一定的自然分布区和一定的形态特征、生理特征的生物类群。

（二）生物种的分化

生物种的性状可分为基因型和表型两类，前者为生物种的遗传本质，即生物性状表现所必备的内在因素,后者为与环境适应后表现出的可见性状。在生物界的漫长历史中,物种的分化是生物对环境异质性的适应结果,由于环境的变化和一个物种的分布区内环境的异质性,常常会引起物种性状的改变,这种改变称为该物种的可塑性(plasticity)。而物种基因型的突变与基因重组造成的变异是可遗传的,如果变异幅度朝一个方向继续进行,可导致物种的分化。一个物种能够稳定地代代相传,取决于遗传物质的控制,没有这种控制就没有物种的稳定存在,但是物种又是具有可塑性的,例如同种植物会有植株大小的差异。正是如此,自然界中的生物种类才丰富多样。

二、个体生态学及其研究内容

(一)个体生态学的范畴

个体生态学(autecology)是以生物个体及其栖息地为研究对象,研究栖息地环境因子对生物的影响及生物对栖息地的适应以及适应的形态、生理及生化机制。它是从生理学的角度来研究生态问题,也可称为环境生理学(environmental physiology)。由于个体生态学涉及生物个体以及生物种的生存和进化,因此可以定义个体生态学是研究生物个体发育和系统发育及其与环境相互关系的生态学分支学科。

(二)个体生态学的研究内容

从自然界中获取物质和能量构建自身是生物生长发育的必然过程,认识自然界生物可利用物质和能量的状态、性质、数量、时间和空间的变化,是生态学研究的基础。这些物质和能量及其对生物的影响就构成了个体生态学的研究内容。近代个体生态学研究是生态学和生理学的交叉研究,侧重于研究个体从环境中获得资源和资源在机体生长和繁殖等方面的分配问题及其进化对策上的选择问题。

第二节　环境及其类型

一、环境的概念

环境(environment)是指某一特定生物体或生物群体以外的空间,以及直接或间接影响该生物体或生物群体生存的一切事物的总和。环境总是针对某一特定主体或中心而言的,是一个相对的概念,它必须有一个特定的主体或者中心,离开了这个主体或者中心,就谈不上环境,离开了主体的环境是没有内容的,同时也是毫无意义的,因此环境具有相对的意义。例如,在环境科学中,人类是主体,环境是指围绕着人类的空间以及其中可以直接或间接影响人类生活和发展的各种因素(其他的生命物质和非生命物质)的总和。在生物科学中,生物是主体,环境是指围绕着生物体或者生物群体的一切事物(生物以外的所有自然条件)的总和,也就是说环境是生物的栖息地以及直接或间接影响生物生存和发展的各种因素。在生态学中,环境的主体可以是个体、种群、群落、生态系统、景观、生物圈等。因此,不同的环境类型所包含的范围和要素是不同的。环境有大小之别,大到整个宇宙,小至基本粒子。例如,当以一个池塘中的草鱼为研究对象时,则池塘中的其他鱼类、生物及非生物就构成了草鱼的环境;对太阳系中的地球而言,整个太阳系就是地球生存和运动的环境;对栖息于地球表面的动、植物而言,整个地球表面就是它们生存和发展的环境;对某个具体生物群落来讲,环境是指所在地段上影响该群落发生和发展的全部无机因子(光照、热量、水分、土壤、大气、地形等)和有机因子(动物、植物、微生物及人类等)的总和。总之,环境这个概念既是具体的又是相对的。

二、环境的类型

研究主体的不同是环境和环境因子分类的要素之一。环境是一个非常复杂的体系,至今尚未形成统一的分类系统,一般依据环境的主体、性质、范围大小等进行分类。

(一)按环境的主体进行分类

根据主体的差异,环境可以划分为两种类型:一是以人类为主体,和人类相对应的其他生命物质以及非生命物质都被看成是环境因子,这类环境称为人类环境,例如在环境科学中,就是采用这样的分类方法;二是以生物为主体,生物体以外的所有环境条件总称为环境,这是一般生态学上所采用的分类方法。

(二)按环境的性质进行分类

根据性质的差异,环境可以划分为自然环境、半自然环境(被人类破坏后的自然环境)和人工(社会)环境三种类型。

(三)按环境的范围大小进行分类

根据范围大小的差异,环境可以划分为大环境和小环境两种类型,具体如下所示:

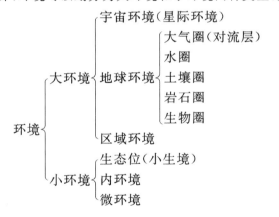

1. 大环境

大环境主要是指宇宙环境、地球环境和区域环境。

(1)宇宙环境(space environment)是指大气层以外的宇宙空间,是人类活动进入大气层以外的空间和地球邻近天体的过程中提出的新概念,也有人称之为地外空间环境。宇宙环境是由广阔的空间和存在其中的各种天体及弥漫物质组成的,它对地球环境产生深刻的影响。例如,太阳辐射是地球的主要光源和热源,为地球生物有机体带来了生机,推动了生物圈这个庞大生态系统的健康发展。

(2)地球环境(global environment)是指大气圈中的对流层、水圈、土壤圈、岩石圈和生物圈,又称为全球环境,也有人称之为地理环境(geoenvironment)。地球环境与人类及生物的关系尤为密切,其中生物圈中的生物把地球上各个圈层的关系密切地联系在一起,并推动各种物质循环和能量转换。

(3) 区域环境(regional environment)是指占有某一特定地域空间的自然环境,它是由地球表面不同地区的 5 个自然圈层相互配合而形成的。不同地区形成各不相同的区域环境特征,并分布着不同的生物群落。

2. 小环境

小环境是指对生物有直接影响的邻接环境,即小范围内的特定栖息地,例如接近植物个体表面的大气环境、土壤环境、动物洞穴内的小气候等。

(1) 生态位(ecological niche),又称小生境或是生态龛位,是指一个种群在生态系统中,在时间和空间上所占据的位置及其与相关种群之间的功能关系与作用,它也是一个物种所处的环境以及其本身生活习性的总称。在生物群落或生态系统中,每一个物种都拥有自己的角色和地位,即占据一定的空间且发挥一定的功能作用。

(2) 微环境(micro-environment)是指区域环境中,由于某一个(或几个)圈层的细微变化而产生的环境差异所形成的小环境,例如生物群落的镶嵌性就是微环境作用的结果。

(3) 内环境(inner environment)是指生物体内组织或细胞间的环境。内环境对生物体的生长和繁育具有直接的影响,且不能为外环境所代替,例如叶片内部,直接和叶肉细胞接触的气腔、气室、通气系统,都是形成内环境的场所。

三、环境因子及其类型

和环境有关的还有两个重要的概念:一是环境因素或环境因子(environment factor),它是指直接参与有机体物质循环和能量流动的组成部分;二是环境条件(environment condition),它是指为环境因子提供物质和能量基质的组成部分。

环境因子具有综合性和可调剂性,它包括生物有机体以外所有的环境要素。Daubenmire (1947)把环境因子分为气候类、土壤类和生物类三大类,具体要素包括光照、温度、水分、大气、土壤、火、生物因子等。Dajoz(1972)根据生物有机体对环境的反应和适应性,将环境因子划分为第一性周期因子、次生性周期因子及非周期性因子。Gilt(1975)将环境因子划分为三个层次,第一层次是指植物生长所必需的环境因子,例如水分、温度、光照等;第二层次是指不以植被是否存在而发生的对植物有影响的环境因子,例如地震、火山爆发、风暴、洪涝等;第三层次是指其存在与发生受植被影响,反过来又直接、间接影响植被的环境因子,例如伐木、放牧等。

第三节　生态因子及其类型

一、生态因子的概念

生态因子(ecological factors)是指对生物的生长、发育、生殖、行为、分布等生命活动产生直接或间接影响的各种环境因子,例如光照、温度、水分、氧气、食物等,即环境因子中对生物起作用的那些因子。在生态因子中,对生物生存所不可缺少的环境条件,也称为生物的生存条件,例如二氧化碳和水是植物的生存条件。所有生态因子构成了生物的生态环境(ecological environment)。通常，生态因子被认为是环境因子中对生物起作用的因子，而环境因子则是指生物体外部的全部环境要素。生物个体或群体具体生活地段(栖息地)上的生态环境称为生境(habitat)，包括必需的生存条件和其他对生物起作用的生态因子。由此可见，生态因子和环境因子之间是两个既有联系，又有区别的概念。

二、生态因子的分类

在任何一种生物的生存环境中都存在着很多生态因子，这些生态因子的性质和特性各不相同，它们彼此之间相互制约、相互组合，构成了复杂多样的生存环境，为各种生物的生存与进化提供了基础。根据性质、特征和作用方式的差异，生态因子可以进行如下的分类。

(一) 按生态因子的性质进行分类

(1) 气候因子。其是指形成环境中气候条件的基本因子，例如由光因子(光强、日照时间等)、温度因子(温度大小及变化幅度等)、水分因子(降水量等)、大气因子(氧气、二氧化碳、风等)等所组成。

(2) 土壤因子。其是指影响植物生长发育的土壤质地、结构、理化性状、肥力及土壤微生物等因子的总称。土壤也是动物和微生物重要的栖息环境，例如线虫、蠕虫、蚯蚓、蚂蚁等是比较常见的土居性动物。

(3) 地形因子。其是指影响动植物生长发育的海拔高度、坡向、坡度、坡位等因子。例如，坡向、坡度和坡位影响太阳辐射强度、日照时数、土壤理化特性以及其他生态因子，由此对动植物的生长和分布产生影响。

(4) 生物因子。其是指生物有机体在其生存环境中甚至其体内都有其他生物的存在，这些生物便构成了生物因子，包括动物、植物、微生物等生物因子之间的各种相互关系，如捕食、寄生、竞争和互惠共生等。

(5) 人为因子。其是指鉴于人类的活动对自然的破坏以及对环境造成的污染等，而把人为因子从生物因子中分离出来，其目的是强调人为作用的特殊性和重要性。

(二) 按有无生命的特征进行分类

根据有无生命特征，生态因子可以划分为生物因子和非生物因子两大类。生物因子是指动物、植物、微生物及人类之间的各种作用；而非生物因子是指光照、温度、水分、二氧化碳、氧、矿物质等。

(三) 按生态因子对动物种群数量变动的作用进行分类

Smith(1935)把生态因子划分为密度制约因子(density dependent factor)和非密度制约因子(density independent factor)两种类型。例如，食物、天敌、流行病等生物因子对生物的影响大小随着种群密度而改变，属于密度制约因子，有调节种群数量，维持种群平衡的作用；而温度、降水、天气变化等非生物因子对生物的影响大小并不随种群密度的变化而变化，属于非密度制约因子，对种群密度不能起调节作用。

(四) 按生态因子的稳定性及其作用特点进行分类

苏联学者 Мончадский(1953)依据生态因子的稳定程度，将其划分为稳定因子和变动因子两大类。其中，稳定因子是指终年恒定的因子，例如地磁、地心引力和太阳辐射常数等，这些稳定因子的作用主要是决定生物的分布。而变动因子又可分为周期性变动因子和非周期性变动因子,前者如一年四季变化、海洋的涨潮和退潮变化等,它们主要影响生物分布;后者如刮风、降水、捕食和寄生等,它们主要是影响生物的数量。Мончадский 的分类法具有一定的独创性,对了解生态因子作用的性质有很大帮助。

第四节　生态因子作用分析

一、生态因子作用的一般特点

生态因子与生物之间的相互作用是错综复杂的,只有掌握了生态因子的作用特征,才有利于解决现实及实践中出现的问题。

(一)综合作用

环境中的各种生态因子不是孤立、单独存在的,总是与其他因子相互影响、相互联系、相互促进和相互制约,因此任何一个因子的变化,都会引起其他因子不同程度的变化,最终导致各种生态因子的综合作用。虽然生态因子所发生的作用有直接的和间接的、主要的和次要的,但它们在一定条件下又可以互相转化。这是由于生物对某一个极限因子的耐受限度会因其他因子的改变而改变,所以生态因子对生物的作用不是单一的,而是综合的。例如,光照强度的变化必然会引起大气和土壤的温度和湿度发生改变,而温度与湿度可共同作用于有机体生命周期的任何一个阶段(幼体发育、生存、繁殖等),通过影响某一阶段而限制物种的分布,这就是生态因子的综合作用。再如,山脉阳坡和阴坡的植被景观的差异,是光照、温度、湿度、风速等因子的综合作用结果;动植物的物候变化是气候变化综合影响的结果。总之,生物的生长发育依赖于气候、地形、土壤、生物等多种因素的综合作用。

(二)主导因子作用

不同的生态因子对生物的作用并非是等价的,其中对生物起决定性作用的生态因子称为主导因子。主导因子发生变化会引起其他因子也发生变化,从而影响生物的生长发育。例如,在植物进行光合作用时,光照强度是主导因子,温度和湿度为次要因子;在植物进行春化作用时,温度(低温)是主导因子,湿度和通气条件是次要因子;在光周期现象中,日照长度是主导因子。由于主导因子的作用,生物产生了一系列的适应与进化特征。例如,以土壤为主导因子,植物形成了喜钙植物、嫌钙植物、盐生植物、沙生植物等类群;以水分为主导因子,植物形成了水生植物、湿生植物、中生植物、旱生植物等类群;以食物为主导因子,动物形成了草食动物、食肉动物、腐食动物、杂食动物等类群。

(三)直接作用和间接作用

生态因子对生物的生长、行为、繁殖、分布等的作用可以是直接的,也可以是间接的,有时要经过几个中间环节,而间接作用往往是通过影响直接因子而间接影响生物的。例如,光照、温度、水分、二氧化碳、氧气等对生物起直接作用;而海拔高度、坡向、坡度等地形因子对生物的作用不是直接的,而是通过影响光照、温度、水分等生态因子而对生物产生作用。同一山体由于坡向不同,可以导致生物类群产生明显的差异。例如,四川二郎山的东坡湿润多雨,典型的植被类型为常绿阔叶林,而西坡空气干热缺雨,典型的植被类型为耐旱的灌草丛。产生这种差异的主要原因是东坡为迎风坡,从东向西运行的湿润气流沿坡而上,随着海拔升高,气温逐渐降低,水汽大量凝结并在东坡降落,故东坡湿润多雨;而当气流越过坡顶沿山脊向西坡下行时,随着海拔的降低,干冷的空气增温,这种干热空气不但本身缺水不能向坡面降雨,反而从坡面上吸收水分,从而使西坡更加干旱。

(四)阶段性作用

生态因子的规律性变化会导致生物生长发育出现阶段性。生物在不同的发育阶段,其生长发育需要不同的生态因子或者不同强度的生态因子,因此生态因子对生物的作用具有阶段性。例如,低温在某些植物的春化阶段是必不可少的,但在其后的生长阶段则是有害的;金龟子的幼虫和成虫生活在完全不同的生境中,它们对生态因子的要求差异极大。

(五)不可代替性和补偿作用

各种生态因子对生物的作用是不相同的,各自都有其重要性,尤其是如果缺少作为主导作用的因子,会造成生物不能正常生长发育,甚至死亡。从总体上来说,生态因子是不能相互代替的,但在一定条件下,某一个生态因子在量上的不足,可以由其他生态因子来补偿,同样获得类似的生态效应。例如,植物在进行光合作用时,光照强度减弱造成的光合作用下降可以通过增加二氧化碳浓度来补偿;软体动物长壳需要钙,环境中大量锶的存在可以补偿钙的不足。当然,生态因子的补偿作用只能在一定范围内作部分补偿,而不能以一个生态因子代替另一个生态因子,而且生态因子之间的补偿也不是经常存在的。

二、生态因子作用的基本原理

(一)Liebig 最小因子定律

德国化学家 Liebig 在研究各种因子对植物生长发育的影响时,认识到了生态因子对生物生存的限制作用。在 Liebig 所著的《有机化学及其在农业和生理学中的应用》一书中,分析了土壤表层与植物生长的关系,得出了以下结论:①作物的增产与减产与作物从土壤中所能获得的矿质营养的多少呈正相关,这就是说每一种植物都需要一定种类和一定数量的营养物质。如果其中有一种营养物质完全缺失,植物就不能生存;如果这种营养物质数量极微,植物的生长就会受到不良影响。②作物的产量往往不是受其需要量最大的营养物质的限制,例如作物的产量不受 CO_2 和水的限制,而是取决于土壤中稀少的、又为作物所需的元素,例如硼、镁、铁等。1840 年,Liebig 指出"植物的生长取决于那些处于最少量状态的营养元素",也就是说,低于某种生物需要的、最小量的任何特定因子,是决定该种生物生存和分布的根本因素。在植物生长所必需的营养元素中,供给量最少(与需要量相差最大)的元素决定着植物的产量,这就是著名的"Liebig 最小因子定律"(Liebig's law of the minimum)。例如,当土壤中的氮可维持 250 kg 产量,钾可维持 350 kg 产量,磷可维持 500 kg 产量,则实际的产量只有 250 kg;如果多施 1 倍量的氮,实际的产量将是 350 kg,因为在这种情况下的产量要受到钾所限制。

Liebig 在提出最小因子定律的时候,只是研究了营养物质对植物生存、生长和繁殖的影响,并没有想到这一定律还能应用于其他方面。研究发现,Liebig 最小因子定律对于其他生物种类或者温度、光照等多种生态因子都是适用的。继 Liebig 之后,一些学者通过大量的研究发现,当给限制因子的量增加时,开始增产效果很大,如果继续下去,增产效果渐减。因此,有学者(例如 Mitsherlich、Odum 等)认为,对最小因子定律的概念必须作两点补充才能使它更为实用:第一,最小因子定律只能用于稳态条件下,也就是说,如果在一个生态系统中,物质和能量的输入、输出不是处于平衡状态,那么植物对于各种营养物质的需要量就会不断变化,这时就没有最小因子可言。在这种情况下,Liebig 的最小因子定律就不能应用。第二,应用最小因子定律的时候,还必须考虑到各种因子之间的相互关系。如果有一种营养物质的数量很多或容易被吸收,它就会影响到数量短缺的那种营养物质的利用率。另外,生物常常可以利用所谓的代用元素,也就是说,如果两种元素属于近亲元素的话,它们之间常常可以互相代用,即当一个特定因子处于最少量状态时,其他处于高浓度或过量状态的物质,会补偿这一特定因子的不足,因而最小因子并不是绝对的。例如,环境中钙的数量很少,而锶的数量很多,一些软体动物就会以锶代替钙来建造自己的贝壳。

(二) 限制因子定律

任何生态因子当接近或超过某种生物的耐性极限而阻止其生长、繁殖或扩散甚至生存时,这样的因子被称为限制因子(limiting factor)。当某一因子处于最小量时,可以成为生物的限制因子;但某一因子过量时(例如过高的温度、过强的光或过多的水),同样可以成为限制因子。1905 年,Blackman 首先发现这一现象,并发展了 Liebig 的最小因子定律,提出生态因子的最大状态也具有限制性影响,这就是著名的限制因子定律(law of limiting factor)。

通过研究生物在外界光照、温度、营养物等因子数量改变的状态下,探讨生物同化过程、呼吸作用、生长繁殖等生理生化现象的变化时,发现如下规律。①在有机体的生长中,相对容易看到某因子的最小、适合与最大状态。例如,如果温度或者水的获得性低于有机体需要的最低状态,或者高于最高状态时,有机体生长停止,很可能会死亡。由此可见,生物对每一种环境因素都有一个耐受范围,只有在耐受范围内,生物才能存活,即在众多生态因子中,任何接近或超过某种生物的耐性极限,而且阻止其生长、繁殖或扩散的因素,均为限制因子。②通常可将其归纳为 3 个主要点:生态因子低于最低状态时,生理现象全部停止;在最适状态下,显示了生理现象的最大观测值;在最大状态之上,生理现象又停止。③植物进行光合作用的叶绿体主要受5 个因子的控制:太阳辐射能强度、二氧化碳、水、叶绿素的数量及叶绿体的温度。当一个过程的进行受到许多独立因素所支配时,其光合作用进行的速度将受最低量的因素的限制。因此,后人把这一结论看作是对 Liebig 最小因子定律的扩展。

生物的生存和繁殖依赖于各种生态因子的综合作用,其中限制生物生存和繁殖的关键性因子就是限制因子。任何一种生态因子只要接近或超过生物的耐受范围,它就会成为这种生物的限制因子。这就是说,如果一种生物对某一生态因子的耐受范围很广,而且这种因子又非常稳定,那么该因子就不太可能是限制因子;相反,如果一种生物对某一生态因子的耐受范围很窄,而且这种因子又易于变化,那么该因子就很可能成为一种限制因子。例如,对陆生动物而言,氧气数量多、含量稳定而且容易得到,因此一般不会成为限制因子(寄生生物、土壤生物和高山生物除外)。相反,氧气在水体中的含量很有限,而且又经常会发生变动,因此常常成为水生动物的限制因子。限制因子的概念具有十分重要而且实用的意义。例如,某一动物种群数量增长缓慢,或者某种植物在某一特定条件下生长缓慢,这并非是所有因子都具有同等重要性,这个时候,关键是要找出可能引起限制作用的因子,要通过观察、分析、实验相结合的途径。首先要通过野外观察和分析,找出起显著作用的因子;其次要分析这些因子是如何对生物起作用的,并设计室内试验去确定某一因子与生物的定量关系;最终便能很快地解决生物增长缓慢的问题。人们在研究限制鹿群增长的因子时,发现冬季由于地面及植物枝叶被雪覆盖,鹿取食相对比较困难,因此食物可能成为鹿种群的限制因子。根据这一研究结果,冬季在森林中人工增添饲料,可以降低鹿群冬季死亡率,从而提高鹿的资源量。总之,限制因子概念的主要价值是使生态学家拥有了一把研究生物与环境复杂关系的钥匙,因为生物与环境的关系往往是复杂的,各种生态因子对生物来说并非同等重要,所以生态学家一旦找到了限制因子,就意味着找到了影响生物生存和发展的关键性因子。

(三) Shelford 耐性定律

在最小因子定律和限制因子概念的基础上,1913 年,Shelford 提出了耐性定律(law of tolerance)的概念,并试图用这个定律来解释生物的自然分布现象。他认为生物不仅受生态因子最低量的限制,而且也受生态因子最高量的限制。任何一个生态因子在数量或质量上的不足或过多,即当其接近或达到某种生物的耐性限制时,会使该种生物衰退或不能生存,这就是Shelford 耐性定律。所谓耐性(tolerance)是指生物能够忍受外界极端条件的能力,或者指单个有机体或种群能够生存的某一生态因子的范围。耐性限度(tolerance limit)是指每个物种只能在一定范围内的环境条件下生存和繁殖,也即生物种在其生存范围内,对任一生态因子的需求总有其上限与下限,两者之间的距离就是该种对该因子的耐性限度。Shelford 耐性定律把最低量因子和最高量因子相提并论,把任何接近或超过耐性下限或耐性上限的因子都称作限制因子。生物对每一种生态因子都有其耐受的上限和下限,上、下限之间就是生物对这种生态因子的耐受范围,其中包括最适生存区(图 1-1)。

耐性定律不仅估计了环境因子量的变化,还估计了生物本身的耐受限度;同时,耐性定律允许生态因子间的相互作用。Shelford 提出耐性定律后引起了许多学者的兴趣,促进了在这一领域内的研究工作,形成了耐性生态学(toleration ecology),并对耐性定律作了进一步发展,可以概括如下。

(1) 一般来说,如果一种生物对所有生态因子的耐受范围很广,那么这种生物在自然界的分布范围也比较广,反之亦然。每种生物对不同生态因子的耐受范围存在差异,可能对某一生态因子耐受范围很宽,对另一个因子耐受范围很窄,并且生物的耐性还会因年龄、季节、栖息地等的不同而有所差异。生物在整个个体发育过程中,通常在生殖阶段对生态因子的要求比较严格,因此这个阶段其所能耐受的生态因子的范围也比较狭窄。对很多生态因子耐受范围都很宽的生物,其分布区一般很广。

(2) 生物的耐性限度是可以改变的,它在环境梯度上的位置及所占有的宽度在一定程度上可以改变,这些改变有的是表现型变化,有的是遗传性上的变化。大部分生物对环境缓慢而微小的变化都具有一定的调节适应能力,甚至能逐渐适应极端环境。但这种适应性是以减弱对其他环境因子的适应能力为代价的,例如一些窄生态幅生物对较窄范围的极端环境条件有极强的适应能力,但却丧失了在其他环境条件下生存的能力;反之,广生态幅的生物对某一极端环境的适应能力却很低。

(3) 不同的生物,对同一生态因子的耐性是不同的。不同种生物对温度的耐受范围差异很大,有的可耐受很广的温度范围,称为广温性生物(eurytherm),有的只能耐受很窄的温度范围,称为狭温性生物(stenotherm)。除温度外,不同种生物因对其他生态因子耐受范围的不同,也可分为广湿性(euryhydric)和狭湿性(stenohydric)、广盐性(euryhaline)和狭盐性(stenohaline)、广食性(euryphagic)和狭食性(stenophagic)、广光性(euryphotic)和狭光性

(stenophotic)、广栖性(euryoecious)和狭栖性(stenoecious)等。广适性生物属于广生态幅物种,狭适性生物属于狭生态幅物种(图 1-2)。

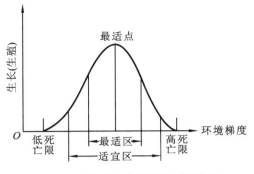

图 1-1 生物对生态因子的耐受曲线
(仿 Putman 等,1984)

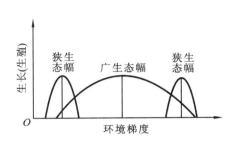

图 1-2 广生态幅与狭生态幅物种
(仿 Odum,1983)

(4)影响生物的各生态因子之间,有明显的相互关联。生物对某一生态因子的耐性经常与它们对另一生态因子的耐性密切相关。当生物对某一生态因子处于最适状态时,对其他生态因子的耐受限度也最大。例如,当陆地上的生物所处的湿度很低或者很高时,该生物所能耐受的温度范围(耐性限度)比较窄;而在中湿与中温的条件下,生物耐受的温度范围比较宽,耐性限度达到最高。

(5)在自然界中,各种生物耐性限度的实际范围都比潜在范围要狭窄。这是由于两个原因造成的:一是在不利环境因素影响下,提高了对基础代谢率的生理调节所付出的代价;二是生态环境中的辅助因子降低了代谢强度的上限或下限水平,所以大部分生物很少能够生活在相对来说最适宜的生境中,而是由于其他生物的竞争把它们从最适宜的地方排挤出去,结果它们只能生活在占有更大竞争优势的地方。

第五节 生态因子的生态作用与生物的适应

环境中的各种生物,其生长发育、生理活动、行为方式等均要受到各种生态因子的影响。在长期的进化过程中,生物表现出对各种生态因子在一定程度上的适应和需要,形成了有规律的生活习性和地理分布,组成了丰富的各种生态类型。

一、光对生物的生态作用与生物的适应

生态学中常说的"光",其本质是由波长范围比较广的电磁波组成的太阳辐射。光是地球上所有生物赖以生存和繁衍的最基本的能量源泉,地球上生物所需要的能量,都直接或间接地来源于太阳光。太阳能是构建和维持生态系统内部平衡状态的能量基础,通过绿色植物的光合作用,太阳能转变为化学能而进入生态系统,成为食物链的起点。然而,光的生态作用并不只局限于能量供应,光还能引发其他生态因子的变化,例如对全球温度、气候及天气类型等方面有重大影响。除此之外,光还是自然界最原始、最普遍的一种信息信号,能指挥和调节生物的生理和行为。

在生态学中,光照强度(intensity of illumination,简称光强,即太阳辐射的强度)、光质(即

太阳辐射的频率)与光周期(即太阳辐射的周期性变化)是光因子影响生物的三个基本要素,它们对生物的生长发育、地理分布、行为形态等都会产生深刻的影响,而生物本身对这些光因子的变化也具有多种多样的反应与适应。

（一）光照强度

光照强度是指单位时间在单位面积的光能大小,常以 $J/(cm^2 \cdot min)$ 或勒克斯(lx)来作计量单位。光照强度的生态效应主要体现在影响生物的生理、发育、行为、地理分布等方面。

1. 光照强度的变化

1）空间变化

光照强度在赤道地区最大,随地球纬度的增加而逐渐减弱。在纬度较低的热带荒漠地区,年光照强度超过 8.37×10^5 J/cm²,而北极地区年光照强度不足 2.93×10^5 J/cm²,位于中纬度地区的我国华南地区,年光照强度大约是 5.02×10^5 J/cm²。

光照强度随海拔高度的增加而增强,高海拔地区获得的光照强度高于低海拔地区。例如,在海拔 1 000 m 可获得全部入射日光能的 70%,而在海拔 0 m 的海平面却只能获得 50%。地势对光照强度有较大的影响,例如北半球温带地区山脉的南坡获得的光照强度多于平地,平地获得的光照强度又多于山脉北坡。而且随着纬度的增加,南坡上获得最大年光照量的坡度也增大,而北坡上无论什么纬度都是坡度越小光照强度越大。较高纬度的南坡可比较低纬度的北坡得到更多的日光能,因此南方的一些喜热作物可以移栽到北方的南坡上生长。

生态系统中,不同空间的光照强度也有变化。一般说来,由于冠层吸收了大量日光能,光照强度在生态系统内将会自上而下逐渐减弱,下层植物或动物对日光能的利用受到了限制,所以生态系统的垂直分层现象受各层次接受到的日光能总量的影响。

在水体环境中,光照强度将随水深的增加而迅速递减。水对光的吸收和反射是很有效的,在清澈静止的水体中,照射到水体表面的光大约只有 50% 能够到达 15 m 左右的深处;如果水是流动和混浊的,能够到达这一深度的光量就要少得多,这对水中植物的光合作用有极其明显的影响。

2）时间变化

光照强度是一个随时间变化的因子,一般来说,它的变化规律为早晚低、中午高,夏季高、冬季低。在一年中,光照强度夏季最大、冬季最小。在一天中,中午的光照强度最大,早晚的光照强度最小。分布在不同地区的生物长期生活在具有一定光照条件的环境中,久而久之就会形成各自独特的生态学特性和发育特点,并对光照条件产生特定的要求。

2. 光照强度对生物的作用与生物的适应

1）对植物的作用与植物的适应

向光性(phototropism)是指生物的生长受光源的方向影响,常见于植物中。游走性绿藻、各种藻类的游走子、鞭毛藻、双鞭藻、红色细菌等具有向光照方向移动的现象;没有鞭毛、依靠滑行运动的蓝藻、硅藻和鼓藻也具有这种性质。植物的向光性生长,有利于获得更大面积、更多的光照,从而有利于光合作用,维持植物更好的生长。植物的光合作用与光照强度有着最密切的关系。光照强度对植物的光合作用速率产生直接影响,在较弱的光照强度下,植物的光合作用所合成的有机物质不足以维持自身的呼吸消耗,植物体没有净积累,不能进行生长发育。随着光照强度增加,光合作用不断增强,当达到某一光照强度时,光合作用所合成的有机物与呼吸作用消耗的有机物达到平衡,此时的光照强度为光补偿点(compensation point),光补偿点的光照强度就是植物开始生长和进行净光合生产所需要的最小光照强度,也是衡量低光照强度下植物能否正常生长的重要指标;随光照强度的继续增加,光合强度经过一段时间的迅速增加后逐渐变缓,达到一定值后,不再随光照强度的增加而增加,达到饱和点,即光饱和点(saturation point)。

根据植物光补偿点和光饱和点的差异,可以把植物划分为阳生植物、阴生植物、耐阴植物三种类型。它们适应于地球表面及群落内部中不均匀分布的光照强度,形成了不同的光照强度生态类型。

(1)阳生植物是指在强光下才能发育良好,在隐蔽和弱光下发育不良的植物。阳生植物适应于强光照地区生活,一般在水、热条件适合的情况下,不存在光照过强的问题。这类植物多生长在旷野、路边,森林中的上层乔木,草原及荒漠中的旱生、超旱生植物,高山植物以及大多数的大田作物都属于此类型。例如,蒲公英、蓟、槐、松、杉、栓皮栎等。阳生植物叶子排列稀疏,角质层较发达,单位面积上的气孔较多,叶脉密,机械组织发达。叶绿素 a 和叶绿素 b 的比值(叶绿素 a/b 值)较大,叶绿素 a 在红光部分内的最大吸收光谱较宽,能在直射光下高效地利用阳光。阳生植物的光补偿点比较高,光合作用的速率和代谢速率都比较快,在弱光下呼吸消耗大于光合生产而不能生长。

(2)阴生植物是指需要在较弱的光照条件下生长,不能忍耐高强度光照的植物。这类植物多生长在潮湿背阴或密林的下层,生长季节的生境往往比较湿润。常见的种类有苔藓、部分蕨类、连钱草、铁杉、紫果云杉、红豆杉、热带相思树下的咖啡、亚热带地区山林中的茶树等,很多药用植物,例如人参、三七、半夏、细辛等,也属此类型。阴生植物枝叶茂盛,没有角质层或角质层很薄,气孔与叶绿体比较少,叶绿素 a/b 值小。阴生植物的光补偿点较低,其光合速率和呼吸速率相对都比较小。

(3)耐阴植物是介于以上两类之间的植物。它们既可以在强光下良好生长,又能忍受不同程度的遮荫,对光照具有较广的适应能力,但最适宜的还是在完全的光照下生长。常见的许多叶菜类、一些豆科类植物即属此类型。

光照强度对植物的形态建成有重要作用,光促进组织和器官的分化,制约着器官的生长发育速度,使植物各器官和组织保持发育上的正常比例。植物叶肉细胞的叶绿体必须在一定的光照强度条件下才能形成和成熟,而且弱光下植物色素不能形成,细胞纵向伸长,碳水化合物含量低,植株为黄色软弱状,发生黄化现象(etiolation phenomenon)。在弱光照下,植物生长常表现为幼茎节间充分延伸,形成细长茎干,根系发育相对弱,根的数量稀少;在高强光下,植物的生长表现为节间短缩、变粗,根系发达,例如多数高山植被均呈低矮态或莲座状。增加光照强度有利于果实的成熟,影响果实颜色的花青素的含量与光照强度密切相关。强光照有利于提高农产品的产量和品质,例如使粮食作物营养物质充分积累、籽粒充实度提高,使水果糖分含量增加,色素等外观品质充分形成等。

2)对动物的作用与动物的适应

动物生长发育、繁殖和形态分化也受光照强度影响。例如:大部分蛙类的受精卵和有些鱼类的受精卵在适宜的光照强度中孵化快,发育也快;在连续有光或无光条件下,蚜虫产生的多为无翅个体,在光暗交替条件下则产生较多有翅个体;光照强度的强弱可调节神经系统,调节激素和内分泌水平;人类及哺乳动物的身体健康也需要一定强度的光照,皮肤在光照下才能产生维生素 D,光照不足时则因缺乏维生素 D 影响钙的吸收而患佝偻病;动物(如洞穴生物、海底生物、内寄生动物等)在没有光照强度或者光照强度极弱的环境中,一般都具有无色透明的身体组织、无眼、嗅觉器官或触觉器官高度发达等结构特征。光照强度的变化是一种极易被生物感知的信号。没有感受器分化的草履虫却具有快速的避光反应,趋向于黑暗环境。多数动物是通过眼睛来感光的,这已成为动物行动的主要因素。有许多动物对光刺激表现特有的趋性形态,例如目标趋性、保留趋性、光背反应和光腹反应等。有些动物,例如蜗牛、鼠妇、马陆、赤杨毛虫、蝙蝠等,还有趋暗性,即对光呈反向趋性(负趋光性)。

很多动物的行为与光照强度有着密切的关系。有些动物适应于在白天的强光下活动,例如灵长类、有蹄类、蝴蝶等,称为昼行性动物;另一些动物则适应于在夜晚或早晨黄昏的弱光下活动,例如蝙蝠、家鼠、蛾类等,称为夜行性动物或晨昏性动物;还有一些动物既能适应于弱光也能适应于强光,白天黑夜都能活动,例如田鼠等。昼行性动物(或夜行性动物)只有当光照强度上升到一定水平(或下降到一定水平)时,才开始一天的活动,因此这些动物将随着每天日出日落时间的季节性变化而改变其开始活动的时间。动物早晨开始鸣叫与光照强度有密切关系:麻雀在光照强度为 0.4~45 lx 开始鸣叫;一种蚱蝉在夏季气温高于 14 ℃,光照强度为 0.8~6 lx 时开始鸣叫。蝗虫迁飞也与光照强度有密切联系,如果遇到太阳被云遮住时,迁飞中的成群蝗虫立即停止飞行,降落地面或植被上。

(二)光质

光是由波长范围很广的电磁波组成的,光谱成分中主要的波长范围是 150~4 000 nm,其中人眼可见光的波长在 380~760 nm 之间,可见光谱中根据波长的不同又可分为红、橙、黄、绿、青、蓝、紫七种颜色的光质。波长小于 380 nm 的是紫外光,波长大于 760 nm 的是红外光。在地球接收到的太阳辐射中,红外光占 50%~60%,紫外光约占 1%,其余的是可见光部分。由于波长越长,增热效应越大,所以红外光可以产生大量的热,地表热量基本上就是由红外光能所产生的。紫外光在穿过大气层时,波长短于 290 nm 的部分将被臭氧层中的臭氧吸收,只有波长在 290~380 nm 之间的紫外光才能到达地球表面。在高山和高原地区,紫外光的作用比较强烈。

1. 光质的变化

光质随空间发生变化的一般规律是,短波光随纬度增加而减少,随海拔升高而增加。光质在时间变化上,冬季长波光增多,夏季短波光增多;一天之中,中午短波光最多,早晚长波光较多。

2. 光质对生物的作用与生物的适应

1)对植物的作用与植物的适应

可见光具有最大的生态学意义,这是因为只有可见光才能在光合作用中被植物所利用并转化为化学能。植物的叶绿素是绿色的,它主要吸收红光和蓝光,所以在可见光谱中,波长为 620~760 nm 的红光和波长为 435~490 nm 的蓝光对光合作用最为重要。

不同光质对植物的光合作用、色素形成、向光性、形态建成的诱导等影响是不同的。其中,红橙光能够被叶绿素吸收,蓝紫光能够被叶绿素和类胡萝卜素吸收,这部分光辐射称为生理有效辐射;绿光很少被吸收,称为生理无效辐射。大量试验已证明,红光有利于糖分的合成,蓝光有利于蛋白质的合成。蓝紫光与青光对植物的生长及幼芽的形成有很大的作用,能抑制植物的伸长生长而使植物形成矮粗的形态,也是支配细胞分化最重要的光线,还影响植物的向光性。

近年来,日本、荷兰等国已经利用彩色薄膜对蔬菜等作物进行生长调控,利用紫色光增产茄子,利用蓝色薄膜提高草莓产量。在红光下栽培甜瓜可以加速植株发育,果实成熟提前 20 天,果肉的糖分和维生素含量也有所增加。

不可见光对生物的影响是多方面的,例如紫外光在高山地带的生态作用非常明显。因为短波光较多的缘故,生活在高山上的植物的茎叶富含花青素,茎干粗短、叶面缩小、毛绒发达,这也是避免紫外线伤害的一种保护性适应。

2) 对动物的作用与动物的适应

光对动物生殖、体色变化、迁徙、毛羽更换、生长及发育等都有影响。例如:将一种蛱蝶分别养在光照和黑暗的环境下,生长在光照环境中的蛱蝶体色变淡,而生长在黑暗环境中的蛱蝶,身体呈暗色;其幼虫和蛹在光照与黑暗的环境中,体色也有与成虫类似的变化。光质对于动物的分布和器官功能的影响虽然缺乏足够的有力试验证明,但色觉在不同动物类群中的分布已有许多研究。在节肢动物、鱼类、鸟类和哺乳动物中,有些种类色觉很发达,另一些种类则完全没有色觉。在哺乳动物中,大部分动物种类是"色盲",只有灵长类动物才具有发达的色觉。另外,由于在高山上的短波光较多,因此高山地区的多数动物体色较暗,有利于避免紫外线的伤害。

(三) 光周期

1. 光周期的变化

由于地球公转和自转以及太阳与地球的相对位置变化,造成太阳光的高度和角度发生周期性的变化,因而导致地球上日照长度也发生周期性的变化。日照长度是指白昼的持续时数或太阳的可照时数。日照长度超过 14 h 的称长日照,每天日照不足 8 h 的称短日照。光周期的变化随着纬度的增加而越加明显。高纬度地区夏季的日照长度高于低纬度地区,而冬季的日照长度则短于低纬度地区。高纬度地区的作物虽然生长期很短,但在生长季节内每天的日照时间长,因此,北方的作物仍然可以正常地开花结实。

2. 光周期对生物的作用与生物的适应

日照长度的变化对动、植物都有重要的生态作用。由于分布在地球上的动、植物长期生活在具有一定昼夜变化格局的环境中,各类生物形成了特有的对日照长度变化的反应方式,这就是在生物中普遍存在的光周期现象(photoperiodism)。

1) 对植物的作用与植物的适应

植物的开花通常要受到日照长度变化的调控。根据植物开花对日照长度的要求可以把植物分为长日照植物(long-day plant)、短日照植物(short-day plant)和中日照植物(intermediate-day plant)。长日照植物通常是在日照时间超过一定数值时才开花,否则便只进行营养生长,不能形成花芽。比较常见的长日照植物有牛蒡、紫菀、凤仙花、除虫菊以及作物中的冬小麦、大麦、油菜、菠菜、甜菜、甘蓝、萝卜等。短日照植物通常是在日照时间短于一定数值时才开花,否则就只进行营养生长而不开花,这类植物通常是在早春或深秋开花。常见的短日照植物有牵牛、苍耳、菊类以及作物中的水稻、玉米、大豆、烟草、麻、棉等。中日照植物是只要其他条件合适,在什么日照条件下都能开花,例如黄瓜、番茄、番薯、四季豆、蒲公英等。在园艺工作中也常利用光周期现象人为控制开花时间,以便满足观赏需要。

2) 对动物的作用与动物的适应

在脊椎动物中,鸟类的光周期现象最为明显,很多鸟类的迁移都是由日照长度的变化所引起的。由于日照长度的变化是地球上最严格和最稳定的周期变化,所以是生物节律中最可靠的信号系统。鸟类在不同年份迁离某地和到达某地的时间都不会相差几日。同样,各种鸟类每年开始生殖的时间也是由日照长度的变化决定的。随着春季的到来,生殖腺开始发育,随着日照长度的增加,生殖腺的发育越来越快,直到产卵时达到最大。生殖期过后,生殖腺便开始萎缩,直到来年春季才再次发育。

日照长度的变化对哺乳动物的生殖和换毛也具有十分明显的影响。很多野生哺乳动物(特别是生活在高纬度地区的种类)都是随着春天日照长度的逐渐增加而开始生殖的,例如雪豹、野兔、刺猬等,这些种类可称为长日照兽类。还有一些哺乳动物总是随着秋天短日照的到来而进入生殖期,例如绵羊、山羊和鹿,这些种类属于短日照兽类。

昆虫的冬眠和滞育也是一种对光周期的适应行为,温度、湿度和食物也对这种行为有一定影响。昆虫通过冬眠和滞育增强以适应恶劣气候和度过食物短缺的季节。秋季的短日照是诱发马铃薯甲虫在土壤中冬眠的主要因素,每日的日照时数决定了玉米螟(老熟幼虫)和梨剑纹夜蛾(蛹)的滞育率,滞育率同时与温度也有一定关系。

二、温度对生物的生态作用与生物的适应

温度是一种无时无处不在并起重要作用的生态因子,任何生物都是生活在具有一定温度条件的环境中并受到温度变化的影响。地球表面的温度条件总是在不断变化的:在空间上它随纬度、海拔高度、生态系统的垂直高度和各种小生境而变化;在时间上它有一年的四季变化和一天的昼夜变化。温度的这些变化都会给生物带来多方面深刻的影响。温度对生物的生态意义还在于温度的变化能引起环境中其他生态因子的改变,例如引起湿度、降水、风、氧在水中的溶解度以及食物和其他生物活动和行为的改变等。有时很难孤立地去分析温度对生物的作用,因此温度对生物的间接影响也是非常重要的,例如当光能被物体吸收的时候,常常被转化为热能使温度升高。此外,温度还经常与光和湿度综合起作用,共同影响生物的各种功能。

(一)温度的生态意义

任何一种生物,其生命活动中每一生理过程都有酶系统的参与。然而,每一种酶的活性都有它的最低温度、最适温度和最高温度,相应形成温度的"三基点"。一旦超过酶的耐受能力,酶的活性就将受到制约。例如:高温将使蛋白质凝固,酶系统失活;低温将引起细胞膜系统渗透性改变、脱水、蛋白质沉淀以及其他不可逆转的化学变化。不同生物的"三基点"是不一样的,不同的生物和同一生物的不同发育阶段所能忍受的温度范围有很大不同。例如:水稻种子的最适温度是 25~35 ℃,最低温度是 8 ℃,45 ℃中止活动,46.5 ℃就要死亡;雪球藻和雪衣藻只能在冰点温度范围内生长发育;而生长在温泉中的生物可以耐受 100 ℃的高温。一般地说,生长在低纬度地区的生物,其耐高温阈值偏高,而生长在高纬度地区的生物,其耐低温阈值偏低。

一般说来,在一定的温度范围内,生物的生长速率与温度成正比,以酶反应为基础的生物体内生理生化反应会随着温度的升高而加快,从而加快生长发育速度;生化反应也会随着温度的下降而变缓,从而减慢生长发育的速度。

当环境温度高于或低于生物所能忍受的温度范围时,生物的生长发育就会受阻,甚至造成死亡。在多年生木本植物的横断面上,多数都可以看到明显的年轮,这就是植物生长快慢与温度高低关系的真实写照。同样,动物的鳞片、耳石等,也有类似的记录。温度除了影响生物的生长发育外,还能影响生物的生殖力和寿命。例如:我国危害水稻的三化螟在温度为 29 ℃、相

对湿度为90％时产卵最多;粮库害虫米象在小麦相对湿度为14％时,在最适温度下(约29 ℃)产卵最多,偏离此温度产卵量便下降,偏离越远产卵数越少。温度对变温动物寿命影响的一般规律是在较低温度下生活的动物寿命较长,对恒温动物来说偏离最适温度将会使寿命下降。例如,饥饿麻雀在36 ℃时能活48 h,在10 ℃和39 ℃条件下只能分别活10.5 h和13.6 h。

(二)温度对生物的作用

1. 有效积温与生物发育

温度与生物发育关系的最普遍规律是有效积温法则。1735 年,法国学者雷米尔(Reaumer)指出,植物完成一定发育阶段及作物从播种到成熟需要一定的积温。温度与生物的发育关系最普遍的规律是植物在生长发育过程中,需从环境中摄取一定的热量才能完成某一阶段的发育,而且某一特定植物类别各发育阶段所需要的总热量是一个常数,可用公式表达如下:

$$K = N(T - T_0)$$

式中　K——生物所需的有效积温,它是个常数(日度);

　　　T——当地该时期的平均温度(℃);

　　　T_0——生物生长活动所需的最低临界温度(生物学零度)(℃);

　　　N——天数(d)。

生物的生长发育要求一定范围的温度,温度过低生物不能生长发育,温度达到需求的低限生物才开始生长发育,这一温度阈值称为生物学零度(biological zero)或者最低临界温度、发育起点温度。不同物种的生物学零度是不同的。例如,水稻、棉花的生物学零度为10 ℃左右,小麦为3～5 ℃。在有效积温方面,一般而言,高纬度地区栽培的植物,其整个发育期所需要的有效积温较少,反之则较多。例如:小麦、早熟的马铃薯需要10 ℃以上的有效积温为1 000～1 600日度;春播谷物作物、番茄等需要有效积温为1 500～2 100日度;玉米、棉花等需要有效积温为2 000～4 000日度;而南方的柑橘和椰子需要有效积温为4 000～5 000日度。

2. 有效积温法则的实际应用和指导意义

有效积温法则的实际应用可包括以下的几个方面。

(1)预测生物发生的世代数。例如,小地老虎完成一个世代(包括各个虫态)所需的总积温 $K_1 = 504.7$ 日度,南京地区对该昆虫发育的年总积温 $K = 2\ 220.9$ 日度,因此小地老虎可能发生的世代数为 $K/K_1 = 2\ 220.9/504.7 = 4.4$(代),而南京地区小地老虎每年实际发生4～5代。

(2)预测生物地理分布的北界。某种生物分布地的全年有效总积温必须满足该种生物生长发育及繁殖后代的需求。

(3)预测害虫来年发生程度。例如,东亚飞蝗只能以卵越冬,如果某年因气温偏高使东亚飞蝗在秋季又多发生了一代(第三代),但该代在冬天到来之前难发育到成熟,于是越冬卵的基数就会大大减少,来年飞蝗发生程度必然偏轻。

(4)推算生物的年发生历。根据某种生物各发育阶段的发育起点温度和有效积温,再参考当地气象资料就可以推算出该种生物的年发生历。

(5)可根据有效积温制定农业气候区划,合理安排作物。不同作物所要求的有效积温是不同的,例如小麦、马铃薯的有效积温为1 000～1 600日度,春播禾谷类、番茄和向日葵的为

1 500～2 100日度,棉花、玉米的为2 000～4 000日度,柑橘类的为4 000～4 500日度,椰子为5 000日度以上。

(6)应用积温预报农时。依据作物的总积温和当地节令、苗情以及气温资料就可以估算出作物的成熟收刈期,以便制订整个栽培措施。用有效积温预报农时远比其他温度指标和植物生育期天数更准确可靠。

(三)极端温度的生态作用与生物的适应

极端温度环境通常是指低温与高温两种环境。长期生活在极端温度环境中的生物,通过气候驯化或进化变异,在形态、生理、行为等各个方面表现出对极端环境明显的适应性。恒温动物,例如鸟类和哺乳动物,因为其体温调节机制比较完善,能在环境温度变化的情况下保持体温的相对稳定。而变温动物,例如鱼类、蛙类、蛇类等,体内没有自身调节体温的机制,仅能靠自身行为来调节体热的散发或从外界环境中吸收热量来提高自身的体温,因此它们的体温会随着外界温度的变化而变化:当外界环境的温度升高时,代谢率随之升高,体温也逐渐上升;当外界环境的温度降低时,代谢率随之降低,体温也逐渐下降。在一般情况下,变温动物不能忍受冰点以下的低温,这是因为细胞中冰晶会使蛋白质的结构受到致命的损伤;也不能忍受高温,高温加速了新陈代谢,水分丧失,导致生物死亡。

1. 低温对生物的影响与生物的适应

当生物体内温度低于一定的数值时,生物会因低温而受到伤害,此时的温度被称为临界温度。在临界温度以下,温度越低生物受害越重。低温对生物的伤害可分为冷害、霜害和冻害三种类型。其中,冷害是指喜温生物在零度以上的温度条件下受害或死亡,冻害是指冰点以下的低温使生物体内(如细胞内和细胞间隙)形成冰晶而造成的损害,而霜害实际上是在形成霜的同时所产生的冻害。

在生理方面,生活在低温环境中的植物常通过减少细胞中的水分和增加细胞中的糖类、脂肪、色素等物质来降低植物的冰点,从而增加抗寒能力。例如,鹿蹄草(*Pyrola calliantha*)就是通过在叶细胞中大量储存五碳糖、黏液等物质来降低冰点的,这种方法可使其结冰温度下降到 -31 ℃。而许多动物则是依靠增加体内的产热量来增强御寒能力和保持体温恒定的。生活在寒带的动物,由于有隔热性能良好的毛皮,往往能使其在少增加甚至不增加代谢产热的情况下,就能保持体温的恒定。

在形态方面,生长在北极和高山的植物,其芽和叶片受到油脂类物质的保护,芽具鳞片,植物体表面生有蜡粉和密毛,植株矮小且常呈匍匐状、垫状或莲座状等,这种形态有利于保持体温、减轻严寒的影响。恒温动物为了适应在寒冷地区和寒冷季节生存,会增加毛的数量和改善羽毛的质量,或者增加皮下脂肪的厚度,从而提高身体的隔热能力。生活在高纬度地区的恒温动物,其身体往往比生活在低纬度地区的同类个体大,因为个体大的动物,单位体重散热量相对较少,这就是著名的Bergman规律,表1-1所示的是中国南北方几种兽类颅骨长度比较。恒温动物在低温环境中减少散热的另一种适应方式是身体的突出部分(例如四肢、尾巴、外耳等)有变小的趋势,这种适应方式被称为Allen规律。例如,北极狐(*Alopex lagopus*)的外耳明显短于温带的赤狐(*Vulpes vulpes*),而赤狐的外耳又明显短于热带的大耳狐(*Fennecus zerda*)(图1-3)。

在行为方面,动物对低温的适应主要表现在休眠和迁移两个方面,前者有利于增加抗寒能力,后者可躲过低温环境。

表 1-1　中国南北方几种兽类颅骨长度比较

种类(北方)	颅骨长度/mm	种类(南方)	颅骨长度/mm
东北虎	331～345	华南虎	273～313
华北赤狐	148～160	华南赤狐	127～140
东北野猪	400～472	华南野猪	295～354
雪兔	95～97	华南兔	77～86
东北草兔	85～89		

(引自华东师范大学,1990)

图 1-3　北极狐(左)、赤狐(中)和大耳狐(右)的外耳大小比较

2. 高温对生物的影响与生物的适应

生物环境温度超过生物适宜的上限后就会对生物产生有害的影响,温度越高对生物的伤害作用越大。高温可减弱植物的光合作用,增强呼吸作用,使植物生理过程失调。高温还可以破坏植物的水分平衡,促使蛋白质凝固以及导致有害代谢物在体内的积累。高温对动物的有害影响主要是破坏酶的活性,使蛋白质凝固变性,造成动物缺氧、排泄功能失调和神经麻痹等。

植物对高温环境的适应表现在形态、生理和行为三个方面。例如:有些植物长有密绒毛和鳞片,能过滤一部分阳光;有些植物呈白色、银白色,叶片革质发亮,能反射大部分阳光,使植物免受热伤害;有些植物叶片垂直排列,使叶缘向光或在高温条件下叶片折叠,以减少光的吸收面积;还有些植物的树干和根茎生有很厚的木栓层,具有绝热和保护作用。在生理上,植物对高温的适应主要是降低细胞含水量,增加糖或盐的含量,这有利于减缓代谢速率和增加原生质的抗凝结力。此外,旺盛的蒸腾的作用也可使植物体避免因过热受害。还有一些植物,具有反射红外线的能力,夏季反射的红外线比冬季多,这也是植物避免受到高温伤害的一种适应方式。

动物对高温环境适应的一个重要方式就是适当放松恒温性,使体温有较大的变幅,在高温炎热的季节能暂时吸收和储存大量的热并使体温升高,而后在环境条件改善时再把体内的热量释放出去,体温也由此下降。生长在沙漠中的啮齿动物,对高温环境常常采取行为上的适应对策,例如夏眠、穴居或者白天躲入洞内、夜晚出来活动等。穴居、夜出活动都是躲避高温的有效行为。

3. 温度与生物的地理分布

生物不仅需要适应一定的温度幅度,而且需要有一定的温度量。决定环境温度条件的气温在空间上呈现一定的地理分布规律,进而影响着生物的地理分布,而且随着生物的进化和适应,每个地区又都生长繁衍着适应于该地区气候特点的生物。每种生物都有自己固定的温度幅度。有些生物能在较宽的温度范围内生活,例如:松、桦、栎、亚洲虎、甲壳虫等能在－5～55 ℃的范围内生活,被称为广温生物,或广温种;有些生物只能在很窄的温度范围内生活,被称为窄温生物,例如雪球藻、雪衣藻等属于窄温好冷的物种,椰子、可可和多数昆虫属于窄温好热的物种。

有效总积温、极端温度(高温和低温)是限制生物分布的重要因素。例如:由于高温的限制,白桦和云杉在自然条件下不能在华北平原生长,苹果、梨、桃不能在热带地区栽培;在长江流域和福建,黄山松因高温限制不能分布在海拔 1 000 m 以下的高度;菜粉蝶不能忍受 26 ℃以上的高温,所以 26 ℃就是这种昆虫分布的上限,虽然秋季和冬季菜粉蝶可以越过这个界限,但到夏季气温超过 26 ℃时,卵和幼虫就会全部死亡。高温限制植物地理分布的原因主要是破坏植物体内的代谢过程和光合呼吸平衡,其次是植物因得不到必要的低温刺激而不能完成整个发育阶段,例如苹果、桃、梨在低纬地区不能开花结实。低温对生物分布的限制作用更为明显。对植物和变温动物来说,决定其水平分布北界和垂直分布上限的主要因素就是低温,所以这些生物的分布界限有时非常清楚。例如:橡胶分布的北界是北纬 24°40′(云南盈江),海拔高度的上限是 960 m(云南盈江);剑麻分布的北界是北纬 26°,海拔高度的上限是 900 m(云南潞西);油棕为北纬 24°(福建韶安)和海拔 600 m(西双版纳);椰子为北纬 24°30′(厦门)和海拔640 m(海南岛)。苹果蚜分布的北界是 1 月等温线为 3～4 ℃的地区,东亚飞蝗分布的北界是年等温线为 13.6 ℃的地区,玉米螟则只能分布在气温 15 ℃以上的日子不少于 70 天的地区。有些昆虫在大发生时,往往会超过它们正常分布的北界,但这只是一种暂时性的分布。温度对恒温动物分布的直接限制较小,常常通过影响其他生态因子(例如食物等)而间接影响其分布。例如:通过影响昆虫的分布而间接影响食虫蝙蝠和高纬地区鸟类的分布;很多鸟类在秋冬季节不能在高纬地区生活,不是因为温度太低而是因为食物不足和白昼取食时间的缩短。

一般而言,温度暖和的地区,生物种类多,而寒冷的地区,生物种类较少。例如:我国的两栖类动物,广西有 57 种,福建有 41 种,浙江有 40 种,江苏有 21 种,山东、河北各有 9 种,内蒙古只有 8 种;高等植物我国有 30 000 多种,巴西有 40 000 多种,而苏联只有 16 000 多种。

(四)温度节律的生态作用

任何生物都生活在一定温度的外界环境中,并受温度变化的影响。地球表面的温度在空间尺度上随纬度、海拔高度、生态系统的垂直高度和各种小生境而变化;在时间尺度上,温度与光因子一样存在周期性变化,有一年的四季变化和一天的昼夜变化,称为节律性变温。温度的周期性变化,对生物的生长发育、迁移、集群活动等有重要影响;昼夜变温对许多生物的生长、发育有促进作用。

1. 变温与生物生长

生物适应了变温环境,多数生物在变温下比恒温下生长得更好。例如:昼夜变温可提高雏鸡的孵化率,减少"死胚"率;蝗虫在变温下的平均发育速度比恒温条件下的平均发育速度快38.6％。植物生长与昼夜温度变化的关系更为密切,由于降温后可增加氧在细胞中的溶解度,改善萌发中的通气条件,因此变温能提高种子萌发率。变温对植物个体形态分化和协调生长有促进作用。多数植物在变温条件下发芽良好,幼芽常能适应春季十几摄氏度的昼夜温差。植物生长也要求一定的温差配合,白天温度高,光合作用强;夜间温度低,可降低呼吸消耗速率,故在一定的范围内,昼夜温差越大越有利于植物有机物的积累。

2. 物候节律

由于长期适应,生物形成了与一年中温度的寒暑节律性变化相适应的生物发育节律,称为物候节律。物候节律是在大量细致观察和资料分析的基础上获得的。长期以来人们已经形成许多常识性知识或谚语,利用物候节律作为播种、施肥、防病虫和收获的标示,有效地指导了日常生活和生产活动。植物的物候变化比较明显,例如:落叶植物在春天大地温度回升时,开始发芽、生长;夏秋气温较高期间,开花、结实;秋末低温来临,植物落叶,进入休眠。动物对不同季节食物条件的变化以及对热能、水分和气体代谢的适应,导致生活方式与行为的周期性变化,例如活动与休眠、繁殖期与性腺静止期、分居与群居、定居与迁移等。

草原上的啮齿类动物,许多种类有冬眠或蛰伏的习性。很多昆虫在不利气候条件下常进入滞育状态。变温动物在冬季滞育时,体内水分大大减少,以利于防止结冰,而新陈代谢几乎降到零;在夏季滞育时,耐干旱的昆虫可使身体干透,以忍受干旱,或者在体表分泌一层不透水的外膜,以防止身体变干。休眠能使动物最大限度地减少能量消耗,动物的休眠会伴随许多生理变化,例如哺乳动物在冬眠开始之前体内先要储备特殊的低熔点脂肪,冬眠时心跳速率大大减缓,血流速度变慢,为防止血凝块的产生,血液化学性质也会发生相应的变化。

植物中的休眠现象也比较普遍。例如,温带的木本植物为了能够顺利度过冬季的低温,而在冬季休眠。通常,树木进入冬眠状态是受制于日照长短而不是温度,这在很大程度上使植物免受初冬温度波动的危害。许多植物的种子成熟后不能立即萌发,其实这也是一种休眠形式。休眠的种子可以长期保持存活能力,只要出现适合的条件,种子就会萌发。很多植物种子在干燥储藏期间具有后熟现象,后熟期长短因植物而异,例如莎草种子的后熟期长达 7 年。通过增加种皮通透性以及采用打破休眠的措施,可以促使干燥储藏的种子萌发。

3. 春化作用

生物的生活周期包括个体的营养生长和生殖生长两个重要的发育阶段,生物只有通过生殖生长才能繁衍后代。温度高低也是调节生物由营养生长向生殖生长转化的主要因子,某些植物,例如冬小麦、油菜等,要经过一个低温阶段,才能诱导其进入生殖期。植物必须经历一段时间的持续低温才能由营养生长阶段转入生殖生长阶段的现象,称为春化作用。例如,来自温带地区的耐寒花卉,较长的冬季和适度严寒,能更好地满足其春化阶段对低温的要求。低温处理对植物促进开花的作用,因植物的种类而异。对大多数需经低温才能开花的植物,1～2 ℃是最有效的春化温度,但只要低温持续时间足够长,−1～−9 ℃都有效。除低温外,春化作用还需要氧、水分和糖类。干种子不能接受春化,种子春化时的含水量一般需要在 40% 以上。离体胚在有氧、水分和糖类的情况下,才会有春化响应。

三、水对生物的生态作用与生物的适应

(一) 水的生态学意义

没有水就没有生命,水是任何生物体都不可缺少的、最重要的组成成分。植物体一般含水量为 60%～80%,而动物体含水量比植物更高,例如水母含水量高达 95%,软体动物达 80%～92%,鱼类达 80%～85%,鸟类和兽类达 70%～75%。只有足够的水才能使原生质保持溶胶状态,保证旺盛代谢正常进行。如果含水量减少,原生质由溶胶趋于凝胶状态,生命活动也随之减弱,如果原生质严重失水必然导致细胞结构破坏,甚至是死亡。水分的热容量大,其吸热和放热比较缓慢,使水体温度不像大气温度那样变化剧烈,也较少受气温波动的影响,从而为生物创造了一个相对稳定的温度环境。

水是生物新陈代谢的直接参与者。光合作用、呼吸作用、有机物合成与分解过程中都有水

分子参与。如果没有水,这些体内重要的生理过程不能进行。水也是新陈代谢的主要介质,生物的一切代谢活动必须以水为介质,生物体内营养的运输、废物的排除、激素的传递以及生命赖以生存的各种生物化学过程,都必须在水溶液中才能进行。水作为溶剂,对很多化合物具有水解和电离作用,许多化学元素都是在水溶液的状态下被生物吸收和转运的。水分子的不足会导致生物生理上的不协调,正常生理活动被破坏,甚至引起死亡。

生物体内的水分能使其保持固有的形态。水分使细胞保持一定的紧张度(即膨胀),维持了生物细胞及组织的紧张状态,使植物枝叶挺立,便于充分接受阳光和气体交换;同时也使花朵张开,利于传粉;水分还能使动物保持体形,便于剧烈运动。如果含水量不足,便会造成植物萎蔫、动物脱水,一切生理活动也随之下降甚至停止。

因地理纬度、海陆位置、海拔高度的不同,降水在地球上的分布是不均匀的,进而影响到动植物的数量和地理分布。在降水量最大的赤道热带雨林中,每 100 m² 多达 52 种植物,而降水量较少的大兴安岭红松林群落中,每 100 m² 仅有 10 种植物。我国从东南至西北,可以划分为 3 个等雨量区,相应地植被也可以划分为 3 个分布区,即湿润森林区、干旱草原区和荒漠区。在同一山体的迎风坡和背风坡动植物的分布也因降水量的差异有明显区别。

(二)水对生物的作用及其适应

1. 对植物的作用与植物的适应

就植物而言,水分对植物的生长也有一个最高、最适和最低的"三基点"。水分只有处于合适范围内,才能维持植物的水分平衡,保证植物正常生长。种子萌发需要较多水分,因为水能软化种皮,增强其透性,使种子呼吸加强;同时水能使种子内凝胶状态的原生质转变为溶胶状态,使生理活性增强,促进种子萌发。因此,水分强烈地影响植物的生理活动。水稻在萎蔫前,当其蒸腾量减少到正常水平的 65% 的时候,同化产物减少到正常水平的 55%,而呼吸却增加到正常水平的 162%,由此可导致生长基本停止。水对植物繁殖也有深刻的影响,例如过多的降水会使玉米的花粉活性下降,而导致其产量减少。水流和洋流能携带植物的花粉、孢子、果实、幼株或者具有营养繁殖能力的片段漂流到很远的地方,在适宜的环境中定居和繁衍,从而使其地理分布范围扩大。

根据植物对水因子的需求量和依赖程度,可以把植物划分为水生植物和陆生植物两大类型。其中,水生植物可划分为沉水植物(submergent plant)、漂浮植物(free-floating plant)、浮叶植物(floating-leaved plant)和挺水植物(emergent plant)四种类型;陆生植物可划分为湿生(hygrophyte)、中生(mesophyte)和旱生(xerophyte)三种类型。

对陆生植物来说,如何保持根系吸收水和蒸腾水之间的平衡是保证植物正常生活所必须的。要维持水分平衡就必须增加根的吸收和减少叶的蒸腾,植物在这方面具有一系列的适应性。例如,气孔能够自动开关,当水分充足时气孔便张开以保证气体交换,但当缺水干旱时气孔便关闭以减少水分的散失。植物体表面浓密的细毛可防止植物表面受到阳光的直射和避免植物体过热,体表上的蜡质层可使表皮减少水分的蒸发。有些植物的气体深陷在植物体液内,有利于减少失水。此外,有许多植物靠光合作用的生化途径适应于快速地摄取 CO_2 并以改变的化学形式储存起来,以便在晚上进行气体交换,这是由于晚上的温度较低,蒸发失水的压力较小。陆生植物中,湿生植物是指在湿潮环境中生长,不能忍受长时间的水分不足,即为抗旱能力较弱的陆生植物。根据其生长环境特点,还可以再分为阴性湿生植物和阳性湿生植物两个亚类。中生植物是指生长在水湿条件适中的生境中的植物。该植物具有一套完整的保持水分平衡的结构,其根系和输导组织都比湿生植物发达。旱生植物生长在干旱环境中,能耐受较长时间的干旱环境,且能维护水分平衡和正常的生长发育,多分布在干热草原和荒漠区;旱生植物通常具有发达的根系,以便能够更多地吸收水分,同时其叶面积较小,以尽量减少水分的散失。还有一些旱生的植物,它们因具有发达的储水组织,能储备大量水分,而能生活在极为干旱的环境中。有些植物是从生理上适应于干旱环境,它们的原生质渗透压特别高,能够使植物根系从干旱的土壤中吸收水分,同时避免发生反渗透现象,使植物失水。

水生环境与陆生环境有很大的差异,水生环境的主要特点是弱光、缺氧、密度大、黏性高、湿度变化平缓以及能溶解各种无机盐类。因此,水生植物具有一些与陆生植物不同的特征。首先,水生植物具有发达的通气组织,以保证各器官组织对氧的需要。例如,莲(*Nelumbo nucifera*)的根状茎内有许多纵行通气孔道,叶柄粗壮、中空,空气从气孔进入叶片内,然后通过叶柄输送到地下的根状茎和根,形成了一个完整的通气组织,以保证植物体各部分对氧气的需要。其次,水生植物的机械组织不发达,甚至退化,以增强植物的弹性和抗扭曲能力,适应于水体流动,同时水生植物在水下的叶片多分裂成带状、线状,而且很薄,以增加吸收阳光、无机盐和 CO_2 的面积。沉水植物是典型的水生植物,植株沉没在水中,根退化或消失,表皮细胞可直接吸收水中气体、营养物和水分,叶绿体大而多,适应水中的弱光环境,同时无性繁殖比有性繁殖发达,例如狸藻(*Utricularia vulgaris*)、金鱼藻(*Ceratophyllum demersum*)、黑藻(*Hydrilla verticillata*)等种类。漂浮植物的叶漂浮在水面,根悬垂在水中,不与土壤发生直接的关系,它们可随水流四处漂泊,为了适应漂浮在水面上生长,有些种类具有特化的通气组织,例如水鳖(*Hydrocharis dubia*)的叶片背部有蜂窝状储气组织,并具气孔,凤眼蓝(*Eichhornia crassipes*)的叶柄中部膨大成囊状或纺锤形,内有许多多边形柱状细胞组成的气室。

2. 对动物的作用与动物的适应

水也是动物重要的生态因子。例如,水分不足会引起动物的滞育、休眠甚至死亡。在草原上,降水季节形成的一些暂时性积水,常有水生昆虫生长,而且密度比较高,但是雨季过后,它们就会进入滞育期。有些昆虫在干燥的环境中完全停止发育,时间过长还会导致死亡。飞蝗(*Locusta migratoria*)由蛹发育成成虫的过程中,在相对湿度为70%的环境中发育最快,如果偏离这一最适湿度,发育期就会延长。飞蝗产卵量也受湿度的影响,在70%的相对湿度环境中,平均每雌的产卵量达到最高。许多动物的周期性繁殖都与降水季节密切相关。例如,澳洲鹦鹉遇到干旱年份就停止繁殖;羚羊幼兽的出生时间,正好是降水和植被生长茂盛的季节。

根据栖息地的差异,动物可以划分为水生和陆生两大类型。对于水生动物来说,保持体内水分平衡主要是依赖水的渗透作用。陆生动物体内的含水量一般比环境的要高,其常常会因蒸发而失水,在排泄过程中也会损失一部分水分。因此,动物要保持体内水分的平衡,必须通过食物、饮水、代谢等得到补充。动物水分平衡的调节总是与各种溶质的平衡调节密切联系在一起,不同类型的水体溶解有不同种类和数量的盐类。水生动物的体表通常具有渗透性,通过对渗透压的调节来维持与体外水环境水分动态的平衡。不同类群的水生动物,有着各自不同的适应能力和调节机制。水生动物的分布、种群形成和数量变动都与水体的含盐量和动态特点密切相关。

动物渗透压的调节可以通过限制其体表对盐类的通透性、改变所排出的尿和粪便的浓度与体积、逆浓度梯度地主动吸收或主动排出盐类和水等方法来实现。淡水动物体液的浓度对环境是高渗透性的,水可以不断地渗入动物体内,过剩的水分也必须不断地被排出体外,才能保持体内的水分平衡。淡水动物常常面临着体内部分盐类丢失的问题,当体内的盐类有降低的危险时,动物会通过将排出体外的盐分降低到最低限度、从水中主动吸收盐类和不断地将过剩水排出体外等方法来弥补。生活在海洋中的动物,主要有两种渗透压调节类型,一是动物血液或体液的渗透浓度与海水的相等或接近,二是动物血液或体液的渗透浓度大大低于海水。生活在海洋中的大多数动物,例如脊椎动物和盲鳗,体内的含盐量和海水是等渗的,一般会从食物、代谢水中或直接饮用海水而得到一些水分的补充。有些动物种类,例如七鳃鳗和真骨鱼类,具有低渗性,其体内的水分会大量向体外渗透,因此必须从食物、代谢过程或通过饮水来摄取大量的水,其中饮水是弥补大量渗透失水的主要方法。与此同时,动物还必须有发达的排泄器官,以便把饮水中的大量溶质排泄出去。

洄游鱼类在生活史的不同时期分别在淡水和海水中生活,例如溯河产卵的大马哈鱼以及罗非鱼、赤鳟、刺鱼等广盐性的鱼类,它们的体表对水分和盐类渗透性较低,有利于在不同浓度的海水和淡水中生活。当它们从淡水洄游到海水时,虽然有一段时间体重因失水而减轻,体液浓度增加,但一般都能通过渗透压调节,在 48 h 内使体重和体液恢复正常;反之,当它们由海水进入淡水时,也会出现短时间的体内水分增多、盐分减少,这时它们通过提高排尿量来维持体内的水平衡。

陆生动物失水的主要途径是皮肤蒸发、呼吸失水和排泄失水。丢失的水分主要从食物、代谢水和直接饮水三个方面得到弥补。但是,在有些环境中水是很难得到的,所以单靠饮水远远不能满足动物对水分的需要,因此陆生动物在进化过程中形成了对各种减少或者限制失水的适应。在形态结构上,陆生动物各自以不同的形态来适应环境湿度。例如,昆虫具有几丁质构成的体壁,非常有效地防止了水分的过量蒸发;生活在高山干旱环境中的烟管螺(*Euphaedusa aculus*)可以产生膜以封闭壳口来抵抗低湿条件;两栖类动物体表分泌的黏液可以长时间地保持湿润;爬行动物的体表长有厚的角质层;鸟类的羽毛和尾脂腺,都能防止体内水分过多蒸发,以保持体液平衡。在生理上,许多陆生动物具有适应干旱的特性。例如,爬行动物和鸟类以尿酸的形式向外排泄含氮废物,有的甚至以结晶状态排出,以便减少排泄失水。生活在荒漠地区的鸟类和兽类,它们的肾脏具有良好的水分重吸收机能,能高度浓缩尿液,减少水分流失。鸟类和哺乳类中的有些种类,由肺内呼出的水蒸气在扩大的鼻道内通过冷凝而回收,由此可减少呼吸失水。很多陆生昆虫和节肢动物利用高度特化的气管系统来进行呼吸,气管系统主要包括气门和气管两部分。气门是由气门瓣来控制的,只有当气门瓣打开的时候,才能与环境进行最大限度的气体和水分交换,呼吸失水变得微乎其微。在行为上,动物通过多种途径来适应各种干旱的环境。例如,沙漠地区夏季昼夜地表温度相差很大,地面和地下的相对湿度和蒸发力相差也很大,因此一些沙漠动物白天在洞内、夜里出来活动。还有一些动物白天躲藏在潮湿的地方或水中,在夜间出来活动。在水分缺乏、食物不足的时候,干旱地区的许多鸟类和兽类还会迁移到别处去,以避开不良的环境条件。在非洲,大草原旱季到来时,往往也是大型草食动物开始迁徙的时期。

四、土壤对生物的生态作用与生物的适应

土壤是指陆地表面具有肥力且能够生长植物的疏松层,是由固体(矿物质和有机质)、液体(土壤水分)、气体(土壤空气)三相物质四类组分组成的一个复杂而分散的复合系统,它的形成是生物与非生物共同作用的产物。土壤中的温度、水分、通气状态、结构、养分、pH 值等一系列因素,使得土壤成为一个极其复杂的体系,对生物及生态系统产生错综复杂的影响。

（一）土壤的生态意义

土壤是陆地生态系统的基底条件,提供生物生活所必需的矿物质元素和水分,是生态系统中物质与能量交换的重要场所。土壤中的生命活动不仅影响土壤本身,而且也影响土壤中的生物群落。土壤中的各种组分以及它们之间的关系,影响着土壤的性质和肥力,从而影响生物的生长。土壤中的有机质能够为植物生长提供必需的生命元素,植物的生长发育需要土壤经常不断地供给一定的水分、养料、温度和空气。土壤的这种能力,称为土壤肥力。土壤生物对土壤中的有机物质进行分解和转化,促进元素的生物循环,并影响、改变着土壤的化学和物理性质,构成了对土壤特有的作用。

由于植物根系和土壤之间具有较大的接触面,在植物与土壤之间发生着频繁的物质交换,彼此相互影响,人们在试图控制环境以获得更多的收成时,常发现改变气候因素不容易,但能改变土壤因素,这就增加了研究土壤因素的重要性。

（二）土壤对生物的作用

土壤的质地、结构与土壤中的水分、空气和温度状况密切相关,并直接或间接地影响着植物和土壤动物的生长发育。例如:沙土类土壤黏性小、气孔多、通气透水性强、蓄水和保肥能力差、土壤温度变化剧烈;黏土类土壤黏性重、结构紧密、保水保肥能力强,但孔隙小、通气和透水性差;壤土类土壤质地比较均匀,土壤既不太松又不太黏,通气透水性能良好且有一定的保水保肥能力。土壤的机械组成与结构在很大程度上决定着土壤动物的种类组成和分布。在松软的土壤中,营推进式挖掘活动的动物种类较多,例如蚯蚓、某些昆虫的幼虫,这类动物体壁富有弹性,借助体腔液不断地改变环节的、蠕虫状的身体,身体的形状和长短随之变化,而在土壤中挖掘行进。在较硬的土壤中,适于营凿掘式的动物,例如龟鳖、鼠类、旱獭、叩头虫等,它们借助附肢上的爪或头部的突起凿掘通道。土壤动物的爬动、蠕动,能使土壤疏松,使水和空气便于进入土壤,为土壤中的微生物活动和根系的生长创造了条件;同时使地表动植物的残体和土壤混合,加速动植物残体的腐烂。

1. 土壤温度

土壤温度是太阳辐射和地球运动的共同结果。不同类型土壤的热容量和导热率不同,因而表现出相对太阳辐射变化的不同滞后现象。这种土壤温度对地面气温的滞后现象对植物是有利的,影响植物种子萌发与出苗,制约土壤的盐分溶解、气体交换、水分蒸发、有机物分解与转化。土壤温度对植物根系的生长和呼吸能力有很大影响。例如,大多数作物在 $10\sim35$ ℃的温度范围内,其生长速度随温度的升高而加快。土壤温度太高和太低都能减弱根系的呼吸能力,例如,向日葵的呼吸作用在土壤温度低于 10 ℃和高于 25 ℃时都会明显减弱。较高的土壤温度有利于土壤微生物活动,促进土壤营养物质溶解和植物生长。另外,动物也可以利用土壤温度避开不利环境,进行冬眠等。

2. 土壤水分

土壤水分直接影响各种盐类溶解、物质转化、有机物分解。土壤水分的适量增加有利于各种营养物质的溶解和移动,也有利于磷酸盐的水解和有机态磷的矿化,这些都能改善植物的营养状况。土壤水分不足以满足植物代谢需要时,便会产生旱灾,影响植物的生长;而且这时好气性微生物氧化作用加强,有机质消耗加剧,也威胁着土壤动物的生存。水分过多使营养物流失,还引起嫌气性微生物缺氧分解,产生大量还原物和有机酸,降低土壤的肥力,抑制植物根系生长。而且土壤孔隙内充满了水也可使土壤动物因缺氧而死亡。

3. 土壤空气

土壤中空气含量和成分也影响土壤生物的生长状况，土壤结构决定其通气度，其中 CO_2 含量与土壤有机物含量直接相关，土壤 CO_2 直接参与植物地上部分的光合作用。土壤空气的成分与大气有所不同。土壤空气的氧含量一般只有 $10\% \sim 12\%$，比大气的氧含量低，而土壤空气中 CO_2 的含量比大气的高得多，一般含量为 0.1% 左右。在积水和透气不良的情况下，土壤空气的含氧量可降低到 10% 以下，从而抑制植物根系的呼吸和影响植物正常的生理功能，动物则向土壤表层迁移以便选择适宜的呼吸条件。二氧化碳的含量在通气不良的土壤中可达到 $10\% \sim 15\%$，不利于植物根系的发育和种子萌发，对植物产生毒害作用，破坏根系的呼吸功能，甚至导致植物窒息死亡。同时，土壤通气不良也会抑制好气性微生物活动，减缓有机质的分解速率，使植物可利用的营养物质减少。但是，土壤过分通气又会使有机质的分解速度过大，这样虽能给植物提供更多的养分，但却使土壤中腐殖质的数量减少，不利于养分的长期供应。

4. 土壤酸碱度

土壤酸碱度（又称"土壤反应"），是土壤溶液的酸碱反应，主要取决于土壤溶液中氢离子的浓度，以 pH 值表示。pH 值等于 7 的溶液称为中性溶液；pH 值小于 7 为酸性溶液；pH 值大于 7 为碱性溶液。土壤 pH 值是土壤各种化学性质的综合反映，对土壤肥力、土壤微生物的活动、土壤有机质的合成和分解、各种营养元素的转化和释放、微量元素的有效性以及动物在土壤中的分布都有着重要的影响。对一般植物而言，在 pH 值为 $6 \sim 7$ 的微酸条件下，土壤养分的有效性最好，最有利于植物生长。在酸性土壤中，容易引起钾、钙、镁、磷等元素的短缺；而在强碱性土壤中，容易引起铁、硼、铜、锰和锌的短缺。土壤 pH 值为 $3.5 \sim 8.5$ 是大多数维管束植物的生长范围，但生理最适生长范围要比此范围窄得多。当土壤 pH 值小于 3 或大于 9 时，大多数维管束植物不能生存。

根据植物对土壤酸度的反应，可把植物划分为酸性土植物、中性土植物和碱性土植物。酸性土植物是指在酸性土壤上（土壤 pH 值在 6.5 以下）生长良好的植物种类，例如马尾松、杜鹃、铁芒萁、泥炭藓、油茶、栀子、茉莉等。中性土植物是指适宜于在中性土壤上（土壤 pH 值在 $6.5 \sim 7.5$ 之间）生长的植物种类，包括大多数植物、园林植物和农作物。中性土植物中有的也能耐酸或耐碱，例如能耐酸性的农作物有荞麦、甘薯、烟草、紫云英、小麦、大麦、大豆、豌豆，能耐碱性的农作物有田菁、甜菜、高粱、棉花等。碱性土植物是指能在碱性土壤上（土壤 pH 值在 7.5 以上）生长良好的植物种类，例如玫瑰、石竹、天竺葵、黄杨、南天竹、桧柏等。

土壤 pH 值直接影响生物的生理代谢过程，pH 值过高或过低影响体内的蛋白酶的活性水平，不同生物对土壤酸碱度的适应存在较大的差异。土壤动物依其对土壤酸碱性的适应范围可分为嗜酸性种类和嗜碱性种类两大类型。例如：金针虫在 pH 值为 $4.0 \sim 5.2$ 的土壤中数量最多，在 pH 值为 2.7 的强酸性土壤中也能生存；麦红吸浆虫通常分布在 pH 值为 $7.0 \sim 10.0$ 的碱性土壤中，当 pH 值小于 6.0 时便难以生存；蚯蚓和大多数土壤昆虫喜欢生活在微碱性土壤中，它们的数量通常在 pH 值为 8.0 时最为丰富。土壤 pH 值通过影响微生物的活动和矿质养分的溶解度进而影响养分的有效性，间接影响生物对矿质营养的利用。土壤 pH 值通过影响微生物的活动而影响植物的生长。根瘤菌、褐色固氮菌、氨化细菌和硝化细菌大多数生长在中性土壤中，它们在酸性土壤中难以生存。

5. 土壤有机质

土壤有机质包括非腐殖质和腐殖质两大类。腐殖质是植物营养的重要碳源和氮源，土壤中99%以上的氮素是以腐殖质的形式存在的。腐殖质也是植物所需各种矿物营养的重要来源,并能与各种微量元素形成络合物,增加微量元素的有效性。土壤有机质能改善土壤的物理结构和化学性质,有利于土壤团粒结构的形成,从而促进植物的生长和养分的吸收。一般来说,土壤有机质的含量越多,土壤动物的种类和数量也越多,因此在富含腐殖质的草原黑钙土中,土壤动物的种类和数量极为丰富;而在有机质含量很少并呈碱性的荒漠地区,土壤动物非常贫乏。

6. 土壤矿质营养

矿质营养是生命活动的重要物质基础,生物对大量或微量矿质营养元素都有一定的量的要求。环境中某种矿质营养元素不足或者过多,或者多种养分配合不当,都可能对生物的生命活动起限制作用。植物所需的无机矿物质主要来自土壤中的矿物质和有机质的分解。腐殖质是无机元素的储备源,通过矿质化过程而缓慢地释放可供植物利用的养分。植物从土壤中所摄取的无机元素中有13种对任何植物的正常发育都是不可缺少的,其中大量元素7种(氮、磷、钾、硫、钙、镁和铁)和微量元素6种(锰、锌、铜、钼、硼、氯)。不同种类生物对矿质的种类与需求量存在较大差异,矿质在体内的积累量也有所不同。

(三)生物对土壤的适应

生物对其长期生活在的土壤会产生一定的适应特性,从而形成了各种以土壤为主导因子的生态类型。例如:根据植物对土壤中矿质盐类(如钙盐等)的反应,可以把植物分为钙质土植物和嫌钙植物;根据植物对土壤含盐量的反应,可以把植物划分为盐土植物和碱土植物,盐碱性植物有生长在内陆和海滨两种类型,生长在内陆的称为旱生盐土植物;根据植物对风沙基质的反应,可以把沙生植物划分为抗风蚀沙埋、耐沙割、抗日灼、耐干旱、耐贫瘠等一系列的类型。常见的以土壤矿物质为主导因子所形成的植物生态类型有盐碱土植物、钙土植物和沙生植物等几种类型(表1-2)。

表 1-2 以土壤矿物质为主导因子的植物生态类型及特征

生态类型		土壤特性	适应特征	适应机制	代表物种
盐碱土植物	聚盐性植物	盐土:所含的盐类主要为 NaCl 和 Na$_2$SO$_4$,土壤 pH 值是中性的,土壤结构尚未破坏。	盐碱土植物多矮小、干瘦、叶片退化或无叶、表面具有厚的外壁,常具有灰白色绒毛。	可吸收土壤可溶性盐,聚集于体内,不受伤害	碱蓬、滨藜盐角草等
	泌盐性植物	碱土:所含的盐类主要是 Na$_2$CO$_3$,NaHCO$_3$,K$_2$SO$_3$,土壤 pH 值一般在 8.5 以上,呈强碱性,碱土表层土壤结构被破坏,下层常为坚实的柱状结构,通透性和耕作性能极差。	在内部结构上,细胞间隙强烈缩小,栅栏组织发达,有特殊储水细胞。 有一些盐土植物具有肉质性,叶肉中有特殊的储水物质,蒸腾面积缩小,气孔下陷	吸收土壤可溶性盐,通过茎叶表面盐腺分泌排出	红树、大米草、柽柳
	不透盐性植物	钙镁盐类盐碱度高,危害植物根系,土壤结构破坏严重,引起植物生理干旱和代谢失调		不吸收或很少吸收土壤盐类	蒿属、盐地凤毛菊、田菁

续表

生态类型	土壤特性	适应特征	适应机制	代表物种
钙土植物	富含 $CaCO_3$ 的石灰性土壤,碱性较强	—	喜钙	疏齿栎、南天竹、刺柏、黄连木、野花椒、西伯利亚落叶松
沙生植物	沙丘性土质,流动性强、干旱、缺营养、温度变化大	叶退化,肉质茎,根系特别发达,无性繁殖力强	抗旱、耐热、耐寒、细胞渗透压高	骆驼、柠条、花棒

(引自刘常富等,2006)

土壤中的无机元素对动物的分布和数量也有一定影响。由于石灰质土壤对蜗牛壳的形成很重要,所以在石灰岩地区蜗牛数量往往比其他地区多。哺乳动物也喜欢在母岩为石灰岩的土壤地区活动。含氯化钠丰富的土壤和地区往往能够吸引大量的食草有蹄动物,因为这些动物出于生理的需要必须摄入大量的盐。

对动物来说,土壤是比大气环境更为稳定的生活环境,因此土壤常常成为动物的极好栖息地。土壤中存在着许多生物,有细菌、真菌、放线菌、藻类、原生动物、昆虫、蚯蚓和鼠类等,而且数量相当大。例如,原生动物在 1 g 土壤中个体数量可达 100 万个,细菌可达上亿个。在 0.01 km^2 土壤中动物的种类有几十种,甚至几百种,它们的个体数量是数以万计的。由于土壤的类型多,成分极其复杂,所以每种类型的土壤中都有其特定的生物区系。

生物在土壤中的生命活动过程对土壤的特性产生很大的影响,与生物之间也存在许多直接或间接的关系。土壤微生物对植物生长起着很大的作用。微生物可使土壤有机体中的营养元素还原成能被植物重新利用的简单状态,即有机质矿化过程。土壤中有机质的腐烂是一个复杂的过程,不仅各种类型的有机物由不同的微生物来分解,而且有机物的各个分解阶段所需要的微生物也是不同的。土壤微生物还参与腐殖质的形成作用,把土壤中植物暂时不吸收的营养元素保存起来,即腐殖化作用。土壤中某些真菌能与某些高等植物的根系形成共生体,称为菌根。有的菌根能分泌酶,以增加植物营养物质的有效性;有的菌根能形成维生素、生长素等物质,有利于植物种子发芽和根系生长。一些微生物(例如固氮菌和根瘤菌)能利用空气中的氮,增加了土壤中氮素的来源,扩大了氮素循环的范围。当然,微生物也有其不利的一面,许多植物病害就是由土壤中的病原菌引起的。有些微生物的分泌物和它们在分解有机物时所产生的中间产物,在土壤中大量积累时,也会对植物产生毒害作用。

五、火对生物的生态作用与生物的适应

(一)火的生态意义

在生态系统中,火无论是作为一种环境因子,还是作为一种人为因素,都是一种重要的生态力(ecological force),是一个重要的、活跃的生态因子。火的燃烧破坏了生态平衡,同时又能将生态系统中动、植物残体一扫而尽,最快地分解出矿物质,为土壤提供养分,促进新的生物生长。火与气候、土壤、地形等一起能决定植物的组成成分和分布,并又通过植物作用于动物,影响其种类和数量。

（二）火的发生与种类

自然界火发生的原因主要是闪电和人类活动,而陨石、滚石火花、自燃以及火山喷发也是常见的火源。自然界火以闪电火最为频繁。千百万年以来,地球上有许多地区经常发生自燃的火。埋藏在4亿年前石炭纪炭层中的木炭化石和新生代第三纪的褐色煤炭都是史前闪电造成自燃火的例证。非洲、澳洲西部和南部、北美西部草原等地远在人类出现之前就已出现周期性的"火灾"。大草原的有机物层存在的丰富木炭都是闪电造成的亿万次的"野火烧不尽"的杰作。在美国西部,夏天有70%左右的森林大火是由于干旱和闪电所造成的。据森林学家Komarek(1968)估计,地球上平均每秒钟约有100次闪电袭击地面。Taylor(1974)估计,现在全世界荒旷地区上由闪电引起的自燃火,每年约有5万起,而全世界森林、草原上的闪电有1亿8千万次。

根据闪电火烧的部分和水平,可以划分为林冠火、地面火和地下火3种类型。

林冠火发生在林冠层,其破坏性大,可毁灭地面上全部的植物群落和无法逃离的动物,群落的自然恢复所需时间较长。由于针叶比较干燥,森林中的针叶林比落叶阔叶林更容易发生林冠火。

地面火发生在地面上,破坏力不如林冠火,其破坏具有明显的选择性,地面火可减少自然界中与耐火树种竞争的植物。火在一个生态系统中对有些植物群落起抑制、毁灭的作用,而对另一些植物群落的存在和发展却是不可缺少的重要因素,使它们保持在生态系统中的地位,而不至于衰亡和消失。在草原中,草原植被对火的反应是长出新的枝条,火使入侵的灌木竞争力降低,从而防止了灌木的入侵,有利于草原植被的更新。因此,有人把火与草原间的联系看为一种"共生关系"。地面火容易烧死幼苗和大多数抗火性差的树种,例如树皮薄、低矮、油腺发达等特征的植物种类;抗火性比较强的植物主要是那些具有地下茎和芽的植物以及树皮厚的种类,例如北美红松、木荷、豆科的乔木树种等。地面火烧掉了地面枯枝落叶层,使枯枝落叶干草等数量降到最低,从而降低了林冠火发生的几率。轻度地面火有助于细菌对植物体的分解,并在形成矿质营养、促进植物的生长中起积极作用。在某种程度上,地面火促进了植物和动物群落的再生和稳定性。然而,严重的地面火使土壤增温,因此可导致植物根系受到伤害,并且使土壤动物群落发生改变。

地下火是由地面火引起的,这种火往往先将厚积在土层上面的有机物燃烧起来,然后再在地下面燃烧,但没有火焰,燃烧缓慢,产生的高温将植物的根部、微生物、土壤生物烧死或热死。地下火常常能持续很久,有时又成为地面火再度燃烧的来源。

（三）火对生物的作用及其适应

1. 对植物的作用

火对植物的作用是多方面的,火的作用受火的强度、风力大小和方向、气温、土壤湿度、燃烧季节等因素的影响。植物的年龄、茎的粗细、植物内的化学物质（油脂的含量及挥发油、无机盐含量等）、植物生长状况以及生长地海拔高度等也是影响植物遭受火灾受损程度的重要因素。一般来说,小龄植物受火烧的破坏性比大龄植物的严重,茎细的比茎粗的严重。例如,松树11年树龄以上,胸径大于6 cm的植株受损程度不严重。低海拔地区的草一般比高海拔地区的草长得高,所以比较容易燃烧;生长在海拔高的松树比海拔低的受火烧的破坏程度低。树皮薄的种类,遭受火烧伤害比较大,甚至会造成死亡。火对油脂和挥发油含量较高的植物,伤害作用比较大,而对含有较多无机化合物植物的伤害作用比较小。

值得注意的是,有些植物种类离不开火,没有火就不能繁衍,火刺激了这类植物的生长和促进了其繁衍,这种植物称为"专火型植物"。例如,铁丝草(*Aristida strica*)和加罗林纳松(*Pinus attenuata*),后者的有性生殖依赖于火的控制。依赖于火的物种,不管它们先被烧掉,只剩下种子繁殖,还是在火烧后能生存下来,它们共同的特点是生长迅速、繁殖率高、过早熟和生活史特短,对火的反应是更新和复原,火通常是它们新生活的开始。一些苔藓、地衣和真菌植物在火烧过后,明显地生长良好;经过火烧之后,一些多年生的草本植物的花和种子数量会增长数倍以上,如大草原和森林中,火烧过后,草本植物长得快,长得旺盛;灌木在火后比乔木更容易生长。大多数松柏类幼苗的根系较短,在火清除枯枝碎屑以后,其根就能伸入矿质土壤,获得水和营养物质,因此火烧有利于它们幼苗的存活。高冷杉(*Abies magnifica*)和牛松(*Pinus ponderosa*)的种子,在短时间的高温刺激下才能萌发。而这种高温刺激,无论时间长短,对少数松柏类如曲松(*P. contorta*)、糖松(*P. lambertiana*)则是不利的。火灾会导致周边的农作物成熟期延迟。例如,1915 年苏联西伯利亚中部的森林大火持续烧了 50 多天,破坏面积达 1.6×10^7 km²,森林大火引起谷类作物比正常年份晚了 10~15 天成熟。

2. 对动物和微生物的作用

草原火和森林火会给动物和微生物造成较大的灾难。由于森林中堆积的可燃物质多,森林火往往比草原火对动物的危害大,森林火灾对于动物常表现出致死影响。一场严重的林冠火及地面火的最大冲击就是破坏自然界的生态平衡,特别是破坏生物群落以及它们错综复杂的食物链或食物网关系。大火使大面积的森林与草地被毁,火后生长的植物群落会发生明显的变化。大火会导致野生动物大批死亡,特别是那些体弱多病的动物,由此会造成动物种群数量的下降,甚至有些种类的消失。草原植被在春季被火烧对某些啮齿类动物具有毁灭性威胁,会造成它们大量的死亡,然而草原被火烧之后,植物通常会生长旺盛,这对于此后的食草类动物却是有利的。

在 1915 年的西伯利亚大火期间,许多松鼠、熊、麋鹿等动物开始了从未有过的夏季迁移。森林火破坏了早期存在着的生物群落,引起了与砍伐后重新生长时相类似的演替现象。草被、苔藓及地衣的完全被毁灭,造成动物种群数量的急剧下降和种类的贫乏。森林火毁灭了地衣牧场,给驯鹿的生存带来了极大困难。北方牧草的更新需要 20~40 年,结果实的树木重新生长,需要 50~80 年,因此在这些地区以种子作为食物的动物在植被恢复之前难以生存。

火会致使一些物种趋向绝灭。例如,在美国马萨诸塞州的东南沿海一个小岛上,1915 年还有 2 000 只大草原鸡(*Tympanchus cupido cupido*)。1916 年 5 月的一场大火,不仅将大部分大草原鸡烧死,还烧毁了它们的巢穴,此后 1917 年只有 150 只,其中多数是雄的,1927 年残存 11 只雄的和 2 只雌的,1928 年 12 月仅有 1 只,1932 年灭绝。

林冠火和严重的地面火也会造成土地表面受到侵蚀,改变土壤的结构与化学成分,降低土壤吸水与保水能力。毁坏的严重性取决于土壤表面的性质及降雨的数量与强度。在森林和草地燃烧过程中,大量的肥料作为烟中的颗粒物质挥发丧失,尤其是氮。火的燃烧会使土壤上层温度产生变化,一般森林中离地面 3 cm 以上的地方,温度升高不大,很少超过 90 ℃(Spurr,1980)。火通常会降低土壤酸度,这是因为火烧的灰烬富有碱性盐类。火烧后,土壤中的钙、磷和钾都会有所增加。火烧过后,地表 2~5 cm 厚土壤中的细菌、放线菌和真菌数量显著下降,尤其是在烈火之后更为明显。在轻微的小火过后,离地面 5~8 cm 土壤中的微生物数量变动不大。

六、风对生物的生态作用与生物的适应

(一) 风的生态意义

风是空气的流动,它的形成主要取决于温度。当温度上升时,空气上升形成局部低压区;当温度下降时,空气收缩下降形成局部高压区,空气由高压区向低压区流动就形成了风。地球表面的风是在太阳光照、地形、大洋等诸多因素作用下形成有规律的风带和气压带,其可以促进全球的大气、降水、气温的变化,由此影响和制约具体环境中的温度、湿度以及二氧化碳浓度的变化,从而可以间接影响到生物的新陈代谢作用。风在一定程度上,影响了生物的生长发育、植株形状、繁殖、地理分布、行为和捕食等。

(二) 风对生物的作用

1. 对生物地理分布的影响

风对动物地理分布的影响主要表现在飞行的动物类群上。早在19世纪,达尔文在《物种起源》(1859)这一著作中就已经指出,在多风海岛上存在大量的无翅或飞行能力低下的昆虫。这种现象是自然选择的结果,因为一些有翅昆虫逐渐被风吹入大海而被淘汰,那些无翅的昆虫则存留在岛屿上。事实证明,在那些经常有强风的地区,飞行动物的种类比较贫乏。例如,在咸海的岛上几乎没有蝶类,这是因为它们在交尾的时候,需要飞到空中去进行,这种行为在经常刮大风的咸海地区是难以完成的;在北海中的弗利斯兰岛上,没有邻近大陆上常见的有翅类昆虫,例如鳞翅目的菜粉蝶(*Pieris* sp.)和赤蛱蝶(*Vanessa* sp.)、双翅目的卵蜂虻(*Anthrax* sp.)和尾蛆蝇(*Eristalis* sp.)等种类。风力很强的亚马孙河下游的昆虫种类远远低于邻近风力较弱的地区,弱风力的地区有19个属的100多种鳞翅目昆虫,强风力的地区不仅昆虫种类少,甚至蝙蝠的数量也少,物种比较贫乏。在这些地区生活的种类,都是善飞的长翅种,例如长翼蝠(*Miniopterus schreibersi*)。这种蝙蝠飞翔迅速,能在风中猎食,飞行的能力较强,常常能飞行较大的范围。而一些飞行能力弱的广翅蝙蝠,例如菊头蝠(*Rhinolophus*)、鼠耳蝠(*Myotis ricketti*)和管鼻蝠(*Murina huttoni*)等都只能在微风中猎食,因此它们主要分布在风小的森林中。

2. 对生物生长繁育的影响

生活在强风地区的鸟类和哺乳类与风力小的地区种类的躯体覆盖特点有明显的不同。前者的羽或毛相当的短,而且多紧贴在身上,这样的配置有利于防风和加强散热,例如荒漠中的黑腹沙鸡(*Pterocles orientalis*)和雷鸟(*Tetrao urogallus urogallus*)的羽毛。而在树冠、灌木丛中或在风力较弱地区生活的鸟类,例如榛鸡(*Tetrastes Bonasa*)、红胸鸲(*Erithacus rubecula*)、红尾鸲(*Phoenicurus auroreus*)等森林鸟类,羽毛疏松、长而柔软。

对于植物来说,风是许多植物花粉和种子的传播动力。以风力为媒介进行传粉的植物,称为风媒植物。风媒植物约占有花植物总数的1/5,例如木本植物中的桦树、榛树、栎树、杨树等以及草本植物中的水稻、苔草、车前等都是风媒植物。它们的花都有适应风力传播花粉的特点,例如花被不明显,花粉光滑、轻、数量多等。在农作物中,每株玉米平均花粉数约有6 000万粒之多。果树虽大多数是虫媒花,但也可以借助风力进行授粉。有些植物的种子或果实很轻,可以借助风力进行传播,例如兰科、列当等植物的种子质量大约只有 2×10^{-6} g;有的种子具有冠毛、翅翼或特殊的风滚型传播体,借助风力可以扩散到很远的地方。风对植物的果实、种子形成也有一定的影响。例如当小麦、水稻进入夏季扬花后期时,热而干燥的风(即所谓"干

热风")会使它们在短期内受害,蒸发所损失的水分常超过了根系所吸收的水分,因而破坏了植株体内水分平衡,植株随之叶片发黄、枯干,迅速凋萎,严重时麦粒、稻粒变成干瘪的籽粒,由此导致严重减产,甚至颗粒无收。

风对植物生长的影响,主要表现在多风的生境中。植物在强风的影响下常常会根系强大、树皮厚、叶小而坚硬,以减少水分的蒸腾与受力面积,从而增强植物的抗风力。强风常能降低植物的生长高度,受强风、干风的影响,植物往往会变得低矮、平展。例如,风速为 $10\ \mathrm{m \cdot s^{-1}}$ 区的树木生长量要比 $5\ \mathrm{m \cdot s^{-1}}$ 区的少 1/2,比静风区生长的植物少 2/3。小枫树捆扎固定栽培相比散点栽培具有更强的防风能力,在相同的栽培条件下,有强风影响下没有捆扎固定的小枫树 3 年内植株高度为 $97\sim136\ \mathrm{cm}$,平均是 $116\ \mathrm{cm}$;被固定的小枫树高度是 $115\sim185\ \mathrm{cm}$,平均是 $150\ \mathrm{cm}$。玉米试验的结果也证明,风速增加,会引起叶面积的减少,节间缩短,茎的总量减少,造成植物的矮化。造成植物矮化的原因,除风减小了大气湿度,破坏了植物水分平衡,使细胞不能正常扩大外,还有物理学上的原因。根据力学定律,凡是一端固定的受力很均匀的物体,随着所受的风力扭曲作用增大,则自由的一端向固定一端的直径有增大的趋势。因此,风对树木生长的影响很大,风越大,树木也就越矮小。在高山或者风口的区域,经常可以见到由于风力的作用,有些树木形成畸形树冠,有的畸形树冠呈旗状,被称为"旗形树"。这是因为树木向风面生长的叶芽受到风的袭击、摧残或过度蒸腾而引起局部伤损,而背风面由于树干挡风,枝叶生长较长;这种旗形树枝条的总数都比正常树的枝条少得多,光合作用也随之下降。

3. 对生物行为的影响

昆虫的起飞常受风速影响。例如,黏虫、稻飞虱或稻纵卷叶螟的飞行活动中有主动飞和被动飞之分,它们起飞时大都直上、斜上及盘旋而上。迁飞在上空边界层以下时,一般常靠自身主动飞行;一旦超过边界层以上时,由于气流大大增强,风的切变显著,便由主动变成被动,随风传带。小型昆虫,如蚜虫、飞虱等主动飞行的能力较小,穿过边界层亦要靠上升气流的作用,而那些较大型昆虫则可主动飞过边界层。大风天气常伴随低温,而抑制昆虫起飞,弱风则有刺激昆虫起飞的作用。例如,强风可抑制飞蝗、黏虫的起飞。如果蝗群在迁飞中遇上大风,也会做低空飞行或者暂时着陆。黑尾叶蝉和褐稻虱在风速较大时,均不起飞。风与昆虫的迁飞关系是非常密切的,昆虫迁飞的运行过程主要是靠风力。迁飞昆虫飞越边界层后主要凭借于上空水平气流的运载而迁飞到远处,其方向和速度都和当时上空的风向、风速相一致。我国东半部春、夏季中,由于太平洋副高压的逐步向北推进,高空经常刮南风、西南风,黏虫、稻飞虱和稻纵卷叶螟等都会随风向北迁飞;秋季太平洋副高压减退,大陆高压增强,高空盛行偏北风,此时这些害虫又逐代随风向南回迁。美洲、非洲有许多迁飞昆虫,例如马铃薯叶蝉(*Empoasca fabae*)、二叉蚜(*Toxoptera graminium*)和乳草蝽(*Oncopeltus fasciatus*)等,都有这种随风南北往返的迁飞规律。

(三)风的生态灾害

风力大小不同,具有不同的生态意义。对植物的直接影响有风媒、风折、风倒和风拔等。当风大到一定程度时,风将对植物产生机械伤害,同时对土壤产生风蚀。植物受风的伤害程度主要取决于风级的大小,例如植株倒伏、折断等。通常风速在 $17\ \mathrm{m \cdot s^{-1}}$ 以上时,就有折枝的危险。我国西北、华北一些地区常遭风害,一些地区的灌木、农作物常被强风带来的沙尘所埋没,造成巨大的经济损失。强风带来的沙尘暴或流沙已经成为全球性灾害,沙漠化是人类面临的重大生态环境问题。最近的联合国环境规划署报告指出,全世界受沙漠化威胁的土地约占地球陆地面积的 35%,因沙漠化而丧失的土地正以每年 6×10^3 km² 的速度扩展。在过去 50 年间,非洲撒哈拉大沙漠吞没了 6.5×10^5 km² 的肥沃土地。据预测,如果不控制沙漠化的蔓延,到 21 世纪末,全球将有 1/3 的耕地成为沙漠化的土地。

沙尘暴是指强风将地面尘沙吹起使空气很混浊,水平能见度小于 1 km 的天气现象。沙尘暴天气主要发生在冬季和春季,这是由于冬季和春季干旱区降水甚少,地表异常干燥松散,抗风蚀能力很弱,在有大风刮过时,就会将大量沙尘卷入空中,形成沙尘暴天气。沙尘暴天气多发生在内陆沙漠地区,起源地主要有撒哈拉沙漠等,北美中西部和澳大利亚也是沙尘暴天气的起源地之一。1933—1937 年由于严重干旱,在北美中西部就产生过著名的碗状沙尘暴。亚洲沙尘暴活动中心主要是在约旦沙漠、巴格达与海湾北部沿岸之间的下美索不达米亚、阿巴斯附近的伊朗南部海滨以及俾路支到阿富汗北部的平原地带。苏联的中亚地区哈萨克斯坦、乌兹别克斯坦及土库曼斯坦都是沙尘暴频繁影响区,但其中心在里海与咸海之间的沙质平原及阿姆河一带。

我国的沙尘暴也日益严重,从 1999 年到 2002 年春季,中国境内共发生 55 次沙尘天气。随着人口的增加以及有关方面管理的不到位,西北、华北地区土地大量开垦,草原过度放牧,人为破坏自然植被,形成了大量裸露、疏松土地,为沙尘暴的发生提供了大量的沙尘源,一遇大风便会形成影响社会、危害人民健康的沙尘暴。

第六节　生物对环境的作用

"燕子低飞,大雨可期;泥鳅跳,雨来到……",这些流传于民间的谚语正是生物对环境的一种适应行为的描述,同时也提示人们生物在长期的进化过程中形成了特定的生活方式去适应环境的变化。"适者生存"是对它们最恰当的总结,不仅如此,生物也会对其周围的环境产生一定的影响,两者相互影响。

指示生物是指对环境中的某些物质(包括进入环境中的污染物)能产生各种反应或信息而被用来监测和评价环境质量的现状和变化的生物。指示生物可以划分为水环境指示生物、大气环境指示生物、土壤环境指示生物等类型。

一、指示作用

1. 植物的指示作用

许多植物对生长环境的某些因子条件有较严格的要求,因此根据这些限制性因子,植物对土壤、气候、金属离子等有一定的指示作用。例如欧石楠、八仙花,它们的适宜 pH 值在 $4.0\sim4.5$ 之间,适宜在酸性土壤中生长,因此在碱性土壤环境中该类植物就不能生长。许多豆科植物有根瘤菌的伴生,在土壤酸性增加的时候,伴生细菌会死亡,从而影响豆科植物的生长。某些植物对土壤养分具有选择吸收和富集能力,例如同一个地方生长的地刷子(*Lycopodium complanatum*)和越橘(*Vaccinium* spp.),前者能吸收大量的铝,后者却能吸收大量的锰。环境污染物容易引起植物机体生理代谢的紊乱,导致生长和发育障碍,表现为生长缓慢、发育受阻、失绿泛黄和早衰等症状,例如土壤中高剂量的 1,2,4-三氯苯对水稻的生长发育具有明显的抑制作用。随着对环境的生物监测方法的研究,人们发现自然界中存在着许多天然的指示物种。例如,苔藓及地衣体内重金属含量与环境金属污染程度存在良好的相关性,因此可以用来检测土壤中的重金属污染。很多植物对大气污染的反应也很敏感。例如地衣、苔藓植物、紫花苜蓿等对二氧化硫敏感,而且苔藓及地衣对大气 N 沉降、CO_2 的浓度升高、S 沉降有重要的指示作用。地衣还可指示大气中的二噁英与呋喃(PCDD/Fs)等有机物的含量。水环境中,蓝绿藻的大量繁殖指示出水中 N、P 含量增多。

2. 动物的指示作用

动物对环境的变化会表现出一系列的行为改变,包括回避、捕食、警惕、繁殖、学习和社会等行为。回避行为是指动物主动避开受污染的地方,寻求安全环境的行为。很早以前就有人用金丝雀监测煤矿坑道中的一氧化碳;鱼类和鸟类一旦遇到污染物,尤其是具有刺激性气味的气体或液体时,会采取回避行为,这种行为会导致受污染地区群落结构的变化,打破原来的生态平衡。土壤动物如蚯蚓遇到污染胁迫时,体表分布的对化学物质敏感的感觉接收器在感受到环境中非常低剂量的污染时,就会采取回避行为。环境污染物会通过多种途径改变捕食者和被捕食者的行为,对于捕食者,动物如果对受到污染的食物感到不适,便会放弃原来的食物,或者因为污染造成食物的消失而不得不改变。这种改变在一定程度上会对捕食动物的种群数量产生影响。环境污染物会影响动物的精子或卵子的数量和质量,对受精成功率和胚胎发育有较大的影响。水环境中,在 20 世纪初就发现如果水中存在着襀翅目、蜉蝣目稚虫或毛翅目幼虫,水质一般比较清洁;而颤蚓类大量存在或食蚜蝇幼虫出现时,水体一般是受到了严重的有机物污染。有些生物对水环境的污染物也能起到很好的预警作用,例如十足类褐色虾(*Crangon crangon*)对水环境中重金属元素,例如 Cd、Pb、Cu 和 Zn,具有明显的生物富集性,如果该生物大量繁殖,指示水中重金属离子含量较高。Kratasyuk 等(2001)应用 4 种发光细菌来监测水体环境,另外,发光菌法也可作为水环境的急性毒性早期预警手段。有研究表明,两栖动物也可以在水体污染监测中起到重要作用,针对不同的污染物,两栖动物会在形态结构和行为上表现出异常。

二、调节作用

生物对环境能起到一定的反作用,称为调节作用。生物的调节作用主要表现在对生态因子的改变上。

1. 植物的调节作用

炎热的夏季,在树荫下会感到凉爽宜人,这是因为树冠可以遮挡阳光,减少直接辐射,并通过蒸腾作用消耗大量热量,达到降温的效果。有实验测得一片云杉林每天通过蒸腾作用可消耗掉 66% 的太阳辐射能。另外城市大面积的绿地不仅降低了气温,而且还可以形成局部微风,利于污染物的稀释。在荒坡上种植树木,有利于水分的保持、泥土的稳定,从而降低泥石流的危害;树木的凋谢物可以形成隔热层,防止土壤的冻结,提高小气候温度。植物对水污染有一定的净化功能,主要表现在植物的富集作用和代谢解毒机制。植物对空气污染有吸收和杀菌的功能,例如柳杉林每年可吸收二氧化硫 7.2×10^4 kg/km^2,1 km^2 松柏树 24 h 能分泌出 3×10^3 kg 杀菌素。

2. 动物的调节作用

土壤动物的活动,可以改变土壤的结构和理化性质;由于人类参与到自然生态系统的运作,对土地及资源的利用导致生物对环境的影响更加的剧烈,这些影响会造成某些自然环境的破坏,例如人为的过度放牧,造成草场的退化甚至沙化。人类对森林的砍伐,造成森林生态系统平衡的破坏。渔业的大发展导致鱼类的大量减少甚至灭绝。

另外,生物与生物之间的关系密切,例如捕食者和猎物,两者相互影响调节着双方的种群密度,Lotka-Volterra 捕食者-猎物模型就很好地解释了两者相互影响的变动关系,这是生物协同进化的结果。

思考题

一、名词解释

个体生态学　环境　宇宙环境　地球环境　区域环境　微环境　内环境　生态环境　生境
环境因子　环境条件　生态因子　主导因子　密度制约因子　非密度制约因子
限制因子 Liebig 最小因子定律　Bergman 规律　Allen 规律　Shelford 耐性定律　生态幅
指示生物　阳生植物　阴生植物　耐阴植物　光周期现象　长日照植物　中日照植物
短日照植物　长日照兽类　短日照兽类　生理有效辐射　临界温度　生物学零度
极端温度　冷害　冻害　有效积温　物候　物候节律　驯化　休眠　蛰伏　湿地植物
湿生植物　中生植物　旱生植物　水生植物　聚盐性植物　泌盐性植物　不透盐性植物
土壤动物　趋同适应　趋异适应　协同适应

二、简答题

1. 简述环境的概念及其类型。
2. 简述生态因子的概念及其类型。
3. 简述生态因子作用的特点。
4. 解释和比较限制因子、耐性定律与生态幅的涵义。
5. 简述光对生物的生态作用。
6. 比较以光为主导因子的植物生态类型的特征。
7. 简述极端温度对生物的影响及生物的适应方式。
8. 简述水对生物的生态作用。
9. 比较以水为主导因子的植物生态类型的特征。
10. 简述土壤对生物的生态作用。
11. 比较以土壤为主导因子的植物生态类型的特征。
12. 如何理解指示生物?

三、论述题

1. 试举例说明生物如何调节其耐性限度以适应不良生境。
2. 试举例分析生物与环境的协同进化关系。

扩充读物

[1] 蒋高明. 植物生理生态学[M]. 北京:科学出版社,2007.
[2] 唐文浩,唐树梅. 环境生态学[M]. 北京:中国林业出版社,2006.
[3] 赵福庚,何龙飞,罗庆云. 植物逆境生理生态学[M]. 北京:中国水利水电出版社,2004.
[4] 赵怡冰,许武德,郭宇欣. 生物的指示作用与水环境[J]. 水资源保护,2002(2):11-16.

第二章

种群生态学

【提要】 种群的概念；种群生态学及其研究内容；种群的基本特征；种群的数量动态及其描述；种群调节机制；种内关系及其类型；种间关系及其类型；种群的繁殖对策和生活史对策。

第一节 种群与种群生态学

一、种群的概念

种群(population)的一般定义为在特定的时间内占有特定的空间，并且具有潜在杂交能力的同种生物的个体集合群。

这样的定义表示 3 层含义：①种群具有时间、空间特征。因此，要定义一个种群，必须要有时间、空间概念。时间发生变化或生存的空间发生变化，则种群也变了。尽管许多时候，时间、空间界限并不非常明确。伴随着时间的变化，即使组成种群的个体数量没有变化，但是组成种群的每个个体均会经历发育和年龄的变化，这就意味着种群组成的实体已经发生了变化；种群生存的空间发生变化，可能会使该空间内的个体数量、生存状态等发生变化，这也意味着种群发生了变化。在某一时段占有一定的领域，是同种个体通过种内关系组成的一个统一整体或系统，其既具有数量特征又具有遗传特征。②一个种群能够在自然界生存下去，必须有一个群体作为支撑，即组成种群的最低基数。不同物种存在的最低基数不尽一致，如果种群由单个个体构成，则该种群的存在时间取决于这个个体的寿命，一旦这个个体死亡，则该种群消失。如果种群由少数个体组成，很可能会涉及过度的近亲繁殖，这对种群的生存构成极大威胁。因此，一个种群的个体数量变动至少不能低于最低基数。③种群内的个体之间必须具有潜在的杂交能力。对于有性繁殖的物种而言，必须有异性个体的存在，而且性别比例必须适当，才能存续下去，例如高等的动物、雌雄异株的植物等。

种群作为一个基本的生物层次，既是构成生物群落的基本单位，又是组成物种的基本单位，同时也是研究进化的关键层次，在生态学研究中具有十分重要的意义。种群不是个体的简单叠加，而是个体之间通过婚配制度、社会等级、领域性、利他行为、竞争等关系相互联系起来的整体。种群的概念既抽象又具体。泛泛而谈种群时，一般认为种群是抽象的概念；在实际研究工作中，又显得比较具体。在具体研究中，种群空间的界限，一般随研究者的需要而定。例如，所有中国人可以看成一个种群，而一口池塘里的全部鲢鱼也可以认为是一个种群。在少数情况下，种群的空间界限相对比较清晰，例如对于湖泊、水库、池塘里生存的水生生物种群，岛屿上生存的陆生生物种群等。

种群内的个体会随着时间的推移不断死亡,该种群是否能够生存下去,关键要看其能否不断地产生新个体;个体生存状况的优劣取决于是否很好地适应环境,是否能随着环境的变化不断地进化,因此,种群还是一个遗传和进化单位。

二、种群生态学及其研究内容

种群生态学是研究种群与环境之间相互作用的规律和机制的科学。它的主要任务是定量地研究种群个体数量的变动规律,研究种群内个体数量和生存空间发生变化的原因和机制,研究引起种群兴衰的原因。这其中不仅涉及种群内不同个体之间,也涉及不同的种群之间,乃至种群与生存环境之间的相互作用规律。人类做这些研究工作的目的是为了调节自然种群的变化,尽可能让有益于人类的种群兴旺起来,让有害于人类的种群衰落下去。

作为种群生态学研究的对象,比较理想的是昆虫和草本植物,这类生物的世代比较短,繁衍速度快。昆虫中的许多种类会危害农作物、果树、森林等,特别受人关注。人们要控制虫害,必须先摸清虫口的数量、年龄结构、性别比例等基本参数,才能有针对性地采取措施。其他的例如珍稀、濒危物种的保护,必须在对其种群进行定量调查、研究的基础上开展工作。

第二节　种群的基本特征

种群的基本特征往往是对某个种群大样本统计结果的反映,主要包括种群在数量变化上的特征、空间占有的方式和遗传上的特征等。

一、种群的数量特征

(一)种群的大小和密度

1. 种群大小

一个种群的大小是指在一定区域内种群内的个体数量,也可以是生物量或能量。一般而言,在某个生境中,如果个体数量众多,被认为种群较大;反之,则认为种群较小(图 2-1)。

2. 种群密度

种群密度(population density)是指单位空间内某个种群个体数量的总和。单位空间既可以指平面上的空间,例如每平方千米山林内有 2 只大熊猫、每平方米草地上有 7 株蒲公英、每平方千米林地内有 3 000 棵甜槠等;也可以是立体空间,例如每升水体中有 100 个衣藻、每立方米空气里含有 200 个结核杆菌等。种群内个体数量的统计方法因不同研究对象而异:对于单体生物(unitary organism)而言,一般可以直接统计其个体数量,通常采用直接计数、抽样调查、标志重捕、去除取样等手段进行调查计数,例如绝大多数的哺乳类、鸟类、两栖类和昆虫等;对于构件生物(modular organism)而言,则需要统计其不同层级的构件数,例如大多数植物、海绵、水螅和珊瑚等。

种群密度是种群最基本的数量特征。不同的种群密度差异很大,同一种群密度在不同条件下也有差异。在对每一单位空间的种群个体数量进行统计存在困难时,也可通过一定的方

(a) (b)

图 2-1 种群大小的比较

(a) 种群较大；(b) 种群较小

法进行种群个体相对数量的统计。因此,种群密度分为绝对密度(absolute density)和相对密度(relative density)两种类型。绝对密度(absolute density)是指单位空间内种群个体的绝对数量,通过直接计数、抽样调查、标志重捕、去除取样等手段进行调查,其中,直接计数得到的数据比较可靠,该方法常常用于可直接计数物种的调查,例如大部分的植物种群和部分动物种群。相对密度(relative density)是指单位空间内种群个体的相对数量,往往以单位时间内或单位距离内的动物数量作为衡量动物数量多少的相对密度指标。例如,每小时见到的飞过的鸟类数量,每千米见到的动物数量,每昼夜百个鼠夹捕获的老鼠数量,单位时间内灯光诱捕的昆虫数量,每个陷阱捕捉的动物数等。也可通过动物的痕迹进行计数,例如根据动物的足迹、粪便、角皮、放弃的巢穴、被啃食的植物、鸣叫声等。还可以通过单位努力捕获量进行计数,例如每人每天的钓鱼量、每天捕鱼量等。

单位空间内种群密度往往与个体的体型以及种群所需食物的性质有关:如果物种是草食性的,单位空间内的密度相对肉食性的可以高一些,因为肉食性的物种需要更大的栖息地才能捕捉到足够的猎物。在食性相似的情况下,个体大的物种一般密度较低(个体大的生物所需资源量较大,单位空间内能养活的个体数少);相反,个体小的则密度较高。每个种群在自然界生存,必须要有最起码的个体数(最低基数),这就是种群在某一生境内生存的最小密度;某一生境中能够容纳种群最多的个体数,即为最大密度(饱和密度);当种群处于最适密度时,对种群内个体的生存最为有利。但事实上许多种群并没有占领全部空间,其中部分空间并不适宜种群内的个体居住和活动,因此,我们把种群在实际占有空间上的个体数量称为生态密度(ecological density)。

对不断移动位置的动物,直接统计其个体数比较困难,通常采用标记重捕法。这种调查方法是在被调查种群的生存环境中,捕获一部分个体,将这些个体进行标志后再放回原来的环境,经过一段时间后进行重捕,根据重捕中标志个体占总捕获数的比例来估计该种群的数量。常用的估算公式如下:

$$N : M = n : m$$
$$N = M \times n/m$$

式中 M——标记个体数;

n——重捕个体数;

m——重捕样中标记数；

N——样地上个体总数。

（二）年龄结构和性比

1. 年龄结构

年龄结构（age structure）是指种群内各个年龄段（组）个体占整个种群的比例。多数种群是由不同年龄的个体构成的，因此年龄结构对种群的繁殖力、数量动态等影响较大。通过监测某个种群的年龄结构，可以了解种群的发展历史，分析、预测种群动态变化。通常情况下，一个种群的年龄结构是以个体是否具有繁殖能力来划分组别的，一般可分为繁殖前期、繁殖期和繁殖后期。对于寿命比较短的种群也可以用月龄、周龄来划分；昆虫也经常用生活史的不同时期（例如卵、幼虫、蛹和龄期）来划分。

年龄结构可以用年龄结构金字塔来直观地表示（图 2-2）。一个种群中，如果处于繁殖前期和繁殖期的个体占绝大多数，或种群的出生率大于死亡率，则表明该种群为增长型，年龄结构图形呈上窄下宽的金字塔形；如果繁殖前期、繁殖期和繁殖后期各个阶段的个体数差别不大，或出生率约等于死亡率，则该种群为稳定型，年龄结构图形呈钟形；此外，如果繁殖后期的个体占相当大的比例，或死亡率高于出生率，则该种群为衰退型，年龄结构图形呈瓮形。当然，从一个比较长的周期来观察，即使是同一个种群，随着生活环境条件的变化，种群的年龄结构也会发生变化：一般情况下，如果食物等条件比较优越，种群为增长型的可能性较大；如果环境条件恶化，种群内死亡个体数明显增加，则种群可能会进入衰退状态。

不同种群的繁殖前期、繁殖期和繁殖后期的时间占该种群一个世代的比例差别较大。某些昆虫（例如蜻蜓），其繁殖期占生命周期不足 1％；一些哺乳动物（例如人类）则可以占 40％以上；在热带极端干旱环境下生活的一年生植物如球果草，只要有适量的降水，很快就开花结果，繁殖期很短；然而，许多多年生木本植物，其繁殖期要长得多。

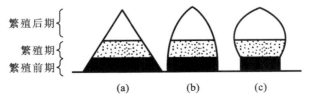

图 2-2　年龄结构金字塔的 3 种基本类型

（a）增长型种群；（b）稳定型种群；（c）衰退型种群

（仿 Kormondy，1976）

2. 性比

性比（sex ratio）是指种群中雌雄个体的比例。有性繁殖是生物界普遍的现象，通过有性生殖，可以使一个种群保持较高的遗传多样性。因此，性比也成为种群研究的一个重要参数。

多数被子植物是雌雄同体（包括雌雄同花、雌雄异花同体），尽管性比很难计量，但是一般不会对植物的有性繁殖产生障碍。性比对动物种群的发展则非常重要，它与种群的繁殖效率有密切关系。一般情况下，在受精卵时期，性比接近 1；但是，许多哺乳动物种群，新出生个体的性比往往雄性高于雌性；随着年龄的增长，雄性个体的比例会逐渐下降，到老年阶段，则雌性个体数明显多于雄性个体数。

在自然界，种群的性比往往是比较复杂的，有些种群以具有生殖能力的雌性个体为主，例如轮虫、枝角类等是可进行孤雌生殖的动物种群;营社会生活的昆虫种群,雄性个体多于雌性。在一些鸟类种群中(例如雉形目鸟类),由于雌性个体既要帮助雄鸟保卫领域、建筑鸟巢、产卵孵卵、喂养雏鸟,要付出更多的物质和能量代价,其发生意外风险而死亡的概率更高,因此在繁殖期以后,雌性个体要少于雄性;有些哺乳动物(例如鹿科动物),其雄性个体为了争得交配权,彼此之间经常会发生争斗,这些活动既消耗了大量能量,又减少了觅食时间,因此在繁殖期结束时,雄性个体的死亡率大大高于雌性个体,导致性比发生了明显变化。同一种群中性比有可能随环境条件的改变而变化,例如盐生钩虾生活在水温 5 ℃ 以下时,后代中雄性为雌性的 5 倍;而在 23 ℃ 左右时,则后代中雌性为雄性的 13 倍。另外,有些动物有性变的特点,例如黄鳝幼年都是雌性,繁殖后多数转为雄性;还有许多生物是雌雄同体,例如藤壶。

(三)种群的繁殖力

种群的繁殖力(reproductive capacity)是指种群内个体数量增加的能力。它主要取决于该种群的遗传特性和环境容量。一般由种群的出生率、死亡率、迁入量以及迁出量所决定。

1. 出生率

出生率(natality)是指种群在某一时间内产生新个体的能力。可用理论出生率(也称生理出生率、最大出生率、潜在出生率)和实际出生率(也称生态出生率)来表示。理论出生率(theoretical natality)是种群在理想条件下所能达到的最大出生数量,这个出生率完全取决于该种群的遗传特性。但是自然界的种群,基本上不可能生活在理想条件下,往往会受到食物、生存空间等各种条件的制约,所表现出来的只能是实际出生率(realized natality),即种群在一定时间内、在特定条件下实际产生新个体的数量。

不同物种的出生率差异很大,例如东北虎在自然条件下,4 年性成熟,每次产 2~4 个崽,每次生产后带崽 2~3 年,才能再次发情,虎的寿命一般为 20 年左右,一生可产崽 10 多只,可见东北虎的出生率并不高;褐家鼠约 4 个月性成熟,怀孕后 20 天产崽,每年可繁殖 6~10 次,每次产崽 5 个以上,可见褐家鼠在哺乳动物中的出生率相当高。

影响种群出生率的主要因素,从遗传特性方面看(内因),主要取决于:①该种群性成熟需要时间的长短。比较长的例如人类,一般需要 15~18 年或者更长时间;比较短的,例如某些甲壳动物,只需要几天即可。②每次产崽的数量。产崽数量多的,例如大马哈鱼一次产卵数以几万甚至几十万计;少的,例如灵长类、鲸类等一般一次一个崽。③产崽周期。鲸类、大象一般 2~3 年繁殖一次,蝙蝠一般一年繁殖一次,许多鼠类 2~3 个月繁殖一次,大马哈鱼一生只繁殖一次。④能育年龄,即种群内个体具备繁殖能力的持续时间。例如,人类中雄性一般可以维持 40~50 年,雌性可以维持 35~40 年;有些多年生植物甚至可以维持数百年;很多昆虫只能维持几周。从环境条件方面看(外因),主要取决于:①食物条件。食物的充足与否,对实际出生率有很大影响,例如某些家鼠在食物充足情况下,每隔一个月就可繁殖一次,如果食物短缺,则可能隔 4 个月繁殖一次。②生存空间。主要取决于种群的密度和占领领域的大小,在比较拥挤的空间条件下,种群的出生率有降低的趋势。

2. 死亡率

死亡率(mortality)是指种群在某一时间内个体的死亡数量(即死亡速率)。可用理论死亡率(最小死亡率)和实际死亡率(生态死亡率)来表示。理论死亡率(theoretical mortality)是指种群生活在理想条件下,其个体均因衰老而死亡,每个个体都活到生理寿命的死亡率。这个死亡率也基本与遗传特性相关。但是,自然界的种群会受到各种条件制约,其个体基本不能活到生理寿命,用实际死亡率来表示更有意义。实际死亡率(realized mortality)是指在实际自然条件下,种群内个体的死亡速率。在自然条件下,只可能有极少数个体能活到生理寿命(或接近生理寿命),多数个体会因为疾病、饥饿、被捕食、竞争、被寄生、意外事故等因素影响,而更早死亡。

3. 迁入量和迁出量

种群个体或繁殖体的迁入和迁出对种群的扩散、数量动态、繁殖力等影响比较大。例如,外来遗传信息的流入和内部遗传信息的流出,起到远缘基因杂交的目的,其结果有利于后代具有更强的抗逆性。迁入和迁出是种群扩张的主要途径。但是,研究种群繁殖力时,一般没有明确种群的分布界限,因此要确定种群的迁入、迁出量是非常困难的。在多数研究工作中,一般假定迁入量和迁出量相等。

二、种群的空间特征

种群的空间特征是指种群在大尺度下的分布区域和在小尺度下的分布形式。组成种群的每个个体都需要有一定的生存空间,进行繁殖和生长。动物需要在一定的空间内取食(采食植物或捕食),植物需要有生存的基质并与环境之间进行物质交换。同样作为一个个体,由于个体差异大、食性大不相同,所需的空间大小也不同。如果某个空间内种群的密度过大,则有部分个体会向其他地方迁移,形成空间分布格局的动态特征。

(一)种群分布格局

组成种群的个体在其生活空间中的位置状态或布局,称为种群分布格局(distribution pattern)。这样的分布格局含义指的是小尺度下的静态分布方式。比较典型的分布格局有 3 种类型(图 2-3):①均匀(uniform)分布;②随机(random)分布;③集群(clumped)分布。

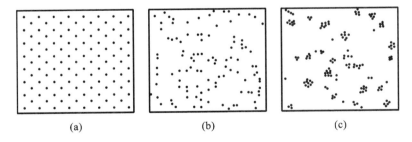

|(a)|(b)|(c)|

图 2-3 种群分布格局的 3 种类型

(a) 均匀分布;(b) 随机分布;(c) 集群分布

1. 均匀分布

均匀分布是指种群内个体之间的距离相等。这种分布情况在自然界极为罕见,形成的原因主要是种群内个体间的竞争,例如森林植物竞争阳光和土壤中营养物时形成的分布;在干旱条件下旱生植物个体之间竞争水分时形成的分布等。

2. 随机分布

随机分布是指每一个体在种群领域中各个点上出现的机会相等,并且某一个体的存在不影响其他个体的分布。随机分布在自然界比较少见,一般情况下为一个新的物种刚进入陌生环境时的分布方式,例如在久储的面粉中出现的黄粉虫的分布,水稻田中二化螟刚出现时的分布等。从机制上看,只有环境条件比较均匀且种群内个体相互作用的负面影响不明显时,才有可能呈现随机分布。

3. 集群分布

集群分布是指种群内个体在局部地点形成团块、斑块的现象。其是自然界最常见的分布类型,形成的主要原因:①环境资源分布不均匀。例如,一片森林中由于植物所结果实分布的不均匀,导致在森林中生存的猴子分布的不均匀。②繁殖体的传布方式。例如,某些多年生植物每年成熟的种子多数凋落在母体的周围,导致植物在该处形成集群。③动物的集群行为。有些动物的生活方式是一种社会性集群方式,种群内个体之间存在着相互关系和社会分工,这样的种群分布往往是集群式的,例如蚂蚁、海狗等。

(二)种群对空间的利用方式

许多动物种群内的个体,在生存空间内,经常改变其位置,例如通过行走、飞翔、爬行、游泳、跳跃等方式,甚至长距离的迁徙、洄游、迁飞来改变生存空间;植物则借助于风、水、动物及人类的活动而改变其空间位置。但是,就种群对空间的利用方式而言,主要表现为以下两种。

1. 分散利用

分散利用是指某个种群占有某一空间,不允许其他个体(外种群个体或不同物种的个体)进入该空间的利用方式,也称为"独占"。种群对空间分散利用的意义在于:①可以基本保证种群内每个个体的食物需求;②保证其繁殖和休养生息的场所;③有利于调节某个区域种群的密度。

2. 共同利用

共同利用是指多个种群共同占有一块空间,共同分享自然资源的利用方式。种群对空间共同利用的意义在于:①可充分利用资源和空间;②共同防御天敌;③有利于增加繁殖机会及幼体的抚育;④对植物种群而言,则有利于改变局部的小气候环境。

(三)种群内的隔离

种群内的隔离是指种群内的个体以某种方式结合成的小群体之间保持一定距离的现象。种群内不同个体群产生隔离的主要原因:①环境资源不足;②个体之间的行为对抗;③化学对抗。一般而言,低等动物、植物及微生物种群内产生隔离的原因多数是③,高等动物多数是②,原因①对不同种群都有影响。这种隔离现象的生态学意义在于有利于减少个体之间的不利影响,减少竞争,可以使空间的利用更加合理化。

三、种群的遗传特征

种群从某种意义讲,也是一个遗传学单位,种群内的个体虽然基本上继承了双亲的遗传基因,但是个体之间总存在遗传差异。这样的差异在环境因子的影响下,就会产生不同的适应性,不同的适应性又会各自传给后代,其中适应性较好的个体比较容易存活下去,适应性差的个体可能被淘汰。一个物种的生存必须要有相当多的个体适应性比较好,而且适应速度要跟上环境条件的变化速度。因此,种群也具备一定的遗传特征。

(一)遗传平衡

物种的遗传信息通过基因传给下一代。基因是染色体上带有遗传信息的 DNA 片段,它可以自我复制、重组、突变,并在后代的性状上表现出来。通过基因的调控和表达,物种会产生不同性质和数量的蛋白质,分化成不同功能的细胞,组成形形色色的生物体。生物体的性状是遗传信息和环境条件共同作用的结果,同样的遗传信息,在不同的环境条件下,生物体的表现性状会发生差异(生态分化),这是个体适应环境的表现之一,也称多态现象(polymorphism)。

种群中每个个体的基因组合称为基因型(genotype),基因型是个体遗传信息的总和。每个基因型在整个种群中所占的比例称为基因频率。在大种群中,后代个体比较容易保持原来的遗传结构,如果没有其他因素强烈干扰,其基因频率将世世代代保持不变(即种群遗传平衡),这就是哈-温定律(Hardy-Weinberg law)。

完全符合遗传平衡的种群是很罕见的,基因突变、自然选择、遗传漂变和基因流动等因素均可能影响遗传平衡。基因突变是所有遗传变异的最终来源,突变可以导致适应选择,也可以增加种群中的变异总量,其是影响基因频率的力量,也是自然选择的基础。只要不同的个体所携带的遗传信息有差异,自然选择就能发挥作用,优胜劣汰,这就可能改变基因频率,并使其具有进化基础。当然,环境条件是不断变化的,基因突变对当前的环境变化有很好的适应性,但对将来的环境变化是否也能很好适应,则并不一定,这就是适应的相对性。例如,生活在北极地区的雪兔,其皮毛的颜色虽然与灌木丛的颜色非常相似,躲在灌木丛中很难被天敌——雕发现,但一旦跑出灌木丛去觅食、追逐配偶,则很容易被雕发现,成为捕捉的目标。

自然选择使得种群的适应性得到保存和进化,但是也可能把一些中性的或无价值的性状保留下来,这种基因型频率随机增、减的现象称为遗传漂变(genetic drift)。遗传漂变容易发生在小种群中,因为小种群中的个体之间不能充分地随机交配,种群内的基因不能完全自由分离和组合,使基因频率容易发生偏差,不利的基因很可能因漂变而固定。因此,小种群面临的消亡风险更大。一般情况下,种群越小,遗传漂变的可能性越大;当种群足够大时,遗传漂变作用就基本消失了。

基因流动是指种群内部分个体(或繁殖体)从种群发生地向外部迁移而导致与其他种群之间发生基因交流的过程。基因流动可削弱种群间的遗传差异。例如,被子植物向其他区域的个体播撒花粉、传播种子,就是基因流动的过程。

(二)近交衰退

亲缘关系比较近的个体之间进行杂交,常会使稀有基因、隐性基因和有害基因得到表达,使得种群整体的受精率下降、生活力减弱、适应性下降,这种因近亲交配导致的不良后果称为近交衰退(inbreeding depression)。

虽然并不是所有的近交都是有害的,但是近交使得许多致病的隐性基因得到更多的表达机会,这对于珍稀濒危物种而言非常危险。从育种学的角度看,近交有时可以把稀有基因保留下来,例如该性状比较优良,则可以进行纯合提炼,将其固定下来。

在自然情况下,近交率是很低的,除非是基数很少的种群。许多种群均有避免近交的防护措施,例如哺乳动物中,往往有亲属识别机制,双方都不会选择与自己有亲缘关系的异性为配偶。

(三)遗传瓶颈和建立者效应

由于环境发生巨变或因人类的过量捕杀,导致一个种群在某一时期内个体数量急剧下降,甚至降到最低基数以下,就使得该种群经历发展瓶颈。这个过程往往伴随着基因型频率的变化和总遗传信息量的下降。经过瓶颈阶段,以后的发展趋势为种群有可能逐步消亡,也有可能逐步恢复,这取决于该种群是否能通过基因突变或与异域群体混合积累遗传信息,或者致危因素是否消失。例如,北方象海豹(*Mirounga anguetirostris*)由于人类过度捕杀,在其发展的瓶颈期个体数量仅剩 20 头,采取禁捕措施之后,现在已经恢复到 3 万余头。

少数个体脱离种群之后,也有可能在一个新的生境内建立起一个新的种群,这个新种群的遗传信息量完全依赖这部分个体所携带的基因,因此这部分个体可称为建立者种群(founder population)。由于新种群与母种群生活环境不完全相同,这两者之间的选择压力也不一样,可能会使建立者种群和母种群的基因差异越来越大,这种现象称为建立者效应(founder effect)。在极端情况下,一颗(可自花授粉的)植物种子即可形成一个新种群,例如在我国许多地区泛滥的加拿大一枝黄花(*Solidago canadensis*)就是一个典型的事例。

(四)种群的自然选择

种群内的个体在形态、生理、行为等方面均可能存在着差异,这些差异主要受遗传信息的控制,这些差异有时候还显得"生死攸关"。例如,生活在森林中的某些昆虫,身体的形态非常类似一片树叶,不容易被天敌发现,因此,生存的概率较高,并可能通过后代将此性状遗传下去,这就是"生死攸关"的自然选择。自然选择直接作用于种群内个体的表现型,是通过对个体存活和繁殖力的影响使群体的基因和基因型频率发生变化。根据选择结果,作用于表现型特征的自然选择可以划分为如下的 3 种情况(图 2-4)。

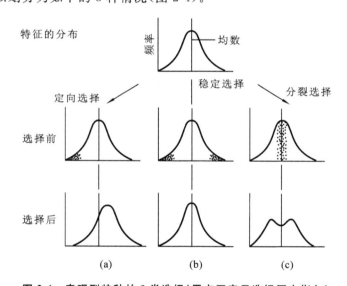

图 2-4　表现型特种的 3 类选择(黑点区表示选择压力指向)
(a)定向选择;(b)稳定选择;(c)分裂选择
(仿 Krebs,1985)

(1)稳定选择。其是指环境条件对靠近种群的数量性状正态分布线中间的那些个体有利,淘汰两侧"极端"的个体的现象。例如,人类初生婴儿体重在 3 300 g 左右时,死亡率最低,而偏离平均体重极端的死亡率较高(图 2-4(b))。

(2)定向选择。其是指自然选择对一侧的"极端"个体有利,使种群内个体的平均值向一侧移动的现象。这种选择可引起的基因型改变最快,多数人工选择类似这种情况。如人类选育杂交水稻时,追求矮秆多穗,导致高秆品种容易被淘汰(图 2-4(a))。

(3)分裂选择。其是指自然选择对两侧的"极端"个体有利,对"中间值"的个体不利,使种群分裂成两部分的现象(图 2-4(c))。例如,英国有种昆虫桦尺蠖(*Biston betularia*)原来主要生活在森林中,常停栖在覆盖着灰白色地衣的树干表面。在英国曼彻斯特工业区,由于环境污染,许多树干被烟尘染成煤黑色,在这种背景下,原来浅色的桦尺蠖容易被鸟类发现而被捕食,而变异了的深黑色的桦尺蠖则保留了下来。由于环境因素的自然选择,出现了在煤烟污染条件下的黑色桦尺蠖和在洁净环境下的白色桦尺蠖的分化。

环境对生物的选择压力,使得存活下来的个体有较好的适应性,但是,不能由此认为选择出来的性状是"最好"或"最优"的,这是因为:①种群内个体经常会产生基因突变,基因突变的加入会对"最优"进行挑战(外界个体迁入也如此);②环境不断变化,本来比较适应的特征有可能变得不适应,这就是适应的相对性;③在能量和资源有限的情况下,个体不可能在各个活动方面都得到满足,表现出来的性状会出现"中和"现象。多数生态学家认为,除了个体选择以外,还有配子选择(如 X 精子或 Y 精子的活力不同,可经受自然选择)、亲属选择、群体选择、性选择等。例如,鸟类、鱼类、鹿等高等动物中许多雄性个体的外观比较漂亮,在个体竞争中,这些个体获得更多的交配机会,因此,这些特征很容易在后代中不断得到强化。

(五)物种的形成

物种的形成一般经历如下的几个阶段。①地理隔离:种群内的个体,如果居住在不同的区域,由于地理屏障,两个群体彼此隔开,阻碍了这些个体间的基因交流。②独立进化:两个群体适应各自的生活环境,各自演化。③生殖隔离机制的建立:经过相当长的时间后,两个群体的后代不能进行基因交流,两个群体就成为两个新的物种。

生殖隔离机制的建立一般表现为合子前的隔离:①栖息地隔离;②时间隔离;③行为隔离;④生殖器官隔离等。而合子后的隔离是指即使形成合子,也没有活力,或者只能发育成不育的后代。

新物种形成的主要形式有渐变式和爆发式两种类型。其中,渐变式包含:①继承式,即新物种发生在同一地区,环境变迁不显著,所经历时间较长。这种形式多见于古生物,例如从始新世的始祖马到第四纪的现代马,经历了 5000 万年,其先后出现了始祖马、渐新马、中新马、上新马和现代马。在同一区域内,由于生态位的分离,逐渐形成不同的群体,不同群体形成自己的基因库,成为新的物种。例如不同寄生物的形成,由于寄主的特异性,寄生物个体的交配多数在寄主体内进行,很可能形成生殖隔离。②分化式,大范围的地理隔离,分开的两个群体各自演化形成生殖隔离机制,成为两个物种,或者是少数个体从群体中分离出去,处于半孤立状态,随后形成新物种。爆发式,在该种方式下,物种形成的速度比较快,主要见于植物的远缘杂种。

值得注意的是,行为隔离在动物物种形成时也起着重要的作用。但是,对于植物而言,除浮游植物、漂浮植物和部分沙漠中生长的植物之外,多数种类是固着生活,它们的构件数变化很大,营养繁殖很普遍,即单性可以不经交配而同样能长期繁殖。植物容易形成三倍体及多倍体,三倍体也可以营养繁殖。因此,植物的时间隔离和生殖隔离显得更为重要。植物在物种形成过程中,比动物更易产生杂种后代,即杂交能育性高。

岛屿物种的形成往往是适应某一岛屿的特有种或出现辐射适应现象。例如,生活在南美加拉帕戈斯群岛上的 14 种达尔文雀,就是 1 亿年前由南美大陆迁移而来的,后在岛屿上生活,形成了不同食性的后代,其喙有各种适应形态。

(六)种群的进化方式

物种在进化过程中,它的分布往往由原始的分布中心向周围扩散和散布,并进入新的领地,进入新领地的个体必须尽快地适应新的生境才能较好地生存,才能繁育后代。随着时间的推移,进入新领地的个体不断地适应新环境,使得这些个体的性状逐渐与原产地的个体差距拉大,一旦造成生殖隔离,基本上就成为新物种。种群的进化实际上是分化进化和复化进化交织进行的结果。

（1）分化进化。生物种类由少到多,向不同方向发展,形成各种形态相异、结构不同的物种的过程称为分化进化,亦称"辐射适应",这是自然选择的结果。例如,原始的食虫兽跖部很短、具爪,生活于地上或树上,在不同生态条件的选择下,向不同的方向分化进化:生活于草原的,进化为奔走型兽类,例如鹿和马;生活于树上的,进化为攀缘型兽类,例如松鼠和猕猴;生活在海滨的,发展为水生型或两栖型兽类,例如鲸和海豹;在空中捕食的,发展为飞翔型兽类,例如蝙蝠。就食性而言,有肉食的、草食的、杂食的。就草食的啮齿目而言,有掘地型的鼢鼠,有奔走型的田鼠,有攀缘型的松鼠,有两栖型的海狸鼠,还有滑翔型的鼯鼠等。

生物的趋同适应,也是分化进化,例如,适于空中飞行的鸟、蝙蝠和昆虫都有翅膀;生活在沙漠的仙人掌（仙人掌科）、仙人笔（菊科）、霸王鞭（大戟科）、海星花（萝藦科）的叶片均退化,都具有肉质茎。

生物个别器官的高度发达或退化,也是分化进化的,例如,食虫植物的捕虫叶、红树的呼吸根、剑齿虎的犬齿及寄生蠕虫的神经、消化、循环、运动、呼吸、排泄等系统都趋于退化,而它们的生殖系统却高度发达,这些分化进化有利于种群的生存和繁衍。

（2）复化进化。生物体自身的结构机能水平的提高所经历的由简单到复杂、由低级到高级的前进运动,称为复化进化。这种进化,是整体结构的复杂化和生理机能的全面增强。例如,由非细胞的原始生命到有细胞形态个体,从原核细胞到真核细胞,是早期的复化进化。真核细胞出现以后,动物与植物的分化表现为:植物方面,由单细胞到多细胞,由孢子植物到种子植物,由裸子植物到被子植物;动物方面,由单细胞到多细胞,由无脊椎动物到脊椎动物,从鱼类到两栖类、到爬行类,以及到鸟类、哺乳类,都经历了曲折的复化进化。

第三节　种群的动态

种群动态通常是指种群数量在时间和空间上的变动,在广义上则包含一切种群特征的变动。种群动态是种群生态学的核心问题,研究种群数量在时间上和空间上的变化,主要包括如下4个方面:①有多少（数量和密度）;②哪里多,哪里少（空间分布）;③怎样变动（数量变动和扩散迁移）;④为什么这样变动（种群调节）。因此,掌握种群动态的规律,具有十分重要的意义。

一、自然种群的数量变动

种群数量变动主要有以下几种表现形式。

（一）种群增长

种群增长（population growth）是指在一定条件下种群的个体数量随时间推移而逐渐增大的过程。自然种群的增长有两种基本类型:一是J形增长,即种群密度按指数迅速增长,遇到环境阻力或其他限制后突然停止增长,通常可以用指数方程式来描述;二是S形增长,即开始增长缓慢,经正加速期通过拐点后逐渐放慢(负加速期)而到达某一个极限水平(环境容纳量),通常可以用逻辑斯谛方程描述。例如绵羊引入澳大利亚塔斯马尼亚岛以后的种群增长曲线,增长初期显出一个"S"形曲线,此后呈现不规则的波动(图 2-5)。果园中的蓟马(*Thrips imaginis*)在环境条件较好的年份,其数量增加迅速,直到繁殖结束时增加突然停止,表现出 J 形增长,但在环境条件不好的年份则呈 S 形增长(图 2-6)。

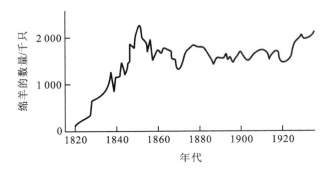

图 2-5 塔斯马尼亚绵羊种群的实际增长曲线
(仿 Mackenzie 等,1998)

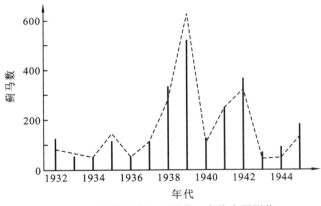

柱高为实际观测值,虚线为预测值

图 2-6 蓟马种群的数量变化
(仿 Begon 等,1986)

(二)季节消长

在特定空间内,种群数量在一年中随季节的变动称为季节消长。一些浮游生物、小型鸟类(例如大山雀)、小型兽类(例如野兔)、与人伴生种(例如蚊子、苍蝇)有季节性繁殖的特点,个体数量的最高峰落在这一年最后一次繁殖之后。然后,因各种因素的作用(如自然死亡、被捕食、得病而亡、饿死、挤死等)个体数量逐渐下降,数量最低值落在来年第一次繁殖之前。例如,布氏田鼠(*Lasiopodomys brandtii*)种群数量也存在季节消长现象,而且年际间布氏田鼠密度季节波动差异显著,图 2-7 中的 1984 年布氏田鼠在 8 月停止增长,8 月后呈下降趋势,其中以 5 至 6 月增长幅度最大,而 1996 年季节增长持续到 10 月,以 6 至 7 月季节增长率较高。各种生物所具有的种群数量的季节消长特点,主要是受环境因子季节变化的影响,而使生活在该环境中的生物产生与之相适的季节性消长的生活节律。

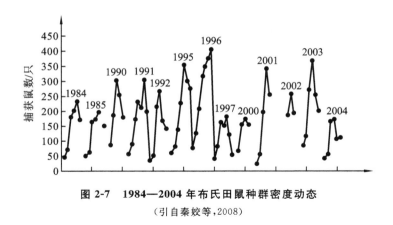

图 2-7　1984—2004 年布氏田鼠种群密度动态

(引自秦姣等，2008)

（三）种群波动

种群波动(population fluctuations)是指处于平衡状态的种群，随时间发展其种群数量围绕某一饱和量上下波动的现象。环境条件变化往往会引起种群数量的波动，例如干旱、酷暑、严冬、流行疾病等因素可使种群数量减少；而温和、湿润、风调雨顺等年景会使种群数量增加等。事实上，大多数种群都会在环境容纳量附近波动，其主要原因：①环境的随机变化。因为随着环境条件(例如天气)的变化，环境容纳量就会产生相应的变化。②时滞或称为延缓的密度制约，在密度变化和密度对出生率和死亡率影响之间导入一个时滞，在理想种群中很容易产生波动。种群可以超过环境容纳量，然后表现出缓慢的减幅振荡直到稳定在平衡密度(图 2-8(a))。③过度补偿性密度制约，即当种群数量和密度上升到一定数量时，存活个体数目将下降。密度制约只有在一定条件下才会稳定。如果没有过度补偿性密度制约，种群将平稳地到达环境容纳量，不会产生振荡。当密度制约变为过度补偿时，减幅振荡和种群周期就会发生(图2-8(b))。这些稳定极限环在每个环中间有一个固定的时间间隔，并且振幅不随着时间变化而减弱。如果与高的繁殖率相结合，极端过度补偿会导致混沌波动，没有了固定间隔和固定的振幅(图 2-8(c))。混沌动态看起来是随机的，但实际上是受确定性因素控制的，因而其发生是可以预测的。混沌系统不同于随机系统——混沌发生在一定的极限内，所以种群在某种程度上是被调节的。但是，混沌的结果是不可预测的，起始环境差异很小的两个系统甚至可能到达非常不同的平衡点。

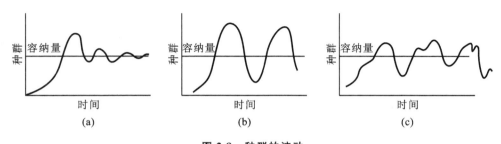

图 2-8　种群的波动

(a) 减幅振荡；(b) 稳定极限周期；(c) 混沌动态

(仿 Mackenzie 等，1998)

种群数量波动主要有不规则波动和周期性波动两种形式。

1. 不规则波动

不规则波动(irregular fluctuation)是指在自然种群中其数量在不同的时间进程中表现出无规律性(或无周期性)变动的现象。环境的随机变化很容易造成种群产生不可预测的波动。许多实际种群,其数量多少与好年和坏年相对应,会发生不可预测的数量波动。小型、短寿命的生物,比起对环境变化忍耐性更强的大型、长寿命生物,数量更易发生巨大变化。藻类是小型、短寿命的物种,而且繁殖很快,因此它们对环境变化很敏感。藻类种群波动,主要是由温度变化以及由其带来的营养物获得性的变化而造成的(图 2-9)。

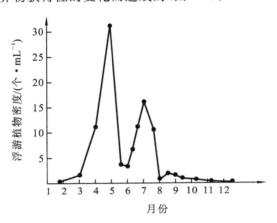

图 2-9　Wisconsin 绿湾中藻类数量随环境的变化
(仿 Mackenzie 等,1998)

马世骏(1958)分析了大约 1000 年间有关东亚飞蝗(*Locusta migratoria manilensis*)危害和气象关系的资料,发现东亚飞蝗在我国的大发生没有周期性现象,同时还指出干旱是大发生的原因。马世骏等(1965)对有近 50 年(1913—1961)系统气象资料及湖水位记载的洪泽湖蝗区的东亚飞蝗发生资料进行了分析,得出东亚飞蝗的发生周期有 2~3 年、5~6 年及 25 年左右的 3 个周期(图 2-10)。

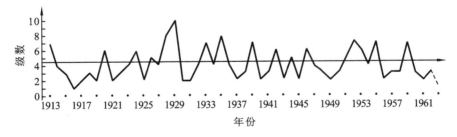

图 2-10　1913—1961 年洪泽湖蝗区东亚飞蝗的种群动态曲线
(引自马世骏等,1965)

2. 周期性波动

周期性波动(regular fluctuation)是指在自然种群中其数量在不同的时间进程中表现出规律性或周期性变动的现象。在一些情况下,捕食或食草作用导致的延缓的密度制约会造成种群的周期性波动。例如,生活在瑞士森林中的灰线小卷蛾(*Zeiraphera griseana*),在春天,随着落叶松的生长,灰线小卷蛾的幼虫同时出现。幼虫的吞食对松树的生理有一定的影响,会减小松针大小,从而使来年幼虫食物的质量下降(图 2-11)。高密度幼虫使松树来年质量变差,因此导致灰线小卷蛾种群下降。低的幼虫数量使松树得到恢复,反过来随着食物质量提高,幼虫数量又有所增加。

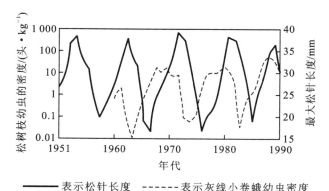

图 2-11 灰线小卷蛾响应松树质量(松针长度)的周期

(仿 Mackenzie 等,1998)

另一个有关捕食者和被捕食者周期性波动的典型例子是加拿大猞猁(*Lynx canadensis*)与美洲兔(*Lepus americanus*)的数量的周期性变化(图 2-12)。在这个例子中,高数量的猞猁使美洲兔种群数量受到抑制,在以后几年,反过来又使猞猁数量减少,美洲兔数量再次上升,形成了一个大约 10 年的周期。然而,与灰线小卷蛾一样,美洲兔所吃的植物也影响这个周期。当美洲兔数量增加时,植物叶组织的质量变差,这就会降低美洲兔的生殖潜力。因此美洲兔-猞猁种群的周期性变化被认为是植物、兔和猞猁之间相互作用的结果。

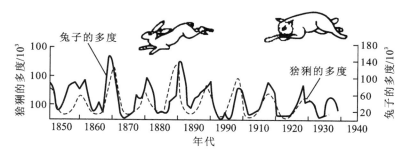

图 2-12 20 世纪 90 年间捕食者(加拿大猞猁)与猎物(美洲兔)数量周期

(引自 Bush,1997)

(四)种群爆发

种群爆发(population outbreaks)是指种群数量比平常显著增加的现象。合适的气候条件、食物条件,天敌控制的解除以及种群内部机制等常常是种群数量爆发的主要原因。在农林生产中,大面积单一种植、农药的滥用造成天敌减少容易引起害虫的大爆发。最常见的种群爆发见于害虫和害鼠,例如蝗灾,我国古籍和西方圣经都有记载,"蝗飞蔽天,人马不能行,所落沟堑尽平……食田禾一空"等。1957 年非洲索马里一次蝗灾估计有蝗虫约 1.6×10^{10} 只,总质量达 50 000 吨。有害种群数量突然爆发,如果控制措施跟不上就会形成严重灾害,例如 1967 年我国新疆北部农区小家鼠大发生,估计造成粮食损失达 1.5 亿千克。

种群爆发的另一个典型例子就是赤潮(red tide)。赤潮是在特定的环境条件下,海水中某些浮游植物、原生动物或细菌爆发性增殖或高度聚集而引起水体变色的一种有害生态现象。赤潮发生的原因比较复杂,通常认为当含有大量营养物质的生活污水、工业废水和农业废水流入海洋后,再加上海区的其他理化因素有利于生物的生长和繁殖时,赤潮生物急剧繁殖起来,便会形成赤潮。赤潮的危害主要是藻类死体分解,大量消耗水中溶解氧,使鱼类、虾类、贝类等窒息而死,有些赤潮生物产生毒素,对其他水生生物以及人类造成危害。

淡水水生植物爆发造成危害的例子也屡见不鲜。例如,凤眼蓝、大藻等大量繁殖,会堵塞河道,阻碍内水交通。同时,大量飘浮在水面上的植株会阻挡阳光透射入水下,并且腐烂后会大量消耗水中的溶解氧,污染水质,从而造成其他水生动植物的大量死亡。这些植物的大爆发会严重影响当地生态系统的生物多样性,并对社区居民的生产、生活、健康造成威胁。

（五）种群平衡

种群平衡(population equilibrium)是指种群数量较长期地维持在几乎同一水平上的现象。种群数量动态的平衡通常是种群的数量围绕某一定值做小范围内的波动,它是与种群 Logistic 增长模型联系在一起的。经典的平衡理论认为,在这种 S 形曲线表示的种群增长模型中,种群开始时增长缓慢,然后加快,但不久之后,由于环境阻力增加,速度逐渐降低,直至达到容纳量 K 的平衡水平并维持下去。大型有蹄类、食肉动物等,多数一年只产一仔,而且寿命较长,这类种群的数量一般是比较稳定的。一些蜻蜓成虫和具有良好种内调节机制的社会性昆虫,例如红蚁、黄墩蚁等,它们的种群数量也十分稳定。

（六）种群衰落和灭亡

种群在长期地处于不利的条件,或者人类过度捕获,或者栖息地被破坏的情况下,其种群数量会出现持久性下降,即种群衰落(population decline),甚至种群灭亡(population extinction)。随着野生动植物资源的过度利用以及栖息地遭受的破坏日益严重,许多种群衰落和灭亡的速度不断加快,例如图 2-13 就是表示鲸种群由于人类的极端捕捞而下降的现象。种群的持续生存,不仅需要有保护良好的栖息环境,而且要有足够的个体数量以达到最低种群密度,因为过低的数量会因近亲繁殖而使种群的生育力和生活力衰退。例如,美洲的草原鸡在种群数量降低到 50 对以后,即使采取有力措施也不能使其恢复,最终导致该物种灭绝。

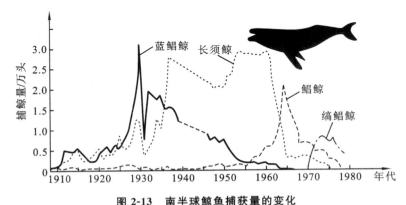

图 2-13　南半球鲸鱼捕获量的变化
(仿 Mackenzie 等,1998)

（七）生态入侵

由于人类有意识或无意识地把某种生物带入适宜于其栖息和繁衍的地区,导致种群不断扩大,分布区逐步稳定地扩展,这种过程称为生态入侵(ecological invasion)。在全球变化加剧的背景下,世界范围内经贸交往日益密切,人类活动对自然界的影响不断加剧,为外来种的长距离传播与扩散创造了便捷条件,外来生物入侵的危害也日趋严重。在外来入侵物种被有意或无意引入一个新的区域,摆脱了原产地调节其种群多度和分布的限制因素,经过潜伏期和归化期的生境适应后,其种群数量激增,从而会改变土著生态系统的结构和功能,降低生物多样性,对环境、农业以及区域生态安全和经济发展均会造成明显的威胁和破坏。我国的生物入侵形势十分严峻,据徐海根等(2006)的估算,全国283种主要入侵种每年带来的直接和间接经济损失高达144.5亿美元。

欧洲的穴兔是1859年由英国引入澳大利亚西南部的,由于环境适宜和没有天敌,它们以112.6 km/a的速度向北扩展,16年时间推进了1770 km。它们对牧场造成了巨大的危害,直到后来引入黏液瘤病毒,才将危害制止。紫茎泽兰(*Eupatorium adenophorum*)原产于墨西哥,1865年作为观赏植物引入夏威夷,1875年引入澳大利亚。后来发展为到处繁衍、泛滥成灾。新中国成立前,紫茎泽兰由缅甸、越南进入我国云南,现已蔓延到北纬25°33′地区,并向东扩展到贵州、广西境内。紫茎泽兰常连接成片,发展为单优势群落,侵入农田,危害牲畜,影响林木生长,成为当地"害草"。仙人掌(*Opuntia stricta*)原产美洲,有数百种类型,其中有26个种被引入澳大利亚作为园艺植物。1839年引入作篱笆的仙人掌(*Opuntia stricta*)由于扩展迅速,于1880年被视为"害草"。1890年危害面积已达40 000 km²,而1920年为235 000 km²,1925年为243 000 km²。其中有一半面积生长茂盛,高出地面1~2 m,行人难以通行。由于防治费用高昂,每平方千米为2 500~10 000美元,所以生长该仙人掌的地方多被废弃为荒田。直到1920年从原产地引进其天敌仙人掌螟(*Cactoblastis cactorum*)才得以有效控制。

二、影响种群动态的因素

(一)密度制约因素

密度制约因素是指在种群自然调节中,其作用与种群密度有关系的那些调节因素,例如竞争、捕食、寄生、疾病和种内调节等生物因素。在种群的逻辑斯谛增长现象中可以看到,随着种群增长、密度加大,其增长速率趋缓,最后趋于零。说明密度本身自动限制了种群的进一步增长,种群的自我调节和自动稳态机制(homeostatic mechanism)有一部分即基于密度制约原理。因为竞争本身是密度制约的,密度越大越容易出现竞争。此外,许多其他情况也是密度制约的,例如拥挤时可发生自相戕害甚至同类相食,食物的无意污损,疾病传播,寻找躲避处更困难和更易暴露于天敌等。相互骚扰、噪声、排泄物污染、感情上的憎恶等都会阻碍动物种群个体繁殖和种群增长,不仅影响数量,也会影响种群的质量。

生物种群的相对稳定和有规则的波动与密度制约因素的作用有关。当种群数量的增长超过环境的负载能力时,密度制约因素对种群的作用增强,使死亡率增加,而把种群数量减少到环境容纳量以下。当种群数量在环境容纳量以下时,密度制约因素的作用减弱,使种群数量增长。现举例说明这种反馈调节。

(1)食物。旅鼠过多时,大量吃草,草原植被遭到破坏,导致食物缺乏,加上其他因素,例如生殖力降低、容易暴露给天敌等,种群数量因而减少,但数量减少后,植被又逐渐恢复,旅鼠的数量也随着恢复过来(图2-14)。

(2)生殖力。生殖力也受密度的影响。例如,池塘内的锥体螺在低密度时产卵多,高密度

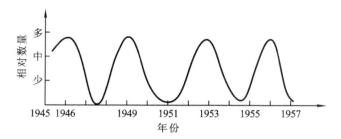

图 2-14　美国阿拉斯加旅鼠种群的周期性消长

时产卵就少,这也可能是由于密度高时食物缺少或某些其他因素的作用所引起的。

（3）抑制物的分泌。多种生物有分泌抑制物来调节种群密度的能力。例如,蝌蚪在种群密度高时产生一种毒素,能限制蝌蚪的生长,或者增加死亡率。在植物中,桉树有自毒的现象,密度高时能自行降低其数量,细菌也有类似的情况。当密度降低时,这些代谢物少,就不足以起抑制作用,因而数量又能上升。

（4）疾病、寄生物等。它们是限制高密度种群的重要因素。种群密度越高,流行性传染病、寄生虫病越容易蔓延,结果个体死亡多,种群密度降低。种群密度降低后,疾病又不容易传染了,结果种群密度逐渐恢复。

（二）非密度制约因素

有些因素虽对种群数量起限制作用,但其作用强度与种群密度无关,被称为非密度制约因素,例如温度、降水、风等气候因素以及污染、pH 值等环境因素。当种群密度大时,个体间的接触就频繁,传染病也容易蔓延,可见疾病属密度制约因素;而寒潮来临,种群中总有一定比例的个体死亡,这种影响与种群密度没有明显关系,故属非密度制约因素。

生物种群数量的不规则变动往往同非密度制约因素有关。非密度制约因素对种群数量的作用一般是强烈的、灾难性的。例如,我国历史上屡有记载的蝗灾是由东亚飞蝗引起的,引起蝗虫大发生的一个重要因素是干旱。东亚飞蝗在禾本科植物的荒草地中产卵,如果雨水多,虫卵或因水淹或因霉菌感染而大量死亡,就不能成灾,只有气候干旱时蝗虫才能大发生。物理因素等非密度制约因素虽然没有反馈作用,但它们的作用可以为密度制约因素所调节,即可以通过密度制约因素的反馈调节机制来调节。当某些物理因素发生巨大变化（例如大旱、大寒等）或因人的活动（例如使用杀虫剂等）而使种群死亡率增加,种群数量大幅度下降时,密度制约因素（例如食物因素）就不再起控制作用,因而出生率就得以上升,种群数量很快就可以恢复到原来的水平。

无论是密度制约因素还是非密度制约因素,它们都是通过影响种群的出生率、死亡率或迁移率而起着控制种群数量的作用。

三、种群动态的描述

（一）生命表

1. 生命表

生命表（life table）是最清楚、最直接地展示种群死亡和存活过程的一览表,它是生态学家研究种群动态的有利工具。有关死亡率的信息是通过调查不同生活时期死亡个体的数目而获得的。通常,根据采集数据的方法不同,生命表一般分为两种类型:动态生命表和静态生命表。动态生命表又称特定年龄生命表,总结的是一组同时出生的个体从出生到死亡的命运,这样的一组个体称作同生群(cohort),这样的研究称为同生群分析(cohort analysis)。静态生命表又称特定时间生命表,是根据某一特定时间对种群进行年龄结构的调查资料编制的。静态生命表适用于世代重叠的生物,一般用于难以获得动态生命表数据的情况下的补充。

　　生命表中会列出种群不同生命阶段或不同年龄阶段存在的个体数量以及经计算得到的每个年龄阶段的存活率和死亡率。表 2-1 是藤壶($Balanus\ glandula$)的生命表。表中:x 为按年龄的分段;n_x 为 x 期开始时的存活数;l_x 为 x 期开始时的存活率,也称为特定年龄存活率(age-specific survival rate),特定年龄存活率已经被标准化为一个比值,例如第一期的 l_x 为 1(没有死亡率发生),以后的 l_x 值是该期存活个体数与卵数量的比值,这使得对于不同时间、不同个体数目的研究可以进行比较;d_x 为从 x 期到 $x+1$ 期的死亡数;q_x 为从 x 期到 $x+1$ 期的死亡率,其值等于 d_x/n_x;e_x 为 x 期开始时的生命期望(1ife expectancy)或平均余年,$e_x=T_x/n_x$,生命期望就是种群中某一特定年龄的个体在未来所能存活的平均年数。T_x 和 L_x 栏一般可不列入表中,列入是为了计算 e_x 方便。L_x 为从 x 期到 $x+1$ 期的平均存活数,即 $L_x=(n_x+n_{x+1})/2$。T_x 则是进入 x 期的全部个体在进入 x 期以后的存活个体总年数,即 $T_x=\sum L_x$。例如,$T_0=L_0$。e_0 为种群的平均寿命。生命表中的各栏都是有关系的,只要有 n_x、d_x 的实际观察值,其他各值就可以计算出来。

表 2-1　藤壶的生命表

年龄 x	存活数 n_x	存活率 l_x	死亡数 d_x	死亡率 q_x	平均存活数 L_x	存活个体总年数 T_x	生命期望 e_x
0	142.0	1.000	80.0	0.563	102	224	1.58
1	62.0	0.437	28.0	0.452	48	122	1.97
2	34.0	0.239	14.0	0.412	27	74	2.18
3	20.0	0.141	4.5	0.225	17.75	47	2.35
4	15.5	0.109	4.5	0.290	13.25	29.25	1.89
5	11.0	0.077	4.5	0.409	8.75	16	1.45
6	6.5	0.046	4.5	0.692	4.25	7.25	1.12
7	2.0	0.014	0	0.000	2	3	1.50
8	2.0	0.014	2.0	1.000	1	1	0.50
9	0	0	—	—	0	0	—

(仿 Krebs,1978)

　　有的生命表中除 l_x 栏外,还增加了 m_x 栏,描述了各年龄的出生率,这样的生命表称为综合生命表。表 2-2 所示为褐色雏蝗($Chorthippus\ brunneus$)的综合生命表。卵孵化后形成一龄幼虫,然后经历一系列的龄期,在仲夏,四龄期幼虫会蜕变成成虫,到 11 月中旬,所有成体死亡,并在土壤中留下卵。n_x 与 l_x 的含义同表 2-1。d_x 是一个阶段 l_x 与相邻下一个阶段 l_{x+1} 之间的差值。q_x 的值为 d_x/l_x,表示每一时期死亡个体的比率即特定年龄死亡率,同时也表示每个个体死亡的可能性。q_x 值可以非常好地表明每一期死亡率的强度,但由于 q_x 值是趋于增加的,因此不能将其在表的下方相加得到总的幼虫死亡率,然而 k 值能解决这个问题,k 值是一个时期个体数目的对数减去下一个时期个体数目的对数。因为两个对数相减相当于两个非对数数据相除,通过将存活个体数转化为对数,并计算 k 值,我们就能将所有数值加在一起,得到总的死亡率(k_{total})效应,并且知道其在生活史各期中是如何分布的。一个生活史时期的 k 值被认为是其致死力(killing power)。因此,蛹期的致死力为 $0.15+0.12+0.12+0.05=0.44$,而卵期的致死力为 1.09。可以看出卵期是造成总死亡率的主要期。F_x 为每一期生产的卵数,m_x 为每一期每一存活个体生产的卵数。将存活率 l_x 与生殖率 m_x 相乘,并累加起来,即得净增殖率(net reproductive rate)R_0($R_0 = \sum l_x m_x$),同时,R_0 还代表种群世代净增殖率。在一年生生物中(没有重叠世代),R_0 表示种群在整个生命表时期中增长或下降的程度。$R_0 > 1$ 时,种群增长;$R_0 = 1$ 时,种群稳定;$R_0 < 1$ 时,种群下降。在表 2-2 中 R_0 值为 0.51,这表明此蝗虫种群已经下降。如果这种情况持续下去,蝗虫种群将迅速变小。然而,R_0 每年都不断地变化,一年的数值不能用来做长期的预测。

表 2-2　褐色雏蝗的综合生命表

期 x	每期开始数量 n_x	原同生群存活到每期开始的比率 l_x	原同生群在每一期中死亡的比率 d_x	死亡率 q_x	$\lg n_x$	$\lg l_x$	$\lg n_x - \lg n_{x+1} = k_x$	每一期生产的卵数 F_x	每一期存活个体生产的卵数 m_x	每一期原来个体生产的卵数 $l_x m_x$
卵(0)	44 000	1.000	0.920	0.92	4.64	0.00	1.09	—	—	—
幼龄Ⅰ(1)	3 513	0.080	0.022	0.28	3.55	−1.09	0.15	—	—	—
幼龄Ⅱ(2)	2 529	0.058	0.014	0.24	3.40	−1.24	0.12	—	—	—
幼龄Ⅲ(3)	1 922	0.044	0.011	0.25	3.28	−1.36	0.12	—	—	—
幼龄Ⅳ(4)	1 461	0.033	0.003	0.11	3.16	−1.48	0.05	—	—	—
成虫(5)	1 300	0.030	—	—	3.11	−1.53		22 617	17	0.51

注:$R_0 = 0.51$。(仿 Richards 和 Waloff,1954)

2. K 因子分析

根据观察连续几年的生命表系列,就能看出在哪一时期,死亡率对种群大小的影响最大,从而判断哪一个关键因子(key factors)对死亡率 k_{total} 的影响最大,这一技术称为 K 因子分析(K-factor analysis)。关键因子可以是任何一种同死亡率相关的生物因素或非生物因素。K 因子分析可以充分利用特定年龄生命表的各种资料,因此它经常被昆虫学家用来评价某一环境因素对未来种群动态的影响,也可以用来分析影响爬行动物和植物种群动态的主要环境因子。

图 2-15 是英国 Distrit 湖中鳟鱼(Salmo trutta)最初 3 年的数量变化。生命表是每年一次共 17 年数据的积累,并获得了 6 个期中每一期的死亡率。卵孵化出小鳟鱼,小鳟鱼在发育成幼鱼之前靠卵黄囊存活数周。图 2-15 表明,小鳟鱼期的致死因子(killing factor)与总死亡率之间关系十分密切,由此可以得出结论,小鳟鱼阶段死亡率的变化会引起总死亡率和种群大小的波动。

3. 存活曲线

存活率数据通常可以用图形来表示。以存活数量的对数值为纵坐标,以年龄为横坐标作图,从而把每一个种群的死亡和存活情况绘成一条曲线,这条曲线即存活曲线(survivorship curve)。存活曲线能够直观地表达同生群的存活过程,对种群死亡过程的分析是很有价值的。通常,存活曲线可以划分为如下 3 种基本类型。

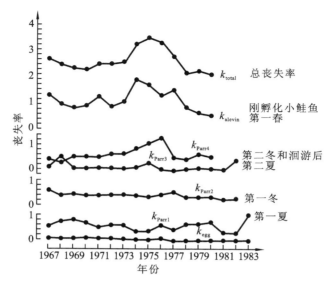

图 2-15　鳟鱼生活周期的 k 值

（仿 Mackenzeic 等,1998）

（1）Ⅰ型:曲线呈凸形。绝大多数个体都能活到生理年龄,早期死亡率极低,但一旦接近生理寿命时,个体死亡率高,例如大型哺乳动物和人的存活曲线。

（2）Ⅱ型:曲线呈对角线形。种群的各年龄阶段死亡率基本相等,自然界的许多鸟类接近于Ⅱ型,但被囚禁的鸟则表现为Ⅰ型存活曲线。

（3）Ⅲ型:曲线呈凹形。种群幼年期死亡率很高,但是一旦活到某一年龄,死亡率就变得很低而且稳定,例如鱼类、很多无脊椎动物等。

图 2-16 表示初始大小为 1 000 个体的种群从出生到最大存活年龄存活个体数目的变化情况。大多数野生动物种群的存活曲线类型在Ⅱ型和Ⅲ型之间变化,而大多数植物种群的存活曲线则接近Ⅲ型。以上存活曲线只是理想状态的模式图,实际的存活曲线会由于不同的生态条件而发生变化。

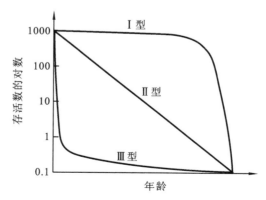

图 2-16　存活曲线的 3 种基本类型

（仿 Krebs,1998）

4. 种群实际增长率 r 和内禀增长率 r_m

种群的实际增长率称为自然增长率,用 r 来表示。自然增长率可由出生率和死亡率相减来计算出。世代的净增殖率 R_0 虽是很有用的参数,但由于各种生物的平均世代时间并不相等,进行种间比较时 R_0 的可比性并不强,而种群自然增长率 r 则显得更有应用价值。r 可按下式推导而得:$r=\ln R_0/T$。式中,T 表示世代时间(generation time),它是指种群中子代从母体出生到子代再产子的平均时间。用生命表资料可估计出世代时间的近似值,即

$$T=\sum x l_x m_x/\sum l_x m_x$$

自然界的环境条件在不断变化着,当条件有利时,r 值可能是正值,条件不利时可能为负值。因此,在长期观察某种群动态时,种群自然增长率 r 值的变化是很有用的指标。但是,为了进行比较,在实验室条件下,人们能排除不利的天气条件,提供理想的食物,排除疾病和捕食者,在这种人为的"不受限制"的条件下,就能观察到种群的最大的内禀增长率(innate rate of increase)r_m。因此,r_m 是指在环境条件(如食物、领地和邻近的其他有机体)没有限制性影响时,由种群内在因素决定的、稳定的最大相对增殖速度。因为实验条件并不一定是"最理想的",所以由实验测定的 r_m 值不会是固定不变的。正因为如此,人们能应用 r_m 值为指标,测定某种生物种群的最适环境。

从 $r=\ln R_0/T$ 式来看,r 随 R_0 增大而变大,随 T 增大而变小。根据此式,控制人口和计划生育的目的就是使 r 值变小,可以有两条途径:①降低 R_0 值,即使世代增殖率降低,这就要限制每对夫妇的子女数;②增大 T 值,可以通过推迟首次生殖时间或晚婚来达到。假如妇女全部在 20 岁开始首次生育,每个家庭有 3 个子女,则 $r_m=0.02$;如果将首次生育的年龄推迟到 30 岁,则每个家庭要有 3.5 个子女,才能达到 $r_m=0.02$。

(二)种群的增长模型

种群增长模型(population growth model)是描述种群数量随时间变化的动态数学方程,它可以划分为两类:一类是与密度无关的种群增长模型,另一类是与密度有关的种群增长模型。

1. 与密度无关的种群增长模型

一个以内禀增长率增长的种群,其种群数目将以指数方式增加。只有在种群不受资源环境限制的情况下,这种现象才会发生。尽管种群数量增长很快,但种群增长率不变,不受种群自身密度变化的影响,这类指数生长称为与密度无关的种群增长(density-independent growth)或种群的无限增长。与密度无关的种群增长又可分为两类:离散增长和连续增长。如果种群各个世代不相重叠,例如许多一年生植物和昆虫,其种群增长是不连续的,称为离散增长,一般用差分方程描述;如果种群的各个世代彼此重叠,如人、多数兽类和一些多年生植物,其种群增长是连续的,可用微分方程描述。

(1)种群离散增长模型。最简单的种群离散增长模型可由下式表示:

$$N_{t+1}=R_0 N_t$$

式中 N_t——t 世代种群大小;

N_{t+1}——$t+1$ 世代种群大小;

R_0——世代净繁殖率。

如果种群以 R_0 速率年复一年地增长,即

$$N_1=R_0 N_0, \quad N_2=R_0 N_1=R_0^2 N_0, \quad N_3=R_0 N_2=R_0^3 N_0, \quad \cdots, \quad N_t=N_0 R_0^t$$

将方程式两侧取对数,即得

$$\lg N_t=\lg N_0+t\lg R_0$$

这是直线方程 $y=a+bx$ 的形式。因此,以 $\lg N_t$ 对 t 作图,就能得到一条直线,其中 $\lg N_0$ 是截距,$\lg R_0$ 是斜率。

R_0 是种群离散增长模型中的重要参数,如果 $R_0>1$,种群的数量呈增长趋势;如果 $R_0=1$,种群稳定;如果 $0<R_0<1$,种群的数量呈下降趋势;如果 $R_0=0$,雌体没有繁殖,种群在下一代灭亡。

(2)种群连续增长模型。有些生物具有重叠的世代,可以连续地繁殖,或没有特定的繁殖期,这种情况要以一个连续型种群模型来描述,涉及微分方程。假定在很短的时间 dt 内种群的瞬时出生率为 b,死亡率为 d,种群大小为 N,则种群的每员增长率(per-capita rate of population growth)$r=b-d$,它与密度无关。即

$$dN/dt=(b-d)N=rN$$

其积分式为

$$N_t=N_0 e^{rt}$$

式中　dN/dt——种群的瞬时数量变化;

　　　e——自然对数的底;

　　　t——时间间隔。

例如,初始种群 $N_0=100$,r 为 0.5,则

1 年后的种群数量为 $100\,e^{0.5}=165$;

2 年后的种群数量为 $100\,e^{1.0}=272$;

3 年后的种群数量为 $100\,e^{1.5}=448$。

以种群大小 N_t 对时间 t 作图,种群增长曲线呈"J"形(图 2-17),但如以 $\lg N_t$ 对 t 作图,则变为直线。连续增长种群的 r 是瞬时增长率(instantaneous of increase)。若 $r>0$,则种群上升;$r=0$,种群稳定;$r<0$,种群下降。

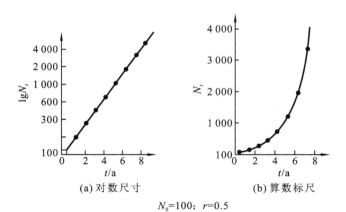

(a) 对数尺寸　　　　　(b) 算数标尺

$N_0=100$;$r=0.5$

图 2-17　种群增长曲线

(仿 Krebs,1978)

根据上述的指数增长模型,我们可以估测非密度制约性种群的数量增加所需的时间。例如,当种群数量增加 1 倍时,根据 $N_t=N_0 e^{rt}$,$N_t=2N_0$,则有

$$e^{rt}=2 \text{ 或 } \ln2=rt$$
$$t=0.693\,15/r$$

2. 与密度有关的种群增长模型

种群指数增长，实际上是一种无限增长。但就现实情况来说，种群增长都是有限的，因为种群的数量总会受到食物、空间和其他资源的限制（或受到其他生物的制约），所以大多数种群的"J"形生长都是暂时的，一般仅发生在早期阶段、密度很低、资源丰富的情况下。而随着密度增大、资源缺乏、代谢产物积累等，环境压力势必会影响种群的增长率 r，最终使 r 降低。图 2-18 所示为用不同方式培养酵母（*Saccbaromyces cerevisiae*）细胞时酵母实验种群的增长曲线。每 3 h 换一次培养基代表种群增长所需营养物资源基本不受限制时的状况，显然此时的种群增长曲线为呈"J"形的指数增长。随更换培养液的时间延长，种群增长逐渐受到资源限制，增长曲线也渐渐由"J"形变为"S"形。

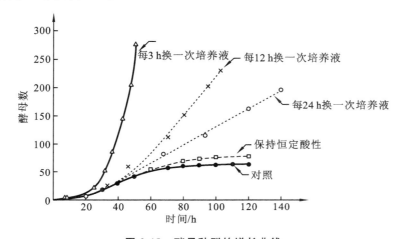

图 2-18　酵母种群的增长曲线

（仿 Kormondy,1996）

受自身密度影响的种群增长称为与密度有关的种群增长（density-dependent growth）或种群的有限增长。种群的有限增长同样分为离散的和连续的两类。

与密度有关的种群连续增长模型，比与密度无关的种群连续增长模型增加了两点假设：①有一个环境容纳量（carrying capacity）（通常以 K 表示），当 $N_t = K$ 时，种群为零增长，即 $dN/dt = 0$。②增长率随密度上升而降低的变化是按比例的。最简单的是每增加一个个体，就产生 $1/K$ 的抑制影响。换句话说，假设某一空间仅能容纳 K 个个体，每一个体利用了 $1/K$ 的空间，N 个体利用了 N/K 空间，而可供种群继续增长的"剩余空间"，就只有 $(1-N/K)$ 了。按此两点假设，密度制约导致 r 随着密度增加而降低，这与 r 保持不变的非密度制约性的情况相反，种群增长不再是"J"形，而是"S"形。"S"形曲线有两个特点：①曲线渐近于 K 值，即平衡密度；②曲线上升是平滑的（图 2-18）。

产生"S"形曲线的最简单的数学模型可以解释并描述为上述指数增长方程乘上一个密度制约因子 $(1-N/K)$，由此得到生态学发展史上著名的逻辑斯谛方程（logistic equation）：

$$dN/dt = rN(1-N/K)$$

其积分式为

$$N_t = K/(1+e^{a-rt})$$

式中　r, K——参数；

a——一个常数，其值取决于种群的初始值 N_0，表示 S 形曲线对原点的位置。

在种群增长早期阶段,种群大小 N 很小,N/K 也很小,因此 $1-N/K$ 接近于 1,所以抑制效应可以忽略不计,种群增长实质上为 rN,呈几何增长。然而,当 N 变大时,抑制效应增加,直到当 $N=K$ 时,$1-N/K$ 变成了 $1-K/K$,等于 0,这时种群的增长为零,种群达到了一个大小稳定不变的平衡状态。

逻辑斯谛曲线常划分为 5 个时期:①开始期,也可称潜伏期,由于种群个体数很少,所以密度增长缓慢;②加速期,随个体数增加,密度增长逐渐加快;③转折期,当个体数达到饱和密度一半(即 $K/2$)时,密度增长最快;④减速期,个体数超过 $K/2$ 以后,密度增长逐渐变慢;⑤饱和期,种群个体数达到 K 值而饱和(图 2-19)。

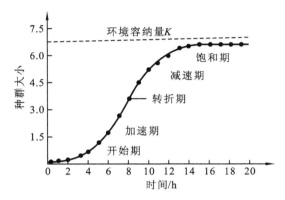

图 2-19 种群在有限环境下的连续增长模型

(仿 Kendeigh,1974)

图 2-20 所示曲线为绵羊种群(a)和草履虫种群(b)增长的实际例子,曲线基本呈"S"形,而且表明当环境发生波动时,种群数量也会发生波动。值得注意的是,这两个种群都稍微超过了种群密度平衡值,这主要是因为密度对 r 的作用有一个时滞,在简单的逻辑斯谛方程中,这一点没有加以考虑。

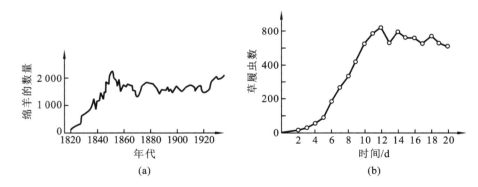

图 2-20 所观察到的实际种群的增长

(a)绵羊;(b)草履虫

(仿 Mackenzie 等,1998)

逻辑斯谛方程表明了一种机制,即当种群密度上升时,种群的有效增长率降低,在种群密度与增长率之间存在着负反馈机制,这是十分明显的密度制约作用。它是一系列与密度有关的种群动态的代表,说明种群增长动态是受环境阻力对其个体瞬时增值率的修饰和环境最大容纳量的制约的。一般实验单种动物种群数量或微生物、植物的生物量增长的经验数据,往往能与逻辑斯谛方程较好地拟合,因此逻辑斯谛方程也可说是一种经验模型。

逻辑斯谛方程中的两个参数 r 和 K,均具有重要的生物学意义。r 表示物种的潜在增殖能力,K 是环境容纳量,即物种在特定环境中的平衡密度。虽然模型中的 K 值是一最大值,但应注意 K 同其他生态学特征一样,它可以在一定程度突破,并且可以随环境条件(资源量)的改变而改变的。

逻辑斯谛方程的重要意义体现在以下几个方面:①其是许多两个相互作用种群增长模型的基础;②其是渔业、牧业、林业等领域确定最大持续产量的主要模型;③模型中两个参数 r 和 K,已成为生物进化对策理论中的重要概念。

第四节　种群的调节

一、种群调节的概念

种群调节(regulation)是指种群自身及其所处环境对种群数量的影响,使种群数量表现有一定的动态变化和稳定性。在自然界中,绝大部分种群处于一个相对稳定状态。生态因子的作用,使种群在生物群落中,与其他生物成比例地维持在某一特定密度水平上的现象称为种群的自然平衡,这个密度水平叫作平衡密度。由于各种因素对自然种群的制约,种群不可能无限制地增长,最终趋向于相对平衡,而密度因素是调节其平衡的重要因素。种群离开其平衡密度后又返回到这一平衡密度的过程则称为调节,而能使种群回到原来平衡密度的因素称为调节因素。

二、种群调节的机制

(一)外源性种群调节理论

外源性种群调节理论强调外因,认为种群数量变动主要是外部因素的作用。该理论又分为非密度制约的气候学派和密度制约的生物学派。由于这两大学派所强调的种群调节的观点不同,对各种野外证据的看法也有差异,导致 20 世纪 50 年代的种群调节大论战。

1. 气候学派

最早提出气候是决定昆虫种群密度的是以色列的 Bodenheimer(1928)。他认为天气条件通过影响昆虫的发育和存活来决定种群密度,证明昆虫早期死亡率的 85%～90% 是由于气候条件不良而引起的。气候学派多以昆虫为研究对象,认为生物种群主要是受对种群增长有利的气候的短暂所限制。因此,种群从来就没有足够的时间增殖到环境容纳量所允许的数量水平,不会产生食物竞争。

2. 生物学派

生物学派主张捕食、竞争等生物过程对种群调节起决定作用。例如,澳大利亚生物学家 Nicholson 批评气候学派混淆了两个过程:消灭和调节。他举例说明:一个昆虫种群每个世代增加 100 倍,而气候变化消灭了 98%,那么这个种群仍然要每个世代增加 1 倍。但如果存在一种昆虫的寄生虫,其作用随昆虫密度的变化而消灭了另外的 1%,这样种群数量得以调节并能保持稳定。在这种情况下,寄生虫消灭得虽少却是种群的调节因子,由此他认为只有密度制约因子才能调节种群的密度。

Smith 支持 Nicholson 的观点,认为种群是围绕一个"特征密度"而变化的,而特征密度本身也在变化。他将种群与海洋相比,海平面有一个普遍的高度,但是因潮汐和波浪而连续不断变化。Smith 实际上强调了平衡密度的思想。

生物学派中还有些学者强调食物因素对种群调节的作用。英国鸟类学家 Lack(1954)通过对鸟类种群动态的分析,认为种群调节的原因可能有 3 个,即食物的短缺、捕食以及疾病,而其中食物是决定性的。Pitelka(1964)与 Schultz(1964)提出了营养物恢复学说(nutrient recovery hypothesis)(图 2-21)。他们发现在阿拉斯加荒漠上,旅鼠(*Lemmus trimucronatus*)的周期性数量变动是食草动物与植被间交互作用所导致的。在旅鼠数量很高的年份,食物资源被大量消耗,植被量减少,食物的质和量下降,幼鼠因营养条件恶化而大量死亡,种群数量下降。植被受其营养因素的恢复及土壤可利用性所调节,植被的质和量逐步恢复,旅鼠种群数量再度回升,周期为 3～4 年。种群的调节取决于食物的量,也取决于食物的质。

20 世纪 50 年代气候学派和生物学派发生激烈论战,但也有学者对气候学派和生物学派的激烈论战提出折中的观点。例如,Milne 既承认密度制约因子对种群调节的决定作用,也承认非密度制约因子具有决定作用。他把种群数量动态分成 3 个区,即极高数量、普通数量和极低数量。在对物种有利的典型环境中,种群数量最高,密度制约因子决定种群的数量;在环境条件极为恶劣的条件下,非密度制约因子左右种群数量变动。折中观点认为气候学派和生物学派的争论反映了他们工作地区环境条件的不同。

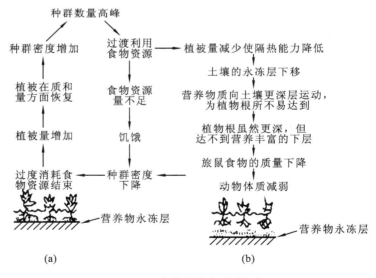

图 2-21　营养物恢复学说图解

(仿 Price,1975)

(二) 内源性自动调节理论

主张内源性自动调节的学者将研究焦点放在动物种群内部,强调种内成员的异质性,特别是各个体之间的相互关系在行为、生理和遗传特性上的反映。他们认为种群自身的密度变化影响本种群的出生率、死亡率、生长、成熟、迁移等种群参数,种群调节是各物种所具有的适应性特征,这种特征对种内成员整体来说,经受自然选择,能带来进化上的利益。自动调节学派按其强调点不同又可分为行为调节、内分泌调节和遗传调节。

1. 行为调节

英国的瓦恩-爱德华兹(Wynne-Edwards)注意到了动物的社群行为型的复杂情况及其进化系列,认为社群行为是一种调节种群密度的机制。社群等级、领域性等行为可能是一种传递有关种群数量的信息,特别是关于资源与种群数量关系的信息。通过这两种社群行为可把动物消耗于竞争食物、空间和繁殖的能量减到最少,使食物供应和繁殖场所等在种群内得到合理分配,并限制了环境中动物的数量,使资源不至于消耗殆尽。当种群密度超过一定限度时,领域的占领者要产生抵抗,不让新个体进来,种群中就会产生一部分"游荡者"或"剩余部分",它们不能繁殖,由于缺乏保护条件也最易受捕食者、疾病、不良天气条件所侵害,死亡率较高。种内这样划分社群等级(具领域部分和剩余部分),限制了种群的增长,并且这种作用是密度制约的,即随着种群密度本身变化而改变其调节作用的强弱。

2. 内分泌调节

克里斯琴(Christian)最初用内分泌调节解释哺乳动物的周期性数量变动,后来这个理论扩展为一般性学说。克里斯琴在某些啮齿类大发生后数量激烈下降时期,研究了许多鼠尸。结果没有发现大规模流行的病原体,却发现下列共有的特征:低血糖、肝脏萎缩、脂肪沉积、肾上腺肥大、淋巴组织退化等,与动物适应性综合征的衰竭期一致。据此他认为,当种群数量上升时,种内个体经受的社群压力增加,加强了中枢神经系统的刺激,影响了脑垂体和肾上腺的功能,使促生殖激素分泌减少和促肾上腺皮质激素增加。生长激素的减少使生长和代谢发生障碍,有的个体可能出现低血糖休克而直接死亡,多数可能对抵抗疾病和外界不利环境的能力降低,这些都使种群的死亡率增加。另外,肾上腺皮质的增生和皮质素分泌的增进,同样会使机体抵抗力减弱,同时相应性激素分泌减少,生殖受到抑制,出生率降低,子宫内胚胎死亡率增加,育幼情况不佳,幼体抵抗力降低。这样,种群增长由于这些生理反馈机制而得到停止或抑制,又使社群压力降低。这就是种群内分泌调节的主要机制。该学说主要适用于兽类,对其他动物类群是否适用尚不清楚。

3. 遗传调节

英国遗传学家 Ford(1931)第一个提出在种群调节中遗传性变化的重要意义。他认为,当种群密度增加、死亡率降低时,自然选择压力比较松弛,结果种群内变异性增加,许多遗传型较差的个体存活下来;当条件回到正常的时候,这些低质个体由于自然选择压力增加而被淘汰,于是降低了种群内部的变异性。因此,Ford 认为,种群数量的增加,通过自然选择压力和遗传组成的改变,必然会为种群数量的减少铺平道路。

奇蒂(Chitty)提出一种解释种群数量变动的遗传调节模式。他认为,种群中的遗作双态现象或遗传多态现象有调节种群的意义。例如,在啮齿类动物中有一组基因型是高进攻型的、繁殖力较强,而另一组基因型繁殖力较弱,较适应于密集条件。当种群数量初上升时,自然选择有利于第一组,第一组逐步代替第二组,种群数量迅速上升;当种群数量达到高峰时,由于社群压力增加,相互干涉增加,自然选择不利于高繁殖力的,而有利于适应密集的基因型,于是种群数量又趋于下降。这样种群就可进行自我调节。

第五节　种内关系

同属于一个生物种的个体之间,究竟存在着怎样的相互关系,一直是生物学家及生态学家十分关注的问题。生物在自然界长期发育与进化的过程中,出现了对空间、光照、水分、食物等的竞争,从而彼此之间形成了各种相互关系。存在于生物种群内部个体间的相互关系称为种内关系(intraspecific relationship)。生物的种内关系包括密度效应、动植物性行为(植物的性别系统和动物的婚配制度)、领域行为、社会等级、通信行为以及利他行为等。

一、密度效应

(一)动物的密度效应

大量实验研究已揭示出密度效应的各种机制。例如,当把一对果蝇置于一个瓶中,并供应一定量的食物时,起初其后代数量会迅速增加,很快就会达到一定限度。但是,当把很多果蝇置于同样的瓶中时,每对果蝇所产出的后代数量将与瓶中果蝇的密度成反比。这种效应是由于幼虫竞争食物引起的,密度越大竞争所引起的死亡率越高,成虫的寿命也会下降,引起成虫寿命下降的密度比引起幼虫存活率下降的密度高。密度制约因素对未成年期的有害影响往往比成年期大。

陈艳等(1998)对美洲斑潜蝇(*Liriomyza sativae*)实验种群密度效应研究结果表明,卵期不存在密度效应,叶片上的卵量及分布与潜蝇成虫数量的多少有关;幼虫期存在密度效应,1龄幼虫对幼虫期存活率、预蛹重、成虫寿命、繁殖等有显著的影响。密度超过 0.8 头/cm² 时,由于空间不足、营养不足、排泄物及脱皮物增多,生态环境恶化,个体发育不良。同时,营养不足又使幼虫间“自残”(cannibalism)。

(二)植物的密度效应

植物种群内个体间的竞争,主要表现为个体间的密度效应,反映在个体产量和死亡率上。因为植物不能像动物那样逃避密集和环境不良的情况,其表现只是在良好情况下可能枝繁叶茂,而高密度下可能枝叶少、构件数少。植物密度效应有两个基本的规律。

1. 最后产量恒值法则

最后产量恒值法则(law of constant final yield)是指在一定范围内,当条件相同时,不管一个种群的密度如何,最后产量差不多总是一样的。澳大利亚生态学家 Donald(1951)对三叶草(*Trifolium subterraneum*)的密度与产量关系做了一系列研究后,证实了这个法则。图 2-22表示三叶草单位面积干物质产量与播种密度之间的关系:由图 2-22(a)可以看出在密度很低时干物质随播种密度增加,但很快就趋于稳定;由图 2-22(b)可以看出从萌芽初期到 181 天,都呈现出产量随密度恒定的规律。

最后产量恒值法则可用下式表示:

$$Y = \overline{W} d = K_i$$

式中　$\overline{W}$ ——植物个体平均质量;

　　　d ——密度;

Y——单位面积产量;

K_i——一常数。

出现最后产量恒定现象的主要原因是在高密度情况下,植株之间的光、水、营养物等资源的竞争十分激烈;在资源有限时,植株的生长率降低,个体变小。

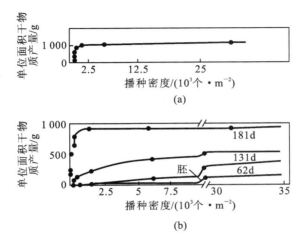

图 2-22　三叶草单位面积干物质产量与播种密度之间的关系

（a）开花后的三叶草；（b）在不同发育阶段的三叶草

（引自李博等,2000）

2. 一3/2 方自疏法则

生长于较高密度种群内的植物,由于密度的抑制作用,种群内个体会逐渐死亡,种群数目逐渐减少,直至达到平衡。这种种群的生长动态现象就称为自然稀疏或者自疏(self-thinning)。自疏现象普遍存在于自然和人工植物种群中,与农业、林业以及牧草生产有着密切的联系。由密度导致的植物种群的自然稀疏现象,是植物种群生态学研究的热点,对于植物自然稀疏规律(种群密度和个体平均质量的幂律关系)的机理,一直有不同的理论解释。

日本生态学家 Yoda 等(1963)研究了植物自然种群和栽培作物种群的自疏过程,提出了著名的一3/2 方自疏法则,其表达式为

$$W = Kd^{-3/2}$$

式中　d——植物种群的密度,即单位面积上的植株数目;

　　　　W——种群内植株的平均生物量;

　　　　K——由特定物种决定的常数。

由一3/2 方自疏法可知,在一个空间拥挤、年龄均等、构成单一的植物种群中,随着个体植株生物量的增长,其种群密度将相应减少,且在双对数坐标系里,lg$W$-lg$d$ 的点运动轨迹不会超越一条斜率为一3/2 的直线上限(图 2-23),而与植物的生活型、年龄大小、土壤状况及其他栖息地条件等因素无关。一3/2 方自疏法则描述了植物种群在自疏过程中,存活个体的平均质量(W)增加与逐渐减小的密度(d)之间动态关系的经验规律,此规律为植物种群所特有,广泛适用于大小悬殊、形态各异的各种植物,曾被 Hutchings 称为“植物生态学的唯一定理”。但也有许多关于植物自疏过程的研究结果表明,在自疏过程中平均个体生物量和密度之间虽为指数关系,其数值却与一3/2 有较大的偏离,因此对于一3/2 方自疏法的普适性产生了争论,争论的焦点主要在于自疏指数的值是等于、大于或是小于一3/2,也就是说植物种群是沿怎样的

历程自疏的。

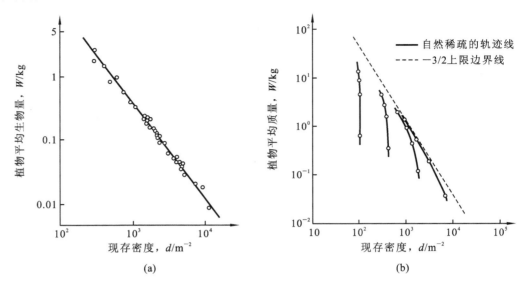

图 2-23　lgW-lgd 的点运动轨迹不会超过一条斜率为－3/2 的直线上限

（a）车前草（*Plantago asiatica*）自然群落的现存密度 d 与植物平均生物量 W 的关系；

（b）自然稀疏的轨迹线和－3/2 上限边界线关系示意图

（仿韩文轩等，2008）

二、动植物性行为

（一）植物性别

植物性别的产生可以追溯到最原始的原核生物细菌的拟有性生殖，例如大肠杆菌进行拟有性生殖时，具有性绒毛的菌体细胞通过性绒毛把遗传物质转移到另一菌体细胞的菌体细胞可看成是雄性配子或个体，即产生了性别的分化。在真核的单细胞植物中，两个营养细胞直接转化为两性配子并以细胞接触处融合，进而完成细胞质和细胞核融合形成合子，其中一个为雄配子，另一个为雌配子，这种繁殖方式称为同配生殖（isogamic reproduction）。随着植物体结构进化和发展，产生了异配生殖（anisogamic reproduction）和卵式生殖（oogamic reproduction），同时植物个体也发生了性别差异，产生了雌、雄配子体。在低等植物中，配子体能独立生活，而在高等植物中，配子体退化成结构简单并寄生在孢子体上的性器官。

植物的性别差异源于有性生殖，大多数生物学家认为在有性生殖过程中发生了遗传物质的重组，由此促进了遗传变异，使生物的进化速率加快，保证了物种能适应复杂多变的环境，并不断地繁衍后代使之延续下去。植物性别具有多态性，例如雄蕊和雌蕊分别单独存在于不同的花中，这种现象就是雌雄异花现象，这样的花就是单性花（unisexual flower）或不具备花（imperfect flower）。单性花又分为雄花（staminate）和雌花（pistillate）两种。而雄蕊和雌蕊同时存在于一朵花的现象就是雌雄同花现象，只要雌蕊群和雄蕊群两者都存在且充分发育，这样的花就称两性花（hermaphrodite flower 或 bisexual flower）或称具备花（perfect flower）。在个体和群体水平上，植物同样存在各种各样的性别类型。最常见的是全部为两性花的植株和群体，该物种为雌雄同花植物。根据同一植株上存在两种单性花还是一种单性花，可将植物分为雌雄同株(monoecious)植物和雌雄异株(dioecious)植物。雌雄异株植物又分为雌株(gynoecious)和雄株(androecious)两种个体类型。在同一植株上,单性花和两性花同时出现时称杂性同株(polygamo-monoecious)。杂性同株的个体可分为雌花两性花同株(gynomonoecious)植株、雄花两性花同株(andromonoecious)植株和三性花(雌花、雄花、两性花)同株(trimonoeious)植株 3 种类型。植物不同个体中有的开两性花、有的开单性花的状态称为杂性异株(polygamo-dioecious),常见的有雄性两性异株(androdioecious)、雌性两性异株(gynodioeious)和三性(雌性、雄性、两性花分别开在 3 个不同植株上)异株(trioecious)。Dellaporta 等(1993)总结了植物的花、个体及群体的性别类型存在的不同形式,如表 2-3 所示。

表 2-3　植物的花、个体及群体的性别类型(引自孔祥海,2002)

性 别 名 称	表型	形 态 特 征
单花		
两性花	⚥	同时具有雄蕊及雌蕊
雌雄异花	♀ 或 ♂	单性花
雌花	♀	仅有雌蕊的单性花
雄花	♂	仅有雄蕊的单性花
植物个体		
两性花植株	⚥	仅具有两性花
雌雄单性同株	♀,♂	同一植株上具有雄花和雌花
雌雄单性异株	♀ 或 ♂	雄花和雌花在不同植株上产生
雌花植株	♀	仅具有雌花的植株
雄花植株	♂	仅具有雄花的植株
雄花两性花同株植株	♂,⚥	同一植株上具有雄花和两性花
雌花两性花同株植株	♀,⚥	同一植株上具有雌花与两性花
三性花同株植株	♀,♂,⚥	同一植株上具有雌花、雄花及两性花
植物群体		
两性花群体	⚥	仅具有两性花植株
雌雄单性同株群体	♀,♂	仅具有雌雄单性同株植物
雌雄单性异株群体	♀ 及 ♂	仅具有雌雄单性异株植物
雌花两性花异株群体	♀,⚥	具有两性花个体与雌花个体
雄花两性花异株群体	♂,⚥	具有两性花个体与雄花个体
雄花雌花两性花异株群体	⚥♀,♂	具有两性花个体、雌花个体及雄花个体

Yampolsky 等(1922)在调查的 120 000 种被子植物中,72% 的物种为两性花植物,严格的雌雄单性异株的被子植物仅占 4%,雌雄单性同株的植物也只有 7%,其他为中间类型,例如雌花两性花同株、雄花两性花同株以及三性花同株等。植物这种性多态的现象反映了不同植物以不同的方式适应自然环境的变化。在植物性别类型进化过程中,大多数学者认为两性花是原始类型,其他的类型都源于两性花植物或其祖先,特别是单性花的形成是进化的结果。

(二)动物婚配制度

1. 婚配制度的定义与进化

婚配制度是动物行为生态学的重要研究内容之一。在漫长的进化过程中,动物除了在形态解剖、生理生化及遗传学等方面对环境产生适应性变化之外,也产生了与环境相适应的行为,其中婚配制度、双亲行为、攻击和友好行为等社会行为充分表现了以社群为单位的动物对特定环境的适应性。动物婚配制度的定义需要考虑:①在一个繁殖季节里一个个体所获得的配偶数及配偶如何获得;②两性个体是否都具有双亲行为;③两性个体是否形成紧密的配对关系及配对关系维持时间长短。因此,动物婚配制度指的是根据同种群动物个体在一个繁殖季节里获得配偶数多寡、两性个体是否都具有双亲行为、两性个体配对关系(pair-bonding)的紧密程度和持续时间而划分的雌雄婚配分类系统。

由于雌雄两性在婚配中投资不平衡性,一雄多雌制是动物最常见的婚配制度,一雄一雌的单配制则是由原始的一雄多雌的多配制进化而来的。多配制动物生长发育迅速、繁殖潜力高、种群易于扩散,同时可以在资源被消耗尽前迁移到别处建立新的种群,并能利用孤立的生境迅速繁殖。而单配制的种类,一般居住在稳定的环境中,生理成熟和性成熟比较慢,动物能有效地利用资源。单配制动物的胎仔数也较少,具较强的双亲行为,由此确保幼仔从限制性的资源上获得更充分的利益。在高等动物婚配关系中,一般雌性是限制者,雄性常常不易接近雌性,是被限制者。由于这些原因,雄性常常因竞争雌性而发生格斗,或者建立吸引雌性的领域等。

2. 影响婚配制度的生态因子

在不同生态因子作用的条件下,动物婚配制度有很大的变异性,许多种类可有几种婚配制度,并且随年龄、季节、地理位置而变化,婚配制度也随种群动态、种群密度的变化而变化。决定动物婚配制度的主要生态因子可能是资源的分布,尤其是食物和营巢地在空间和时间上的分布。从空间上来看,高质量且均匀分布的资源有利于产生一雄一雌的单配偶制;相反资源虽质量较高,但呈斑块状分布的则有利于多配制的产生。例如,长嘴沼泽鹪鹩(*Cistothorus palustris*)在资源好的栖息环境里是一雄一雌单配偶的,但在资源较差时,雌鸟也与已有配偶的雄鸟配对,即使当时还有"单身汉"存在。并且与每个雄鸟交配的平均雌鸟数,随着雄鸟领域中的资源质量增高而加多。从时间上来看,若雌性同步成熟,雄性同时控制多个雌性就比较困难,故有利于单配制的产生;但是如果雌性是逐步成熟的,雄性就可以和多个雌性进行交配,多配制产生的可能性就增加。

3. 婚配制度的类型

按配偶数婚配制度分为单配偶制(monogamy)和多配偶制(polygamy),后者又可分一雄多雌制(polygyny)、一雌多雄制(polyandry)和混配制。

(1)单配偶制。非生物学家往往认为单配偶制是高等动物的特点,实际上动物界内单配偶制是比较少见的,只有鸟类以一雄一雌制较普遍,例如天鹅、丹顶鹤和许多鸣禽。哺乳类中单配偶制倒是例外,如狐、鼬和河狸,其他脊椎动物各纲中单配偶制也有其例。因为晚成鸟刚孵化的幼雏的发育很不完善,更需要双亲的共同抚育,所以多数晚成鸟是单配偶制,而早成鸟以多配偶制居多。例如北温带的许多鸣禽目食虫性小鸟,由于其作为食物资源的昆虫最丰富的时间是春季,有充分保证的期限也不很长,所以雏鸟必须迅速成长发育,并且缩短育雏期也能减少遭捕食危害的概率。待繁殖期一过,常集成较大的鸟群,过游荡的生活,不再在自己的领域上过"家庭"生活。

(2)一雄多雌制。如前所述,一雄多雌制是动物最常见的婚配制度,例如海狗科(Otaridae)。海狗营集群生活,尤其在繁殖期内。通常雄兽首先到达繁殖基地,例如岩岸、沙滩或大块浮冰,随种而异,争夺并保护领域。雌兽到达较晚,不久就生育幼仔。一只雄兽独占雌兽少则3只,多至40只以上,可以称为"闺房"(harem)。闺房大小(指雌兽数)随种而异,也因雄兽凶猛程度和体力而不同。通常在产仔后不久,雄兽就在陆上与领域内的雌兽交配,怀孕期为 250～365 天。不少种类的海狗有孕妊潜伏期记载。雄兽不参加育幼,但保护领域及其闺房,幼兽 2 周内不会游泳,一般在 6 到 12 个月断奶。

黑琴鸡(*Lyrurus tetrix*)和草原榛鸡(*Tympanuchus cupido*),每到繁殖季节,雄鸡集中在一起(称为 lek,意即求偶集会或舞场),进行激烈的格斗,雌鸡则在一旁观看。通过格斗,雄鸡分出等级,优势个体占据 lek 中心作领域,次级的在外。然后雌鸡选择自己配偶并有明显地选择占有中心区的雄鸡的倾向,从而导致雄鸡的繁殖贡献有很大区别。如对黑琴鸡调查,有 1/3 雄鸡占有 3/4 的总交配次数,最多的一只雄鸡与 17 只雌鸡交配。

(3) 一雌多雄制。与一雄多雌制相比较,动物中一雌多雄制是很稀见的,据统计,鸟类中只占 1%。典型的例子是距翅水雉(*Jacana spinosa*)。由于栖息地有限,种群中每年只有一部分雌鸟繁殖。雌鸟与若干只雄鸟交配,在不同地方产卵。与一雄多雌制相反,伏窝和育雏由雄鸟负担。两性异形也很明显,但雌鸟个体大于雄鸟,还更具进攻性,并协助雄鸟保护领域。有趣的是如果捕食者杀害了窝雏,雌鸟几乎能立即与雄鸟再次交配,几天后就产出一窝新卵。实际上距翅水雉的雌鸟已特化成为产卵"机器",而在伏窝和育雏上,与一般的一雄多雌相比较,雌雄职责倒了过来。

(4) 混配制。婚配方式不固定,配偶也不固定。鸟类中约有 6% 的种类是混配制的,哺乳动物如生活在苏格兰东北部的里氏田鼠(*Microtus richardsoni*)、灵长类中部分猩猩也是混配制的。

还有许多动物种群的婚配制度有可塑性,在不同的生长季或生活史的不同阶段,其婚配制度会发生变化。如北美的部分鸟类,在食物资源比较紧张的情况下,采用单配偶制;在资源很丰富的情况下,则采用一雄多雌制。

三、领域行为

(一) 领域与领域行为

领域(territory)是指一个动物或一个特定的动物群有选择地占领的,并加以守卫和防御,排斥同类个体或群体入侵的空间。而动物占领和保卫领域的行为则称为领域行为(territorial behavior)。领域行为实际上起着减少同种动物之间战斗的作用,它对于控制种群密度、促进种群的稳定、对侵略性的抑制等都具有重要的现实意义。

(二) 领域的主要特征

通常动物领域的主要特征体现在如下几个方面:①领域是一个固定的空间区域,其大小可随时间和生态条件的不同而有所调整。几乎占有领域的边界都有明确的规定。②领域是受领域占领者积极保卫和防御的区域。领域多是通过争斗来划定的,范围一经确定,便各守一方,并通过不同的"标记行为"显示其所占有的领域,例如身体的姿态、运动、发出的叫声或产生出的特殊气味。鸟类通常从一棵树飞到另一棵树来巡视自己的领域。它们对领域边界外的对手毫不在意,但可向曾经越过边界但此刻已经远遁的对手发起攻击。虽然领域通常是由雄性动物建立的,但当雄性保卫巢室、孵卵及照料幼崽时,雌性便承担起守卫领域的任务。有时雄性和雌性动物只是防御同性别的对手。因此,最强的雄性和最强的雌性的组合就能占据最理想的领域。某些鸟如鹳和夜苍鹭,吸引它们的主要是筑巢地而不是配偶,如果前一年的配偶未曾返回,它们可以接受新配偶。③领域的使用具有排他性,即它是被某一个或者某一些个体所独自占有的。通常,一个领域是由一个雄性动物建立起来的,其他雄性动物不容许进入其中,动物在它自己的领域内实际上是无敌的,这一点它的对手深信不疑。雄性动物在领域内接受雌性,进行求爱、建巢、抚育幼崽的活动,进食也通常在领域内进行。不能守卫领域的雄性动物不能进行繁殖。

（三）领域大小的规律

决定领域面积的基本规律如下。

(1) 领域面积随领域占有者的体重而扩大。因为领域大小必须以能保证供应足够的食物资源为前提,所以动物越大,需要资源越多,领域面积也就越大。

(2) 食肉性种类的领域面积较同样体重的食草性种类大,并且体重越大,这种差别也越大。其原因是食肉动物获取食物更困难,需要消耗更多的能量,包括追击和捕杀。

(3) 领域行为和面积往往随生活史周期性变化,尤其随繁殖节律而变化。例如,鸟类一般在营巢期中领域行为表现最强烈,领域面积也最大。

四、社会等级

社会等级(Social hierarchy)是指种群中各个动物的地位具有一定顺序的等级现象。社会等级形成的基础是支配行为,或称支配-从属(dominant-submissive)关系。有关这方面研究得比较多的是鸡群中的啄击等级。当一群母鸡聚集在一起,并形成一个相对稳定的群体时,有一只母鸡对其他母鸡占有优势,它能啄击任何其他母鸡,而不会受到回啄。第二只母鸡也能啄击除第一只母鸡外的其他母鸡,第三只母鸡能啄击除前两只母鸡外的其他母鸡,如此类推,直到最后一只不幸的母鸡,它遭受所有母鸡的啄击,而不能回啄,从而处于等级的最底层。在等级系统中位置较高的母鸡在占据食槽、进窝等方面具有特权,她们总是显得充满自信、风度翩翩、踌躇满志,而那些等级低下的母鸡看起来则是羽毛不整、情绪低沉、胆怯地在鸡群周围徘徊。有时,一个母鸡可能离开一个鸡群,加入另一鸡群,它们在不同的鸡群中可能有不同的等级。但在一个稳定的鸡群中,等级地位在一个相当长的时间内会保持不变。当一只新来的母鸡加入一个鸡群时,开始时她通常处于较低的等级,但经过实际的较量后,她会取得符合她实际情况的等级。当一个群体在建立优势等级时,须经历频繁而激烈的战斗,但等级一旦建立,一仰首、一低头,就足以表示出优势或恭顺,因而群体中不再有战斗,生活和谐,井然有序。如果群体受到干扰(例如有一些新成员加入),那么等级系统就需要重建。公鸡一般不啄击母鸡,但他们也有自己的啄击等级。因此,在一个繁殖群体中,常常存在着两个等级系统,分属于不同的性别。占据优势的公鸡在生殖上是最成功的,而等级较低的公鸡,在生殖上机会较少,甚至没有机会传播他们的基因。鸡没有稳定的配偶关系,有些动物则建立永久的配偶关系,这些动物同时也有等级系统。当一个雌性动物与一个雄性动物结成终身配偶时,她们就放弃原先在雌性中的等级地位,并取得她们配偶相应的等级地位。

社会等级制在动物界中相当普遍,包括许多鱼类、爬行类、鸟类和兽类。通过研究,已得到一些普遍的规律。高地位的优势个体通常较低地位的从属个体身体强壮、体重大、性成熟程度高,具有打斗经验。其生理基础是血液中有较高浓度的雄性激素(睾酮)。若给母鸡注射睾酮,她的等级地位会提高,若切去其卵巢,则其等级下降。猕猴群体社会中,占优势的雄猴体内睾酮的含量远高于战败的雄猴。

同物种之间,有时也存在优势等级。例如大兰苍鹭在各种苍鹭中占据最高的优势等级,这种遗传决定的特性减少了不同物种之间的冲突。

五、通信行为

任何动物都不是孤立地生活在自然界中的,它们总是组成一个小的生活群体,尽管有一些喜欢独来独往,但至少它们在交配时需要与异性接触。在接触过程中,它们的鸣叫,彼此间互相的触摸,甚至一些化学物质的释放,使得它们声息相通,行动一致,即动物之间的交流存在通信行为。所谓通信(communication)就是指个体通过释放一种或是几种刺激性信号,引起接受个体产生行为反应。根据信号的性质和接受的感官,可以把通信分为视觉的、化学的和听觉的等。信息传递的目的很广,如个体的识别,包括识别同种个体、同社群个体、同家族个体等,亲代和幼仔之间的通信,两性之间求偶,个体间表示威吓、顺从和妥协,相互警报、标记领域等。从进化观点而言,所选择的应为传递方便、节省能量消耗、误差小、信号发送者风险小、对生存必需的信号。世代之间的信号传递包括通过学习和通过遗传两类。通信是行为生态学研究的一个丰富而引人入胜的领域。

六、利他行为

利他行为是另一种社会性相互作用。利他行为(altruism)是指一个个体牺牲自我而使社群整体或其他个体获得利益的行为。利他行为的例子很多,尤其是社会昆虫。白蚁的巢穴如被打开,工蚁和幼虫都向内移动,兵蚁则向外移动以围堵缺口,表现了“勇敢”的保卫群体的利他行为。工蜂在保卫蜂巢时放出毒刺,这实际上是一种“自杀行动”。亲代关怀(parental care)也是一种利他行为,亲代为此要消耗时间和能量,但能提高后代的存活率。一些鸟类当捕食者接近其鸟巢和幼鸟时佯装受伤,以吸引捕食者追击自己而将其引开鸟巢,然后自己再逃脱。不少啮齿类在天敌逼近时发出特有鸣叫声或以双足敲地,向周围的鼠发出报警信号,而发信号者反而更易引起捕食者的注意。

利他行为是怎样在进化中产生的?利他行为与群体选择有密切联系。经典的自然选择理论的基础是个体选择,适者生存,不适者被淘汰。按照此理论,对于个体不利的利他行为应被自然选择所淘汰,那么应如何对利他行为的产生进行解释呢?多数学者认为利他行为的产生是群体选择的结果。群体选择学说认为种群和社群都是进化单位,作用于社群之间的群体选择可以使那些对个体不利(降低适应度)但对社群或物种整体(增加适应度)有利的特性在进化中保存下来。换言之,选择是在种群内各种亚群体间进行的,通过群体选择保存了那些使群体适应度增加的特征。

第六节　种间关系

种间关系(interspecific relationship)是指生存于同一生境内不同物种之间的产生的利害关系,例如竞争、捕食、寄生、互利共生等,这些关系的存在是构成生物群落的基础。不同物种所发生的各种关系,通常是围绕着物种之间物质的循环、能量的流动、信息的交流和栖息场所等方面来展开的,其中尤其与食物和空间有关。任何一个物种与其他物种发生关系,总的目标是为获得更好的生存机会、更优越的生存环境和更多的后代。

一、种间竞争

(一) 种间竞争的概念

种间竞争(interspecies competition)是指两个物种或更多物种对资源有相同的需求,必须共同利用同样的有限资源,而产生的直接(例如藤壶与小藤壶竞争时,藤壶常常覆盖和挤压小藤壶,排挤掉小藤壶后再在该处生存等)或间接(例如植物之间化感作用等)的相互妨碍作用。种间竞争的结果常是不对称的,即一方取得优势,而另一方被抑制甚至被消灭或被迫迁移。竞争的能力取决于种的生态习性、生活型和生态幅度等。

(二) 种间竞争类型及其特点

种间竞争可以划分为如下的几个类型。

1. 资源利用性竞争

资源利用性竞争表现为对资源的利用量和利用速度上。在有限资源量的前提下,谁获取更多的资源量以及在一定时间内谁利用资源的速度更快,谁就容易取得竞争优势,物种之间一般不直接发生作用。例如,生活在非洲赞比亚草原上的食草动物,有些物种所需要的草本植物比较类似,这时候谁吃得快、吃得多,对谁就比较有利。

2. 干扰性竞争

干扰性竞争表现为物种直接发生相互干扰或抑制,通常是为了食物、领域或配偶发生打斗的现象。例如,生活在非洲赞比亚草原上的非洲狮和角马之间,为了争夺水源所发生的直接冲突;杂拟谷盗(*Tribolium castaneum*)和锯拟谷盗(*Oryzaephilus surinamensis*)在一起培养时,不仅竞争食物,而且互吃对方的受精卵。

3. 负竞争

负竞争表现为适当的竞争,对某个物种后代成活率的提高更为有利。例如,生活在南大西洋上某些海鸥种群,高密度情况下比低密度情况下,雏鸟的成活率更高,这是因为在较高密度情况下,海鸥种群可以更好地集体防御天敌(其他捕食鸟类的海鸟)。

种间竞争的一般特征通常表现在如下几个方面。

1. 种间竞争结果不对称

种间竞争结果不对称表现为竞争的起点不同、竞争的对象不对等,竞争造成的负面影响对参与竞争的各方而言也不同。例如,藤壶(*Balanus balanoides*)与小藤壶(*Chthamalus stellatus*)竞争时,藤壶常常覆盖和挤压小藤壶,而小藤壶对藤壶影响较小;另外,由于小藤壶耐旱能力较强,所以常分布在高潮位的上限位置。

2. 种间竞争具有关联性

种间竞争具有关联性,即对一种资源的竞争能影响对另一种资源的竞争结果。例如,不同种的植物生长在一起,地上部分的竞争结果相应地会影响到地下部分的竞争结果。

3. 种间竞争耗能会限制生物潜能的发挥

在一个稳定的环境内,两个以上受资源限制的、但具有相同资源利用方式的物种,不能长期共存在一起,也即完全的竞争者不能共存,这就是竞争排斥原理(competitive exclusion principle)。

（三）种间竞争的典型实例

（1）Gause 的草履虫竞争实验。Gause(1934)将少量大草履虫（*Paramecium caudatun*）和双小核草履虫（*P. aurelia*）培养在同一容器内，因起始时两种草履虫的个体数均比较少，两个种群的数量同时增长，但是几天后，大草履虫种群的数量开始下降；而双小核草履虫则达到的环境容量 K 值的附近，但与其单独培养时比较，双小核草履虫达到环境容量值附近的时间延长了。实验结果为大草履虫最终被排挤掉，双小核草履虫的增长速度也受到了影响。这两种草履虫之间没有分泌有害物质，主要就是其中的一种增长得快，而另一种增长得慢，因竞争食物的原因，增长快的种排挤了增长慢的种。这就是当两个物种利用同一种资源和空间时产生的种间竞争现象。两个物种越相似，它们的生态位重叠就越多，竞争就越激烈。这种种间竞争情况后来被英国生态学家称为 Gause 假说。

（2）Tilman 的硅藻实验。Tilman 等(1981)将两种淡水硅藻——星杆藻（*Asterionella formosa*）和针杆藻（*Synedra ulna*）单独培养，因两种硅藻生长时需要硅酸盐作为细胞壁形成的原材料，若实验过程中定时添加硅酸盐于培养液中，两者均能增长到环境容量 K 值的附近，培养液中的硅酸盐则保持在低浓度水平上，但是针杆藻比星杆藻利用了更多的硅酸盐，针杆藻生长的培养液中的硅酸盐浓度更低；当将两者混合培养时，针杆藻利用了更多的硅酸盐，使其培养液中硅酸盐的浓度低于星杆藻生长所需要的浓度，星杆藻生长受影响而逐渐被排挤、淘汰，针杆藻竞争获胜。

（3）两种达尔文雀的竞争实验。在南太平洋的加拉帕哥斯群岛上，生活着两种雀形目的鸟类——勇地雀（*Geospiza fortis*）和仙人掌地雀（*G. scandens*），两者的食性和取食地均比较类似。20 世纪 70 年代的一次严重干旱导致两种雀的食物（植物种子）数量大幅度减少，两种雀虽然侥幸生存了下来，但是各自的食物性状有所改变，勇地雀以取食小的仙人掌种子为主，而仙人掌地雀以取食大的仙人掌种子为主，这是竞争导致食性改变而共存的实例。

（四）种间竞争模型

20 世纪 40 年代，Lotka(1925)和 Volterra(1926)奠定了种间竞争关系的理论基础，他们提出的种间竞争方程对现代生态学理论的发展有着重大影响。Lotka-Volterra 种间竞争模型是 Logistic 模型的延伸。设 N_1 和 N_2 分别为两物种的种群数量，K_1、K_2、r_1 和 r_2 分别为该两物种种群的环境容纳量和种群增长率。按逻辑斯谛模型，两个物种的增长方程分别如下：

物种 1：
$$dN_1/dt = r_1 N_1 (K_1 - N_1)/K_1$$

物种 2：
$$dN_2/dt = r_2 N_2 (K_2 - N_2)/K_2$$

如果将这两个物种放置在一起，它们会发生种间竞争，从而影响种群的增长。设物种 1 和物种 2 的竞争系数为 α 和 β（α 表示在物种 1 的环境中，每存在一个物种 2 的个体，对于物种 1 种群的效应；β 表示在物种 2 的环境中，每存在一个物种 1 的个体，对于物种 2 种群的效应），并假定两种竞争者之间的竞争系数保持稳定，则物种 1 在竞争中的种群增长方程为

$$dN_1/dt = r_1 N_1 (K_1 - N_1 - \alpha N_2)/K_1$$

物种 2 在竞争中的种群增长方程为

$$dN_2/dt = r_2 N_2 (K_2 - N_2 - \beta N_1)/K_2$$

从理论上讲，两个种的竞争结果是由两个种的竞争系数 α、β 及其环境容纳量 K_1、K_2 比值的关系决定的，可能有以下 4 种结果：

①$\alpha > K_1/K_2$ 或 $\beta > K_2/K_1$,两个种都可能获胜;

②$\alpha > K_1/K_2$ 和 $\beta < K_2/K_1$,物种 1 将被排斥,物种 2 取胜;

③$\alpha < K_1/K_2$ 和 $\beta > K_2/K_1$,物种 2 将被排斥,物种 1 取胜;

④$\alpha < K_1/K_2$ 和 $\beta < K_2/K_1$,两个种共存,达到某种平衡。

对于种间竞争的结局,还可以用种内竞争强度和种间竞争强度指标的相对大小来表示。$1/K_1$ 和 $1/K_2$ 两个值,可视为物种 1 和物种 2 的种内竞争强度指标。其理由是在一个空间中,如果能容纳更多的同种个体,即 K_1 值越大,则其种内竞争就相对地越小,即 $1/K_1$ 值越小。因此,$1/K_1$ 是物种 1 种内竞争强度,$1/K_2$ 是物种 2 种内竞争强度。同理,β/K_2 值可视为物种 1 对物种 2 的种间竞争强度指标;α/K_1 是物种 2 对物种 1 的种间竞争强度指标。如果某物种的种间竞争强度大,而种内竞争强度小,则该物种将取胜;反之,若某物种种间竞争强度小,而种内竞争强度大,则该物种将失败。如果两个物种都是种内竞争强度大、种间竞争强度小,则两个物种彼此都不能排挤掉竞争对方,从而出现稳定的平衡,即共存的局面。总之,Lotka-Volterra 种间竞争模型的稳定性特征是,假如种内竞争比种间竞争强烈,就可能有两物种共存的稳定平衡点;假如种间竞争比种内竞争强烈,那就不可能有稳定的共存;当两物种以同样方式利用资源的特殊情况时,即 $\alpha = \beta = 1$ 和 $K_1 = K_2$ 时,其结果是两种不可能共存。

二、捕食作用

(一)捕食的定义

捕食(predation)可定义为一种生物摄取其他种生物个体的全部或部分为食,前者称为捕食者(predator),后者称为猎物或被食者(prey)。通常,捕食在狭义上仅指某种动物捕食另一种动物,而在广义上泛指某种生物捕食另一种生物。

(二)捕食的类型

广义的捕食定义,其类型包括如下几个方面。

1. 捕食

捕食在此处是指典型的"捕食",或狭义上的"捕食",即食肉动物捕食其他动物,例如猎豹捕食羚羊。捕食者要想捕获猎物必须要有一些特殊"本领",或以速度、力量取胜,或以技巧取胜,或以团队作战取胜,或以诱骗取胜等。捕食者通常进化出锐齿、利爪、毒牙,以及发达的感觉器官和运动系统。作为被捕食者(猎物)都有保护自己的身体结构的设置(例如乌龟的厚壳等)和对策,或者拥有一系列形态(如警戒色、拟态、保护色等)和行为(如假死、集体防御、快速逃避、隐藏、自卫等)对策。

典型的捕食给人们留下最为深刻的印象,比如非洲草原上猎豹对羚羊的追杀、非洲狮对角马的围捕、东北虎对鹿类动物的突袭等景象,呈现在我们面前的是以速度和肌肉的力量取胜。在自然界,事实上更多的是以技巧取胜,如:乌贼以身体梦幻般色彩的变化迷惑对手,然后趁机偷袭而获得猎物;或以团队作战取胜,如狼群对麋鹿的攻击、非洲鬣狗对羚羊的围捕、非洲狮对斑马的围捕等;或以诱骗取胜,如鮟鱇用"鱼竿"诱骗其他小鱼等;甚至以"绑架"获取猎物,如某些蜘蛛以蛛丝捆绑蛾类等猎物而取得食物。

猎物在进化过程中也演化出许多"自卫"的手段,如:某些无毒蛇演化出有毒蛇身体的色彩,以警告潜在的捕食者(警戒色);有些昆虫模拟树枝的形态以迷惑捕食者(拟态);有些昆虫体表的颜色非常类似树皮的颜色,以掩蔽自己以防被捕食(保护色);生活在沙漠中的某些甲虫以假死逃避角蜥蜴的捕食;沙丁鱼以众多的个体数量集体活动,以集体防御的方式降低个体被捕食的概率;羚羊以快速逃跑和耐力逃避捕食者的追击等。典型的捕食的优胜劣汰现象比较明显:对于捕食者,如果没有敏锐的感觉器官和强壮的运动系统,或没有锐齿、利爪、毒牙等辅助器官,则只能被"淘汰";相反,被捕食者如果反应比较迟钝、警觉性不高,没有很好的"自卫"手段,则也只能"坐以待毙"。

2. 食草

食草(herbivory)是指食草动物采食绿色植物的现象,它是广义捕食的一种类型,其特点是植物不能逃避被食,而动物对植物的危害一般只是使部分机体受损害,留下的部分能够再生。

(1)食草对植物的危害及植物的补偿作用。植物被"捕食"而受损害的程度随损害部位、植物发育阶段的不同而异,如吃叶、采花和果实、破坏根系等,其后果各不相同。如在生长季早期栎叶被损害则会大大影响木材量,而在生长季较晚时叶子受损害对木材产量可能影响不大。另外,植物并不是完全被动地受损害,而是发展出了各种补偿机制,如植物的一些枝叶受损害后其自然落叶会减少,整株的光合率可能加强。如果在繁殖期受害,比如大豆,能以增加种子粒重来补偿豆荚的损失。另外,动物啃食也可能刺激单位叶面积光合速率的提高。

(2)植物的防卫反应。植物主要以两种方式来保护自己免遭捕食:①毒性与差的味道;②防御结构。植物主要利用化学防御(如毒腺分泌有毒物质、差的味道)和结构防御(如毒毛、刺),而在植物中已发现成千上万种有毒次生性化合物,如马利筋中的强心苷、白车轴草中的氰化物、烟草中的尼古丁、卷心菜中的芥末油。一些次生性化合物虽然无毒,但会降低植物的食用价值,如多种木本植物的成熟叶子中所含的单宁,与蛋白质结合,使其难以被捕食者肠道吸收。同样,番茄植物产生的蛋白酶抑制因子,可抑制草食者肠道中的蛋白酶。被食草动物吃过叶子的植物,其次生化合物水平会提高,这种防御诱导表明资源分配的最优化——当利益超过花费时,资源仅用在防御上。

3. 寄生

寄生(parasitism)是指一个种(寄生物)寄居于另一个种(寄主)的体内或体表,靠寄主体液、组织或已消化物质获取营养而生存。寄生物可以分为两大类:①微寄生物,在寄主体内或表面繁殖,如病毒、细菌、真菌和原生动物;②大寄生物,在寄主体内或表面生长,但不繁殖。动植物的大寄生物主要是无脊椎动物。昆虫(特别是蝴蝶和蛾的幼虫以及甲虫)是植物的主要大寄生物,同时,其他植物(如槲寄生)也可能是重要寄生物。寄生物对寄主的伤害主要是阻碍寄主的正常生长、降低寄主的繁殖能力。一般情况下,不直接导致寄主死亡(个别需要不断转换寄主的寄生物除外,如血吸虫),杀死寄主对多数寄生物而言并非常有利,因为要重新找到寄生对象并不容易。寄生现象也比较复杂,对于动物寄生现象,有的是寄生在寄主体表,如虱、跳蚤、蚊等,有的寄生在寄主体内,例如绦虫、蛔虫、钩虫、线虫等。有的是短时寄生,只是在取食时寄生,平时自由活动,如蚊、螨等;有的是阶段性寄生,如钩虫等;有的是终身寄生,如疥虫等。对于植物寄生现象,有的是半寄生,只吸取寄主植物体内的水和无机盐,寄生物自己可以通过光合作用合成有机物,如桑寄生、槲寄生等;有的则为全寄生,如寄生在豆科植物身上的菟丝子等。

4. 拟寄生

拟寄生(parasitoid)是指寄生者进入寄主体内吸收营养并把寄主逐渐杀死的寄生现象。

拟寄生不同于寄生,寄生时寄主不被杀死。例如,寄生蜂、寄生蝇将卵产在其他昆虫的卵上,吸取其他昆虫卵的营养,而导致其他昆虫卵不能发育。

5. 巢寄生

巢寄生(nest parasitism)是某些鸟类将卵产在其他鸟的巢中,由其他鸟(义亲)代为孵化和育雏的一种特殊的繁殖行为。巢寄生从本质上看,不直接从寄生对象身上获得物质和能量,也不直接寄生在寄主的体表或体内,只是让寄生对象为其效劳,提供无偿服务。如杜鹃鸟自己偷懒不筑巢、不孵卵、不育雏,而是直接把卵产在莺的巢内,由于杜鹃鸟蛋的大小、形状、颜色、花纹与莺蛋非常相似,莺不易识别自己的蛋和杜鹃的蛋,将其一起孵育,而杜鹃蛋先于莺蛋孵化,孵化出的杜鹃雏鸟将莺的蛋或雏鸟推出巢外,然后,杜鹃雏鸟独自享受莺的抚育,直至能独立生活。类似杜鹃寄生行为的还有某些啄木鸟、文鸟、野鸭等。

6. 同类相残

同类相残(cannibalism)是指同一类型的动物或者植物为了生存繁殖需要或者某种目的,互相厮杀竞争的现象,这是一种特殊的捕食类型,捕食者与猎物通常是同一物种。例如,螳螂交配完毕,母螳螂会吃掉公螳螂的头,新任狮王捕食前任狮王的幼崽等。

7. 植物捕食动物

植物捕食动物是一种特殊的捕食形式,有"守株待兔"的意味,例如茅膏菜可以捕食蝶类、猪笼草可以捕食蝇类、狸藻可以捕食孑孓等。但是,植物本身要有合适的引诱猎物的方式,例如蜜源物质,茅膏菜捕食蝶类、捕蝇草捕食蝇类、猪笼草捕食蝇类往往以蜜源物质引诱猎物上当,蝶类一旦沾上茅膏菜"触手"或蝇类一旦进入猪笼草的"笼子",就很少能够逃脱。这些捕食植物的生活环境往往比较贫瘠,不能从土壤中吸收到足够的营养元素,只能通过捕食动物的方式来补充营养物质。

(三)捕食的生态学意义

捕食的生态学意义在于:可限制种群分布和抑制种群内的个体数量;可影响群落结构的主要生态过程,使生态系统中的物质循环和能量流动多样化,提高能量的利用率;可促进捕食者和猎物的相互适应(协同进化);捕食也是一个优胜劣汰的过程,在捕食过程中幸存下来的个体,往往是各种性状表现比较优秀者,它们可使种群复壮,让其更具有生存竞争力。

捕食者与猎物的关系往往比较复杂,不同物种之间捕食关系的形成是经过长期协同进化的结果。捕食者在获得利益的同时,也必须付出一定的代价。当然,生物总是想在付出代价最小的前提下获得最大的收益,因此捕食者会在猎物品质的选择、搜寻猎物的时间、处理猎物的时间等环节上进行考量。一般情况下,捕食者在食物比较充足时,对猎物的品质比较挑剔,在饥饿情况下会"饥不择食";捕食者也会在不需要进食时关注猎物的活动状况,以便在需要时能迅速找到猎物;捕食者会根据自身的机能特点采用伏击或追击的方式,或采用集体打猎的方式,或采用欺骗的方式捕获猎物,追求快速、高效。而捕食者一般也不会对捕获对象采取过捕的行为,否则,对持续的食物保障不利。

三、共生关系

共生(commensalism)是指两种或两种以上物种生活在一起时,其中某个物种或多或少可以从共生关系中获得一定利益的现象。共生关系的表现形式主要有:①仅表现在行为上的互利共生,例如鹿类动物与捕食鹿身体上寄生虫的鸟类之间的关系;②种植和饲养的互利共生,例如人类和所养的家禽、家畜之间的关系;③有花植物和传粉动物的互利共生关系;④动物消化道中的互利共生,例如白蚁与鞭毛虫之间关系;⑤高等植物与真菌的互利共生——菌根;⑥生活在动物组织或细胞内的共生体,例如蟑螂体细胞内的共生菌等;⑦其他,如地衣、根瘤、满江红等。

根据共生物种之间的关系(利益)紧密程度,共生关系可以分为下列 3 种情况。

1. 互利共生

互利共生(mutualise)是两个不同物种之间的一种非常紧密的互惠关系,可以达到密不可分的程度,一旦人为将其分离,可能双方或至少一方会受到伤害。例如地衣是菌藻的共生体,菌可以为藻类吸收水分和无机盐提供帮助,藻类可以为菌提供光合产物;一旦将其人为分离,藻类尚可以生存,但是吸收水分和无机盐的效率降低,菌则不易生存;菌根是真菌菌丝与许多种高等植物根的共生体,真菌帮助植物吸收矿质元素(特别是磷),并从植物体中获得营养。其他的互利共生的现象也比较多见,例如:美国加州沙漠上生长的植物丝兰与丝兰蛾之间的关系,丝兰的开花往往在丝兰蛾羽化成虫以后,丝兰蛾只为丝兰传粉,一旦丝兰花谢了,丝兰蛾则以受精卵的形式等待下一花季;等翅目昆虫和其消化道内的鞭毛虫之间的关系;反刍动物(如牛、羊等)与胃内的瘤胃菌群;人体与肠道内的正常菌群等。

2. 偏利共生

两个不同物种共生在一起时,一方获利,另外一方至少不受伤害,称为偏利共生(commensalism)。例如,附生植物与被附生植物之间的关系就是一种典型的偏利共生,附生植物(如地衣、苔藓等)借助于被附生植物支撑自己,可获取更多的光照和空间资源。几种高度特化的鲫鱼,头顶的前背鳍转化为由横叶叠成的卵形吸盘,借以牢固地吸附在鲨鱼和其他大型鱼类身上,借以移动并获取食物,也是偏利共生的典型例子,藤壶固定在鲨鱼体表,也有类似关系。又如清洁鱼和清洁虾与"顾客"鱼之间的关系,清洁鱼不与"顾客"鱼生活在一起,但可从"顾客"鱼身上移走寄生物和死亡的皮肤并以此为食。若在巴哈马群岛一暗礁处移走清洁鱼,则会引起一些鱼类的皮肤病迅速发作和死亡率的增加。

3. 原始协作

原始协作(protocooperation),或称为共栖,是指两个物种生活在一起,双方获益,各自分开时,都能独立生活,是一种比较松散的共生关系。例如,开花植物与媒介生物之间的互惠关系;斑马与鸵鸟的协作关系,斑马嗅觉灵敏,鸵鸟视觉敏锐,两者互为补充,可以共同防御天敌。

四、他感作用

他感作用(allelopathy)是指某种生物产生某些代谢产物或向环境中释放的某些化学物质,影响周围其他生物正常生长过程的现象。他感作用现象在自然界比较常见,通常以妨碍其他物种生长的形式表现为主(此种表现称为"克生"),可以发生在不同的物种之间,如野燕麦根系分泌的香草酸类物质,可以抑制小麦的生长发育,小麦根系的代谢产物可以抑制白茅的生长,桉树根系的代谢产物能够抑制杉木的生长等;他感作用也可发生在同物种的不同个体之间,如马尾松根系的代谢物可以阻碍其他马尾松个体在其附近生长,小飞蓬腐烂产生的物质可以抑制其幼苗生长等。他感作用有时候也可以促进其他物种的生长发育,例如麦仙翁产生的麦仙翁素可以促进小麦的生长。

他感作用的研究在农业、林业上的应用比较广泛。例如,在农业上,作物是否可以采用连作的生产方式还是必须采取轮作的生产方式,有必要进行他感作用研究;林业上,林木采伐以后,是否可以继续种植同种林木还是必须换植其他林木,也是同样的问题。一般在药用植物的栽培过程中,要采用轮作的方式。

上述的各种种间相互关系总结如表2-4所示。其中"＋"表示获得利益,"－"表示受到伤害或失去部分利益,"0"表示无利害关系。

表2-4 种间相互关系的作用特征

种间关系	物种甲	物种乙	作用特征
中性关系	0	0	彼此无影响
竞争	－	－	双方有负面影响
捕食	＋	－	捕食者获利,猎物受伤害
抗生	0	－	一方无意中受伤害
互利共生	＋	＋	双方获利,形成紧密关系
偏利共生	0	＋	一方获益,另一方无害
原始协作	＋	＋	双方获利,松散的共生关系

第七节 生 态 位

一、生态位的概念

生态位(ecological niche)是指物种(或个体)在生物群落或生态系统中的功能关系以及所占据的时、空上的特殊位置。

生态位是生态学中的一个重要要概念,既比较抽象又内涵丰富。在现代生态学中,关于生态位的研究已涵盖了许多领域,成为了最重要的基础理论研究内容,如生物多样性、群落的结构和功能、生物之间的竞争和相互关系、物种的进化与分化等的研究,均以生态位理论为基础。

对生态位概念的认识和归纳有一个历史的过程。最早给生态位一词下定义的是格林内尔(Grinnel,1917),他认为:生态位是生物在群落中所处的位置和发挥的功能。后来,又有许多学者提出了他们对生态位概念的理解,例如哈钦森(Hutchinson,1957)把生态位看成是"一个生物单位生存条件的总集合体"。著名生态学家奥德姆(Odum,1970)把生态位定义为"生物在群落和生态系统中的位置和状况,而这种位置和状况决定于该生物的形态适应、生理反应和特有的行为"。另外一位学者皮安卡(Pianka,1983)认为:一个生物单位的生态位就是该生物单位适应性的总和。至今为止,关于生态位研究的文献还是比较丰富的。

二、生态位宽度

生态位宽度(niche breadth)是指某个物种(或个体)所能利用的各种资源的总和。

占有资源量比较多的种群,生态位比较宽,可以称为泛化种,它是以牺牲对狭窄范围内的资源的利用效率来换取对广大范围内资源的利用能力,如果资源量比较缺乏时,泛化种作为一个竞争者相对有生存优势。反之,则可称为特化种,它占有比较窄的生态位,具有利用某些特定资源的特殊适应能力,当环境中资源能确保供应并可再生时,其可能有生存优势。

三、生态位重叠

生态位重叠(niche overlap)是指两个物种(或个体)共同利用的那部分资源。

生态位重叠涉及不同物种(或个体)对资源的分享问题,关系到不同物种(或个体)的生态学特性可以相似到什么程度仍然允许共生的问题。生态位重叠虽然并不必然导致竞争,但这是引发竞争的一个原因。同一种群内的个体,对资源的利用性质更为相似,生态位重叠的可能性及重叠量更大,发生竞争的可能性也更大,因此有"种内竞争甚于种间竞争"之说。

生态位重叠有以下几种情况(图 2-24),其中 A 和 B 代表两个物种。①内包生态位,其竞争结果可能为:物种 B 占优势(虚线),迫使物种 A 减少对公共资源的利用;或者 A 占优势,B被完全排除。②等宽生态位重叠。③不等宽生态位重叠,B 的生态位有较大比例被共用,竞争不对等。④邻接生态位,表示回避竞争。⑤分离生态位,一般不竞争。

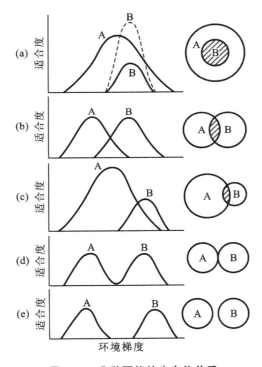

图 2-24　几种可能的生态位关系

(a) 内包生态位;(b)等宽生态位重叠;(c)不等宽生态位重叠;(d)邻接生态位;(e)分离生态位
左图是具有适合密度的模型,右图是集合模型。

四、生态位分离

生态位分离(niche separation)是指生活在同一环境中的物种(或个体)所利用的资源有明显不同的现象。例如生活在同一片森林中的麻雀和大山雀,虽然其食性和采食地点均比较类似,但两者的筑巢区和采食时间不同,因此,两者的竞争并不明显。又如生活在非洲热带草原上的食草动物种类众多、个体数量也比较庞大,但是它们之间的食草竞争不激烈,究其原因是生态位分离比较明显:①不同的食草动物采食不同的草本植物;②即使采食同几种植物,采食的部位也不同；③即使采食相同的植物，采食的时间也有所差异；④即使同时采食，也会分散在不同的地点采食。

第八节　繁殖对策和生活史对策

在自然界生存的生物或多或少会受到自然选择的压力，如环境条件变化的制约、种内或种间的竞争、被捕食的压力、被寄生的压力等。这种压力的存在，迫使种群尽可能去占据最为有效的生态位，使其能够在生存过程中取得比较有利的地位。在占据最有效生态位过程中，种群必须采取各种适应对策（即生物学特性），对策比较适宜的容易生存下来，反之，则可能被淘汰。这些对策具体表现为形态学对策、生理学对策和生态学对策。

形态学对策是指生物为了适应特定的环境而表现出来的体型、体色等外部特征方面的对策。如鱼类为了适应水生环境，演化出身体呈梭形、流线形或纺锤形；在北极地区生存的北极熊体表颜色比较浅是为了适应北极地区冰封的环境；一些无毒蛇的警戒色是为了警告天敌，避免自己被捕食；一些昆虫的拟态是为了隐藏自己，避免被天敌发现而遭捕食；仙人掌科植物肉质化，以适应干旱环境等。其他如某些生物的保护色，寒冷环境下相对较大的体型等均有适应的意味。

生理学对策是指生物为了适应特定的环境而表现出来的生理代谢方式、代谢功能强弱方面的对策。如生活在高温、干旱环境下的植物，它的水分代谢方式为景天酸代谢途径（CAM），可以尽量减少水分的损失；生活在温暖、潮湿环境下的 C_4 植物，有两条固定 CO_2 的途径，光合作用效率高；生活在高渗环境（如海水）中的鱼类，排除的废物主要是尿酸，而且尿液量少、无机盐浓度高，是为了尽量减少水分的流失。在极端温度条件下，生物有滞育和休眠现象等。

生态学对策是指生物为了适应特定的环境而表现出来的行为方式和繁殖方式方面的对策。行为方式的对策包括昼夜活动规律的适应（有的昼伏夜出如鼠类，有的昼行夜伏如人类，有的晨昏活动如蝙蝠、壁虎等）、迁徙、洄游、躲避、捕食方式等对策；而繁殖对策则是种群适应环境表现出来的非常重要的对策，它直接关系到种群是否能够留下更多后代的问题，关乎种群的发展、进化和未来。

一、繁殖对策

1. 能量分配和权衡

自然界的种群均有获得更多后代的愿望，但是母体能够用于繁衍后代的能量总是有限的，生物不可能使其生活史的每一组分都达到最大，而必须在不同生活史组分间进行"权衡"。在亲代投入繁殖的总能量有限的情况下，只能在抚育投入和增加后代数量之间进行选择并取得平衡。因此，亲代必须选择能量的分配方式，能量或许分配给一次大批繁殖——单次生殖，以大量的后备个体来补偿低成活率的风险；或更均匀地随时间分开分配——多次生殖，每次产生少量的后代，以精心抚育取得后代的高成活率来保证繁殖效果。同样的一次能量投入，可产生许多小型后代，或者少量大型的后代。这些策略都比较有效，种群采用哪种策略，往往取决于种群所处的具体环境条件。

种群摄取的能量，绝大部分用于维持自身的生存、生长和繁衍后代。如果一个种群投入生殖的能量太多,势必会减少用于维持自身生存的能量,可能导致其竞争能力下降。这是以牺牲自身的未来生存为代价,来保证后代的数量的情况。如蜥蜴产卵量大,而其自身逃避天敌的能力大为减弱,某些昆虫、鱼类因为一次产卵量太大,导致母体因能量耗尽而死亡;相反,如果每次繁殖只投入少量能量,产生少数后代,则可以将相当的能量用于抚育后代,也有利于自身的生存,而且可以多次生殖,如人类、许多多年生木本植物等。

生物用于繁殖的能量所占净生物量的比例,在不同物种之间差异很大。高的可以达到约50%,如某种蝾螈($Desmognathus\ ochrophaeus$);低的不足 10%,如胎生蜥蜴($Lacerta\ vivipara$);其他许多物种则介于上述两者之间。

2. 体型效应

体型大小是生物体最明显的表面性状,作为生物的遗传特征,它强烈影响到生物的生活史对策。一般来说,物种个体体型与其寿命有很强的正相关关系,并与内禀增长率有同样强的负相关关系。索思伍德(Southwood,1976)提出一种可能解释,认为随着生物个体体型变小,其单位质量的代谢率升高、能耗大,因此,寿命缩短。反过来生命周期的缩短,必将导致生殖能育时间的短促,只有提高内禀增长率来加以补偿。当然,这种解释不能包括所有情况。另外,从生存角度看,体型大、寿命长的个体在异质环境中更有可能保持它的调节功能不变,种内和种间竞争力会更强。而小个体物种由于寿命短、世代更新快,可产生更多的遗传异质性后代,增大生态适应幅度,使进化速度更快。

3. 动物种群的繁殖对策

不同动物类群的繁殖对策各不相同,但是多数动物会选择在环境条件最适合、食物最丰富的季节(或年份)繁殖,这样最有利于母体的摄食,也可最大程度地保证幼体的成活。如生活在中纬度地区的蝙蝠,它们的繁殖季往往选择在夏末,因为在这个时节食物最丰富(主要是昆虫)。

许多鸟类繁殖对策是,根据食物丰富的程度,通过调整窝数、每窝的卵数或养活的幼体数来取得最大繁殖效果。在食物比较丰富的时候,增加窝数或在窝数一定的情况下增加每窝的产卵数;在食物短缺的时候,只选择先孵化出的部分幼体进行喂食,后孵化的幼体通常会饿死,如鹩哥($Ouiscalus\ quiscula$)。

4. 植物种群的繁殖对策

不同的植物也采用不同的繁殖对策。生长在郁闭森林中的多年生木本植物,把绝大部分能量用于营养生长,而分配给花和种子的能量比较少,所结的果实(或种子)数量也少。因为在生境比较稳定的情况下,剩余的生存空间很少,其后代生存的空间很狭窄,把很多能量用于繁殖并没有多大收益,只有把多数能量用于营养生长,才能在拥挤的环境中提高自身的竞争力,因此,这类植物往往出现在群落演替的晚期。生长在比较空旷地带的许多草本植物,把大量的能量用于开花结果,产生大量的种子,以便迅速占领剩余的空间,因此,这类植物往往出现在群落演替的早期。

植物采取繁殖方式的对策也很灵活。有些植物在环境条件比较良好时,采用营养繁殖的方式,以便快速占领空间;在环境条件不利时,采用有性繁殖的方式,以便提高竞争和生存能力。

同样的能量投入,植物所结出的果实(或种子)的大小、数量也相差甚远。对植物来说,果实(或种子)的大小、数量应最有利于传播及减少动物取食。在竞争不太激烈的环境下,植物应尽可能产生大量小型的种子;在竞争激烈的环境下,则产生少量较大型的种子,以增加后代的竞争和定居能力。大型的果实如椰子,质量可为 2 kg 以上;小型的种子如兰科植物的种子质量只有 0.000 02 g。

植物种子的大小、数量还可能与动物的取食有关,如刺槐通过降低种子的质量、增加种子的数量来应对动物的取食,或通过化学防御的手段来减少动物的取食。植物种子的大小、数量也可能与种子的传播方式有关:主要依靠风力传播的种子往往比较轻,而且数量大,既有利于传播又可以广泛播撒,如许多菊科、兰科的种子;主要依靠动物传播的种子往往质量比较大,而且种子外有丰富的肉质果肉,如榴莲、芒果等。

二、生活史对策

英国鸟类学家拉克(Lack,1954)在研究鸟类生殖率进化问题时提出:每一种鸟的产卵数,有以保证其幼鸟存活率最大为目标的倾向。成体大小相似的物种,如果产小型卵,其产卵数多,但由此导致的高能量消耗必然会降低其对保护和关怀幼鸟的投入。也就是说,在进化过程中,动物面临着两种相反的、可供选择的进化对策:一是低生育力的,亲体有良好的育幼行为;另一种是高生育力的,没有亲体关怀的行为。

麦克阿瑟(MacArthur)和威尔逊(Wilson,1967)推进了 Lack 的思想,将生物按栖息环境和进化对策分为 r-对策者和 K-对策者两大类,前者属于 r-选择,后者属于 K-选择。皮安卡(Pianka,1970)又对 r/K 对策思想进行了更详细、深入的表达,统称为 r-选择和 K-选择理论。该理论认为 r-选择种类是在不稳定环境中进化的,因而使种群增长率最大。K-选择种类在接近环境容纳量 K 的稳定环境中进化的,因而适应竞争。这样,r-选择种类具有所有使种群增长率最大化的特征:快速发育,小型成体,数量多而体型小的后代,高的繁殖能量分配以及短的世代周期。与此相反,K-选择种类具有使种群竞争能力最大化的特征:慢速发育,大型成体,数量少但体型大的后代,低的繁殖能量分配以及长的世代周期(表 2-5)。

表 2-5　r-选择和 K-选择相关特征的比较

	r-选择	K-选择
气候	多变、难以预测、不确定	稳定、可预测、较确定
死亡	常是灾难性的、无规律、非密度制约	比较有规律、受密度制约
存活	存活曲线 C 型,幼体存活率低	存活曲线 A、B 型,幼体存活率高
种群大小	时间上变动大,不稳定,通常低于环境容纳量 K 值	时间上稳定,密度临近环境容纳量 K 值
种内、种间竞争	多变,通常不紧张	经常保持紧张
选择倾向	发育快,增长力强,提早生育,体型小,单次生殖	发育缓慢,竞争力强,延迟生育,体型大,多次生殖
寿命	短,通常小于 1 年	长,通常大于 1 年
最终结果	高繁殖力	高存活力

r-对策者(种群)的个体数量通常处于逻辑斯谛增长曲线的上升阶段,可用 reproduction 的第一个字母来表示。这类生物的寿命一般比较短,但是繁殖率很高。它们利在不太稳定的生境下,快速利用剩余资源和拓展空间,对外界的干扰也能快速做出反应。因此,r-对策者在自然界往往以"量"取得优势。K-对策者的个体数量通常处于逻辑斯谛增长曲线的环境容量 K 附近,所以用 K 来表示。这类生物的寿命一般比较长,繁殖率虽低,但是竞争力强。因此,

K-对策者在自然界往往以"质"取胜。

在自然界,严格意义上的 r-对策者和 K-对策者都很少,多数物种介于两类之间。天敌对这两类生物的制约作用都不甚明显:因为 r-对策者个体数量往往比较庞大,且繁殖能力强,天敌即便捕杀了部分 r-对策者个体,一般也不会影响种群的整体,更何况它可以快速地繁殖来弥补损失的个体数,许多草本植物、鼠类、有害昆虫、病源生物等具有比较类似 r-对策者的特点;K-对策者由于具备很强的竞争能力,所以很少有强大的天敌,如某些猛兽、猛禽、人类等物种比较类似 K-对策者的特点。

由于 r-对策者的个体数量往往不太稳定,而 K-对策者的个体数量相对比较稳定,因此,两者的个体数量增长曲线也差异较大(图 2-25)。K-对策者在个体数量增长过程中有两个平衡点:稳定平衡点 S 和不稳定平衡点(灭绝点)X。种群内个体数高于或低于 S 点时(必须要高于点 X),个体数量均会趋向于点 S,但是,个体数低于 X 时,由于 K-对策者的繁殖能力低下,该种群可能趋向于灭绝,这是许多野生动物濒危的原因。r-对策者只有一个稳定平衡点 S,没有灭绝点。即使种群密度很低,也能快速增长,这是许多有害生物很难控制的原因,也是人类开展防治的对象的特征。

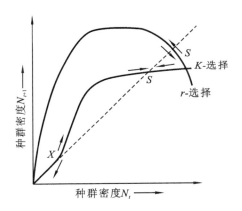

图 2-25 r-对策者和 K-对策者的种群增长曲线

思考题

一、名词解释

单体生物 构件生物 种群 种群生态学 种群密度 绝对密度 相对密度 生态密度
标志重捕法 年龄结构 性比 出生率 死亡率 迁入量 迁出量 分布格局 随机分布
均匀分布 集群分布 基因型 基因频率 哈-温定律 遗传漂变 近交衰退 种群增长
种群波动 种群爆发 种群平衡 生态入侵 密度制约因素 非密度制约因素 生命表
动态生命表 静态生命表 综合生命表 存活曲线 同生群 净生殖率 种群增长率
内禀增长率 指数增长模型 逻辑斯谛模型 环境容纳量 种群调节 种内关系
种间关系 密度效应 最后产量恒值法则 —3/2 方自疏法则 领域 领域行为
婚配制度 社会等级 利他行为 竞争 种内竞争 种间竞争 高斯假说
竞争排斥原理 捕食 寄生 拟寄生 巢寄生 共生 偏利共生 互利共生 他感作用
生态位 生态位宽度 生态位重叠生活史 K-对策 r-对策

二、简答题

1. 什么是种群？与个体相比较，种群有哪些重要的特征？

2. 简述种群年龄结构及其基本类型。

3. 简述生命表概念及其基本类型。

4. 简述存活曲线的类型及意义。

5. 简述种群主要的增长模型。

6. 解释与比较 r、r_m、R_0 的概念。

7. 简述种群分布格局概念及其基本类型。

8. 简述主要的种群调节学说。

9. 简述种内关系及其基本类型。

10. 简述植物密度效应及其基本规律。

11. 简述动物的婚配制度及其基本类型。

12. 简述领域及领域面积的基本规律。

13. 简述种间关系及其基本类型。

14. 简述捕食的含义及其基本类型.

15. 简述高斯假说和竞争排斥原理。

16. 比较 r-对策和 K-对策的主要特征。

三、论述题

1. 试分析物种和种群的关系以及新的物种是如何形成的。

2. 如何理解竞争与生态位理论？二者有什么联系？

扩充读物

[1] 冯江,高玮,盛连喜. 动物生态学[M]. 北京:科学出版社,2005.

[2] 王伯荪,李鸣光,彭少麟. 植物种群学[M]. 广州:广东高等教育出版社,1995.

[3] 周纪纶,郑师章,杨持. 植物种群生态学[M]. 北京:高等教育出版社,1993.

第三章

群落生态学

【提要】 群落的概念、性质和基本特征;群落生态学及其研究内容;群落的种类组成和数量特征;群落物种多样性的概念、测定方法、变化规律及影响因素;群落的外貌、结构、动态及演替;群落的主要类型、特点及分布规律。

第一节 群落与群落生态学

一、群落的概念

"群落"(community)的这一概念最初来自植物生态学的研究。早在 1807 年,近代植物地理学创始人洪堡德(Humboldt)在《植物地理知识》一书中,首先注意到自然界植物的分布并非杂乱无章的,而是与气候条件之间具有密切的相互关系,并指出每个群落都有其特定的外貌,它是群落对生境因素的综合反应。1877 年,德国生物学家 Möbius 在研究海底牡蛎种群时,注意到这种动物只能在一定的温度、盐度、光照等条件下生活,并且总与一定的其他动物(如鱼类、甲壳类、棘皮动物等)生活在一起,形成一个比较稳定的有机整体,他把这个整体称为生物群落(biocoenosis)。1890 年,丹麦植物学家瓦尔明(Warming)在他的经典著作《植物生态学》中,将群落定义为"一定的种所组成的天然群聚","形成群落的种实行同样的生活方式,对环境有大致相同的要求,或一个种依赖于另一个种而生存,有时甚至后者供给前者最适之所需,似乎在这些种之间有一种占优势的共生现象"。1908 年,以生态学家苏卡乔夫(Сукачев)院士为代表的俄国学派将植物群落定义为"不同植物有机体的特定结合,在这种结合下,存在植物之间以及植物与环境之间的相互影响"。后来,群落生态学的先驱者谢尔福德(Shelford,1911)对生物群落的定义是"具一致的种类组成且外貌一致的生物聚集体"。美国著名生态学家奥德姆(Odum,1957)在他的《生态学基础》一书中,对这一定义做了补充,他认为除种类组成与外貌一致外,群落还"具有一定的营养结构和代谢格局","它是一个结构单元","是生态系统中具有生命的部分"。1974 年,比利时的迪维诺(Paul Duvigneaud)在《生态学概论》中对群落也做出了相似的定义,"群落(或生物群落)是在一定时间内居住于一定生境中的不同种群所组成的生物系统;它虽然是由植物、动物、微生物等各种生物有机体组成的,但仍然是一个具有一定成分和外貌的比较一致的集合体;一个群落中的不同种群不是杂乱无章地散布,而是有序且协调地生活在一起"。由此可见,在生态学发展的不同时期,由于不同生态学家研究的对象与采用的研究方法不同,导致对群落概念的认识也有所不同。

通常认为,群落是指在一定时间内聚集在一定空间或一定生境中的各物种种群的集合。在理解群落概念时,应注意以下 3 点:一是强调时间尺度,因为在相同空间或生境中,随着时间的变化,群落从组成到结构都会发生相应的变化,所以群落一定是指在某一时间段内的群落;二是强调空间尺度,空间的大小不同(例如大到整个生物圈,小至一个池塘或有机体的一个器官),使群落概念具有具体和抽象两重含义,说它是具体的,是因为我们能很容易在某个区域或地段观察或研究一个群落的结构和功能,同时它又是一个抽象的概念,即群落泛指所有生物集合体的总称;三是强调群落中物种组成的有序性,即同一群落中的各种生物并不是杂乱无章的简单总和,而是有规律地在特定时间和空间中的有机组合,它们之间及它们与环境之间通过彼此相互影响、相互作用,形成具有一定外貌、结构和功能的有机统一体。

二、群落生态学及其研究内容

(一)群落生态学的概念

群落生态学(synecology 或 community ecology)是研究群落与环境之间相互关系的科学,是生态学的一个重要分支学科。这一概念是由瑞士学者斯洛德(Schroter)1902 年首次提出的,但直至 1910 年在比利时布鲁塞尔召开的第三届国际植物学会议上才正式决定采用这一学科名称。奥德姆(Odum)认为,群落生态学是现代生态学划分中比个体生态学和种群生态学更高一级的组织层次,是连接种群生态学和生态系统生态学之间的桥梁。

群落生态学可以从植物群落、动物群落和微生物群落这 3 个不同类别的生物群体开展有关研究,其中以对植物群落研究得最多,也最为深入,群落学的许多基本原理都来自于植物群落学研究。植物群落学(phytocoenology),有些学者也称地植物学(geobotany)、植被生态学(ecology of vegetation)或植物社会学(phytosociology),它主要研究植物群落的结构、功能、形成、发展及其与所处环境的相互关系。目前对植物群落的研究已形成比较完整的理论体系。动物不像植物营固着生活,而是具有移动性特征,使得动物群落的研究比植物群落的困难,因此,动物群落学研究晚于植物群落学。动物一般也不能脱离植物而长久生存,与植物之间的关系极为密切,动物和植物分属于生物群落或营养结构中的消费者和主要生产者,与微生物一起构成复杂的食物网。因此,如果没有后来动物群落生态学家的参加,对于有关生态锥体、营养级间能量传递效率等原理的发现是不可能的。同时,形成群落结构与功能基础的物种间相互关系,诸如捕食、食草、竞争、寄生等许多重要的生态学原理,多数也由动物生态学研究开始;对近代群落生态学做出重要贡献的一些原理,如中度干扰假说对形成群落结构的意义、竞争压力对物种多样性的影响等都与动物群落学的发展分不开。因此,最有成效的群落生态学研究,应该是对动物、植物和微生物群落研究的有机结合,近代的食物网理论、生态系统的能流及物流等规律,都是这种整体研究的结果。

(二)群落生态学的研究内容

群落生态学不是以一种生物作为研究对象,而是把生物群落作为研究对象,是现代生态学理论中极为重要的组成部分。群落生态学研究的主要内容包括:①群落的组成与结构;②群落的性质与功能;③群落的发展及演替;④群落内的种间关系;⑤群落的丰富度、多样性与稳定性;⑥群落的分类与排序;⑦群落的类型与分布规律等。

（三）群落生态学研究的意义

群落生态学研究可以使人们了解群落的起源、发展、多种静态与动态特征以及群落间的相互关系，从而加深对自然界的，特别是对生态系统的认识，为人类充分合理地开发利用自然资源、保护生物多样性、提高生态系统服务能力、推动生物群落向特定的方向发展，或保持生态系统的稳定与平衡提供科学依据。因此，群落生态学在生态科学和生产实践中具有重要的理论意义和实用价值。

群落生态学研究成果在实践中有诸多成功应用，其重要性在于"由于群落的发展而导致生物的发展"。因此，对某种特定生物进行控制的最好方法，就是改变其群落，而不是直接改变某种生物本身。例如，我国能够基本控制危害几千年的蝗害，其根本途径是对黄河、淮河、海河及内涝湖泊开展围湖造田、消灭杂草、兴修水利、开垦荒地，从而改变了自然环境条件，引起生物群落的剧烈变化，消除了飞蝗的产卵场地和生活场所。再如，我国进行的大规模治沙和营造防护林工作，通过网格治沙技术、营造护田林带等措施，原来干旱和风沙地区的小气候得到改善，从而使农业和牧业获得稳定高产。这是应用群落演替的成果，通过恢复和建立适宜群落进行生态建设、保护和改善环境的很好例证。

综上所述，群落生态学是人类认识自然、改造自然和利用自然必不可少的基本知识和手段。

第二节　群落的性质及其基本特征

一、群落的性质

生态学界存在两种关于群落性质决然对立的观点。一种观点认为群落是客观存在的实体，是一个有组织的生物系统，像有机体与种群那样，称为机体论学派；另一种观点认为群落并非自然界的实体，而是生态学家为了便于研究，从一个连续变化着的植被连续体中，人为确定的一组物种的集合，称为个体论学派。

二十世纪初，群落是以"超有机体"的概念被接受的。它的物种成员是与群落的诞生、生长、死亡和整体进化联系在一起的。这种观点被大多数赞成"个体论"观念的人所拒绝。持"个体论"观念的人认为群落是个别物种的集合，群落模式可以通过个体水平上的过程得到解释。

（一）机体论学派

机体论学派认为植物群落是一个客观存在的实体，是一个有组织的系统，如同有机体和种群一样，它是由 Clements(1916,1918)提出的。

其理论根据是，任何一个植物群落都要经历一个从先锋群落到顶极群落的演替过程，如果时间足够，森林区的一个沼泽最终会演替为森林植被。这个演替过程和一个有机体的生活史类似。因此，群落如同有机体一样，有其诞生、生长、成熟和死亡的不同发育阶段，而这些不同的发育阶段或演替上相关联的群落，可以解释成一个有机体的不同发育时期。这种比拟是特别真实的，每一个顶极群落破坏后，都能够重复通过基本上是同样形式的发育阶段而再次达到顶极阶段。

　　此外，Braun-Blanquet(1928,1932)和 Nichols(1917)以及 Warming(1909)将植物群落比拟为一个种，把植物群落的分类看作和有机体的分类相似。因此，植物群落是植被分类的基本单位，正像物种是有机体分类的基本单位一样。而 Tansley(1920)认为：和一个有机体的严密结构相比，在植物群落中，有些种群是独立的，它们在别的群落中也能很好地生长发育；相反有些种群却具有强烈的依附性，即只能在某一群落中而不能在其他的群落中存在(图 3-1)。因此，他强调，植物群落在许多方面表现为整体性，应作为整体来研究。这种见解以后就发展成他的生态系统概念。另外，动物生态学家 Elton 与 Mobius 也支持机体论的观点。

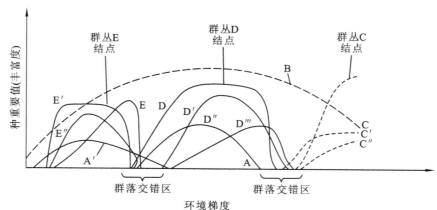

C、D、E为3个群丛；A、B为比群丛更高一级的分类单位群丛属；
C′、C″、D′、D″、E′、E″表示群丛C、D、E内的群丛变型

图 3-1　群落沿环境梯度的分布

(引自 Barbour,1987)

（二）个体论学派

　　个体论学派(individualistic school)的代表人物之一是 Gleason。他(1926)认为将群落与有机体相比拟是欠妥的。因为群落的存在依赖于特定的生境与不同物种的组合，但是环境条件在空间与时间上都是不断变化的，故每一个群落都不具有明显的边界。环境的连续变化使人们无法划分出一个个独立的群落实体，群落只是科学家为了研究方便而抽象出来的一个概念。苏联的 Ramensky 和美国的 Whittaker 均持类似观点。他们用梯度分析与排序等定量方法研究植被，证明群落并不是一个个分离的有明显边界的实体，多数情况下是在空间和时间上连续的一个系列(图 3-2)。

　　以上两派观点的争论并未结束，因研究区域与对象不同而各持己见。还有一些学者认为，两派学者都未能包括全部真理，并提出目前已经到了停止争论的时刻了。这些学者认为，现实的自然群落，可能处于自个体论所认为的到机体论所认为的连续谱中的任何一点，或称 Gleason-Clements 轴中的任何一点。

二、群落的基本特征

　　生物群落作为种群与生态系统之间的一个生物集合体，具有自己独有的许多特征，这是它有别于种群和生态系统的根本所在。群落的基本特征可以从下列的几个方面来理解。

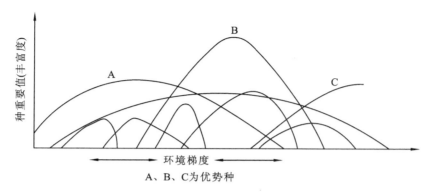

图 3-2　植物种沿环境梯度的分布
(引自 Barbour,1981)

（一）具有一定的外貌

群落结构与外貌具有密切关系,外貌是群落结构的外部表现,是植物群落对生境各种因素综合反映的具体体现。生物与环境之间相互作用、协同进化,生物可以从形态、结构、生理甚至行为上的改变来适应环境的变化。群落的外貌较种类组成和群落结构更容易区别,从外貌可以很容易区别出群落是森林、草原还是荒漠以及区分一些具体的群落类型。例如,根据外貌的差异,森林群落可以划分为针叶林、落叶阔叶林、常绿阔叶林、热带雨林等。

（二）具有一定的种类组成

区别群落的首要特征之一就是每种群落类型都有特定的种类组成。任何一个生物群落都是由一定的植物、动物和微生物种群组成的。不同的种类组成构成不同的群落类型,例如热带雨林的种类组成与温带落叶阔叶林的种类组成差别很大。组成群落的物种并非任意组合,而是通过复杂的种内和种间关系,形成多物种成分并存的结果。优势乔木树种不仅能与一定的灌木和草本种类共同出现,同时还可能与一定的菌类、动物相伴。以我国北方地区的阔叶红松(*Pinus koraiensis*)林为例,红松林下常常出现毛榛子(*Corylus mandshurica*)、绣线菊(*Spiraea salicifolia*)、苔草(*Carex tristachya*)和舞鹤草(*Majanthemum bifolium*)等,同时松鼠(*Sciurus vulgaris*)也必然是这个森林群落不可缺少的生物类群。因此,我们可以通过种类组成来识别不同的群落类型,这就是群落各类组成的确定性,而一个群落中的种类成分以及每个种个体数量的多少,则是度量群落多样性的基础。

（三）具有一定的结构

每一个生物群落除具有一定的种类组成外,还具有一系列结构特点,包括形态结构、生态结构、营养结构和时空结构。例如生活型、种的分布格局、成层性(包括地上的和地下的)、季相变化以及捕食与被捕食关系,但这种结构常常是松散的,不像一个有机体结构那样清晰,有人称之为"松散结构"。群落类型不同,其结构也不同。热带雨林群落的结构最复杂,而北极冻原群落的结构最简单。森林群落中各类生物种群从水平方向上到垂直方向上都是按着一定的规律进行排列和组合的,而且各个生物组成成分之间以一定的结构相互联系。不同的种类成分在空间上占据不同的位置,例如乔木、灌木和草本的地上部分分别处于不同的高度,地下的根部也集中分布于不同的深度,形成群落的成层现象。

（四）不同物种之间相互影响

组成群落不同物种之间所产生的相互影响主要体现在如下 3 个方面：①群落中的物种有规律地共处，即在有序状态下共存，而不是任意的组合。②不同物种之间的相互影响在裸地的群落形成过程中就已经显现出来。在裸地上群落的形成过程可以划分为"迁移—定居—竞争—反应"四个阶段，每个阶段中的物种存在与否都是种间相互作用的结果。③哪些物种能够组合在一起形成群落，取决于两个条件，一是必须共同适应它们所形成的环境，二是它们内部的相互关系必须能够协调平衡。

（五）形成群落环境

群落是各种生物及其所在环境长时间相互作用的产物，任何一个群落在形成过程中，生物对环境不仅具有适应作用，而且具有巨大的改造作用。随着群落发育到成熟阶段，群落的内部环境也发育成熟。群落内的环境（例如温度、湿度、光照等），都不同于群落外部。不同的群落，其群落环境存在明显的差异。例如，高大乔木对光的遮蔽使得群落内环境变得阴暗和潮湿。群落中物种的生长和死亡，动植物残体的分解等，也是形成不同于群落外部环境的主要因素。例如，百山祖冷杉（*Abies beshanzuensis*）群落内腐殖质层 2～3 cm，枯枝落叶层厚 3～4 cm，在 1 m² 内的枯落物风干重达 400～1 000 g。

（六）具有一定的动态特征

由于生物群落是生态系统具有生命的部分，而生命的特征是不停的运动，所以生物群落也是运动的，随着时间不断地发生变化，时间为下一个群落的出现准备条件。运动形式包括季节变化、年际变化、演替与演化。生物群落有其发生、发展、成熟（即顶极阶段）和衰败与灭亡阶段。因此，生物群落就像一个生物个体一样，它的一生都处于不断地发展变化之中，表现出动态的特征。

（七）具有一定的分布范围

任何群落都具有一定的分布范围，即群落具有区域性。没有在任何地方都能分布的植物种类，更没有在任何地方都能分布的森林群落。每一生物群落都分布在特定的地段或特定的生境上，不同群落的生境和分布范围不同，群落是地理环境和历史发展综合作用的集中表现。例如，我国典型的森林群落从南到北依次为：①热带季雨林，分布于海南岛、台湾南部、西双版纳、雷州半岛等地；②亚热带常绿阔叶林，分布于秦岭以南大部分地区；③温带落叶阔叶林，分布于秦岭以北大部分地区；④寒温带针叶林，分布于大兴安岭北端。

（八）具有一定的边界特征

一个地区的植被在许多特征方面不同于另一个地区的植被，例如优势树种的不同等，这样就允许群落被区分开来。群落的边界可以是自然的，也可以是人为的；可以是明确的，也可以是模糊的。通常，群落不会突然中断，而是逐渐地过渡到其他群落，因为物种受到环境条件的制约以及自身耐受力的限制是逐渐的。在自然条件下，如果环境梯度陡然变化或者突然中断，例如陡峭变化的地形、陆生环境与水生环境的交界区，那么群落之间会形成明显的边界，可以清楚地加以区分。人工林与草地、农作物之间的边界，通常也是截然分开的，这样的边界是人为的。在多数情况下，不同群落之间都会存在过渡带，称为群落交错区（ecotone），并形成明显的边缘效应。在群落交错区往往会包含有两个重叠群落中的一些种，因此生物种类和种群密度有增加的趋势。由于群落交错区的环境比较复杂,两类群落中的生物能够通过迁移而交流,交错区能为不同生态类型植物定居,从而为更多的动物提供食物、营巢地隐蔽条件。在实践上,利用群落交错区的边缘效应增加边缘长度和交错区面积,可以提高野生动物的产量。然而,由于人类活动而形成的交错区有的是有利的,而有的是不利的。

第三节　群落的种类组成及其数量特征

任何一个群落都是由一定的种类构成的,种类组成是群落最基本的特征之一,也是群落研究的基础。研究一个群落的种类组成,就是在其代表性地段上进行种类统计。由于群落所占面积常常很大,且在群落内生物个体分布又极少是均匀的,这就要找到合适的办法获取整个群落内部种类组成的信息。研究群落种类组成的统计要选择适当大小的研究面积,确定种类的构成,并确定不同种类的生态作用。

一、成员类型

群落学研究一般都从分析种类组成开始,为了得到一份完整的生物种类名单(例如高等植物或动物名录等),通常采用最小面积的方法来统计一个群落或一个地区的生物种类名录,现以植物群落为例。

(一)群落最小面积

天然林中,群落的复杂程度与其植物种类的多少呈正相关,而植物种类的多少与环境条件关系密切,一般情况下,良好的环境条件由于可以满足具有多种不同生态要求的植物生存,因此单位面积上植物种类比较丰富,对环境的利用也比较充分,因而具有比较高的生物生产量和稳定性。森林植物种类随着环境的水热条件变化而变化,我国从北到南,温度逐渐升高,而由西到东,水分由少到多,与之相对应的森林群落种类成分也从简单趋向复杂。在热带雨林中,2 500 m² 的样地内,高等植物种类多达 181 种(李宗善,2004),而寒温带的针叶林同样面积样地上的植物种类不过 30~40 种。

所谓群落最小面积指的是基本上能够表现出群落类型植物种类的最小面积。由于在这个面积里,群落的植物种类组成和一般结构特征得以充分地表现(Ellenberg,1979),因此最小面积也被称为表现面积。

群落最小面积一般是通过绘制"种-面积曲线"来确定的。法国生态学家提出的巢式样方法(图 3-3)是最常用的确定群落最小面积的取样调查方法,即在研究植被类型的植物种类特征时,所用样方面积最初为 1/64 m²,之后依次为 1/32 m²、1/16 m²、1/8 m²、1/4 m²、1/2 m²、1 m²、2 m²、4 m²、8 m²、16 m²、32 m²、64 m²、128 m²、256 m²、512 m²……记录相应面积中物种的数量,直到没有新的种类增加为止。然后,将获得的数据以样方面积作为横坐标,物种数目作为纵坐标,绘制得到的曲线即为种-面积曲线。种-面积曲线通常表现为,先上升后逐渐趋于平缓,曲线开始出现平滑的拐点所对应的取样面积就是群落最小面积。图 3-4 是根据表 3-1 的东北阔叶红松林调查数据所绘制,由图 3-4 可以看出,随着样地

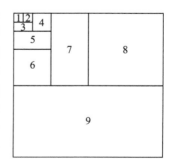

图 3-3　巢式样方法示意图

面积的扩大,种类数量在不断增加,而当取样扩大到 180 m² 之后,种类数量不再增加,此时 180 m² 则为研究群落种类所需的最小面积。

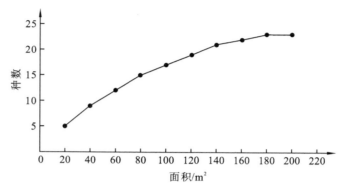

图 3-4 种-面积曲线

表 3-1 东北阔叶红松林调查

样方号	累计面积/m²	种数	新种数	累计的新种数
1	20	5	5	5
2	40	4	4	9
3	60	4	3	12
4	80	5	3	15
5	100	2	2	17
6	120	4	2	19
7	140	3	2	21
8	160	4	1	22
9	180	5	1	23
10	200	3	0	23

通常环境条件越优越,植物种类越多,群落组成也越复杂,最小面积也随之越大。例如,温带森林群落最小面积一般为 400 m²,亚热带为 900 m²,而热带雨林应不少于 2 500 m²,落叶阔叶林为 100 m²,草原为 1~4 m²。表 3-2 给出了不同植被或群落类型的最小面积。

表 3-2 不同植被或群落类型的最小面积

群落类型 (Whittaker,1978)	最小面积/m²	群落类型 (中国常用标准)	最小面积/m²
热带沼泽雨林	2 000~4 000	热带雨林	2 500~4 000
热带次生雨林	200~1 000	南亚热带雨林	900~1 000
混交落叶林	200~800	常绿阔叶林	400~800
温带落叶林	100~500	温带落叶阔叶林	200~400
草原群落	50~100	针阔混交林	400~800
密灌丛群落	25~100	东北针叶林	400~800
杂草群落	25~100	灌丛幼年林	100~200
温带夏草灌木群落	10~50	高草群落	25~100
钙质土草地	10~50	中草群落	25~40
高山草甸和矮灌丛	10~50	低草群落	1~2
石楠矮灌丛	10~50		

(引自宋永昌,2001)

（二）群落成员型

植物种类不同,群落的类型和结构不相同,种群在群落中的地位和作用也不相同。因此,可以根据各个种在群落中的作用而划分群落成员型。不同的环境中分布着不同的群落类型,不同群落类型之间的种类组成及其生态环境会有较大的差异,例如表 3-3 所示的小兴安岭南以红松为主的针阔叶混交林主要组成及其特征。通常,环境条件相似的地段上会有种类组成相似的群落出现,然而即使在相邻的群落地段上也不会有完全相同的树木组成。

表 3-3　小兴安岭南以红松为主的针阔叶混交林主要组成及其特征

森林类型	鱼鳞云杉红松林	柞树红松林	椴树红松林	枫桦红松林	红皮云杉红松林
主要伴生乔木	鱼鳞红杉 枫桦	蒙古栎 红皮云杉	椴树 五角槭	枫桦 臭冷杉	红皮云杉 臭冷杉
主要伴生灌木	青楷槭 花楷槭	胡枝子 乌苏里绣线菊	毛榛子 山梅花	毛榛子 白丁香	青楷槭 花楷槭
主要伴生草本	宽叶苔草 苔藓	羊胡子苔草 舞鹤草	凸脉苔草 四花苔草	毛缘苔草 粗茎鳞毛蕨	猴腿蹄盖蕨 山酢浆草
坡度	山脊缓平坡	陡坡 26°～36°	斜坡 16°～25°	缓坡 6°～15°	山谷缓平坡
坡向	阳坡	阳坡	阳坡	阴坡	阴坡
坡位	山脊	山顶	山上部	山下部	山谷
土壤	灰化暗棕壤	薄层暗棕壤	中层暗棕壤	厚层暗棕壤	潜育暗棕壤
水分条件	湿润	干	润	潮	湿

（引自李俊清,2006）

在植物群落研究中,根据组成种类的地位和功能作用,可以划分为如下的几种成员型。

1. 优势种和建群种

优势种(dominant species)是指那些对群落(生物)结构和群落(物理)环境的形成有明显控制作用的植物种,它们通常是那些个体数量多、投影盖度大、生物量高、体积较大、生活能力较强的植物种类。群落的不同层次可以有各自的优势种,例如森林群落中,乔木层、灌木层、草本层和地被层各层次都分别存在各自的优势种,其中乔木层的优势种,即优势层的优势种常称为建群种(constructive species)。它们常为耐阴种或中性种,早期可在林冠下更新,随后凭借高大的形体和较长的寿命,通过竞争,在演替的后期取胜。

如果群落中的建群种只有一个,则称为"单建群种群落"或"单优种群落";如果具有两个或两个以上同等重要的建群种,则称为"共建种群落"或"共优种群落"。热带雨林的优势种一般不明显,北方森林和草原则多为单优种群落,但有时也存在共优种群落,例如由贝加尔针茅(*Stipa baicalensis*)和羊草(*Leymus chinensis*)共建的草甸草原群落。

应该强调,生态学上的优势种对整个群落具有控制性影响,如果把群落中的优势种去除,必然导致群落性质和环境的变化;但若把非优势种去除,只会发生较小的或不显著的变化。因此,不仅要保护那些珍稀濒危植物,而且要保护那些建群植物和优势植物,它们对生态系统的稳定起着举足轻重的作用。

2. 亚优势种

亚优势种(subdominant species)是指个体数量与作用都次于优势种,但在决定群落性质和控制群落环境方面仍起着一定作用的植物种。在复层群落中，它通常居于下层，例如大针茅草原中的小半灌木冷蒿就是亚优势种；表 3-3 枫桦红松林中的枫桦(*Betula costata*)、臭冷杉(*Abies nephrolepis*)，椴树红松林中的椴树(*Tilia amurensis*)和五角槭(*Acer mono*)等也为亚优势种。

3. 伴生种

伴生种(companion species)为群落的常见种类，它与优势种相伴存在，但不起主要作用。例如表 3-3 中鱼鳞云杉红松林中的花楷槭(*Acer ukurnduense*)、青楷槭(*Acer tegmentosum*)等种类为伴生种。在马尾松林中，乌饭花(*Vaccinium*)、米饭花(*Lyonia ovalifolia*)等是常见的伴生种。云南玉溪的水生植物群落中，常见的伴生种类有 50 多种(表 3-4)，当然群落类型不同，伴生种也不相同。

表 3-4　玉溪水生植物群落类型及伴生种

类型	群落类型	伴　生　种
沉水型	菹草＋金鱼藻群落	荷花、睡莲、水蓼、李氏禾、空心莲子草、浮叶眼子菜、浮萍
	黑藻＋金鱼藻＋苦草群落	穗花狐属藻、竹叶眼子菜、穿叶眼子菜、光叶眼子菜、篦齿眼子菜
浮水型	凤眼蓝群落	空心莲子草、狐尾藻、水葱、萍蓬草、大漂、篦齿眼子菜
	浮萍＋满江红群落	大藻、紫萍、浮叶眼子菜
挺水型	芦苇群落	菖蒲、水芋、美人蕉、香蒲、慈菇、旱伞草、灯心草、睡莲、凤眼蓝
	美人蕉群落	灯心草、千屈菜、水芋、空心莲子草、茭草、慈菇
湿生型	篁竹草群落	垂柳、美人蕉、香蒲、金叶美人蕉、斑茅、灯心草、空心莲子草
	旱伞草群落	芦苇、姜花、美人蕉、花叶芦苇

(引自李艳琼等，2012)

4. 偶见种或罕见种

偶见种(rare species)是那些在群落中出现频率很低的种类，多半是由于种群本身数量稀少的缘故，例如常绿阔叶林或南亚热带雨林中分布的观光木(*Tsoongiodendron odorum*)，这些物种随着生境的缩小濒临灭绝，因此，应加强保护。偶见种也有可能偶然地由人们带入或随着某种条件的改变而侵入群落中，也可能是群落中衰退的残遗种，例如某些阔叶林中的马尾松(*Pinus massoniana*)。值得注意的是，有些偶见种的出现具有生态指示意义，有的还可作为地方性特征种来看待。

需要指出的是，同一个植物种在不同的群落中可以作为不同的群落成员型出现。例如，在内蒙古高原中部排水良好的壤质栗钙土上，针茅是建群种，而羊草是亚优势种或伴生种；但在地形略为低凹，有地表径流补给的地方，羊草则是建群种，针茅退居次要；在强度放牧的地区，冷蒿(*Artemisia frigida*)为建群种，羊草和针茅成为次要成分。在动物群落中，社会等级的确立，与植物中的群落成员型有相似之处。

由此可见，在一个植物群落中，不同植物种的地位和作用以及对群落的贡献是不相同的。

二、数量特征

对群落种类组成进行数量分析，是群落分析技术的重要基础。如果仅知道群落中组成物种的种类，只能说明群落中有哪些物种，要进一步掌握群落特征，必须要研究不同种的数量关系。群落中，动物和微生物的种类组成状况与植物种类组成密切相关，因此首先要掌握植物种类组成的数量特征。描述群落植物种类组成数量特征的指标包括种的个体数量指标和种的综合数量指标两大部分。

（一）种的个体数量指标

1. 多度

多度（abundance）表示一个种在群落中的个体数目的多少或丰富程度。群落中植物种类之间的个体数量对比关系，可以通过各个种的多度来确定。多度的统计法，通常有两种：一种是个体的直接计算法，也称"记名计算法"，即在一定面积的样地中，直接数出各种群的个体数目，这种方法对于个体较大、种群数量有限的群落特别适用；另一种是目测估计法，即按照预先确定的多度等级来估计单位面积上个体数量的多少，这种方法一般用于分布范围较大、个体较小的种群的群落调查或者概略性的群落踏察。目测估算法是一种粗略的测定方法，含有较大的主观性，不同的调查者对同一对象所作的估计，可能有较大的差别。几种常用的多度等级如表 3-5 所示。

表 3-5　几种常用的多度等级

德鲁捷（Drude）		克列门茨（Clements）		布朗-布朗奎 (Braun-Blanguet)	
Soc(Sociales)	极多，植物地上部分郁闭，形成背景	D(Dominant)	优势	5	非常多
Cop(Copiosae)[3]	很多	A(Abundant)	丰盛	4	多
Cop^2	多	F(Frequent)	常见	3	较多
Cop^1	尚多	O(Occasional)	偶见	2	较少
Sp(Sparsal)	尚少，数量不多，散布	R(Rare)	稀少	1	少
Sol(Solitariae)	少，数量很少而稀疏，偶见	Vr(Very rare)	很少	+	很少
Un(Unicum)	个别，样方内某种植物只有 1 或 2 株				

2. 密度

密度（density）是指单位面积上的植物株数。对于植物株数的统计，乔木、灌木和丛生草本一般是以植株或株丛计数，根茎植物则是以地上枝条计数。

密度用公式表示为

$$d = N/S$$

式中　d——密度；

　　　N——样地内某种植物的个体数目；

　　　S——样地面积。

密度的倒数即为每株植物所占的单位面积。群落中，某种植物的密度占全部植物种类密度之和的百分比称为相对密度（relative density），而某种植物的密度与密度最高的植物的密度之比称为密度比（density ratio）。

在群落内分别求算各个种的密度，其实际意义不大。重要的是计算全部个体（不分种类）的密度和平均面积。在此基础上，又可推算出个体间的距离：

$$L = \sqrt{\frac{S}{N} - D}$$

式中　L——平均株距；

　　　D——树木的平均胸径。

种类密度大小受到分布格局的影响，而株距则又反映了密度和分布格局。在规则分布的情况下,密度与株距平方成反比,但在集中分布情况下则不一定如此。

3. 盖度

通常,多度并不能完全表达某物种是否在群落中占据优势地位,更不能说明它对于植物群落的环境所起作用的大小,而盖度却可以在一定程度上弥补这点不足。

盖度(coverage)分为投影盖度(canopy coverage)和基部盖度(basal coverage)。

(1)投影盖度,又称冠盖度,是指植物地上部分垂直投影面积占样地面积的百分比,用百分数表示。投影盖度一般用目测估计法来测定,可以按层或种分别来测定,因此盖度可以分为种盖度(分盖度)、层盖度(种组盖度)、总盖度(群落盖度)。值得注意的是,由于枝叶相互重叠,当按层或种来测定盖度时,分盖度之和会超过总盖度。常用的几种盖度等级如表3-6所示。

表 3-6　常用的几种盖度等级

等级	Domin	Braun-Blanquet	Hult-Sernander	Lagerberg-Raunkiaer
+	1 个个体	<1%		
1	1~2 个个体	1%~5%	0~6.25%	0~10%
2	<1%	6%~25%	6.5%~12.5%	11%~30%
3	1%~4%	26%~50%	13%~25%	31%~50%
4	5%~10%	51%~75%	26%~50%	51%~100%
5	11%~25%	76%~100%	51%~100%	
6	26%~33%			
7	34%~50%			
8	51%~75%			
9	76%~90%			
10	91%~100%			

对于森林群落,通常以郁闭度来代替投影盖度,以此作为森林疏密度的标志,郁闭度以1.0为最大(相当于投影盖度100%),郁闭度小于0.4(相当于投影盖度40%)时,称为疏林。

(2)基部盖度,又称纯盖度,是指植物基部实际所占的面积。对于森林群落,则以树木胸高(1.3 m处)断面积计算。乔木的基盖度特称为显著度(dominant),即群落中一个种全部植株胸高断面积之和。对于草原群落,常以离地面2.54 cm高度的断面计算。

群落中,某种植物的盖度占全部植物种类盖度之和的百分比称为相对盖度(relative coverage),而某种植物的盖度与盖度最高的植物的盖度之比称为盖度比(coverage ratio)。

4. 频度

频度(frequency)是指某个物种在调查范围内出现的频率,表示某一物种的个体在群落中分布的均匀程度。频度的测定要通过样地的分割来进行,以包含该种个体的样方数占全部样方总数的百分比来计算。例如,在亚热带常绿阔叶林的研究中,一般把400 m² 的样地分割成25 m² 的小样地16块,然后分别统计各种植物出现的小样地数,某种植物出现的小样地数与全部小样地数的比值的百分数即该种的频度。群落中,某种植物的频度占全部植物种类频度之和的百分比称为相对频度(relative frequency),而某种植物的频度与频度最高的植物的频度之比称为频度比(frequency ratio)。

图 3-5是丹麦学者 Raunkiaer 根据8 000多种植物的频度统计(1934)编制的一个标准频度图解(frequency diagram)。其中,凡频度在1%~20%的植物种归入 A 级,21%~40%者为

B 级,41%～60%者为 C 级,61%～80%者为 D 级,80%～100%者为 E 级。按照这一分级标准,所统计的 8 000 多种植物中,频度属于 A 级的植物种类占 53%,B 级的占14%,C 级的占 9%,D 级的占 8%,E 级的占 16%。5 个频度等级之间的关系呈现为 A>B>C>D>E,这就是所谓的 Raunkiaer 频度定律(law of frequency)。这个定律说明了在一个种类分布比较均匀一致的群落中,属于 A 级频度的种类通常是很多的,它们多于 B、C 和 D 级频度的种类。但在实际群落中,低频度种的数目也会比高频度种的数目多,例如,E 级植物是群落中的优势种和建群种,其数目也较大,因此会占有较高的比例,所以 E 级的植物种多于 D级。通常,Raunkiaer 频度定律适合于任何稳定性较高而

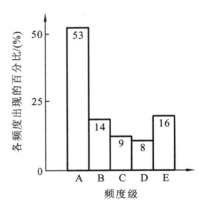

图 3-5　Raunkiaer 的标准频度图解

且种数分布比较均匀的群落,群落的均匀性与 A 级和 E 级的大小成正比。E 级的比例越高,群落的均匀性越大。当 B、C、D 级的比例增高时,说明群落中种的分布不均匀,暗示着植被分化和演替的趋势。

5. 高度

高度(height)为测量植物个体长度的一个指标。测量时,取植株的自然高度或绝对高度。某种植物的高度与高度最高的种类的高度之比为高度比(height ratio)。

6. 质量

质量(weight)是用来测量植物个体或种群生物量(biomass)或现存量(standing crop)大小的指标。质量可以用鲜重或干重来表示。单位面积或容积内某一物种的质量占全部物种总质量的百分比称为相对质量。

7. 体积

体积(volume)是测量植物个体占据空间大小的指标。在森林经营中,测定单株树木的树干体积称为材积,而全林分树木材积的总和称作蓄积量,简称蓄积,材积和蓄积都是森林经营利用的基本经济指标。单株乔木的材积(V)等于胸高断面积(s)、树高(h)和形数(f)三者的乘积,即 $V=shf$,这一公式的含义是一株乔木胸高断面积(s)乘以其树高(h)获得圆柱体体积之后,再乘以该乔木所属树种的形数,就可以得到这株乔木的体积。形数是树干体积与等高同底的圆柱体体积之比,不同树种的形数可以在森林调查表中查到。草本植物或小灌木体积的测定,可用排水法进行。

（二）种的综合数量指标

1. 优势度

优势度(dominance)是指某种植物在群落中所占的优势程度,也就是某种植物在群落中所处的地位和作用。关于优势度的具体含义和计算方法,不同的学者意见不一。例如,法国学者Branquet 主张以盖度、所占空间大小或质量来表示优势度,并指出在不同群落中应采用不同指标。苏联学者 Cykaqeb(1938)提出,多度、体积或所占据空间大小、利用和影响环境的特性、物候动态均应作为某个种的优势度指标。另一些学者认为盖度和密度为优势度的度量指标,也认为优势度即盖度和多度的综合或质量、盖度和多度的乘积等。

常用的衡量植物种在群落中的优势程度有如下的一些指标。

（1）盖度-多度等级

$$C.A.C = \frac{n_i\, x_A}{N}$$

式中　n_i——该种在某一盖度多度等级中出现的次数；

　　　　x_A——该等级平均值；

　　　　N——表示取样总数量。

（2）林木结构图解

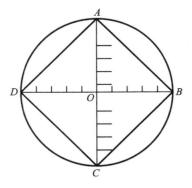

图 3-6　群落结构图解模式

群落结构图解是美国学者路兹（Lutz,1930）首次应用于比较美国宾夕法尼亚州混交林中各树种在群落中的优势度的方法。林木结构图解是以林木在群落中的频度、多度、显著度以及立木级等四个特征数值为基础,按照不同树种综合绘制得到的图形。标准的群落结构图解是一圆形,其中 OA 为多度,OB 为频度,OC 为立木级,OD 为显著度(图 3-6)。植物群落结构图解的绘制,首先要通过取样获得植物的上述 4 个特征值,以百分数计,并进行立木等级的划分。通常,立木可以划分为 5 个等级：Ⅰ级幼苗,高度在 33 cm 以下者；Ⅱ级苗木,高度在 33 cm 以上、胸径不足 2.5 cm 者；Ⅲ级幼树,胸径在 2.5～7.5 cm 者；Ⅳ级立木,胸径在 7.5～22.5 cm 者；Ⅴ级大树,胸径在 22.5 cm 以上者。

图 3-7 是湖南舜皇山女英溪常绿阔叶林主要树种的林木结构图解。由图 3-7 可以看出,红翅槭的 4 个特征数值的图解面积最大,是群落中的优势种；大果蜡瓣花的图解居第 2 位,是群落的次优势种；少叶黄杞的图解面积居第 3 位,然后依此是枫香、构栗、青冈栎。组成群落的前 6 个优势度较大的种中,落叶和半落叶种占 3 个,并处在第 2、第 3、第 4 的位置上。由此可见,林木结构图解较客观地反映了该群落正处在由阳性的常绿、落叶混交林阶段向耐阴的中生化常绿阔叶林阶段顺向演替的时期。

2. 综合优势比

综合优势比（summed dominance ratio,SDR）是由日本学者召日真等（1957）提出的一种综合数量指标,它包含密度比（D. R）、盖比（C. R）、高度比（H. R）、质量比（W. R）、频度比（F. R）等指标中的两项、三项、四项或五项指标。比较常用的为包含两个指标的综合优势比（SDR_2）,即在密度比、盖度比、频度比、高度比和质量比这五项指标中取任意两项,求其平均值再乘以 100%,例如 SDR_2 为（密度比＋盖度比）/2×100%。

3. 重要值

重要值（importance value,IV）是由美国学者 Curitst 和 McIntosh（1951）在威斯康星州研究森林群落中首先使用的,通过重要值可以确定乔木的优势度或显著度。

根据群落样地调查获得的密度、胸径和频度数据资料,重要值的计算公式如下：

重要值＝相对密度＋相对频度＋相对显著度

该公式常用于乔木树种,对丛生的灌木或草本植物而言,则有

重要值＝相对密度或相对多度＋相对频度＋相对盖度

或者

重要值＝相对盖度或相对多度＋相对频度

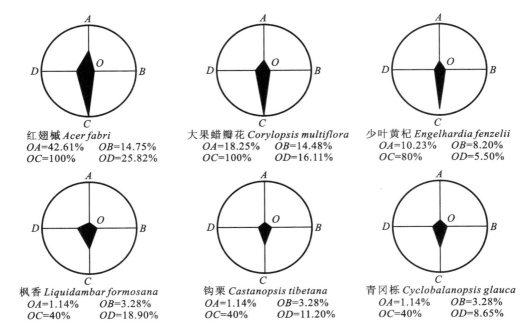

红翅槭 *Acer fabri*
OA=42.61%　　OB=14.75%
OC=100%　　OD=25.82%

大果蜡瓣花 *Corylopsis multiflora*
OA=18.25%　　OB=14.48%
OC=100%　　OD=16.11%

少叶黄杞 *Engelhardia fenzelii*
OA=10.23%　　OB=8.20%
OC=80%　　OD=5.50%

枫香 *Liquidambar formosana*
OA=1.14%　　OB=3.28%
OC=40%　　OD=18.90%

钩栗 *Castanopsis tibetana*
OA=1.14%　　OB=3.28%
OC=40%　　OD=11.20%

青冈栎 *Cyclobalanopsis glauca*
OA=1.14%　　OB=3.28%
OC=40%　　OD=8.65%

图 3-7　湖南舜皇山女英溪常绿阔叶林主要树种的林木结构图解
(引自何汉杏等,2004)

(三) 物种多样性指标

物种多样性是度量群落种类组成的重要指标之一,它不仅可以反映群落组织化水平,而且可以通过结构与功能的关系间接反映群落功能的特征。物种多样性概念可以理解为生物多样性在物种水平上的表现形式,它包含两个方面的涵义:一是种的数目或丰富度(species richness),即群落或生境中物种数目的多寡;二是种的均匀度(species evenness 或 equitability),即群落或生境中全部物种个体数目的分配状况,它反映的是各物种个体数目分配的均匀程度。

常用物种多样性指标包括物种丰富度指数、Simpson 指数、Shannon-Wiener 指数、种间相遇概率等。

1. 物种丰富度指数

(1) Gleason 指数

$$D=S/\ln A$$

式中,A 为取样面积,S 为物种数。

(2) Margalef 指数

$$D=(S-1)/\ln N$$

式中,S 为物种数,N 为观察到的个体总数。

2. Simpson 指数

$$D=1-\sum P_i^2$$

式中,P_i 为种的个体数占群落中总个体数的比例。

3. Shannon-Wiener 指数(H)

$$H=-\sum P_i \ln P_i$$

式中，$P_i=N_i/N$，N_i 为种 i 的个体数，N 为群落中所有物种的个体数总和。

4. 种间相遇概率(PIE)

$$\text{PIE}=\sum_{i=1}^{s}\left(\frac{N_i}{N}\right)\left(\frac{N-N_i}{N-1}\right)$$

式中，N_i 为种 i 的个体数，N 为群落中所有物种的个体数总和，S 为物种数。

5. Pielou 均匀度指数(E)

$$E=H/H_{\max}$$

式中，H 为实际观察的物种多样性指数，$H_{\max}$ 为最大的物种多样性指数，$H_{\max}=\ln S$(S 为物种数)。

下面用假设的简单数据为例，说明几种物种多样性指数的计算方法。设有 A、B 两个群落，其种类组成及其个体数量如下：

群落名称	物种甲	物种乙
群落 A	50(0.5)	50(0.5)
群落 B	99(0.99)	1(0.01)

注：括号内数字为 P_i 值。

根据上述数据资料，其物种多样性指数如下：

(1) Simpson 指数

群落 A：$D=1-\sum P_i^2=1-\sum(N_i/N)^2=1-[(50/100)^2+(50/100)^2]=0.500\,0$

群落 B：$D=1-\sum P_i^2=1-\sum(N_i/N)^2=1-[(99/100)^2+(1/100)^2]=0.019\,8$

(2) Shannon-Wiener 指数

群落 A：$H=-\sum N_i/N\ln N_i/N=-(0.50\times\ln0.50+0.50\times\ln0.50)=0.69$

群落 B：$H=-\sum N_i/N\ln N_i/N=-(0.99\times\ln0.99+0.01\times\ln0.01)=0.056$

(3) Pielou 均匀度指数

群落 A：$E=H/H_{\max}=H/\ln2=0.69/0.69=1$

群落 B：$E=H/H_{\max}=H/\ln2=0.056/0.69=0.081$

通常，群落物种多样性会随生态因子梯度产生有规律的变化，具体有如下几种情况。

(1) 纬度梯度变化。从热带到两极随着纬度的增加，生物群落的物种多样性有逐渐减少的趋势。例如，北半球从南到北，随着纬度的增加，植物群落依次出现为热带雨林、亚热带常绿阔叶林、温带落叶阔叶林、寒温带针叶林、寒带苔原，伴随着植物群落有规律的变化，物种丰富度和多样性逐渐降低。但也有例外，例如企鹅和海豹在极地种类最多，而针叶树和姬蜂在温带种类最丰富。图 3-8 表示物种丰富度沿纬度梯度的变化情况。

(2) 海拔梯度变化。随着海拔的升高，在温度、水分、风力、光照和土壤等因子的综合作用下，生物群落表现出明显的垂直地带性分布规律，在大多数情况下物种多样性与海拔高度呈负相关，即随着海拔高度的升高，群落物种多样性逐渐降低。相对于纬度梯度，物种丰富度沿海拔梯度的变化趋势呈现的比较复杂，在湿润区受人为干扰较小的山地，森林群落的木本植物种丰富度一般随海拔的上升而下降，与温度随海拔的变化趋势一致。但林下的草本植物种丰富度由于主要受林分郁闭度(光照)等局域环境因素的限制，随海拔变化常常没有明显的规律性。森林群落的物种丰富度对干扰十分敏感，因而在低海拔遭受较强人为干扰的山地，乔木物种丰富度常随海拔的升高而先上升后下降。例如，图 3-9 所示的福建黄岗山森林群落的乔木科、属、种随海拔的变化状况。

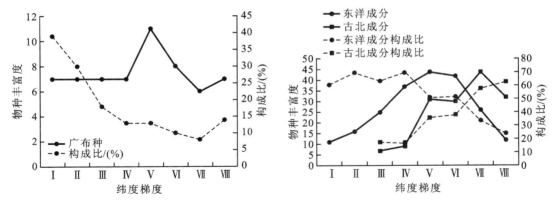

图 3-8　物种丰富度沿纬度梯度的变化情况

(引自龚正达,2006)

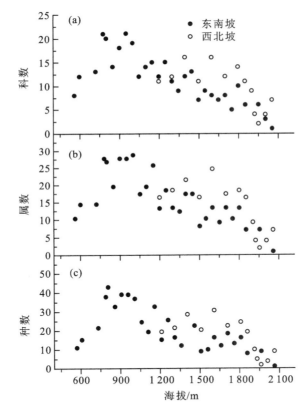

图 3-9　福建黄岗山森林群落的乔木科、属、种随海拔的变化状况

(引自郑成洋等,2004)

（3）环境梯度变化。除了沿着纬度梯度和海拔梯度的变化之外,群落物种多样性也随着环境梯度变化而变化。例如,水体中物种丰富度与光照、温度、含氧量等环境因子相关,呈现出随着水深的增加而下降的趋势。群落物种多样性与环境梯度之间的关系,有时候表现明显,而有时候表现不明显。例如,Gentry(1982)对植物群落物种多样性研究得出,对于新热带森林类型,物种多样性与年降雨量呈显著正相关,但对于热带亚洲森林类型,两者不存在相关关系。

（4）时间梯度变化。许多研究表明,随着群落演替的进展,物种多样性呈现增加的趋势,但在群落演替的后期当群落中出现非常强的优势种时,多样性会降低。

影响群落物种多样性的因素比较复杂,大量研究表明,在大尺度上,演化历史和气候条件等因素起到主要的作用,在小尺度上,竞争、干扰等生态过程则是影响群落多样性的主要的因素(图 3-10)。对于影响群落多样性的因素具体分析如下。

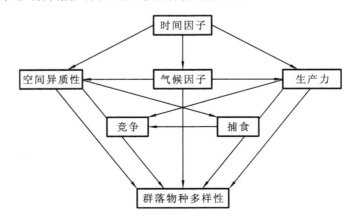

图 3-10　影响群落物种多样性的因子及相互作用

（1）时间因子。对于森林群落,随着林隙的发育,不同的耐阴性物种更替可以增加森林群落的物种多样性。Spipes 等(1989)研究发现,随着林隙年龄的增长,林隙内的物种组成不断地发生着变化:在发育早期,林隙内灌木最为繁茂;发育中期,以中小型乔木树种最为繁茂;发育晚期,大乔木最为繁茂,处于不同演替阶段的林隙的同时存在,使不同的耐阴物种在森林的不同生态位共存的机会增加。

（2）气候因子。大量研究表明,气候同时影响着物种丰富度沿着纬度和海拔梯度的变化。潜在蒸散量(potential evapotranspiration,PET)是一个反映环境能量(光照和热量)的指标,与植物的生产力密切相关;同时,植物的生产力还受水分的限制,在能量较高时往往由于蒸发过于强烈而导致植物体内水分亏缺。物种的丰富度的变化趋势为随着能量的增加先上升、后下降,而与水分则呈现出正相关,如图 3-11 所示。

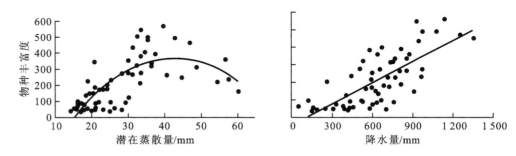

图 3-11　南非木本植物物种丰富度与潜在蒸散量、降水量的关系

(引自 O'Brien et al.,1998)

（3）生产力。大尺度研究发现,物种的丰富度常随着生产力的增加而单调上升;而小尺度研究发现,物种的丰富度却随着群落的生产力的增加而有先上升、后下降的现象,如图 3-12 所示。

（4）空间异质性。研究表明,特种丰富度随空间异质性的增加而上升。Zhao 和 Fang 研

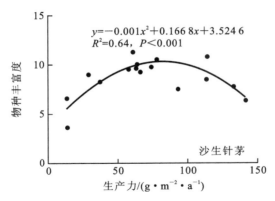

图 3-12　草地植物群落物种丰富度与生产力的关系

（引自马文红等,2006）

究了中国 202 个保护区的维管束植物物种的丰富度,结果表明物种丰富度与海拔存在着正相关的关系,如图 3-13 所示。动物以植物为食,植物多样性的增加对于动物来说,是空间异质性增加的一个重要方面,因此动物物种丰富度随着植物多样性的增加而增加。

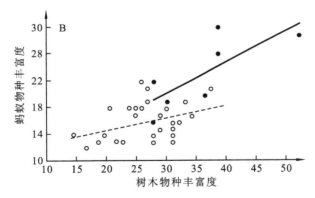

图 3-13　物种丰富度与空间异质性的关系

（引自 Ribas et al. ,2003）

　　（5）竞争与捕食。在生境条件不利的情况下,只有少量物种能够适应环境胁迫,因而生产力较低,同时物种多样性也较低;随着生产力水平的提高,组成群落的物种更多,群落内的竞争不断加强;当生产力达到一定的水平时,少数物种具有很强的竞争力而占据绝对优势,而不能适应竞争环境的物种则被排挤出群落,因此在竞争力较强时物种多样性反而较低,这就是竞争排斥效应（competitive exclusion）;在生产力中等的环境中,由于没有物种能够占据绝对优势而产生竞争排斥效应,所以群落中能够有较多的物种共存。

　　然而,在群落多样性与群落稳定性的关系上,目前仍未定论。多数生态学家认为,群落的多样性是群落稳定性的一个重要尺度,多样性高的群落,物种之间往往会形成比较复杂的相互关系,食物链和食物网更加趋于复杂。当面对来自外界环境的变化或群落内部种群的波动时,群落由于有一个较强大的反馈系统,从而可以得到较大的缓冲。从群落能量学的角度来看,多样性高的群落,能流途径更多一些,当某一条途径受到干扰被堵塞时,就会有其他的路线予以补充。May（1973,1976）等生态学家认为,生物群落的波动是呈非线性的,复杂的自然生物群落常常是脆弱的,如热带雨林这一复杂的生物群落比温带森林更易遭受人类的干扰而不稳定。

共栖的多物种群落,某物种的波动往往会牵连到整个群落。他们提出了多样性的产生是自然的扰动和演化两者联系的结果,环境多变的不可测性使物种产生了繁殖与生活型的多样化。

物种以什么样的机制维持生物群落的稳定?这是一个非常重要的,但是目前还没有解决的生态学问题,而且是生物多样性与生物群落功能关系中的核心问题。目前有关物种在生物群落中作用的假说有下列4种。

(1)冗余种假说(redundancy species hypothesis)。1991年澳大利亚Walker提出,大多数物种是多余的,更像过路人而非铆钉。要维持生态系统的正常功能,只要几个关键物种就够了。他认为生物群落保持正常功能需要有一个物种多样性的域值,低于这个域值群落的功能会受影响,高于这个域值则会有相当一部分物种的作用是冗余的。

农业生态系统中,玉米与瓜、树和固氮的豆类间种比单一高密度种植玉米生产力要高,但是,如果超出4~5种农作物,生产力并无什么提高。

(2)铆钉假说(rivet hypothesis)。美国斯坦福大学生态学家埃利希(Ehrlich)等学者(1981)提出铆钉假说,其观点与冗余假说相反,认为生物群落中每种物种好比一架精制飞机上的每颗铆钉,对其功能的正常发挥都有贡献而且是不能互相替代的,任何一个铆钉的丢失都会使该机器的作用受到影响,同样,任何一个物种的丢失或灭绝都会导致生物群落严重的事故或系统的变故。

(3)特异反应假说(idiosyncratic response hypothesis)。Lawton(1994)提出了特异反应假说,认为生物群落的功能随着物种多样性的变化而变化,但变化的强度和方向是不可预测的,因为这些物种的作用是复杂而多变的。

(4)零假说(null hypothesis)。零假说认为生物群落功能与物种多样性无关,即物种的增减不影响生物群落功能的正常发挥,此假说又称为"无效假说"。

(5)关键种假说(keystone species hypothesis)。上述4个假说中都没有对每个物种的作用程度做出明确的说明。在生物群落中不同物种的作用是有差别的,其中有一些物种的作用是至关重要的,它们的存在与否会影响到整个生物群落的结构和功能,这样的物种即称为关键种(keystone species)或关键种组(keystone group),如表3-7所示。关键种的作用可能是直接的,也可能是间接的;可能是常见的,也可能是稀有的;可能是特异性(特化)的,也可能是普适性的。依功能或作用不同,可将关键种分为7类。对于关键种的鉴定目前比较成功的研究多在水域生态系统中,陆地生态系统的成功实例相对较少(Menge等,1994)。

表3-7 关键种的分类

类　　型	作　用　方　式	实　　例
捕食者	抑制竞争者	海洋:海獭、海胆 陆地:依大小选择性采食种子的动物
食草动物	抑制竞争者	大象、兔子
病原体和寄生物	抑制捕食者、食草动物竞争者	黏液瘤菌、采采蝇
竞争者	抑制竞争者	演替中的物种更替,如森林中的优势树种和杂草
共生种	有效的繁殖	关键的共生种依赖的植物资源传粉者、传播者
掘土者	物理干扰	兔子、地鼠、白蚁、河狸、河马
系统过程调控者	影响养分传输速率	固氮菌、菌根真菌分解者

(引自Bond,1993)

（四）种间关联

群落中植物种间的关系十分复杂，有竞争和排斥，也有互利和合作。因此，种间关联一直是群落生态学研究的重要问题之一。所谓种间关联（interspecific association）是指群落中不同物种在空间分布上的相互关联性。种间关联一般可以分为正关联、负关联和不关联。在一个特定群落中，有的种经常生长在一起，有的种则互相排斥。如果两个种一块出现的次数比期望的更频繁，它们就为正关联；如果它们共同出现次数少于期望值，则它们为负关联。正关联可能是因一个种依赖于另一个种而存在，或两者受生物的和非生物的环境因子影响而生长在一起；负关联则可能是由于空间排斥、竞争、化学互感作用，或由于不同植物对生境的适应和反应不同或相同，或由于不同植物具有不同或相同的环境及资源需求。

表达种对之间是否关联，通常采用关联系数（association coefficients）。计算之前，首先要根据野外调查（或实验）的二元数据（"0,1"数据）来构造种间的2×2列联表（表3-8），然后基于2×2列联表来分析种间关联的情况。

表 3-8　2×2 列联表

		种 j		
		$+$	$-$	
种 i	$+$	a	b	$a+b$
	$-$	c	d	$c+d$
		$a+c$	$b+d$	$N=a+b+c+d$

表 3-8 中，a 是种 i 与种 j 共同存在的样方数；b 是种 i 存在而种 j 不存在的样方数；c 是种 j 存在而种 i 不存在的样方数；d 是种 i 与种 j 都不存在的样方数；N 为取样总数。

测定种间联结的计算公式比较多，常用的有如下几种。

1. 联结指数（index of association，I）

（1）Jaccard 指数（1901）
$$I=a/(a+b+c)$$

（2）Dice 指数（1945）
$$I=2a/(2a+b+c)$$

（3）Ochiai 指数（1957）
$$I=a/\sqrt{(a+b)}\ \sqrt{(a+c)}$$

Jaccard 指数、Dice 指数和 Ochiai 指数的共同特点是突出了种 i 和种 j 共同存在的样方数（a），忽略了种 i 与种 j 都不存在的样方数（d）。当 $b=c=0$ 时，它们的值都等于 1；当 $a=0$ 时，它们的值都等于 0。因此，它们的值 $\in[0,1]$。

2. 联结系数

联结系数（association coefficient，AC）是计测种间关联的另外一种方法，其取值范围为 $[-1,1]$。当 AC 值越趋近 1，表明种对的正关联性越强；当 AC 值越趋近 -1，表明种对负关联性越强；当 AC 值为 0，表明种间完全独立。AC 值的计算公式如下：

当 $ad \geqslant bc$ 时，$\qquad AC=(ad-bc)/(a+b)(b+d)$

当 $bc>ad$ 及 $d \geqslant a$ 时，$\qquad AC=(ad-bc)/(a+b)(a+c)$

当 $ac>ad$ 及 $d<a$ 时，$\qquad AC=(ad-bc)/(b+d)(d+c)$

3. χ^2 检验

判别两个种在空间分布上是否有联结,可进行 χ^2 检验,其计算公式如下:

$$\chi^2 = N(ad-bc)^2/(a+b)(c+d)(a+c)(b+d)$$

χ^2 测定是固定列联表上的四项的一项,而代算其他三项,故自由度为1。当自由度为1,$P=0.05$ 时,χ^2 的理论值为3.84;$P=0.01$ 时,χ^2 的理论值为6.63。根据实测的 χ^2 值查表,若 $0.01<P<0.05$,说明两个种间有一定的正联结;若 $P<0.01$,说明两个种间联结明显;若 $P>0.05$,则说明两个种主要是独立分布的。χ^2 值本身没负值。判定是否负联结的方法是:若 $ad>bc$ 为正联结,$ad<bc$ 为负联结。

第四节　群落的外貌

一、群落外貌及其动态变化

(一) 群落外貌

"外貌"一词是由 Humboldt(1807)创立的,其含义是植物群落对生境各种因素综合反映的外部表现,后来又由 Grisebach(1838)加以发展,把它建立在生活型的基础之上,并作为植被分类的依据。生物群落包含植物群落、动物群落和微生物群落。群落外貌(physiognomy)是指生物群落的外部形态或表相,它是群落中生物与生物间,生物与环境相互作用的综合反映。陆地生物群落的外貌主要取决于植物群落的特征,由组成群落的植物种类形态及其生活型(life form)所决定;而水生生物群落的外貌主要取决于水的深度、水流速度等水文特征,例如生长在热带海洋中的珊瑚群落外貌色彩斑斓,形态多样,而珊瑚通常是生长在水温 20 ℃、盐度28 以上、清洁无污浊的海水中。

(二) 群落外貌的动态变化

生物群落外貌的动态变化取决于组成生物群落的物种的生物生态学特征。以植物群落为例,其外貌的动态变化主要体现在季相变化上,即植物群落在不同季节中所表现出来的外貌变化的现象。植物在一年四季的生长过程中,抽芽、花或果实的出现、叶色变化及落叶等都会影响到植物群落的外貌特征。例如,温带地区四季分明,森林群落的季相变化特别明显。冬季是落叶和休眠期,群落外貌呈现出凋落和灰色;春季各种植物开始发芽和抽叶,群落外貌为嫩绿色,呈现春意盎然的景象;夏季炎热多雨,植物生长旺季,群落外貌为墨绿色;秋季,落叶树种叶子由常绿逐渐变黄、变红,群落外貌鲜艳夺目。热带和亚热带的森林群落季相变化较小,尤其是热带雨林,各种植物几乎没有休眠期,开花换叶不集中,终年以绿色为主;而南方季雨林由于受旱季影响,上层乔木树种多集中在旱季(春季)落叶,而开花多集中于雨季来临之前。

二、描述植物群落外貌特征的指标

(一) 生长型

植物生长型(growth form)是指控制有机体一般结构的形态特征,是根据总体形态,即习性(habit)来划分的。植物的生长型反映植物生活的环境条件,相同的环境条件具有相似的生长型,是趋同适应的结果。植物生长型是表征群落外貌特征和垂直结构的重要指标,而外貌是群落分类的重要指标之一。通常,植物生长型可以划分为乔木、灌木、藤本、草本等。

Whittaker(1970,1975)认为植物的形态类别即生长型,植物的许多特征,例如高度、茎的木质化程度、茎型、叶型以及落叶或常绿等,都可以用来确定生长型。因此,Whittaker 提出了如下的生长型系统:

(1) 乔木:较高大的木本植物,大多数高在 3 m 以上。具体有如下几种。

① 针叶乔木:主要为针叶树——松、云杉、落叶松、红杉等。

② 常绿阔叶乔木:大多数热带、亚热带的树木,都具中型叶。

③ 常绿硬叶乔木:大多是较小的叶子,硬而常绿。

④ 落叶阔叶乔木:在温带冬季或热带旱季时落叶。

⑤ 有刺乔木:具刺,大多数情况下具落叶复叶。

⑥ 簇生乔木:不分枝,具大叶的树冠,如棕榈和树蕨等。

⑦ 竹:乔木状草本。

(2) 藤本植物:木本的攀缘植物或藤本。

(3) 灌木:较矮小的木本植物,大多数高在 3 m 以下。具体有如下几种。

① 落叶阔叶灌木。

② 常绿硬叶灌木。

③ 簇生灌木:例如丝兰、剑麻、芦荟、棕榈等。

④ 肉质灌木:例如仙人掌、某些大戟科植物等。

⑤ 有刺灌木。

⑥ 半灌木:灌木状,茎的上部和枝在不利季节时死亡。

(4) 亚灌木或矮灌木:在近地表处分枝的低灌木,高在 25 cm 以下。

(5) 附生植物:全株都在地表之上,并生长在其他植物上。

(6) 草本植物:没有多年生地上木质茎的植物。具体有如下几种。

① 蕨类。

② 禾草类:禾草、莎草以及其他植物。

③ 非禾草类植物:非蕨类和禾草类的草本。

(7) 叶状体植物。具体有如下几种。

① 地衣。

② 藓类。

③ 地钱。

(二) 生活型

1. 生活型的概念

植物生活型(life form)是指有机体对环境及其节律变化长期适应而形成的一种形态表现,是依据生态适应来划分的。生活型是植物长期受一定环境综合影响所呈现的适应形态,是从外貌表现出来的形态类型,是植物适应综合环境因子的产物,不仅同一物种有相同的形态反应,在相同的条件下,不同的种甚至不同科、属的植物也有相同的形态反应和适应形式。因此,对植物生活型的研究不仅可以了解区域的生物气候特征,而且还可以为群落分类、群落结构特征的揭示等提供重要的依据。

2. Raunkiaer 生活型系统

Raunkiaer(1934,1937)生活型系统是在植被研究中被广泛应用的生活型系统之一。Raunkiaer 生活型系统主要是根据植物在不利于生活的时期对恶劣环境的适应方式,即以植物度过不利时期时复苏芽或繁殖器官所处的位置和保护的方式为依据而建立的生活型分类系统。Raunkiaer 把高等植物划分为 5 大类型(图 3-14)。

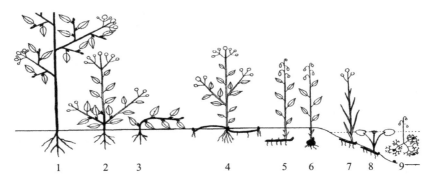

图 3-14　Ranukiaer 生活型图解

1. 高位芽植物;2,3. 地上芽植物;4. 地面芽植物;5-9. 隐芽植物

(图中黑色部分为多年生,非黑色部分当年枯死)

(引自 Ranukiaer,1934)

(1) 高位芽植物(phanerophytes,P):这类植物度过不利时期时的复苏芽位于离地面较高(>25 cm)的枝条上,按其位置高低和茎的质地又可再分为以下几类。

① 大高位芽植物(mega-phanerophytes):高度超过 30 m。

② 中高位芽植物(meso-phanerophytes):高 8～30 m。

③ 小高位芽植物(micro-phanerophytes):高 2～8 m。

④ 矮高位芽植物(nano-phanerophytes):高 2 m 以下。

⑤ 草本高位芽植物(herbaceous phanerophyteh):茎为草质。

⑥ 肉质茎高位芽植物(stem succulents phanerophytes)。

⑦ 附生高位芽植物(epiphytic phanerophytes)。

上述各类可以再根据常绿或落叶以及芽有无芽鳞保护等特征,进一步划分亚类。

(2) 地上芽植物(chamaephytes,C):芽或顶端嫩枝在不利时期位于地表以上,但大都不高出地表 25 cm,并常为植物枯枝残落物或积雪所覆盖,按生长习性再划分为如下几种。

① 半灌木地上芽植物(suffruticose chamaephytes):茎轴基部木质化。

② 被动地上芽植物(passive chamaephytes):地上枝条由于质量和本身的孱弱而倾伏于地面。

③ 主动地上芽植物(active chamaephytes):地上枝条沿地面横向伸展。

④ 垫状植物(cushion chamaephytes):植物体呈垫状。

(3) 地面芽植物(hemicryptophytes,H):不利季节时,平卧于地面的残存苗系为枯死枝条残落物所保护,到生长季时再从这些残存苗系上萌生出枝条。这些植物许多是两年生的草本植物,也有一些植物的老茎形成次生木质化。按生长习性可再分为以下几种。

① 原地面芽植物(pmto-hemicryptophytes):从植株基部生长出具有叶和花的地上枝。

② 半莲座状地面芽植物(semirosette hemiclyptophytes):植株下部为莲座状,上部仍有具叶的地上枝。

③ 莲座状地面芽植物(rosette hemiclyptophytes):植物体呈莲座状。

(4) 隐芽植物(cryptophytes,Cr):在不利季节时,这类植物的复苏芽位于地面以下的土壤内或在水中,可分为以下几个亚类。

① 地下芽植物(geophytes,G):芽位于土壤中。其又可分为 a. 根茎地下芽植物(rhizome geophytes);b. 块茎地下芽植物(stem tuber geophytes);c. 块根地下芽植物(root tuber geophytes);d. 鳞茎地下芽植物(bulbous geophytes);e. 宿根地下芽植物(root geophytes),根为通常根,不是明显的根茎、块茎或鳞茎等。

② 沼生植物(helophytes,He):芽位于水面。

③ 水生植物(hydrophytes,Hy):芽位于水中。

(5) 一年生植物(therophytes,T):这类植物以种子度过不利时期。

Raunkiaer 生活型系统虽然已被广泛应用,但其主要的缺点是,某些类型只是植物的生长型,对于常年湿润、温暖地区并不很有用;对于水生植物、苔藓、地衣考虑很少或没有考虑,不能包括整个植物界;某些类型包括的范围太广而某些类型又太窄。

图 3-15 是福建五夷山野生早樱(*Cerasus subhirtella* var. *ascendens*)群落生活型的组成状况,其中在高位芽植物中,小高位芽最多,有 83 种,占 43.3%,这与常绿阔叶林的生活型谱相符;其次为中高位芽和矮高位芽,各有 39 种和 36 种,分别占 20.3% 和 18.7%;藤本高位芽占14%,有 27 种;大高位芽最少,仅有 7 种,占 3.6%。根据群落内高位芽植物生活习性分析,常绿植物与落叶植物种数之比为 2.6:1;常绿植物各生活型所占比例均高于落叶植物。常绿高位芽植物在野生早樱群落中占主导地位。

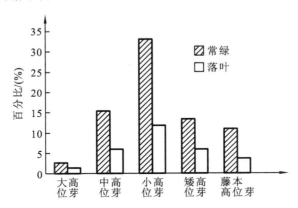

图 3-15　福建五夷山野生早樱群落的生活型
(引自王贤荣等,2007)

3. Raunkiaer 生活型谱与植物气候类型

群落中植物生活型的组成,是群落对外界环境最综合的反映指标。某一地区或某群落内各类生活型的数量对比关系称为生活型谱(life-form spectrum)。生活型谱反映了某一地区或某一群落中植物与环境,尤其是与气候间的相互关系。通过不同地区或不同群落间生活型谱的比较,可以了解不同地区或不同群落的环境特点,特别是气候特点。

$$某一生活型的百分率(\%) = \frac{该地区(或该群落)中某一生活型的种类}{该地区(或群落)中全部种类} \times 100\%$$

Raunkiaer(1905)从全球植物中任意选择 1 000 种种子植物,分别计算其上述 5 类生活型的百分比,其结果为高位芽植物(P)占 46%,地上芽植物(C)占 9%,地面芽植物(H)占 26%,隐芽植物(Cr)占 6%,一年生植物(T)占 13%。上述比例被称为生活型谱。Raunkiaer 将不同地区植物区系的生活型谱进行比较,归纳得出如下 4 种植物气候(phytoclimate):

(1) 潮湿地带的高位芽植物气候;

(2) 中纬度的地面芽植物气候(包括温带针叶林、落叶林与某些草原);

(3) 热带和亚热带沙漠一年生植物气候(包括地中海气候);

(4) 寒带和高山的地上芽植物气候。

世界各植物气候带生活型谱如表 3-9 所示。

表 3-9　世界各植物气候带生活型谱

地　　区	统计种数	生活型/(%)				
		P	C	H	C	T
高位芽植物气候(赛谢尔群岛)	258	61	6	12	5	16
地上芽植物气候(斯匹茨卑尔根岛)	110	1	22	60	15	2
地面芽植物气候(丹麦)	1 084	7	3	50	22	18
一年生植物气候(地中海)	294	12	6	29	11	42

(引自孙儒泳等,1993)

我国自然环境复杂多样,在不同气候区域的主要群落类型中生活型组成各有其特点(表3-10)。在自然条件下,植物群落都是由几种生活型的植物组成的,但其中总会有某类生活型植物占优势。通常,群落如果是以高位芽植物占优势,则反映群落所在地在植物生长季节温热多湿;如果是以地面芽植物占优势,则反映该地具有较长的严寒季节;如果是以地下芽植物占优势,则反映环境比较冷、湿;如果是以一年生植物占优势,则反映气候干旱。例如,表 3-10 中的暖温带落叶阔叶林,高位芽植物占优势,地面芽植物次之,就反映了该群落所在地的气候夏季炎热多雨,但有一个较长的严寒季节。至于寒温带暗针叶林,地面芽植物占优势,地下芽植物次之,高位芽植物又次之,反映了当地有一个较短的夏季,但冬季漫长、严寒而潮湿。

表 3-10　我国几个典型群落类型的生活型谱(单位:%)

生活型	高位芽植物	地上芽植物	地面芽植物	地下芽植物	一年生植物
热带雨林(西双版纳)	94.7	5.3	0	0	0
热带雨林(海南岛)	96.88	0.77	0.42	0.98	0
山地雨林(海南岛)	87.63	5.99	3.42	2.44	0
亚热带常绿阔叶林(鼎湖山)	84.5	5.4	4.1	4.1	0
亚热带常绿阔叶林(滇东南)	74.3	7.8	18.7	0	0
亚热带常绿阔叶林(浙江)	76.7	1.0	13.1	7.8	2
暖温带落叶阔叶林(秦岭北坡)	52.0	5.0	38.0	3.7	1.3
寒温带暗针叶林(长白山)	25.4	4.4	39.6	26.4	3.2
温带草原(东北)	3.6	2.0	41.1	19.0	33.4

(引自王伯荪,1997)

(三) 叶的性质

叶是植物的同化器官,在植物体的结构中不仅数量大,而且对环境的适应也表现得最为突出和多样,在群落外貌中起着特别重要的作用。叶的性质包括叶级、叶型、叶质、叶缘和叶尖5个方面,它们既反映了群落的生态条件,也反映了群落的发展历史。

1. 叶级

叶级是指叶片面积大小的等级。Raunkiaer(1916)曾制订了一个叶片大小等级的标准,此后 Barkman(1979)、Ohsawa (1999)等对这个标准进行了修订(表3-11)。根据这些等级,可以把群落所有植物种按照叶级类型进行统计,并可计算出每一级别叶的植物种数所占的百分比,并用叶级谱来表示,作为不同类型群落外貌特征的比较指标之一。人们通常是采用Raunkiaer 的叶大小等级分类标准。

不同群落的叶级大小有较大的差异,通常都是以某一种叶级占有优势,这一特点与群落所在的气候带有密切关系。通常,大的叶片一般出现在热带温暖而潮湿的气候中,而小的叶片则是干燥或寒冷地区植物种的特征。

表 3-11　叶的大小等级

类型	叶的大小/cm² (Raunkiaer，1916)	叶的大小/cm² (Barkman,1979)	叶的大小/cm² (Ohsawa et al.，1999)
无叶(aphyll)			
藓型叶(bryophyll)		<0.02	
鳞型叶(leptophyll)	0～0.25	0.02～0.2	0～0.25
微型叶(nanophyll)	0.25～2.25	0.2～2	0.25～2.25
小型叶(microphyll)	2.25～20.25	2～20	2.25～20.25
中型叶(mesophyll)	20.25～182.25	20～180	*20.25～45.00,45.00～182.00
大型叶(macrophyll)	182.25～1 642.25	180～1 500	
巨型叶(megaphyll)	>1 642.25	>1 500	

*称为正型叶(引自宋永昌,2001)

2. 叶型

叶型是指单叶或复叶。其中,复叶是指有两片至多片分离的叶片生长在一个总叶柄上。在叶型分析中,通常仅将叶划分为单叶和复叶两种类型进行统计。

3. 叶质

叶质是指叶的质地状况。叶质可以反映生境中光、温度、水分等因子的综合作用。例如,革质叶植物占优势,表明群落生长在缺水、干旱的环境中。Dansereau(1957)曾把叶质划分为膜质叶(membranous)、薄叶(fimly)、革质叶(sclerophyll)和肉质叶(succulent)或菌状叶(fungoid)4 种类型;Ellenberg(1974,1979)和 Barkman(1979)将其划分为湿生形态膜质叶(hygromorphic malakophyll)、中生形态草质叶(mesomorphic orthophyll)、旱生形态硬叶(scleromorphic sclerophyll)、肉质叶(succulent)、沼生形态叶(helomorphic)和水生形态叶(hydromorphic)6 种类型;而 Paijmans(1970)将其划分为薄叶(fimly)、草质叶(orthophyll)、革质叶(sclerophyll)和厚革质叶(thick sclerophyll)4 种类型。人们通常是采用 Paijmans 的叶质划分标准。

4. 叶缘

叶缘主要是指叶片的边缘是全缘还是具有缺刻的特征。叶缘性质的变化可以反映出不同群落对环境适应的情况。在叶缘分析中,通常是将叶缘划分为全缘和非全缘两种类型进行统计。

5. 叶尖

叶尖是指叶片的顶端状况,叶尖有卷须状、芒尖、尾尖、渐尖、锐尖等多种类型。叶尖是叶子与气候相关的另一重要特征。例如,热带雨林中,植物的叶多数具有长的叶尖或为滴水叶尖。

表 3-12 是野生早樱群落植物叶性质的统计状况。由表 3-12 可以得出,中型叶植物有 102 种,小型叶植物有 79 种,这一特征说明了该群落的亚热带性质。单叶植物有 175 种,复叶植物仅有 17 种,这说明了该群落属于南亚热带森林群落;革质叶植物有 118 种,纸质叶植物有 62 种,厚革质叶和膜质叶的种类比较少,分别有 8 种和 4 种;全缘叶植物有 105 种,非全缘叶植物有 87 种;渐尖叶植物有 114 种,尾尖叶植物有 14 种。由此说明,野生早樱群落外貌总特点是以常绿中小高位芽、中小型叶、单叶、革质和全缘叶为主,说明了该群落属于南亚热带常绿阔叶林的性质。群落中,渐尖叶植物占有较大的优势(59.4%),尾尖叶也具有一定的比例(7.3%),表明群落具有较优越的热湿条件,但又低于热带雨林、季雨林地区群落。

表 3-12 野生早樱群落植物叶性质的统计

类型		乔木		灌木		藤本		总计	
		种数	百分比/(%)	种数	百分比/(%)	种数	百分比/(%)	种数	百分比/(%)
叶级	微型叶	2	2.4	0	0.0	0	0.0	2	1.0
	细型叶	5	5.9	0	0.0	0	0.0	5	2.6
	小型叶	17	21.3	47	58.8	15	55.6	79	41.1
	中型叶	57	67.1	33	41.2	12	44.4	102	53.1
	大型叶	3	35.3	0	0.0	0	0.0	3	1.6
	巨型叶	1	1.2	0	0.0	0	0.0	1	0.5
叶型	单叶	79	92.9	79	98.8	17	63.0	175	91.2
	复叶	6	7.1	1	1.2	10	37.0	17	8.8
叶质	厚革质叶	5	6.3	3	3.8	0	0.0	8	4.2
	革质叶	54	67.5	52	65.0	12	44.4	118	61.5
	纸质叶	25	31.3	23	28.8	14	51.9	62	32.3
	薄叶	1	1.3	2	2.5	1	3.7	4	2.0
叶缘	全缘	50	58.8	37	46.3	18	66.7	105	54.7
	非全缘	35	41.2	43	53.7	9	33.3	87	45.3
叶尖	尾尖	9	10.6	3	3.7	2	7.4	14	7.3
	渐尖	56	65.9	47	58.8	11	40.7	114	59.4
	其他	20	23.5	30	37.5	14	51.9	64	33.3

(引自王贤荣等,2007)

第五节 群落的结构

关于"群落结构"有广义的和狭义的两种理解。广义上把群落的种类组成、种的数量特征、物种多样性、种间结合、层片、生活型、生态位、群落空间结构和时间结构等都作为群落结构的组成部分;狭义上群落结构是指群落的外部形态,例如群落组成种类的垂直结构、水平结构、时

间结构等。由于群落结构离不开"群落外貌",即外貌是结构的外部表现,所以在一些著作中,
"外貌"和"结构"是通用的。

一、群落的空间结构

(一) 群落的垂直结构

群落的垂直结构指群落在垂直方向的配置状态,其最显著的特征是成层现象,即在垂直方向分成许多层次的现象。大多数群落的内部都有垂直分化现象,即不同的生物种出现于地面以上不同的高度和地面以下不同的深度,从而使整个群落在垂直方向上有上下层次的出现。群落的成层性包括地上成层和地下成层。群落出现了分层现象,不仅提高了时空利用范围和利用率,还减少了物种对资源的竞争,并且维持了物种的多样性和稳定性。

1. 地上成层现象

(1) 植物的成层现象。植物的成层现象最典型的是森林群落成层现象。根据植物生长型,森林群落从顶部到底部划分为乔木层、灌木层、草本层和地被层 4 个基本层次。在各层中,还可以根据植株的高度划分亚层,例如热带雨林的乔木层通常分为 3 个亚层。在层次划分时,将乔木和其他生活型植物不同高度的植株划入实际所在的层次中,生活在各层中的地衣、藻类、藤本等层间植物通常也归入相应的层中。植物的成层现象主要与光照强度有关。群落中的光照强度总是随着群落层次高度的下降而逐渐减弱的。照射到群落上层的太阳光,可以分为 3 个部分,一是被上层植物吸收,二是被上层植物反射,三是穿过枝叶间隙射入群落内部。随着组成群落的植物种类不同,群落结构的不同,这 3 个部分光所占的比例有所不同。例如,北方针阔叶混交林,上层树冠吸收的光占 79%,反射的光占 10%,射入群落下层的光占 11%。

(2) 动物的成层现象。动物的成层现象与其食物、栖息场所等密切相关,可以说植物的分层现象决定了动物的分层现象。例如,灵长类动物、鸟类、松鼠等栖息在树冠层,而食草类动物栖息在地面上。在北方针叶林区,爬行类、地栖鸟、啮齿类等动物栖息在地被层和草本层,莺、苇莺等栖息在灌木层和幼树层中,山雀、啄木鸟、松鼠等栖息在林木中层,柳莺、交嘴雀、戴菊莺等栖息在树冠层。大多数鸟类可同时利用几个不同层次,但每一种鸟却有一个自己所喜好的层次。

汪有奎等(2006)对青海云杉林昆虫群落的垂直结构进行研究得出,植食性昆虫具有明显的垂直分层结构,根据林分的垂直结构和昆虫寄生、取食树木组织部位的差异可将昆虫垂直结构划分为 6 个群落,其种类由多到少依次为灌木和草本层昆虫群落(928 种)、土壤与根部昆虫群落(约 780 种)、嫩梢与针叶昆虫群落(117 种)、树干韧皮部与木质部昆虫群落(66 种)、枝梢与嫩皮昆虫群落(38 种)、花与种实昆虫群落(14 种)。

2. 地下成层现象

地下成层现象,对于植物来说,是指植物地下器官根系和根茎在土壤内垂直空间中分布情况,通常地下分层与地上分层相对应。例如,森林群落中的乔木层根系分布得最深,灌木层较浅,草本层最浅并常局限于土壤的表层。地下成层现象主要取决于土壤水分、养分和盐渍度等土壤性状以及植物种类的生长特性。地下成层现象是植物充分利用地下空间、充分利用养分的一种生态适应。

土壤也是许多动物种类重要的栖息生境。土壤中的动物对土壤中动植物残体分解、污染物降解、土壤理化性质的进化、土壤发育与物质迁移及能量转化等物理、化学过程都有重要作

用,是生态系统关键环节。常见的土壤动物有蚯蚓、蚂蚁、鼹鼠、变形虫、轮虫、线虫等。在充分发育和未曾扰动的土壤中,土壤动物组成和数量也存在着明显的层间差异,随着土壤层次加深一般呈现递减趋势。例如,根据刘红等(1998)的研究,泰山土壤动物在土壤层中表现出明显的地下成层现象,即垂直结构(图 3-16)。从图 3-16 中可以看出,不同生境中土壤动物的垂直结构各不相同,除在油松林土壤第三层(10～15 cm)中的土壤动物种类数多于第二层(5～10 cm)中的种类数外,各生境中土壤动物种类群数类、数量皆随土壤深度的增加而递减,个体数量的递减速度明显大于种类的递减速度。在 5 个生境中,分布于第一层(0～5 cm)的土壤动物种类和数量分别占三层土壤动物总种类和总数量的 46.81％和 77.79％。而第一层和第二层中的土壤动物种类和数量分别占三层土壤动物总种类和总数量的 74.47％和 94.03％。由此也说明了,泰山土壤动物在土壤中的分布具有非常明显的表聚性。值得注意的是,土壤动物的分布在不同类群、不同季节、不同土壤环境垂直结构表现有所差异,受到人类活动(如土壤污染、火烧等)影响较大的地区,特别是表层污染(如农药和重金属等)严重的地区,土壤动物甚至出现逆分布现象。

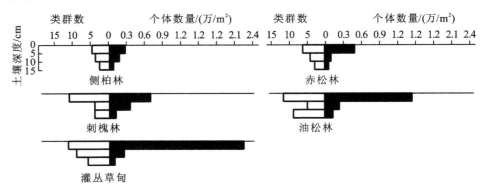

图 3-16　泰山不同生境土壤动物垂直结构图

(引自刘红等,1998)

3. 水中成层现象

对于水生植物群落来说,根据水生植物的生态类型,可以划分为如下的 4 个层次。

(1) 沉水植物层(submergent plant layer):全部由沉水植物组成。沉水植物是指植物体全部或绝大部分沉没在水中生长的水生植物。例如,苦草、狐尾藻(*Myriophyllum verticillatum*)、黑藻(*Hydrilla verticillata*)、菹草(*Potamogeton crispus*)、软骨草(*Lagarosiphon alternifolia*)等种类的植株完全沉没在水中生长;而石龙尾(*Limnophila sessiliflora*)的部分茎可挺出水面,而且叶有两型,即水上叶披针形,沉水叶分裂成细丝状。沉水植物开花时,花露出水面。根据根系生长方式的差异,沉水植物可划分为扎根型沉水植物和非扎根型沉水植物两种类型。扎根型沉水植物是指那些根生长在水底泥土中,营固定生长的沉水植物;大多数的沉水植物都属于扎根型的种类。非扎根型沉水植物是指那些根没有生长在水底泥土中而在水中沉浮生长的水生植物,或者在刚生长时,根生长在水底泥土中,当植株长大后由于受到外力的冲击,在茎上折断而独立在水中沉浮生长,这些植物无根,或者在茎上生出细长的不定根,例如狸藻(*Utricularia vulgaris*)、金鱼藻(*Ceratophyllum demersum*)等种类。值得注意的是,一些沉水植物种类,例如石龙尾,在水干枯后,能够忍耐一定时期的湿生生长。

（2）浮叶植物层（floating-leaved plant layer）。浮叶植物，亦称"根生浮叶植物"，是指根或地下茎固定生长在水底泥土中，叶浮在水面上的水生植物，例如睡莲（*Nymphaea tetragona*）、王莲（*Victoria regia*）、芡实（*Euryale ferox*）等种类。浮叶植物中，常有异叶现象，即叶有浮水叶和沉水叶之分。浮水叶具长柄浮于水面，贴着水面的部分称背面，正对着太阳的部分称腹面，背面常长有气囊，叶的腹面具有气孔；而沉水叶常呈线形，分裂成丝状或为薄膜质。一些种类，例如：沼生水马齿（*Callitriche palustris*）的浮水叶聚生于茎的顶端，呈莲座状，叶倒卵形或匙形，而沉水叶线形；菱属（*Trapa*）植物的浮水叶三角状菱形或菱形，水面上茎的节间缩短，叶聚生于茎顶端，叶柄具有气囊，而沉水叶羽状分裂，裂片丝状等。有些种类是根状茎埋生于水底泥土中，仅叶片漂浮在水面上，叶柄较长，例如睡莲、王莲、芡实。有些种类是根生于水底泥中，茎沉浮在水中，叶浮在水面上，例如茶菱（*Trapella sinensis*）、菱（*Trapa bispinosa*）、水罂粟（*Hydrocleys nymphoides*）、金银莲花（*Nymphoides indica*）等种类。

（3）漂浮植物层（free-floating plant layer）。漂浮植物是指植物体漂浮在水面上的植物。这类植物可以再划分为两种类型：一是非固着漂浮植物，这类植物无根或根系完全在水中悬垂，根系通常不发达，根系退化或须状根，主要起平衡和吸收营养的作用，叶背面常有气囊或叶柄部分膨大成气囊，例如满江红（*Azolla imbricata*）、槐叶蘋（*Salvinia natans*）、浮萍（*Lemna minor*）、凤眼蓝（*Halerpestes cymbalaria*）、大藻（*Pistia stratiotes*）等种类，可以随着水的流动自由漂浮，其生长位置不固定，因此它们主要分布在静止水体或流动性不大的水体中；二是固着漂浮植物，这类植物，例如水龙（*Ludwigia adscendens*）、水禾（*Hygroryza aristata*）、空心莲子草（*Alternanthera philoxeroides*）等种类，通常是着根生长在近岸浅水处或潮湿的岸边，植物体向水中延伸，浮在水面上生长，它们的枝叶也常挺出水面，有些种类的断枝亦能在水面上自由漂浮生长。

（4）挺水植物层（emergent plant layer）。挺水植物是指挺立在浅水中生长的水生植物，这类植物的根或地下茎生长在水底土壤中，部分茎、叶伸出水面，因而具有陆生和水生两类植物的生长特性。通常，挺水植物挺出水面的部分具有陆生植物的特征，生长在水中的部分则具有水生植物的特征。常见的挺水植物种类有水葱（*Scirpus validus*）、水烛（*Typha angustifolia*）、互花米草（*Spartina alterniflora*）等。挺水植物中，一些种类，例如莲（*Nelumbo nucifera*）、菖蒲（*Acorus calamus*）、慈姑（*Sagittaria trifolia* var. *sinensis*）等，仅是叶挺出水面，可称之为挺叶植物（emergent-leaved hydrophyte）。一些种类，例如矮慈姑（*Sagittaria pygmaea*）、节节菜（*Rotala indica*）、水蓑衣（*Hygrophila salicifolia*）、牛毛毡（*Heleocharis yokoscensis*）等，在被水完全淹没的情况下，也能生长较长时间。生长在热带亚热带海岸潮间带上的红树植物，例如木榄（*Bruguiera gymnorrhiza*）、红海榄（*Rhizophora stylosa*）、秋茄（*Kandelia candel*）、桐花树（*Aegiceras corniculatum*）、白骨壤（*Avicennia marina*）等，在涨潮时可完全浸没在海水之中，故红树林有"海底森林"之称。一些学者将仅植株的根系及近于基部地方浸没水中的植物，称为沼生植物（helophytes）。

对于水生动物群落来说，由于水体中光照强度、温度、食物、含氧量等环境条件以及水生动物生长习性的差异，水生动物的生活方式也多种多样，例如有浮游、游泳、底栖、固着、穴居等，因而水生动物群落也存在垂直分化或成层（vertical stratification）的现象，即不同的种类出现在水层的不同深度中（图3-17）。例如，在海洋中，从大的范围来看，浮游动物不仅生活在植物能延伸到的地区，而且能在较深的水域里活动；软体动物、环节动物和蟹类则生活在水的底层；鱼类经常活动在特定的水域，可以分为表层鱼类、中上层鱼类和底层鱼类。从较小的范围来看,近岸底栖动物通常明显地分为潮上带、潮间带和潮下带三个主要群落带,即使是底栖动物还包括底上动物和底内动物。

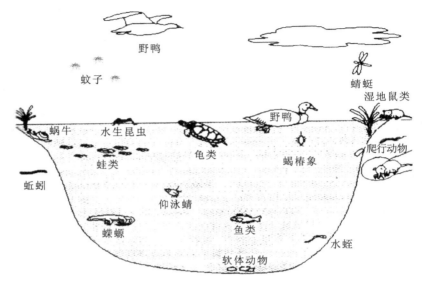

图 3-17　湿地动物在湿地生态系统中空间分布示意图

(引自崔保山等,2006)

(二) 群落的水平结构

群落的水平结构(horizontal structure)是指群落在水平方向上的配置状况或配置格局,表现为组成群落的物种或生活型在群落中的水平分布状况,其可形成斑块和群落交错区,并产生边缘效应。群落水平结构是物种生物生态学特性、种间关系以及环境条件的综合反映。

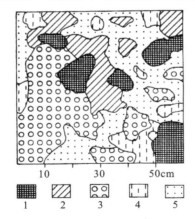

图 3-18　石南灌丛水平结构图解

1. 两性花岩高兰(*Empetrum hermaphroditum*);

2. 笃斯越橘(*Vaccinium uliginosum*);

3. 纤细桦(*Betula exilis*);

4. 毛鳞苔一种(*Ptilidium ciliare*);

5. 地衣

(引自 Knapp,1971)

以植物群落为例,植物群落的水平结构主要表现为同一种群内个体的分布格局、不同种群间的镶嵌性和群落交错区三个方面。如前所述,种群内个体的分布格局主要有随机分布、均匀分布、集群分布等类型。由于群落内光照强度、微地形、水分、养分等生境条件的异质性以及植物繁殖与散布的特性,不同种类的植物在群落水平空间上呈现镶嵌分布格局,如图 3-18 所示。群落内形成的各种大小斑块互相交错,镶嵌在一起,增加了群落内环境的复杂性。物种之间斑驳的镶嵌分布也造成了斑块内部和斑块之间的不均匀性以及群落环境的异质性。通常,群落环境的异质性越高,群落的水平结构就越复杂。群落交错区是两个或多个群落之间的过渡区域,不同群落间的种群的相互渗透、相互联系和相互作用,引起交错区中的种类组成、配置和结构以至功能具有不同于原两个或多个群落的特性。

（三）层片结构

对于植物群落来说,层片(synusia)也是植物群落结构的基本单位,它是由相同生活型或相似生态要求的种类组成的。在植物群落垂直属次划分中,同一个层次植物会可能会由若干生态要求上很不相同的种类组成。例如,乔木层中有乔木和依靠乔木支持的同等高度的攀援藤本植物和附生在树干上的植物。和层次结构一样,群落层片结构的形成及其复杂性,为植物充分利用群落生境资源提供了基础,同时植物也能够最大程度地影响环境。因此,层片的划分在群落结构研究中也具有重要的意义。

Gams 将层片划分为三级:一级层片是一个群落中一个种的各个体的总体;二级层片是一个群落中属于同一生活型的不同种的个体的总体;三级层片是不同生活型类群的不同种的个体的总体。现在一般群落学研究中使用的层片概念,均相当于 Gams 的二级层片,即每一个层片都是由同一生活型的植物所组成。

层片作为群落的结构单元,具有下述特征。

（1）属于同一层片的植物是同一个生活型类别,但同一生活型的植物种只有其个体数量相当多,且相互间存在一定联系才能组成层片。

（2）每一层片在群落中都具有一定的小环境,不同层片小环境相互作用的结合构成了群落环境。

（3）每一层片在群落中都占据一定的空间和时间,而且层片的时空变化形成了植物群落不同的结构特征。

（4）每一层片都有各自的相对独立性,并可按其作用和功能划分为优势层片、伴生层片、偶见层片等。

需要说明的是,层片与层的关系问题。在概念上,层片的划分强调的是群落的生态学方面,而层的划分,着重于群落的形态。层片有时和层是一致的,有时则不一致。例如,我国大兴安岭的兴安落叶松纯林,兴安落叶松组成了乔木层,同时它也组成了该群落的落叶针叶乔木层片。在针阔叶混交林中,乔木层是一个层,但它是由阔叶树种层片和针叶树种层片两个层片构成的。

二、群落的时间结构

群落的时间结构是指群落结构在时间上的分化或配置。群落时间结构的形成与自然环境因素的时间节律、物种的习性及适应性密切相关。例如,在温带地区,森林群落随季节的变化有较大的差异,有些群落存在两类时间上明显特化的结构:春季的类短命植物层片和夏季的长营养期植物层片。当前者生机旺盛、大量开花时,大多数夏季草本植物刚开始生长,乔木或灌木还处在冬眠状态或开始萌动。但当夏季来临时,早春植物结束营养期,地上部分死亡,以种子、根茎或鳞茎的方式休眠,等待翌春的再生。随着早春植物的消失,夏季长营养期草本植物开始大量生长,并占据早春植物的空间。秋末,植物开始干枯,群落中的草本层季节性消失。

对于动物群落来说,草原鸟类、羚羊等有蹄类在冬季向南迁移;旱獭、黄鼠、仓鼠等则进入冬眠,有些种类在炎热的夏季进入夏眠。动物群落的昼夜变化也比较明显,例如白天在开阔地有各种蝶类、蜂类和蝇类活动,而一到晚上,只有夜蛾类、螟蛾类等昆虫。白天在森林里可以见到很多种鸟类,但猫头鹰和夜鹰只能在夜里见到。土壤动物时间结构也包括季节变化、昼夜变化和多年变化。例如,在中温带和寒温带地区,土壤动物种类和数量在 7—9 月间达到高潮,而亚热带地区,秋末冬初(11 月)达到最高。

三、群落的营养结构

群落的营养结构(trophic structure)是指生活在群落中物种之间以食物营养为纽带所形成的相互关系。

(一)食物链

食物链(food chain)是指群落中生物种类通过取食与被取食的关系,彼此间紧密地联系起来,形成的链状营养关系。食物链就像一条链子一样,一环扣一环,每一个环就是一种生物,例如稻谷→老鼠→蛇→鹰。不同的群落中,食物链复杂程度有所差异。

(二)食物网

通常,群落中会同时存在多条食物链,而且它们之间因营养关系而相互链接,形成的网状结构即食物网(food web),图 3-19 所示的是一个森林群落中的食物网结构。

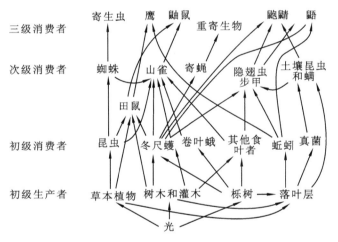

图 3-19 一个森林群落中的食物网结构

(引自戈峰,2008)

(三)同资源种团

同资源种团(guild)是指群落中利用相同资源的物种集团(图 3-20)。例如,群落中的所有传粉者,可能有蜜蜂、蝴蝶之类的昆虫,也可能有蜂鸟或者蝙蝠等动物,它们都是依赖群落中相同的资源,也就是植物的花蜜和花粉作为食物,这些传粉者就可称为一个同资源种团。沙漠中的所有以种子为食的生物、小溪中的所有滤食性脊椎动物等,也都可以称为一个同资源种团。同资源种团的物种之间不一定存在亲缘关系,但在有些情况下是较近缘的物种,例如南太平洋岛屿上以种子为食的一些动物都属于近缘的鸟类,而草原中以种子为食的动物有哺乳动物、鸟类和昆虫,它们的亲缘关系则较远。

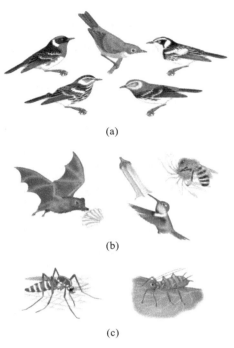

图 3-20　群落结构的分类单元

(a) 亲缘类群；(b) 同资源种团；(c) 功能群

(引自 Cain et al.，2008)

四、影响群落结构的因素

(一) 影响群落结构的主要因素

群落是特定空间、特定环境下各种生物种群的集合，它是基于生物对环境的依赖，在种群间的相互作用与协同进化中逐渐形成的。生物因素(主要是竞争和捕食)、各种干扰和空间异质性对群落结构特征的形成具有重要作用。

1. 生物因素

生物因素对群落结构的形成及其动态变化起着重要的作用，其中最大的作用因素是竞争和捕食。

(1) 竞争对群落结构的影响。竞争共存理论认为，即使物种间存在强烈的竞争，如果物种具有相似的竞争能力或竞争被某些外部因素削弱，互相竞争的物种也可以共存。竞争导致的生态位分化，使得各物种在适合自己的生态位上生存而产生多物种共存的现象，种群的组成、数量、大小和空间格局也都依其适应环境的特点发生变化，因此竞争在生物群落结构的形成中起着重要作用。例如 MacArthur 在研究北美针叶林中 5 种林莺的分布时，发现它们在树的不同部位取食，这是一种资源分隔现象，可以解释为因竞争而产生的共存。通常认为：①自然选择可能已有效地通过生态位划分而避免了竞争(或者抹去了过去竞争的痕迹)；②在一个环境斑块中，具有强竞争力的物种共存，因为它们并不利用相同的资源；③物种也许仅仅在种群爆发、资源短缺时才发生竞争。

竞争对群落结构的形成有重要影响，可以通过在自然群落中对物种进行引进或去除实验来证实,例如 Schoner、Cornell 等曾分别总结过文献中报道的这类实验,发现平均有90%的例证说明有种间竞争,表明自然群落中竞争是相当普遍的。分析结果还表明,海洋生物种间竞争的比例较陆地生物高,大型生物之间比小型生物之间高,植食性昆虫之间的种间竞争比例较低(41%)。

(2)捕食对群落结构的影响。捕食对形成群落结构的影响,视捕食者是泛化种还是特化种而不同。对泛化种来说,捕食使种间竞争缓和,并促进多样性提高。但当取食强度过高时,物种数亦随之降低。对特化种来说,随被选食的物种是优势种还是劣势种而异:如果被选择的是优势种,则捕食能提高多样性;如果捕食者喜食的是竞争力弱的劣势种,多样性就会呈现下降趋势。例如,浜螺(*Littorina littorea*)是潮间带常见的捕食者,主要以藻类为食物,尤其喜食浒苔(*Enteromorpha* sp.)等小型绿藻,图 3-21 表示随着浜螺捕食压力的增加,藻类种数也增加,即捕食作用提高了物种多样性,当浜螺密度达到一定程度以后,由于捕食强度过高,物种多样性随之降低。Paine(1966)在岩底潮间带群落中进行去除海星的试验(图 3-22),在长 8 m、宽 2 m 的样地中连续数年把所有海星都去除掉,在几个月后发现藤壶成为了优势种,后来藤壶又被贻贝所排挤而使贻贝成为优势种,变成了"单种养殖"地,这个试验结果表明顶级食肉动物是决定群落结构的关键种。

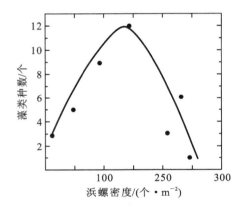

图 3-21　藻类种数与滨螺密度的关系
(引自 Ehrlich,1987)

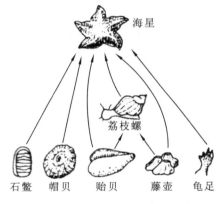

图 3-22　**Paine 的岩石海岸群落**
(引自 Begon et al.,1986)

至于特化的捕食者,尤其是单食性的(多见于食草昆虫或吸血寄生物),它们多少与群落的其他部分在食物联系上是隔离的,所以很易控制被食物种。当其被食者成为群落中的优势种时,引进这种特化捕食者能获得非常有效的生物防治效果。例如,仙人掌(*Opuntia*)被引入澳大利亚后成为一大危害,大量有用土地被仙人掌所覆盖。在 1925 年引入其特化的捕食蛾(*Cactoblastic cactorum*)后才使危害得到控制。

2. 干扰对群落结构的影响

干扰(disturbance)是自然界中的普遍现象,是指平静的中断,正常过程的打扰或妨碍。干扰按其起源可以分为自然干扰和人为干扰两大类型。自然干扰例如火、风、干旱、滑坡、冰雹、雪灾等,人为干扰例如不合理的砍伐、采挖、烧炭、围垦、放牧、践踏、狩猎、施肥等。每一种干扰都有其干扰的特性,例如干扰强度、作用频率、干扰范围、作用时间等。干扰不同于灾难,不会产生巨大的破坏作用,但它经常会反复地出现,使物种没有充足的时间进化。近代多数生态学家认为干扰是一种有益的生态现象,它引起群落的非平衡特性,强调了干扰在群落结构形成和动态中的作用。随着人类活动加剧，人类的干扰已被认为是驱动种群、群落和生态系统退化的主要动力。

物种组成是群落最基本的特征，它是形成群落的基础。干扰会影响群落物种组成，进而影响群落的物种多样性，而物种多样性反映了群落在组成、结构、功能、动态等方面的特征，体现了群落的结构类型、组织水平、发展阶段和稳定程度以及生境类型。干扰会导致群落水平结构和垂直结构产生变化，使群落结构出现断层（gap）或破碎化。例如，森林由于火烧、大风、砍伐等原因形成大小不一的林窗，草地由于放牧、挖掘、践踏等原因形成次生裸地。群落断层出现后，在没有继续干扰的条件下会逐渐地恢复，但也可能被周围群落的任何一个种占有并成为优势种，而哪一种会成为优势种则是由抽彩式竞争决定的，此类竞争出现的条件如下：①群落中具有许多入侵断层能力相等或耐受断层生境能力相等的物种；②这些物种中任何一种在其生活史过程中能阻止后来物种再入侵。在断层的占领者死亡后，断层再次成为空白，另一种入侵和占有又是随机的。Sale（1977）观察了 3 种热带鱼对珊瑚礁中的空隙地的占领和替换行为，发现在原有领主死亡后新的取代物种是完全随机的（图 3-23）。抽彩式竞争对于拥有生态位重叠较多的不同物种的群落更为重要，因为物种生态位重叠较多，彼此的环境需求类似，所以容易发生替换，而对于物种生态位较少重叠，或者断层较大的群落则不十分重要。

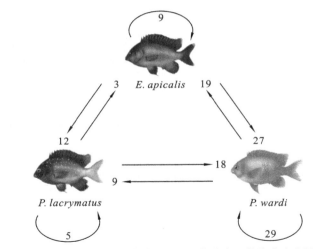

直线箭头表示替换发生在异种间，环形箭头表示替换发生在同种间

图 3-23　3 种鱼类之间的替换次数
（引自 Cain，Bowman，Hacker，et al.，2008）

3. 空间异质性与群落结构

空间异质性（spatial heterogeneity）是指生态学过程和格局在空间分布上的不均匀性及其复杂性。空间异质性一般可以理解为是空间斑块性（patchness）和梯度（gradient）的总和。而斑块性则主要强调斑块的种类组成特征及其空间分布与配置的关系。群落内环境不是均匀一致的，空间异质性的程度越高，意味着有更加多样的小生境，所以能允许更多的物种共存。例如，通过调查加拿大胡德河沿岸的 300 m² 样方的 51 个区域土壤的湿度、地形和含氮量等多方面特征，可以构建出样方土壤环境的异质性指数。研究发现土壤空间的异质性指数越高，则区域的维管植物种类越多（图 3-24），说明土壤等非生物环境的异质性升高，会导致更高的物种多样性。植物空间异质性也会增加群落中其他物种的物种多样性。MacArthur 等研究了鸟

类多样性与植物多样性和取食高度多样性之间的关系,发现鸟类的多样性与植物种数的相关,不如与取食高度多样性相关紧密。因此,对于鸟类来说,群落的分层结构比物种构成更为重要。

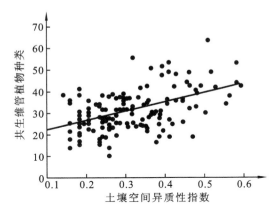

图 3-24　加拿大胡德河沿岸的土壤空间异质性指数与共生维管植物种类的关系

(引自 Townsend et al. ,2009)

4. 岛屿与群落结构

岛屿由于与大陆隔离,生物种迁入和迁出的强度低于周围连续的大陆。许多研究证实,岛屿中的物种数目与岛屿的面积有密切关系,这种关系可以用下列的简单方程来定量描述:

$$S = CA^Z$$

或者表示为

$$\lg S = \lg C + Z \lg A \tag{3-1}$$

式中　S——物种数;

　　　A——面积;

　　　Z——物种数与面积关系中回归线的斜率;

　　　C——单位面积物种数的常数。

例如,Galapagos 群岛的陆地植物种数与岛屿面积的关系(图 3-25)如下:

$$S = 28.6A^{0.32}$$

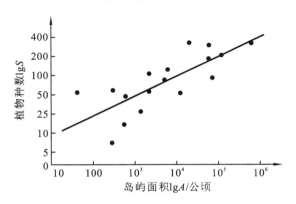

图 3-25　Galapagos 群岛的陆地植物种数与岛屿面积的关系(1 公顷＝0.01 km²)

(引自 Krebs,1987)

广义而言,湖泊受陆地包围,也就是陆"海"中的岛,山的顶部是低纬度的岛,成片岩石、土壤中的斑块、封闭林冠中形成的断层也可被视为"岛"。根据研究,这类"岛"中的种数-面积关系同样可以用式(3-1)进行描述。通常,岛屿的面积越大,物种数越多,这种现象被称为岛屿效应。岛屿效应也说明了岛屿对形成群落结构过程的重要影响。

(二)影响群落结构的学说

1. 中度干扰假说

中度干扰假说(intermediate disturbance hypothesis)是由 Connell 等学者提出的,用来描述干扰频度和强度与多样性之间的关系,即中等程度的干扰能维持高的生物多样性(图3-26)。其理由是:①在一次干扰后少数先锋种入侵断层,如果干扰频繁,则先锋种不能发展到演替中期,多样性较低;②如果干扰间隔期很长,演替过程能发展到顶级期,但多样性也不很高;③只有中等干扰程度允许更多的物种入侵和定居,多样性才会维持在最高水平。

Sousa(1979)研究了潮间带砾石大小与受到的不同海浪干扰的强度和砾石上物种多样性的关系。结果发现,潮间带大小和形状不同的砾石都可能被海浪打翻,小砾石被打翻的概率更大,受到的干扰更强,大砾石则相反。通过调查不同尺寸砾石上的物种多样性,Sousa 发现:大砾石布满了演替后期的红藻(*Gigartina canaliculata*),其多样性低于中等大小的砾石;小砾石上是快速演替的绿藻、藤壶和石莼,这些物种能首先占据砾石资源;中等大小的砾石上则有最多样的藻类群落。

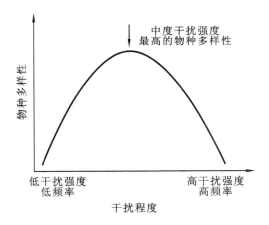

图 3-26　中度干扰假说示意图

2. MacArthur-Wilson 学说

MacArthur 和 Wilson 认为两个因素决定了岛屿上的物种数,即物种迁入和灭亡。而且两个因素处于一个动态平衡中,不断有同种或者异种的生物迁入而替代灭亡的物种。岛屿面积会直接同时影响迁入和灭亡的速率。最初岛屿物种为零,迁入速率最高;随着岛屿物种数增加,迁入率逐渐降低,直到岛屿物种数达到饱和。面积较小的岛屿,物种的迁入速率小于面积较大的岛屿,而灭亡率大于面积较大的岛屿。对于两个大小不同,但与大陆距离相等的岛屿来说,迁入率曲线与灭亡率曲线的交点,表明迁入率与灭亡率达成平衡,该点就是岛屿物种数。岛屿的物种全部来自邻近的大陆,岛屿与大陆的距离影响了物种的迁入率。同等大小的岛屿,距离大陆较近的岛屿的迁入率高于远离大陆的岛屿。因此,面积越大、距离大陆越近的岛屿,其居留的物种数目越多,而面积越小、距离大陆越远的岛屿,其居留的物种数目越少(图 3-27)。

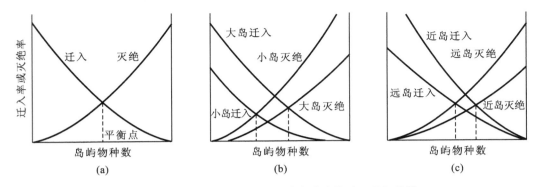

图 3-27　MacArthur 和 Wilson 的岛屿生物地理平衡学说

（a）岛屿的迁入和灭绝；（b）岛屿大小的作用；（c）岛屿与大陆远近的作用

（仿 MacArthur & Wilson, 1967）

3. 平衡学说和非平衡学说

对于形成群落结构的一般理论，有两种对立的观点，即平衡学说（equilibrium theory）和非平衡学说（nonequilibrium theory）。

平衡学说认为共同生活在同一群落中的物种处于一种稳定状态。其中心思想是：①共同生活的物种通过竞争、捕食和互利共生等种间相互作用而互相牵制；②生物群落具有全局稳定性特点，种间相互作用导致群落的稳定特性，在稳定状态下群落的物种组成和各种群落数量都变化不大；③群落实际上出现的变化是由于环境的变化，即所谓的干扰所造成的，并且干扰是逐渐衰亡的。因此，平衡学说把生物群落视为存在于不断变化着的物理环境中的稳定实体。

非平衡学说的主要依据就是中度干扰理论。该学说认为，构成群落的物种始终处于变化之中，群落不能达到平衡状态，自然界的群落不存在全局稳定性，有的只是群落的抵抗性（群落抵抗外界干扰的能力）和恢复性（群落在受干扰后恢复到原来状态的能力）。

第六节　群落的动态

地球上任何一个生物群落都随时间推移不断运动和发生变化。群落的动态就是对群落运动和变化的总概括，它是群落最基本的特征之一，群落动态知识已经成为解决群落恢复和重建问题的重要理论依据。因此，群落动态研究就成为群落生态学研究的核心。

一、群落动态及形式

生物群落的动态包含三方面的内容，即群落的内部动态、群落的演替和生物群落的进化。其中，群落的内部动态主要包括季节变化和年际间变化；群落的演替是指群落基本性质发生了改变，也即群落内部动态发生的质的变化；遗传和变异等。

二、群落的波动

（一）群落波动的概念

由于不同生态学家研究的对象及采用的研究方法不同，导致对群落波动概念的认识也有所不同。拉博特诺夫（Rabotnov，1972）认为，由于气象、水文等要素每年每季的特殊变化，植物群落总是逐年或逐季地发生变化，植物群落的这种动态形式称为波动。美国学者奥德姆（Odum）和克纳普（Knapp）将波动定义为由于环境生态因子逐年变化而引起的植物群落变化。Falinska 和罗杰斯（Rogers）认为，波动是群落内生物种数量上的动态变化。彭少麟认为，由于植物群落中复合生态因子逐年逐季变化的特殊性，引起群落在固有的季节性变化和逐年的变化上的差异，这种变化就是植物群落波动。任海等指出在短期或周期性的气候或水分变动的影响下，植物群落出现逐年或逐季的变化，群落的这种变化形式就称为波动。我们认为，群落波动是指不产生群落更替的群落内部所发生的季节变化和年际间变化。

（二）群落波动的特点

概括来说，群落波动有以下特点。第一，群落内各成分的地位和作用会发生改变。例如，在乌克兰草原上，遇于旱年份，旱生植物占优势，草原旅鼠和社田鼠也跟着繁盛起来；而在气温较高且降水较丰富的年份，群落以中生植物占优势，同时，喜湿性动物如普通田鼠与林姬鼠相应增多。第二，群落总生产力和生物量等特征有所变化。如我国北方较湿润的草甸草原上，草产量的年度波动可达 20%。第三，具有可逆性。群落产生波动后，如遇环境条件的回复变化，群落随之可产生可逆性变化。但是，群落短期的可逆性变化方向往往不同，通常只是向平衡状态靠近，很难完全恢复到原来的状态。

（三）群落波动的原因

在自然生态系统中，群落的波动主要是由其所处区域生态环境因子的变化引起的。如年度间降雨量分布不均、突发性灾变、极端气候、地面水文状况年度变化等。在人工生态系统中，人类活动往往是引起群落波动的主要因素，如放牧强度的改变、滥砍滥伐、毁林开荒等。另外，生物本身的活动周期也是引起群落波动的原因之一。如种子产量的波动、动物种群的周期性变化及病虫害周期性爆发等。

（四）群落波动的类型

根据群落变化的形式，可将波动划分为以下 3 种类型。

（1）不明显波动。其特点是群落各成员的数量关系变化很小，群落外貌和结构基本保持不变。这种波动可能出现在不同年份的气象、水文状况差不多一致的情况下。

（2）摆动性波动。其特点是群落成分在个体数量和生产量方面发生的短期波动，它与群落优势种的逐年交替有关。

（3）偏途性波动。这是气候和水分条件的长期偏离而引起的一个或几个优势种明显变更的结果。通过群落的自我调节作用，群落还可恢复到接近原来的状态。这种波动的时期可能较长。

三、群落的演替

（一）群落演替的概念

"演替"一词是由法国学者马莱（Malle，1825）最早应用于植物生态学研究中的。直到 20 世纪 20 年代，美国生态学家克列门茨（Clements）系统地提出了演替学说。他认为，演替是一个高度有序且可以预测的过程。通过演替，群落最终都要发展成为完全由当地气候所决定的顶级植物群落。我国对植被演替的研究直到 20 世纪 20 年代才开始,著名生态学家李顺卿、刘慎谔二人均对植被演替规律进行过研究。新中国成立后(1949 年),曲仲湘、董厚德对植被演替的趋势、规律等做了较为详尽的研究。

演替(succession)是指在某个地段上一个植物群落被另一个植物群落所替代的过程。演替现象贯穿着整个群落发展的始终,它是群落动态的一个最重要特征。在自然界里,群落的演替是普遍现象,而且是有一定规律的。人们掌握了这种规律,就能根据现有情况来预测群落的未来,从而正确掌握群落的动向,从而使之朝着有利于人类的方向发展。例如,在草原地区应该科学分析牧场的载畜量,做到合理放牧。可见,群落演替是解决人类目前生态危机的基础,也是恢复生态学的理论基础。

(二)演替与波动的关系

演替和波动总是同时发生的。与演替一起出现的波动影响着演替的变化,它可促进或阻碍一个群落被另一群落所替代。在群落的波动性干扰时期,往往也会发生新种的侵入,但并不总是能导致演替。与群落的波动不同,植被演替表现一定的方向性、阶段性和不可逆性。植物群落的复原,不是完全恢复到原来的状态,只是接近原来的状态,因而带有一定的演替因素在内。对某些变化大而持续时间长的波动,如果不知其最终的结果仍能复原到最初的状态,那么可能就要把波动误认为演替。在周期性气候变动期间,如果由于气候变化造成优势种的完全死亡或是有竞争力更强的新种侵入,那么这种变化应该认为是演替。对由于森林砍伐或是草原的开垦等所引起的变动,植被通常能恢复到原来的状态,这种恢复过程,应该看作是波动。因此,在群落的恢复重建过程中,如果群落发生了短期的可逆变化,则认为是波动;如果群落发生了长期的变化,则应看作是演替。

(三)群落形成的过程

苏卡乔夫(Сукачев,1942)将裸地上植被形成的过程,简单地分为三个阶段。

1. 开敞或先锋群落阶段

这一阶段即裸地上最初形成先锋植被。该阶段植物的特征为:具有易于传播的种子,营养器官繁殖,竞争能力不强,生态幅度较大。刚开始时,虽然这些物种中仅少数个体能幸存下来繁殖后代,或只有很小的一部分在生境中存活下来,但这种初步建立起来的种群为以后定居的同种或异种个体创造了更为有利的条件,发挥了极其重要的奠基作用。

2. 郁闭未稳定的阶段

随着群落的发展,种群数量的增加,当有一定数量的物种后,物种生存环境逐渐得到改善,资源的利用率逐渐提高,物种之间的竞争越来越激烈,早期的定居者逐渐消失,而为能适应竞争的植物所代替。在竞争中共存下来的物种更加科学地利用和分配资源,通过竞争逐渐达到相对平衡。这时,群落结构出现个别植丛的郁闭和混合斑点状结构的特点。

3. 郁闭稳定的阶段

物种通过竞争平衡地进入协调进化,使资源的利用更为充分、有效,群落有比较固定的物种组成和数量比例,群落结构也较为复杂和更加完善,使群落发展成为与当地气候一致的顶极群落。这时,群落的特征表现有分化的结构,所有植物均匀混合,趋于相对的协调之中,以能适应于牢固地生长在该地区的多年生植物占优势。

群落形成的上述三个阶段,只是一种人为的划分方法。其实,群落的形成、发展和演替是一个连续不断的变化过程,一个阶段的结束和另一个阶段的开始并没有截然的界限。

(四) 群落演替的类型

不同学者对群落演替研究的侧重点不同,因此,依据不同的原则,划分的演替类型也不同。主要有以下划分原则及其类型。

1. 按演替时间划分

(1) 世纪演替。这种演替延续的时间以地质年代计算。群落的发展与植物种的进化有密切关系,这种演替十分缓慢,但在地壳作用加强或气候变化迅速的情况下会加快演替的速度。

(2) 长期演替。延续几十年甚至达百年。如云杉林采伐后发生的桦木林或松林仍恢复到云杉林的演替。

(3) 快速演替。几年或几十年的演替。草原撂荒地上的演替可以作为快速演替的例子,但要以撂荒面积不大和种子传播来源就近为条件,否则,撂荒地的生荒化过程可能延长至几十年,而不能成为快速演替。

2. 按主导因素划分

(1) 群落发生演替。按苏卡乔夫的说法,群落发生乃是植物长满土地的过程,是植物之间为获得空间和生活资料而竞争的过程,是各种植物的共居过程,以及各种植物之间相互关系的形成过程。

(2) 内因生态演替。它是由环境变化所决定的,但这种环境变化是植物群落中种类成分生命活动的结果。植物群落改变了生态环境,而它本身又被新形成的群落所替代。水域中植物群落演替的过程即此例。

(3) 外因生态演替。它是由群落外部环境的变化所造成的。这些变化对群落来说,完全是偶然的,故又称为偶然性演替。根据演替成因,外因生态演替又可分为火成演替、气候性演替、土壤性演替、动物性演替和人为演替等类型。

3. 按演替方向划分

(1) 进展演替。大多数群落的自然演替都有着共同的趋向,而且是不可逆的。群落结构从简单到复杂,物种从少到多,种间关系从不平衡到平衡、从不稳定趋向稳定。按这种变化趋势发展的群落演替称为进展演替。

(2) 逆行演替。在自然干扰、人为破坏等外因的作用下,群落演替方向也可能朝着与进展演替相反的方向发展,物种减少、结构简单化、生态稳定性降低,这类演替称为逆行演替。

(3) 循环演替。一些群落有周期性的变化,即由一个类型转变为另一个类型,然后又回到原类型,称为循环演替,或称周期性演替。

4. 按群落代谢特征划分

(1) 自养性演替。在自养性演替中,光合作用所固定的生物量积累越来越多,如由裸岩→地衣→苔藓→草本植物→灌木→乔木的演替过程。

(2) 异养性演替。如出现有机污染的水生群落,由于细菌和真菌分解作用极为强烈,有机物质是随演替进行而减少的。对于群落生产(P)与群落呼吸(R),$P>R$ 属自养性演替,$P<R$ 属异养性演替。

5. 按基质性质划分

(1) 水生演替。植物群落的形成从水中或湿润的土壤上开始,由水生植物群落向中生植物群落发展。

（2）旱生演替。植物群落的形成从干旱的基质上开始,由旱生植物群落向中生植物群落发展。

这一划分是 Cooper(1913)提出的。他认为,无论是水生演替还是旱生演替系列,在演替过程中都改变着基质的性质,使群落朝着中生的状态发展,从而达到与当地气候间的平衡。

6. 按起始条件划分

（1）原生演替。从原生裸地上开始的演替,称为原生演替。如在乱石、沙丘、火山岩以及大河下游的三角洲上所发生的群落演替都是原生演替。

（2）次生演替。原生植被受到破坏后,重新恢复起来的演替,称为次生演替。如热带雨林、亚热带常绿林、温带针叶林、羊草草原等原生群落,遭破坏后都会引起次生演替。

原生裸地是指从来没有生长过植物的地方(如新出水面的滩地等),或是原来有过植被,但已彻底消灭的裸地(如冰川作用下的裸地等)。采伐迹地和火烧或洪水破坏后的次生裸地,可能仍然保留原有植物的根系、残茎和种子,经萌生后可直接参加群落前期形成过程。

（五）群落演替系列

一个先锋群落在裸地形成后,演替便会发生。一个群落接着一个群落相继不断地为另一个群落所代替,直至顶极群落,这一系列的演替过程就构成了一个演替系列。

1. 原生演替系列

原生演替(primary succession)是开始于原生裸地或原生芜原(完全没有植被并且也没有任何植物繁殖体存在的裸露地段)上的群落演替。原生演替的基质条件恶劣严酷,演替时间很长。原生演替系列包括从岩石开始的旱生演替和从湖底开始的水生演替。

1）旱生演替系列

（1）地衣阶段。裸岩表面最先出现的是地衣植物,其中以壳状地衣首先定居。壳状地衣将极薄的一层植物紧贴在岩石表面,由假根分泌溶蚀性的有机酸而使岩石变得松脆,并机械地促使岩石表层崩解。在岩石表面逐渐形成极少量的土壤。经过壳状地衣长期的作用,环境条件逐渐改变,接着出现叶状地衣,叶状地衣可以积蓄更多的水分,积蓄更多的残体,而使土壤增加得更快些,叶状地衣覆盖岩石的能力更强。在岩石表面叶状地衣覆盖的地方,枝状地衣出现,枝状地衣生长能力强,逐渐完全取代叶状地衣群落。地衣群落阶段在整个演替系列过程中延续的时间最长。这一阶段前期基本上仅有微生物共存,以后逐渐有一些如螨类的微小动物出现。

（2）苔藓阶段。苔藓植物生长在岩石表面上与地衣植物类似,在干旱时期,可以停止生长并进入休眠,等到温暖多雨时,可大量生长,它们积累的土壤更多些,为后来生长的植物创造更好的条件。苔藓植物阶段出现的动物,与地衣群落相似,以螨类等腐食性或植食性的小型无脊椎动物为主。地衣阶段和苔藓阶段持续的时间最长,它们促进了土壤的形成和积累,改变了岩面小气候,为下一阶段植物的生长创造了条件。

（3）草本植物阶段。群落演替进入草本群落阶段,首先出现的是蕨类植物和一些一年生或二年生的草本植物,它们大多是矮小和耐旱的种类,如禾本科、菊科、蔷薇科等中的一些植物。最初是个别植株零星地出现于苔藓群落中,随着群落的演替进行大量增殖而取代苔藓植物。随着土壤性质的改善以及小气候的形成,多年生草本植物相继出现。初期是 35 cm 以下的低草,随后高约 70 cm 的中草和 1 m 以上的高草相继出现。草本群落阶段中,原有的岩石表面环境条件有了较大的改变,土壤增厚,温度逐渐降低,湿度逐渐增加;土表动物大量出现,植食性、食虫性鸟类和野兔等中型哺乳动物数量不断增加,使群落的物种多样性增加,群落营养结构变得更为复杂。

（4）灌木阶段。这一阶段,首先出现的是一些喜光的阳性灌木,它们常与高草混生形成高草灌木群落,以后灌木大量增加,成为优势的灌木群落。在这一阶段,食草性的昆虫逐渐减少,食浆果、栖灌丛的鸟类会明显增加,林下哺乳类动物数量增多,活动更趋活跃,一些大型动物也会时而出没其中。

（5）乔木阶段。灌木群落的进一步发展,阳性的乔木树种开始在群落中出现,并逐渐发展成森林。林下形成荫蔽环境,使耐阴的物种得以定居,而阳性树种不能在群落内更新,便逐渐从群落中消失,这样就形成了林下生长耐阴的灌木与草本植物复合的森林群落。在这个阶段,动物群落变得极为复杂,大型动物开始定居繁殖,各个营养级的动物数量都明显增加,互相竞争,互相制约,使整个生物群落的结构变得更加复杂、稳定。至此,与当地气候相适应的顶级群落就形成了。可见,旱生演替系列就是植物长满裸地的过程。

2）水生演替系列

（1）自由漂浮植物阶段。这一阶段,湖底有机物聚积,主要依靠浮游有机体的死亡残体,以及湖岸雨水冲刷所带来的矿质微粒。日积月累,湖底逐渐抬高。此阶段的浮游生物主要是微小的浮游藻类和浮游动物。

（2）沉水植物群落阶段。水深 3～5 m 以下首先出现的是轮藻属的植物,构成湖底裸地上的先锋植物群落。由于它的生长,湖底有机物积累加快,同时由于它们的残体在嫌气条件下分解不完全,湖底进一步抬高,水域变浅,继而金鱼藻、狐尾藻、黑藻等高等水生植物种类出现。这些植物的生长能力强,垫高湖底作用的能力也就更强。此时大型鱼类减少,而小型鱼类增多。

（3）浮叶根生植物群落阶段。随着湖底变浅,出现了浮叶根生植物,如眼子菜、菱、芡实等。由于这些植物的叶在水面上,当它们密集后就将水面完全覆盖,使其光照条件变得不利于沉水植物的生长,原有的沉水植物将被挤到更深的水域。浮叶根生植物高大,积累有机物的能力更强,垫高湖底的作用也更强。动物的种类逐渐多样化,水螅、青蛙、潜水甲虫等纷纷出现。

（4）挺水植物群落阶段。水体继续变浅,出现了挺水植物,如芦苇、香蒲、水葱、泽泻等。其中,芦苇最常见,其根茎极为茂密,常交织在一起,不仅使湖底迅速抬高,而且可形成浮岛,开始具有陆生环境的一些特点。这一阶段的鱼类进一步减少,而两栖类、水蛭、泥鳅及水生昆虫进一步增多。

（5）湿生草本植物阶段。湖底露出地面后,原有的挺水植物因不能适应新的环境,而被一些莎草科和灯心草科的湿生植物所取代。由于地面蒸发加强,地下水位下降,湿生草本群落逐渐被中生草本植物群落所取代,在适宜的条件下发育为木本植物群落。

（6）木本植物阶段。在木本植物群落中,首先出现的是一些湿生灌木（如柳属、桦属的一些种）,继而喜阳乔木（如杨树、榆树、槭树和白皮松等）侵入。随着森林郁闭度的增加,山毛榉、铁杉、松树和雪松等渐渐取得优势,形成了森林群落。此时,原有的湿地生境也随之逐渐变成中生生境。在群落内分布有各种鸟类、兽类、爬行类、两栖类和昆虫等,土壤中有蚯蚓、线虫及多种土壤微生物。

可见,整个水生演替系列实际上是湖沼填平的过程,通常是从湖沼的周围向湖沼的中心顺序发生的。每一个群落在发展的同时也在改变环境条件并创造新的环境条件,环境的改变越来越不利于本群落的生存和发展,但却为下一个群落的形成创造了条件。

2. 次生演替系列

次生演替（secondary succession）是指开始于次生裸地或次生芜原（不存在植被，但在土壤或基质中保留有植物繁殖体的裸地）上的群落演替。次生演替序列的外力有火灾、病虫害、严寒、长期水淹、冰雹打击等自然因素及人类的经济活动，人类的破坏是最主要和最严重的，如森林采伐、放牧、垦荒、开矿、水利建设等。例如，我国秦岭太白山地区的农田，在弃耕后开始出现恢复演替，这就是一种次生演替（表 3-13）。

表 3-13　我国秦岭太白山地区农田弃耕后的演替

演 替 阶 段	优 势 植 物
演替前植被	莜麦
一年生草丛群落阶段	金狗尾草、藜、黄花草木樨、野燕麦等
多年生草丛群落阶段	野豌豆、三籽两型豆、柳、珍珠梅等
灌丛阶段	柳、六道木、金花忍冬、鼠李、桦、山定子等
杨、桦混交林阶段	悬钩子、小檗、四川忍冬、五味子、南蛇藤、槭、漆树
栎、槭混交林阶段	锐齿槲栎、山杨、白桦、三桠乌药等
锐齿槲栎林阶段	锐齿槲栎

（引自高贤明等，1997 年）

再如，陕北黄土高原丘陵区撂荒后进行的演替也属于次生演替（表 3-14）。

表 3-14　陕北黄土高原丘陵区撂荒演替

年限	优 势 群 落	代表性植物
原始植被	贝加尔针茅	针茅
演替前植被	玉米	玉米
1~6 年	一年生杂草类群落→一年生杂草类＋丛生禾草群落→一年生杂草类＋根茎禾草群落或多年生草本群落	猪毛蒿、长芒草
7~16 年	多年生草本群落→多年生草本＋小灌木群落	铁杆蒿、冰草、达乌里胡枝子
17~42 年	根茎丛生型禾草＋小灌木群落或小灌木＋多年生草本群落→小灌木群落或多年生草本＋丛生禾草群落	白羊草、早熟禾、铁杆蒿、达乌里胡枝子

（引自杜峰等，2005）

（六）演替的顶级学说

演替顶极（climax）是美国生态学家克列门茨（1916，1928，1938）提出的，是指演替最终的成熟群落，或称为顶极群落（climax community）。顶极群落的种类称为顶极种（climax species），其彼此间在发展起来的环境中，很好地互相配合，能够在群落内繁殖、更新，而且排斥新的种类，特别是可能在群落中定居的优势的种类。顶极种无论在区系和结构上，还是在它们相互间的关系及其与环境间的相互关系上，都趋于稳定，演替顶极意味着一个自然群落中的一种稳定情况。在真实的生物群落中，演替顶极是不确定的，各地均有所不同，从而形成大规模土壤变化所引起的镶嵌更新状态或镶嵌演替。Horm（1974）论证顶极植物受到轻微的扰动将导致被压种的侵入和恢复，这两种变化可使多样性增加，这预示着演替的最后阶段大概包括多样性的下降。

群落演替的有关学说，大致有以下 3 种。

1. 单元顶极理论(monoclimax theory)

该学说由美国的克列门茨(1916)提出。他认为,植被的演替都要经过植物的迁移、定居、群聚、竞争、反应、稳定等 6 个阶段。演替的方向受植物改变生境的强度制约只能前进不能后退。通过演替达到稳定的植被也就是与该地区的大气候条件保持着平衡状态的植被。一个地区的全部演替都将汇聚为一个单一、稳定、成熟的植物群落或顶极群落。这种顶极群落的特征只取决于气候。给以充分时间,演替过程和群落造成环境的改变将克服地形位置和母质差异的影响。至少在原则上,在一个气候区域内的所有生境中,最后都将演替成为同一的顶极群落。顶极群落如果一旦遭受外力的干扰和破坏,演替又会重新开始。在同一个气候区域内,无论生境的差异多么悬殊,植被演替的反应总是趋向于中生化,从而减轻生境的极性使之适合于更多植物的群聚生活。该理论把群落同单个有机体相比拟,着重强调植被的统一性。

2. 多元顶极理论(polyclimax theory)

英国生态学家坦斯利(Tansley,1926)创立了演替的多元顶极理论。该学说认为:如果一个群落在某种生境中基本稳定,能自行繁殖并结束它的演替过程,就可看作是顶极群落。在一个气候区域内,群落演替的最终结果,不一定都要汇集于一个共同的气候顶极终点。除了气候顶极之外,还可有土壤顶极、地形顶极、火烧顶极、动物顶极;同时还可存在一些复合型的顶极,如地形-土壤和火烧-动物顶极等。演替顶极是最后达到相对稳定阶段的生态系统,它的部分或全体受到破坏后,只要其形成因素存在,便可通过自我修复和控制的功能重建。该学说赞成与景观中不同生境有关的顶极类型和演替的多样性。

3. 顶极-格局假说(climax pattern hypothesis)

顶极-格局假说是由美国学者惠特克(Whittaker,1953)提出的。首先,该假说认为植物群落虽然由于地形、土壤的显著差异及干扰,必然产生某些不连续,但从整体上看,植物群落是一个相互交织的连续体。其次,认为景观中的种各以自己的方式对环境因素进行独特的反应,种常常以许多不同的方式结合到一个景观的多数群落中去,并以不同方式参与构成不同的群落,种并不是简单地属于特殊群落相应明确的类群。这样,一个景观的植被所包含的与其说是明确的块状镶嵌,不如说是一些由连续交织的种参与的、彼此相互联系的复杂而精巧的群落配置镶嵌,因此,这一假设又称顶极配置假说。顶极群落的配置格局与环境梯度的复合配置格局一致。在顶极群落中通常有一个是景观区中分布最广的类型,称为景观的优势顶极群落。顶极配置假说则强调顶极类型的多样性的结合,这种结合是相关群落的一种景观配置格局。

(七) 影响群落演替的主要因素

生物群落的演替是群落内部关系(包括种内和种间关系)与外界环境中各种生态因子综合作用的结果。因此,有很多因素都能影响群落演替的方向和进程。概括起来讲,主要有以下5 种。

1. 植物繁殖体的迁移、散布和动物的活动性

任何一块裸地上生物群落的形成和发展,或是任何一个旧的群落为新的群落所取代,都必然包含有植物的定居过程。因此,植物繁殖体的迁移和散布是群落演替的先决条件。当植物繁殖体在一个新环境中能够进行发芽、生长和繁殖,定居才算成功。

对动物来说,植物群落成为它们取食、营巢、繁殖的场所。当植物群落环境变得不适宜动物生存的时候,它们便迁移出去另找新的合适生境;与此同时,又会有一些动物从别的群落迁来栖居。

2. 群落内部环境的变化

在有些情况下,群落内部环境的变化为自己创造了不良的居住环境,而为其他植物的生存提供了有利条件,从而引起群落的演替。

3. 种内和种间关系的改变

组成一个群落的物种在其种群内部以及物种之间都存在特定的相互关系,这种关系随着外部环境条件和群落内环境的改变而不断地进行调整。当某一种群密度增加时,种群内部的竞争加剧,竞争能力强的个体得以充分发展,而竞争能力弱的个体逐渐被排挤到群落之外。这种情况常见于尚未发育成熟的群落。在接受外界强烈刺激的情况下,处于相对稳定状态的顶级群落也可能发生种间数量关系重新调整的现象,使群落特性或多或少地发生改变。

4. 外界环境条件的变化

群落外部环境诸如气候、地貌、土壤和火烧常可成为引起演替的重要条件。气候决定着群落的外貌和群落的分布,也影响到群落的结构和生产力,气候变化是群落演替的重要诱发因素。地表形态通过改变水热等生态因子的重新分配而间接地影响群落演替。土壤性质的改变常常导致群落内部物种关系的重新调整。火也是一个重要的诱发因素,火烧可以造成大面积的次生裸地,从而开始次生演替;火可使耐火种类保留下来,处于有利的地位,而使不耐火的种类受到抑制。

5. 人类活动

人对生物群落演替的影响远远超过其他所有的自然因子,因为人类生产活动通常是有意识、有目的地进行,可以对自然环境中的生态关系起促进、抑制、改造和重建的作用。烧山开荒、砍伐森林、开矿修路等,都可使生物群落改变其原貌。人还可以经营、抚育森林,管理草原,治理沙漠,建造人工群落,使群落演替的方向和速度处于人为控制之下。

(八)群落演替观

1. 经典的演替观

经典的演替观有两个基本点:每一演替阶段的群落明显不同于下一阶段的群落,前一阶段群落中物种的活动促进了下一阶段物种的建立。经典演替观提出的基本点在一些自然群落演替研究中没有得到证实。

2. 个体论演替观

个体论演替观的基本点是初始物种组成决定了群落演替后来的优势种。个体论演替观所提出的观点是当代演替观研究的活跃领域,学者更多地关注初始物种组成对后来物种的作用大小和作用机制等方面。

3. 群落演替过程的理论模型

在群落演替研究过程中,学者提出了以下理论(表 3-15)。

表 3-15　群落演替有关理论

理 论	代表人物	主 要 观 点
促进作用理论	Conell 和 Slatyer (1977)	物种替代是由于先来物种改变了环境条件,使它不利于自身生存,而促进了后来其他物种的繁荣。物种替代有顺序性、可预测性和方向性。

理　论	代表人物	主　要　观　点
初始植物区系理论	Egler (1954)	任何一个地点的演替都取决于哪些物种首先到达那里。而植物种的取代不一定是有序的。演替带有较强的个体性。演替并不一定总是朝着顶极群落的方向发展。
忍耐作用理论	Conell 和 Slatyer (1977)	植物替代伴随着环境资源的递减,较能忍受有限资源的物种将会取代其他物种。演替就是靠这些种的入侵和原来定居物种的逐渐减少而进行的,主要取决于初始条件。
适应对策演替理论	Grime (1989)	次生演替过程中的物种对策格局是有规律的,是可预测的。一般情况下,先锋种为 R-对策,演替中期的种多为 C-对策,而顶极群落中则多为 S-对策种。
资源比率理论	Tilman (1985)	一个种在限制性资源比率为某一值时表现为强竞争者,而当限制性资源比率改变时,因为种的竞争能力不同,组成群落的植物种随之改变。因此,演替是通过资源的变化引起竞争关系的改变而实现的。
等级演替理论	Pickett (1987)	关于演替原因和机制的等级概念框架有 3 个基本层次:第一层次是演替的一般性原因,即裸地的可利用性,物种对裸地利用能力的差异;第二层次是将以上的基本原因分解为不同的生态过程,比如裸地可利用性取决于干扰的频度和程度等;第三层次是最详细的机制水平,包括立地-种因素和行为及其相互作用。

第七节　群落的类型及分布

地球上的生物群落是人类可利用的重要自然资源,如何合理利用这些资源,不断提高其综合功能和再生产能力,其基础工作就是对生物群落进行分类,并在此基础上,认识不同类型生物群落的分布规律。

一、群落分类的基本要素

受各种环境因子(如温度、湿度、光照、土壤、坡向等)的影响和制约,地球上的生物群落可分为不同的类型和外貌。然而,由于生物群落是在一定环境条件下由不同种类的生物构成的,不同的生物群落之间,通常只是沿着综合环境因子梯度彼此发生联系,并没有截然明显的界限,且不同国家或地区的研究对象、研究方法和对群落性质的认识不同,形成了不同的分类原则和分类系统,甚至发展成为了不同的学派。因此,生物群落的分类极为混乱和复杂,是生态学研究领域中争论最多的问题之一。

(一)群落分类的途径

对生物群落的认识及其分类方法,存在两条途径。早期的植物生态学家(如俄国的 Сукачев、法国的 Braun-Blanquet、美国的 Clements 等)认为群落是自然单位,它们和有机体一样具有明确的边界,而且与其他群落是间断的、可分的,因此可以像物种那样进行分类。这一途径被称为群丛单位理论（association unit theory），即前面介绍的机体论观点。

另外一种观点即个体论，认为群落是连续的，没有明确的边界，它不过是不同种群的组合，而种群是独立的。持这一观点的学者（如 Раменский、Gleason、Whittaker、McIntosh 等）认为早期的群落分类都是选择了有代表性的典型样地，如果不是取样典型，将会发现多数群落之间是模糊不清和过渡的。不连续的间断情况仅仅是发生在不连续的生境上，如地形、母质、土壤条件的突然改变，或人为的砍伐、火烧等的影响。在通常情况下，生境与群落都是连续的，因此，他们认为应采取生境梯度分析的方法，即排序（ordination）来研究连续群落变化，而不采取分类的方法。

实际上，生物群落的存在既有连续性，又有间断性。虽然排序适于揭示群落的连续性，分类适于揭示群落的间断性，但是如果排序的结果构成若干点集的话，也可达到分类的目的。同时，如果分类允许重叠的话，也可以反映群落的连续性。因此，两种方法都同样能反映群落的连续性和间断性，只不过是各自有所侧重，如果能将二者结合使用，也许效果更好。

无论哪一种分类，其实质都是对所研究的群落按其属性、数据所反映的相似关系而进行分组，使同组的群落尽量相似，不同组的群落尽量相异。通过分类研究，可以加深认识群落自身固有的特征及其形成条件之间的相互关系。限于篇幅，下面只介绍群落的分类。

（二）群落分类的原则

群落分类可以是自然的或人为的，生态学研究中一般采用自然分类。在已问世的各家自然分类系统中，不同学者采用的分类原则各不相同。由于陆生植物群落的分类研究最为丰富，这里主要介绍陆生植物群落的分类原则。

1. 按群落外貌分类

按外貌分类是较常用的植物群落分类原则之一，也是世界上最早的分类原则，其主要是以优势植物的生活型（生长型）作为分类基础，一般按与气候类型相联系的纬度带和经度带排列。按外貌可将植物群落分为森林、灌丛、草地、荒原、沼泽等多种类型。

2. 按群落结构分类

按结构分类与按外貌分类有部分相关联，其是以优势植物的生活型并结合群落的空间结构和时间结构作为分类基础。按结构可将植物群落首先以株距大小分成郁闭植被、稀疏植被、最稀疏植被，再按垂直成层性分为森林、灌丛、草本植物等。

3. 按区系成分分类

按区系成分分类是法瑞学派的分类原则，或称 Braun-Blanquet 系统。该原则特别强调群落中种类成分的一致性，以特征种作为确定划分等级的依据，分类的基本单位是群丛，特征种相同的群落就属于同一个群丛。

4. 按物种优势度分类

按优势度分类是根据群落中物种组成情况进行的分类，主要以优势种的生态学特征作为基础，有的往往仅局限于最高层的优势种，有的以灌木、草本甚至苔藓和地衣的优势度为依据，有的则考虑用群落各层的优势度来进行分类。例如按物种优势度可将植物群落分为竹林、松林、草地等。

5. 按生态特征分类

这一分类原则主要是以群落分布的生态条件或环境状况作为分类基础。如根据植物对水分的要求不同，可将它们分为水生植物群落、湿生植物群落和旱生植物群落等；根据植物对环境温度的需求,可把它们分为高温植物群落、中温植物群落、低温植物群落、极低温植物群落等;根据植物生存的条件,可把它们分为砂生植物群落、石隙植物群落、酸土植物群落、盐生植物群落等。

6. 按群落演替分类

这是英美学派早期提出的分类原则,也叫群落动态分类(dynamic classification)或"个体发生"原则,其代表人物是 Clements 和 Tansley。整个分类系统将成熟与未成熟的群落划分成两个平行的系统,即顶极群落分类系统和演替系列群落分类系统,因而被称为双轨制分类系统。在演替过程中,演替系列群落可演变为各个不同阶段的顶极群落单位,同样,各个顶极群落亦可演变成为演替系列群落单位。

7. 按群落外貌-生态分类

外貌-生态概念是苏黎世学派的传统思想,是以群落主要层优势种的外貌、结构特征、生活型和生态特征为划分原则,以便避免单纯的生态学、形态结构原则的片面性,而较客观地反映各个分类等级的内在本质特征。代表人物有 Ellenbery 和 Mueller-Dombois,他们据此将全球植被划分为 7 个群系纲,即郁闭森林、疏林、密灌丛、矮灌丛、陆生草本、荒漠、水生植物群系。1969 年联合国教科文组织提出的"世界植被的分类与制图"基本上就是采用这一分类原则。

(三)中国的植物群落分类

我国生态学家在《中国植被》一书中,参照国外一些植物生态学派的分类原则和方法,采用不重叠的等级分类方法,贯穿了"群落生态"原则,即以群落本身的综合特征作为分类依据,群落的种类组成、外貌和结构、地理分布、动态演替、生态环境等特征在不同的分类等级中均作了相应的反映。

所采用的主要分类单位分三级:植被型(高级单位)、群系(中级单位)和群丛(基本单位)。每一等级之上和之下又各设一个辅助单位和补充单位。高级单位的分类依据侧重于外貌、结构和生态地理特征,中级和中级以下的单位则侧重于种类组成。其系统如下:

植被型组(vegetation type group)
　植被型(vegetation type)
　　植被亚型(vegetation subtype)
　　　群系组(formation group)
　　　　群系(formation)
　　　　　亚群系(subformation)
　　　　　　群丛组(association group)
　　　　　　　群丛(association)
　　　　　　　　亚群丛(subassociation)

(1)植被型。凡建群种生活型(一级或二级)相同或相似,同时对水热条件的生态关系一致的生物群落联合为植被型,如寒温带针叶林、夏绿阔叶林、温带草原、热带沙漠等。

建群种生活型相近而且群落外貌相似的植被型联合为植被型组,如针叶林、阔叶林、草原、荒漠等。在植被型内根据优势层片或指示层片的差异可划分植被亚型。这种层片结构的差异一般是由于气候亚带的差异或一定的地貌、基质条件的差异而引起的。例如,温带草原可分为4 个亚型:草甸草原(半湿润)、典型草原(半干旱)、荒漠草原(干旱)和高寒草原(干冷)。

(2)群系。建群种或共建种相同的植物群落可以联合为群系。例如,凡是以大针茅

（*Stipa grandis*）为建群种的任何群落都可归为大针茅群系。以此类推，如兴安落叶松（*Larix gmelinii*）群系、羊草（*Aneurotepidimu chinense*）群系、红砂（*Reaumuria soongorica*）群系等。如果群落具共建种，则称共建种群系，如落叶松、白桦（*Betula platyphylla*）混交林。建群种亲缘关系相近（同属或相近属）、生活型（三级或四级）近似或生境相近的群系可联合为群系组，如落叶松林、丛生禾草草原、根生禾草草原等。

在生态幅比较宽的群系内，可以根据次优势层片及其反映的生境条件的差异而划分亚群系。如羊草草原群系可划分出：羊草＋中生杂类草草原（也叫羊草草甸草原），生长于森林草原带的显域生境或典型草原带的沟谷，黑钙土和暗栗钙土；羊草＋旱生丛生禾草草原（也叫羊草典型草原），生长于典型草原带的显域生境，栗钙土；羊草＋盐中生杂类草草原（也叫羊草盐湿草原），生于轻度盐渍化湿地，碱化栗钙土、碱化草甸土、柱状碱土。对于多数群系来说，不需要划分亚群系。

（3）群丛。其是植物群落分类的基本单位，相当于植物分类中的种。凡是层片结构相同，各层片的优势种或共优种相同的植物群落联合为群丛。如羊草＋大针茅这一群丛组内，羊草＋大针茅＋黄囊苔（*Carex korshinskyi*）草原和羊草＋大针茅＋柴胡（*Bupleurum spp.*）草原都是不同的群丛。凡是层片结构相似，而且优势层片与次优势层片的优势种或共优种相同的植物群丛联合为群丛组。如在羊草＋丛生禾草亚群系中，羊草＋大针茅草原和羊草＋丛生小禾草就是两个不同的群丛组。在群丛范围内，由于生态条件的某些差异，或因发育年龄上的差异，往往不可避免地在区系成分、层片配置、动态变化等方面出现若干细微的变化。亚群丛就是用来反映这种群丛内部的分化和差异的，是群丛内部的生态-动态变化。

根据上述系统，中国植被分为 10 个植被型组、29 个植被型、560 多个群系，群丛则不计其数。

（四）植物群落的命名

（1）群丛的命名。凡是已确定的群丛都应正式命名。我国习惯于采用联名法，即将各个层中的建群种或优势种和生态指示种的学名按顺序排列。在前面冠以 Ass.（association 的缩写），不同层之间的优势种以"-"相连。如 Ass. *Larix gmelinii - Rhododendron dahurica - Phyrola incarnata*（即兴安落叶松-杜鹃-红花鹿蹄草群丛）。从该名称可知，该群丛乔木层、灌木层和草本层的优势种分别是兴安落叶松、杜鹃和红花鹿蹄草。

如果某一层具共优种，这时用"＋"相连。如 Ass. *Larix gmelinii-Rhododendron dahurica-Phyrola incarnata ＋ Carex sp.*（兴安落叶松-杜鹃-红花鹿蹄草＋薹草群丛）。当最上层的植物不是群落的建群种，而是伴生种或景观植物，这时用"＜"来表示层间关系[或用"‖"或"（）"]。如 Ass. *Caragana micropylla* ＜（或‖）*Stipa grandis-Cleistogenes squarrasa* 或 Ass.（*Caragana micropylla*）*Stipa grandis-Cleistogenes squarrasa*。在对草本植物群落命名时，习惯上用"＋"来连接各亚层的优势种，而不用"-"。如 Ass. *Caragana micropylla* ＜ *Stipa grandis ＋ Cleistogenes squarrasa ＋ Artemisia frigida*（小叶锦鸡儿＜大针茅＋糙隐子草＋冷蒿群丛）。

（2）群系的命名。依据是只取建群种的名称。如东北草原以羊草为建群种的群系，称为羊草群系，即 Form. *Aneurotepidimu chinense*。如果该群系有两个以上优势种，那么优势种之间用"＋"相连，如两广地区常见的华栲＋厚壳桂群系，即 Form. *Castanopsis chinensis ＋ Cryptocary chinensis*。

群系以上的高级单位不以优势种来命名,一般均以群落外貌-生态学的方法,如针叶乔木群落群系组、针叶木本群落群系纲、木本植被型等。

二、生物群落的主要类型

因受地理位置、气候、地形、土壤等因素的影响,地球上生物群落的类型多种多样。但在宏观上首先可分为陆地生物群落和水生生物群落,水生生物群落又可分为淡水生物群落和海洋生物群落。由于陆地生物群落是地球上生物群落的主要类型,它为人类提供了居住环境以及食物和衣着的主体部分,而且其分布遵循着一定的规律,所以本书着重介绍陆地生物群落。

(一)陆地生物群落

陆地生物群落的植被类型非常复杂,但呈大面积分布的地带性植被主要有森林、草原、荒漠、冻原等类型。

1.森林生物群落

森林生物群落主要有热带雨林、常绿阔叶林、落叶阔叶林及北方针叶林等 4 种类型(图3-28)。

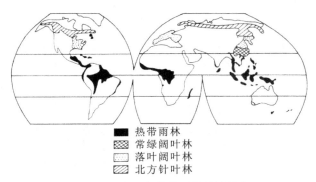

热带雨林
常绿阔叶林
落叶阔叶林
北方针叶林

图 3-28　主要森林类型的世界分布

1)热带雨林

热带雨林(tropical rain forest)是指耐阴、喜雨、喜高温、结构层次不明显、层外植物丰富的乔木植物群落(图 3-29)。主要分布在赤道南北纬 10 ℃以内的热带气候区域,这里终年高温多雨,无明显的季节差异,年平均温度 25～30 ℃,最冷月的平均温度也在 18 ℃以上,极端最高温度多在 36 ℃以下。年降水量通常超过 2 000 mm,有时竟达 6 000 mm,全年雨量分配均匀,常年湿润,空气相对湿度 90％以上,无明显旱季。

热带雨林具有很多独特的特点:①种类组成极为丰富。据统计,组成热带雨林的高等植物在 45 000 种以上,而且大部分都是高大乔木。②群落结构复杂。乔木树冠高低错落,分层不明显(图 3-29);灌木呈小树状;群落中寄生植物和附生植物极为丰富(图 3-30);藤本植物和绞杀植物也很普遍(图 3-31);在阴暗的林下地表草本层不甚茂密,而在明亮的地带草本植物较为茂盛。③乔木多具特殊结构。树干高大挺直,分枝少,树皮光滑;常具板状根(图 3-32)、气生根(图 3-33)和支柱根(图 3-34);老茎生花现象很常见(图 3-35);叶子在大小、形状上非常一致,全缘,革质,中等大小;裸芽,无芽鳞保护;多昆虫传粉。④无明显季相交替。雨林植物终年进行生长发育,因它们没有共同的休眠期,所以一年四季都有植物在长叶与落叶、开花与结果,呈现出终年常绿色景观。

图 3-29　热带雨林外貌

图 3-30　热带雨林树干上的附生植物

图 3-31　热带雨林中的藤本植物

图 3-32　热带雨林中乔木的板状根

图 3-33　热带雨林中乔木的气生根

　　热带雨林的这些特点给动物提供了常年丰富的食物和多种多样的隐蔽场所,因此这里也

图 3-34　热带雨林中乔木的支柱根

图 3-35　热带雨林中的老茎生花现象

是地球上动物种类最丰富的地区,代表动物主要有长臂猿、猩猩、眼镜蛇、懒猴、犀牛、蜂鸟、极乐鸟等。据报道,巴拿马附近一个面积不到 0.5 km² 的小岛上,就有哺乳动物 58 种,但每种的个体数量少。这是长期进化过程中,动物生态位分化的结果,大多数热带雨林动物均属于狭生态幅种类。热带雨林的生境对昆虫、两栖类、爬行类等变温动物特别适宜,它们在这里广泛发展,而且躯体庞大,某些昆虫的翅膀可长达 17~20 cm,一种巨蛇身长达 9 m。

热带雨林中生物资源极为丰富,如橡胶(*Hevea brasiliensis*)是世界上最重要的橡胶植物,可可(*Theobroma cacao*)、金鸡纳(*Cinchona ledgeriana*)等是非常珍贵的经济植物,还有众多物种的经济价值有待开发。开垦后可种植橡胶、油棕(*Elaeis guineensis*)、咖啡(*Coffea arabica*)、剑麻(*Yucca gloriosa*)等热带作物。但应注意的是,在高温多雨条件下,有机物质分解速度快,物种循环强烈,而且生物种群大多是 K-对策者,这样一旦植被遭到破坏后,很容易引起水土流失,导致环境退化,而且在短时间内不易恢复。因此,热带雨林的保护是当前全世界关心的重大问题,它对全球的生态效率都有重大影响,例如对维持大气中的 O_2 和 CO_2 的平衡具有重大意义。

热带雨林在地球上除欧洲外的其他各洲均有分布(图 3-28)。据美国生态学家 Lieth (1972)估算,热带雨林面积近 1.7×10^7 km²,约占地球上现存森林面积的一半。但由于近年来人类大规模的开垦与砍伐,热带雨林受到严重破坏,面积显著下降。Richards(1952)将世界上的热带雨林分成以下三大群系类型。

(1)美洲雨林群系。美洲雨林群系的面积最大,在 3×10^6 km² 以上,主要分布在亚马孙河流域,即以亚马孙河流为中心,向西扩展到安达斯山的低麓,向东止于圭亚那,向南达玻利维亚和巴拉圭,向北则到墨西哥南部及安的列斯群岛。这里以豆科植物为优势,凤梨科、仙人掌科、南天星科和棕榈科植物也特别丰富,还是三叶橡胶、可可、椰子等经济植物的原产地。

(2)非洲雨林群系。此群系面积不大,约为 6×10^5 km²,主要分布在刚果盆地一带,赤道以南分布到马达加斯加岛的东岸及其他岛屿。非洲雨林的种类较贫乏,但有大量的特有种。其中棕榈科植物(如棕榈、油椰子等)尤其引人注意,咖啡属种类也很多(全世界有 35 种,非洲占 20 种)。

(3) 印度马来雨林群系。该群系包括亚洲和大洋洲所有的热带雨林。由于大洋洲的雨林面积较小,而东南亚却有大面积的雨林,因此也将该群系称为亚洲雨林群系。亚洲雨林主要分布在马来半岛、菲律宾群岛、中南半岛的东西两岸、恒河和布拉马普特拉河下游、斯里兰卡南部以及我国的南部等地。其特点是以龙脑香科植物为优势种。

我国的热带雨林主要分布于台湾、海南、云南、广东、广西、西藏等地的南部,西藏的墨脱地区为世界热带雨林分布的最北边界,位于北纬 29°附近,但海南岛和云南省西双版纳的热带雨林最为典型。雨林中占优势的乔木树种有桑科的见血封喉(*Antiaris toxicaria*)、高山榕(*Ficus altissima*)、聚果榕(*F. glomerata*)、菠萝蜜(*Artocarpus heteropHyllus*),无患子科的番龙眼以及番茄枝科、肉豆蔻科、橄榄科和棕榈科的一些植物等。我国雨林由于纬度偏高,林中的附生植物较少,龙脑香科的种类和个体数量也不及东南亚典型雨林多,小型叶的比例较大,一年中有一个短暂而集中的换叶期,表现出一定程度上的季节变化。

2) 常绿阔叶林

常绿阔叶林(evergreen broad-leaved forest)是指分布在亚热带湿润气候条件下并以壳斗科、樟科、山茶科、木兰科、金缕梅科等常绿阔叶树种为主组成的森林群落。它是亚热带湿润季风气候下的产物,主要分布于欧亚大陆东岸北纬 22°～40°之间。此外,北美的佛罗里达半岛和加利福尼亚、南美的智利和巴塔哥尼亚、非洲的加那利群岛和马德拉群岛、澳洲的澳大利亚和新西兰等地均有小面积分布。

常绿阔叶林分布区夏季炎热多雨,冬季稍寒冷,春秋温和,四季分明。年平均气温 16～18 ℃,最热月平均 24～27 ℃,最冷月平均 3～8 ℃,冬季有霜冻,年降水量 1 000～1 500 mm,主要分布在 4～9 月,冬季降水少,但无明显旱季。该区域从侏罗纪起,一直保持温暖湿润的气候,海陆分布与气候变化都很小,所以保存了第三纪已基本形成的植被类型和古老种属,如著名的银杏(*Ginkgo biloba*)、水杉(*Metasequoia glyptostrodoides*)、鹅掌楸(*Liriodendron chinense*)等。

常绿阔叶林的结构较热带雨林简单,高度明显降低。其建群种和优势种的叶子较大、椭圆形、革质,表面具蜡质层,无茸毛,有光泽,叶面垂直于太阳光方向排列,能反射光线,所以,这类森林又被称为"照叶林"(图 3-36)。外貌终年绿色,林相比较整齐,树冠呈微波状起伏,季相变化远不如落叶阔叶林明显。林内最上层的乔木树种,枝端形成的冬芽有芽鳞保护,而林下的植物,由于气候条件较湿润,形成的芽无芽鳞保护。林内藤本植物较为丰富,但种类不多,几乎没有板状根植物和老茎生花现象,附生植物亦大为减少。草本层以蕨类植物为主。

我国的常绿阔叶林在地球上分布的面积最大,南自两广中部,北抵秦岭、淮河,西至青藏高原东缘,东到东南沿海岛屿。由于本区总体纬度偏南和特殊的地理状况,中、东部的大部分地区受太平洋季风的影响,西南部的部分地区仅受到印度洋季风的影响,所以形成了适于常绿阔叶林生存的温暖湿润气候。但由于分布面积广,从北纬 23°跨越到北纬 34°,南北气候差异明显。因此,我国各地常绿阔叶林群落的组成和结构存在一定差异:北部地区的乔木层中常含有较多的落叶种类,仅林下层以常绿灌木占优势;而偏南地区的常绿阔叶林往往又具有一些热带雨林和季雨林的特征。

我国的常绿阔叶林主要是由壳斗科的栲(*Castanopsis*)、青冈(*Cyclobalanopsis*),樟科的樟(*Cinnamomum*)、润楠(*Machilus*),山茶科的木荷(*Schima*)等属的常绿乔木组成的,还有木兰科、金缕梅科的一些种类。目前,我国原始的常绿阔叶林保存很少,大多已被砍伐,而为人工或半天然的针叶林所替代,像湖北省十八里长峡保存完好的一片原始常绿阔叶林在我国已实属

图 3-36 湖北竹溪的原始常绿阔叶林

罕见。

此外,竹林(bamboo forest)也是我国亚热带气候区的一种十分重要的植被类型。

3) 落叶阔叶林

落叶阔叶林(deciduous broad-leaved forest)是主要由夏季长叶、冬季落叶的乔木组成的森林群落,也称为夏绿阔叶林或夏绿林。它是在温带海洋性气候条件下形成的地带性植被,主要分布于欧洲、北美洲中东部及我国的温带地区。此外,日本北部、朝鲜和南美洲的一些地区也有分布。

落叶阔叶林分布区的气候是四季分明,夏季炎热多雨,冬季寒冷干燥,春秋两季较温和。年平均气温 8～14 ℃,最冷月平均温度在 −6 ℃以下,夏季最低温度在 10 ℃以上,年降水量为500～1 000 mm,而且降水多集中在夏季。

落叶阔叶林主要是由杨柳科、桦木科、壳斗科等科的乔木组成的,为典型的中生性植物。这些植物的叶片通常无茸毛,薄厚适中,无革质硬叶现象,呈鲜绿色。冬季完全落叶,春季抽出新叶,夏季形成郁闭林冠,秋季叶片枯黄,季相变化十分显著。芽有坚实的芽鳞保护,树干常有很厚的皮层保护,以适应寒冷的冬季。林相一般较密,高度相近,林冠整齐,呈波状起伏的绿色曲面。群落结构较为清晰,一般可分为乔木层、灌木层和草本层 3 个层次。乔木层通常只有一层或两层,由一种或几种树种组成。林下灌木和草本植物种类较少,因不同草本植物的生长期和开花期不同,故草本层的季节变化十分明显。林中藤本植物不发达,附生植物以苔藓、地衣居多。落叶阔叶林中的乔木大多为风媒花植物,只有少数植物进行虫媒传粉,不少种类的果实有翅。林下的灌木和草本植物大多是靠动物来进行传粉和散布果实或种子的。

落叶阔叶林的植物资源非常丰富,各种温带水果的品质很好,如苹果、梨、桃、李、杏、核桃、柿、栗、枣等。动物资源也较丰富,哺乳动物有鹿、獾、棕熊、野猪、狐狸、松鼠等,鸟类有野鸡、莺等,还有各种各样的昆虫。

我国的落叶阔叶林主要分布在东北南部、华北和西北东南的部分地区(图 3-37)。由于长期经济活动的影响,现已基本上无原始林的分布。根据现有次生林情况来看,各地落叶阔叶林以辽东栎(*Quercus liaotungensis*)、蒙古栎(*Q. mongolica*)、栓皮栎(*Q. variabilis*)等栎属和椴属(*Tilia*),槭属(*Acer*),桦属(*Betula*),杨属(*Populus*)等落叶树种为主。

图 3-37　西北地区的白桦林群落

4) 北方针叶林

针叶林(coniferous forest)是以针叶树为建群种所组成的各种森林群落的总称。它包括同种针叶树纯林、不同针叶树种混交林和以针叶树种为主的针阔叶混交林。而北方针叶林(boreal forest)就是指寒温带针叶林,也叫泰加林(taiga),它是寒温地带性植被。北方针叶林主要分布于欧亚大陆北部和北美大陆北部,在地球上构成一条宽阔壮观的针叶林带,该林带的北界就是整个森林带的最北界限。北方针叶林分布区的气候要比落叶阔叶林区的大陆性更强,即夏季温凉、冬季严寒。年平均气温 0 ℃以下,最热月平均气温 10~19 ℃,最冷月平均气温为−50~−20 ℃,夏季最长 1 个月,冬季长达 9 个月之多,≥10 ℃的持续期仅 1~4 个月,年降水量 300~600 mm,且多集中于夏季。

北方针叶林种类组成较贫乏,外貌十分独特,易与其他森林相区别(图 3-38)。通常由落叶松属(Larix)树种组成的针叶林,其树冠呈塔形且稀疏;由松属(Pinus)组成的针叶林,其树冠为近圆形;而由云杉属(Picea)和冷杉属(Abies)组成的针叶林,其树冠呈圆锥形和尖塔形。落叶松和松林较喜阳,林冠郁闭度低,林下较明亮,因此又将落叶松属和松属植物组成的针叶林称为明亮针叶林;云杉和冷杉是较耐阴的树种,它们形成的森林郁闭度高,林下阴暗,所以又称它们为阴暗针叶林。

图 3-38　北方针叶林群落外貌

北方针叶林的群落结构十分简单,可分为乔木层、灌木层、草本层和苔藓层4个层次。乔木层常由单一或两个树种组成,高度整齐,林下灌木层稀疏,常有一个灌木层、一个草本层以及一个苔藓层。

北方针叶林中常见的动物有驼鹿、马鹿、驯鹿、黑貂、紫貂、猞猁、雪兔、狼獾、松鼠、鼯鼠、林莺、松鸡等,以及大量的土壤动物(以小型节肢动物为主)和昆虫,昆虫常对针叶林造成很大的危害。这些动物活动的季节性明显,有的种类冬季南迁,多数冬季休眠或休眠与储食相结合。动物数量在年际之间波动性很大,这与食物的多样性低且年际变动较大有关。

我国的北方针叶林主要分布在东北、西南高山峡谷和西北部分地区,如大小兴安岭、长白山、横断山脉、祁连山、天山和阿尔泰山等。大兴安岭主要是由兴安落叶松形成浩瀚的林海,小兴安岭主要是由冷杉(*Akjes fabri*)、云杉(*Picea asperata*)和红松(*Pinus koraiensis*)组成的,而阿尔泰山山脉主要是由西伯利亚落叶松(*Larix sibirica*)构成的,此外还有少量的云杉属和冷杉属树种。在我国温带、暖温带、亚热带和热带地区,寒温性针叶林分布在高海拔山地(图3-39),构成垂直分布的山地寒温性针叶林带,分布的海拔高度,由北向南逐渐上升,如在东北的长白山分布于1 100~1 800 m,向南至河北小五台山为1 600~2 500 m,至秦岭则为2 800~3 300 m,再向南至藏南山地则上升到3 000~4 000 m。

图 3-39 我国高海拔处的秦岭冷杉林

这些针叶林是我国优良的用材林,也是我国森林覆盖面积最大、蕴藏资源最为丰富的森林。但由于长期采伐,目前的原始针叶林区已所剩无几。

2. 草原生物群落

草原(steppe)是以耐寒的旱生多年生草本植物为主(有时为旱生小半灌木)组成的植物群落。它是适应半干旱到半湿润气候条件的产物,在世界各大洲均有分布,占据着一定的区域(图3-40)。世界草原总面积约2.4×10^7 km²,是陆地总面积的1/6(Lieth,1975),大部分地段作为了天然放牧场。因此,草原不但是世界陆生群落的主要类型,而且是人类重要的放牧畜牧业基地。

1)草原的分布

草原根据地理分布和组成,分为温带草原和热带草原两类。①温带草原:分布于南北两半球的中纬度地区,如欧亚大陆草原(steppe)、北美大陆草原(prairie)、南美草原(pampas)等。其中,欧亚大陆草原西起于欧洲多瑙河下游,向东呈连续带状延伸,经罗马尼亚、苏联和蒙古,

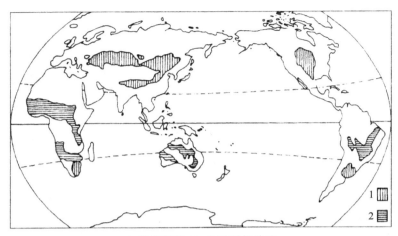

1.温带草原；2.热带稀树草原

图 3-40　世界草原的分布

(引自孙儒泳等,1993)

进入我国内蒙古自治区等地,形成世界上最为广阔的草原带。这里夏季温和、冬季寒冷,年平均气温−3～9 ℃,最冷月平均气温−7～2 ℃,降水量 150～500 mm,多集中在温暖的夏季,无霜期 120～200 天,由于低温少雨,草群较低,其高度多不超过 1 m,以耐寒的旱生禾草为主。②热带草原:主要分布在非洲、南美洲、澳洲、亚洲东南部的热带、亚热带地区,我国云南一带干热河谷、海南岛北部和台湾西南部也有类似的群落分布。这些地区终年温暖,但雨量分配不均匀,年平均温度 18～24 ℃,年降水量 500～1 500 mm。其特点是以高大的旱生多年生禾草(长达 2～3 m)为主,并稀疏散布有耐旱的矮生乔木,因此又称为稀树草原或萨王纳(savanna)。

　　世界上草原虽然从温带分布到热带,但它们在气候坐标轴上却占据固定的位置,并与其他生物群落保持着特定的联系。如在寒温带,年降雨量 150～200 mm 的地区已有大面积草原分布,而在热带,这样的雨量下只有荒漠分布。这说明,水分和热量的组合状况是影响草原分布的决定因素,低温少雨和高温多雨的配合有着相似的生物学效果。也就是说,草原处于湿润的森林区与干旱的荒漠区之间。在靠近森林一侧,气候半湿润,草群繁茂,种类丰富,并常出现森林和灌丛,如北美的高草草原(tall grass prairie)、南美的潘帕斯(pampas)、欧亚大陆的草甸草原(meadow steppe)和非洲的高稀树草原(tall savanna);靠近荒漠一侧,雨量减少,气候变干,草群低矮稀疏,种类组成简单,并常混生一些旱生小灌木或肉质植物,如北美的矮草草原、我国的荒漠草原及俄罗斯的半荒漠等;在以上两者之间为辽阔的典型草原。总的看来,草原因受水热条件的限制,其动植物区系的丰富程度及生物量均比森林低,而显著比荒漠高。但与森林和荒漠相比,草原动植物种的个体数量及其较小面积内种的饱和度都是相对丰富的。

　　2) 草原的特点

　　草原植物的生活型多是地上芽植物和地面芽植物,种类以多年生草本植物为主,也有一年生草本植物。在多年生草本植物中,尤以禾本科植物占优势,主要有针茅属(*Stipa*)、羊茅属(*Festuca*)、隐子草属(*Cleistogenes*)、冰草属(*Agropyron*)、洽草属(*Koeleria*)和早熟禾属(*Poa*)等属的许多种类,这类植物的种类和数量可占到草原面积的 25%～50%,在草原特别茂盛的地方可占到 60%～90% 及以上。此外,莎草科、豆科、菊科、藜科等草本植物也占有较高比例。除草本植物外,草原上还生长着木地肤(*Kochia prostrata*)、百里香(*Thymus mongolicus*）、锦鸡儿（*Caragana sinica*）、冷蒿（*Artemisia frigida*）、女蒿（*Hippolytia trifida*）、驴驴蒿（*Artemisia dalai-lamae*）等许多灌木植物，它们有的成丛生长，有的相连成片，其中许多种类的营养价值都很高，为马、牛、羊所喜欢吃的食物。

草原植物的旱生结构普遍存在，以适应干旱的环境条件。如叶面积缩小，叶片内卷，气孔下陷，机械组织和保护组织发达，地下部分也很发达，其郁闭程度远超过地上部分的郁闭程度。但多数草原植物的根系分布较浅，便于雨后迅速吸收水分。

草原群落的季相变化非常明显，植物的生长发育受雨水影响很大。草原上主要的建群植物都是在夏天雨季来临时，其生长发育才达到旺盛时期。还有一些植物的生长发育随降水情况的不同而有很大的差异。在春雨较多的年份，草原较早地呈现出绿色景观；而在干旱的年份，草原到夏季还是一片枯黄，直到第一次降雨后才开始迅速生长，现出绿色。有的植物种类在干旱年份仅长出微弱的营养苗，不进行有性繁殖过程，而在多雨的年份，它们的叶丛发育长大，并大量地结果，繁殖后代。

草原上的动物区系非常丰富，有多种大型哺乳类动物（如非洲稀疏草原上的长颈鹿、狮子，欧亚大陆草原上的野驴、黄羊，北美草原上的野牛等），也有众多的啮齿动物和鸟类，还有丰富的土壤动物及微生物。

3）我国的草原

我国草原属欧亚草原区的一部分，主要从松辽平原经内蒙古高原一直到黄土高原，形成一条从东北到西南方向的连续分布带。此外，在青藏高原和新疆阿尔泰山的山前地带以及荒漠区的山地也有草原分布。我国草原与欧亚草原相似，不同地区的植物种类组成差异很大，但针茅属植物却普遍存在。因此，针茅属植物是草原植被中最为重要的成分，在某种程度上可作为草原（尤其是欧亚草原）的指示种。

我国草原可分为 4 个类型，即草甸草原、典型草原、荒漠草原和高寒草原。

（1）草甸草原（图 3-41）。主要分布在松辽平原和内蒙古高原的东部边缘，以贝加尔针茅（*Stipa baicalensis*）、羊草和线叶菊（*Filifolium sibiricum*）为建群种，并含有大量的中生杂类草，种类组成十分丰富，覆盖度也较大。

图 3-41　内蒙古草甸草原外貌

（2）典型草原（图 3-42）。主要分布在内蒙古、东北西南部、黄土高原中西部及阿尔泰山、天山、祁连山等的某一海拔范围内，以大针茅、克氏针茅（*S. krylovii*）、本氏针茅（*S. capillata*）、冷蒿、百里香等种类为建群种，较之草甸草原，其种类组成较贫乏，盖度也小，草群以旱生丛生禾草占有绝对优势。

图 3-42　温带典型草原外貌

（3）荒漠草原（图 3-43）。主要分布在内蒙古中部、黄土高原北部及祁连山、天山等的低山带，以沙生针茅（*S. glareosa*）、戈壁针茅（*S. tianschanica*）、东方针茅（*S. orientalis*）、多根葱（*Allium polyrhizum*）、驴驴蒿等植物为建群种，但还有大量的超旱生小半灌木，其种类组成更加贫乏，草层高度、盖度和生产力等方面都比典型草原明显降低。

图 3-43　内蒙古荒漠草原外貌

（4）高寒草原（图 3-44）。这是在高海拔、气候干冷的地区所特有的一种草原类型，主要分布于高耸的青藏高原、帕米尔高原及祁连山、天山等的高海拔处，以耐寒、旱生的多年生草本、根茎苔草和小半灌木为建群种，并有垫状植物出现，主要建群植物有紫花针茅（*S. purpurea*）、座花针茅（*S. subsessiliflora*）、羽状针茅（*S. capillata*）、青藏苔草（*Carex moorcroftii*）和西藏嵩（*Kobresia tibetica*）等，不仅种类组成稀少，而且草群稀疏、结构简单、草层低矮、生产力低下。

3. 荒漠生物群落

荒漠（desert）是指超旱生的半乔木、灌木、半灌木和小半灌木占优势的稀疏植被。它主要分布在亚热带和温带的干旱地区，在世界各大洲均有分布，其中以亚非荒漠区（即西起于非洲北部的大西洋岸，经撒哈拉沙漠、阿拉伯沙漠、中亚大沙漠，向东到东亚大沙漠和蒙古大戈壁的荒漠区）最为广阔壮观（图 3-45）。

荒漠的生态条件极为严酷。夏季炎热干燥，最热月平均气温可达 40 ℃。日温差大，有时

图 3-44　西藏羌塘高原的高寒草原外貌

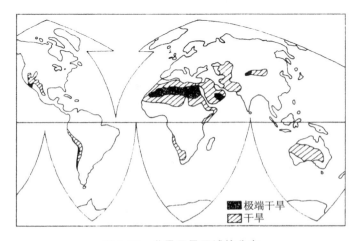

图 3-45　世界干旱区域的分布

(引自 Emberlin,1983)

可达 80 ℃。年降水量低于 250 mm,有些地区还不足 50 mm,甚至终年无雨。由于气候干热,物质分解与循环的速度缓慢,土壤贫瘠。地表细土易被风吹走,剩下粗砾及石块而形成戈壁,在风积区则形成大面积沙漠。

荒漠植被极度稀疏,有的地段大面积裸露。植物种类十分贫乏,有时 100 m² 中仅有 1～2 种植物。但植物具有多种生活型,以适应严酷的生态环境。荒漠植物的生活型主要有 3 种:①少浆液植物:具有极为发达的根系,叶片极度缩小或退化,甚至完全无叶,茎秆被白色茸毛等,以增加水分的吸收、减少水分的丧失和抵抗日光的灼热,如骆驼刺(*Alhagi*)、梭梭(*Halocylon*)、白刺(*Nitraria*)、红砂(*Reumuria*)等属的一些种。②多浆液植物:这类植物的根系十分发达,便于从深广范围的土层内吸收水分;根、茎、叶的薄壁组织转化为储水组织,在环境异常恶劣时,可依靠体内的水分维持生存。多浆液植物主要分布在南美和非洲的荒漠中,如仙人掌科、百合科、石蒜科等的一些种。③短命植物与类短命植物:前者为一年生,后者为多年生,它们利用一年中短暂的较湿润季节迅速完成其生活周期,以种子或营养器官渡过不利的生长季节,如旱雀麦(*Bromus tectorum*)等。

荒漠生物群落的消费者主要是爬行类、啮齿类、鸟类以及蝗虫等。它们同植物一样,也是以各种不同的方法适应水分的缺乏。大部分哺乳动物由于排尿损失大量水分而不能适应荒漠缺水的生态条件,但个别种类却具非凡的适应能力,如欧亚大陆的沙土鼠和北美的

Heterromyidae 科的啮齿动物,能以干种子为生而不需要饮水,也不需要水调节体温,白天在洞穴内排出很浓的尿以形成一个局部具有较大湿度的小环境。Schmidt-Nielsen(1949)研究发现,洞穴内的相对湿度为30%～50%,而夜间荒漠地面上的相对湿度为0～15%,这些动物夜间从洞穴里爬出来活动,白天则在洞穴内度过。因此,这些动物对荒漠的适应既是行为上的,也是生理上的。爬行类和一些昆虫都有相对不为水渗透的体被和干排泄物(尿酸和嘌呤),来适应水分缺乏的环境。

荒漠生物群落的初级生产力非常低,低于 0.5 g/(m²·a),它与降水量之间呈线性函数关系。由于初级生产力低下,所以能量流动受到限制,生态系统的结构也很简单。通常荒漠动物不是特化的捕食者,因为它们不能单依靠一种类型的食物,必须寻觅可能利用的各种能量来源。

荒漠生物群落中营养物质缺乏,因此物种循环的规模小,即使在最肥沃的地方,可利用的营养物质也仅限于土壤表面10 cm的范围之内。由于许多植物生长缓慢,动物也多具有较长的生活史,所以物质循环的速率很低。

我国的荒漠主要分布在西北各省区的温带干旱气候地带,如新疆的塔克拉玛干沙漠(世界第二大沙漠)(图 3-46)和古尔班通古特沙漠、青海的柴达木盆地、内蒙古和宁夏的阿拉善高原、内蒙古和陕北的鄂尔多斯台地(图 3-47)等。荒漠植被的建群种或优势种以超旱生的小半灌木和灌木类植物最多,如猪毛菜属(Salsola)、假木贼属(Anabasis)、碱蓬属(Suaeda)、驼绒藜属(Ceratoides)、盐爪爪属(Kalidium)、合头草属(Sympegma)、戈壁藜属(Iljinia)、小蓬属(Nanophyton)、盐节木属(Halocnemum)、霸王属(Sarcozygium)、泡泡刺属(Nitraria)和麻黄属(Ephedra)等种类。

图 3-46　新疆的塔克拉玛干沙漠外貌

图 3-47　陕北榆林地区的荒漠植被

我国荒漠按其植物的生活型可分为 3 个荒漠植被亚型:小乔木荒漠、灌木荒漠和半灌木、小半灌木荒漠。其中以半灌木荒漠的分布最为广泛,它们生长低矮,叶狭而稀少,最能适应和忍耐荒漠严酷的生长环境。但与中亚荒漠相比,我国荒漠的春雨型短命植物不发达,这主要是由我国冬春季降水缺乏所致,然而,我国的灌木荒漠相对较发达。

4. 冻原生物群落

冻原(tundra)也称苔原,主要是指北半球北部以及温带、寒温带的高山树线以上的一种以苔藓、地衣、多年生草本和耐寒小灌木组成的生物群落。其为典型的寒带植被类型,主要分布于欧亚大陆和北美大陆北部边缘,这些地方形成一条大致连续的冻原地带。

冻原的生态条件极端严酷,温度极低,年平均温度在-28 ℃左右;冬季寒冷漫长,最低温度可达-70 ℃,有半年时间见不到太阳;夏季凉爽短促,最热月平均气温在10 ℃以下,植物生长不超过1个季度;年降水量少,不超过250 mm;水分蒸发极为缓慢,空气湿度很大;风速极大,常年在13~27 m/s之间。这种冷湿的环境常造成冻原植物的生理性干旱。同时,冻原土壤通常具有很厚的永冻层(土层下面永久处于冻结状态的岩土层),这是冻原生物群落最为独特的一个现象。永冻层的存在阻碍了地表水向地下渗透,易形成积水,引起土壤的沼泽化,因此冻原上普遍存在一系列沼泽、池塘、河沟的点缀。冻土层上部是"冬冻夏融"的较薄的活动层,它对生物的活动和土壤的形成具有重要的意义,如植物的根系得到伸展,借此吸取营养物质;动物在此挖掘洞穴,有机物得到积累和分解。

由于上述特殊的气候环境条件,冻原植物的种类组成贫乏,通常仅有100~200种,主要是苔藓、地衣和莎草科、禾本科、毛茛科、十字花科的多年生草本植物,以及杨柳科、石楠科与桦木科的矮小灌木,没有一年生植物,也没有乔木,且多数种类为常绿植物,它们在春季可利用短暂的有利时机快速进行光合作用和生长发育。许多植物在严寒中其营养器官不受损伤,有的植物能在雪下生长和开花,如北极辣根菜(*Cochlearia arctica*)的花和果实在冬季可被冻结,但春季气温上升,一旦解冻又继续发育。在低温下,植物生长极其缓慢,如极柳(*Salix polaris*)在一年中枝条仅增长1~5 mm。冻原植物表现低矮,以地上芽植物和地面芽植物最占优势,尤其多见匍匐状植物和垫状植物,这都是为适应强风而免被吹走并保持土壤表层温度使其有利于生长的缘故。冻原植物群落结构简单,可分为一至二层,最多分为三层,即小灌木和矮灌木层、草本层、苔藓地衣层。其中,苔藓地衣层非常发达,许多灌木、草本植物的根、茎和更新芽隐藏其中受到保护,这也是有苔原别称的原因。

冻原生物群落中的动物种类也很少,主要有驯鹿(*Rangifer tarandus*)、麝牛(*Ovibos moschatus*)、北极狐(*Alopex lagopus*)、北极兔(*Lepus arcticus*)、北极熊(*Ursus maritimus*)、狼(*Canis lupus*)和旅鼠(*Lemmus trimucronatus*)等;鸟类也比较少,主要是雷鸟和迁移性的雁类;几乎没有爬行类和两栖类动物;昆虫种类虽少,但数量很多。

我国没有水平分布的冻原植被,只有山地冻原植被,仅分布在长白山海拔2 100 m以上和阿尔泰山3 000 m以上的高山地带。长白山的山地冻原中,主要植物有仙女木(*Dryas octopetala*)、牙疙疸(*Arotostaphylos uvaursi*)、牛皮杜鹃(*Rhododendron chrysanthum*)、圆叶柳(*Salix rotundifolia*),并混生有大量的草本植物。阿尔泰山的冻原植物种类较少,属于干旱型的山地冻原,以镰刀藓(*Drepanocladus*)、真藓(*Bryum*)、冰岛衣(*Cetraria*)等属藓类和地衣植物为主。

5. 陆地生物群落的分布规律

陆地上的主要生物群落在地球表面的分布有一定的规律。这种生物群落分布的模式,主要取决于年平均温度和降水量及它们的综合作用(Whittaker,1975),即主要取决于水热组合状况。由于地球表面的热量是随着所在纬度的位置而变化的,水分则随着距离海洋的远近以及大气环流和洋流等的变化而变化,两者结合导致了陆地生物群落在纬度、经度和海拔高度上呈现出地带性分布规律。

应该理解,覆盖一个地区的植物群落总称为该地区的植被(vegetation),每一地区既具有地带性植被,也具有非地带性植被。地带性植被也称为显域植被,是指能充分反映气候类型特征的植被类型,如常绿阔叶林、落叶阔叶林等。地带性植被在地球表面常呈现带状分布,与气候带(型)的界线大致相同。非地带性植被又称为隐域植被,是指受地下水、地表水、局部地貌或地表组成物质等非地带性因素影响而生长发育的植被类型,如沼泽、池塘等湿地植被。非地带性植被具有广布性特点,即某一非地带性植被类型可以出现于两个甚至两个以上的气候带,常呈斑点状或条带状嵌入在地带性植被之中。

1) 纬向地带性分布规律

沿纬度方向有规律地更替的群落类型分布,称为群落分布的纬向地带性。由于太阳辐射提供给地球的热量有从赤道到两极的规律性差异,因而形成不同的气候带,如热带、亚热带、温带、寒带等。与此相应,植被也形成带状分布,在北半球从低纬度到高纬度依次出现热带雨林、亚热带常绿阔叶林、温带落叶阔叶林、寒温带针叶林、草原、荒漠和冻原。

从世界植被分布图(图 3-48)可以看出:①不同纬度区内植被带的分布情况是不同的。高纬度和低纬度区内植被带较为单一,具有环大陆分布的格局,明显地表现出纬向地带性特点;而中纬度区内植被带比较复杂,它们在大陆东西岸之间不相连续;在气候干旱的大陆内部出现了经向地带性的分布。②南北两半球的植被带显然不对称,南半球没有与北半球相对应的北方针叶林及冻原带,但生物群落带大致与纬线平行,说明纬向地带性的存在。

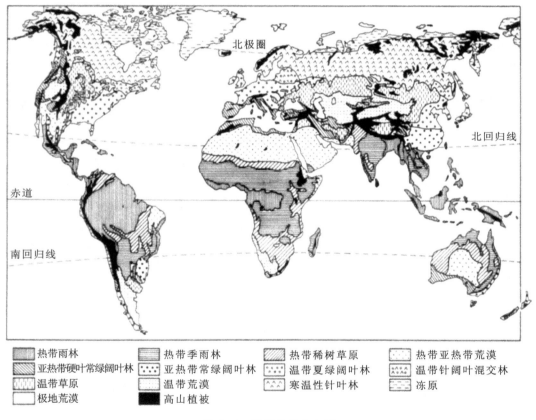

图 3-48　世界植被分布图

我国植被分布具有明显的纬向地带性,但由于我国地形复杂,可分为东西两部分。在东部森林区,由于温度随着纬度的增加而逐渐降低,在气候上从北到南依次出现寒温带、温带、暖温带、亚热带和热带气候,因此受气候影响,植被从北到南依次分布着寒温带针叶林→温带针阔叶混交林→暖温带落叶阔叶林→北亚热带常绿落叶阔叶混交林→中亚热带常绿阔叶林→南亚热带常绿阔叶林→热带季雨林、雨林。西部由于位于亚洲内陆腹地,受到强烈的大陆性气候的影响,再加上青藏高原的隆起,自北向南出现的一系列东西走向的巨大山系,如阿尔泰山、天山、祁连山、昆仑山等,打破了原有的纬向地带性,导致植被自北向南的纬向变化为:温带荒漠、半荒漠带→暖温带荒漠带→高寒荒漠带→高寒草原带→高寒山地灌丛草原带。

应注意的是,在局部地区,因受地形或坡向的影响,植被的纬向地带性分布会产生显著差异。如山地南坡的植被通常比所处平地的植被具有更南方的特征(更阳性、更喜热),而北坡的植被比平地具有更北方的特征(更喜阴、更喜冷)。这是由于南坡太阳照射的角度较大,相对干热,而北坡正好相反,太阳照射的角度较小,照射时间也短,因而相对阴冷的缘故。据此,我们可以通过南坡或北坡的植被来预测更南或更北地区平地植物种类或平地植物群落,这叫植物地理预测法则。

2)经向地带性分布规律

以水分条件为主导因素,引起陆地生物群落分布由沿海向内陆发生规律性更替,这种分布格局称为径向地带性。它和纬向地带性统称为水平地带性。由于海陆分布、大气环流和地形等综合作用的结果,从沿海到内陆降水量逐渐减少,因此,在同一热量带,各地水分条件不同,群落的分布也发生明显的变化。例如,北美大陆东临大西洋,西濒太平洋,东西两岸降水多、湿度大、温度高,发育着各类森林植被,又由于南北走向的落基山脉阻挡了太平洋湿气向东运行,使中西部形成干旱气候,导致北美洲植物群落从东到西依次更替为森林→草原→荒漠→森林。

我国植被分布也有明显的径向地带性。由于自然地理条件的综合影响,我国从东南沿海到西北内陆,受海洋季风和湿润气流的影响程度由强而渐弱,依次有湿润、半湿润、半干旱、干旱和极端干旱的气候。相应的植被变化也由东南沿海到西北内陆依次出现了三大植被区域,即东部湿润森林区、中部半干旱草原区、西部内陆干旱荒漠区,这充分反映了中国植被的径向地带性分布(图 3-49)。

图 3-49　中国植被分布示意图

(引自牛翠娟等,2007)

3)垂直地带性分布规律

地球上植物群落分布的带状排列,不仅表现为在平地从南到北的变化,而且也表现在山地从下到上的变化。从山麓到山顶,随着海拔的升高,年平均气温逐渐降低,生长季节逐渐缩短。通常海拔高度每升高 100 m,气温下降 0.5～0.6 ℃。在一定范围内,随着海拔的升高,降水量也逐渐增加(降水量起初随高度的增加而增加,达到一定界限后,降水量又开始降低),风速增大,太阳辐射增强,土壤条件也发生变化。在这些因素的综合作用下,群落类型也随海拔升高而发生改变,通常表现为依次呈条带状更替。如热带地区的山地植被,其垂直带结构自下而上依次为:热带雨林→常绿阔叶林→落叶阔叶林→亚高山针叶林→灌丛→高山草甸→高寒荒漠→高山冻原。这种沿不同海拔高度的方向有规律更替的群落类型分布,称为群落分布的垂直带性。

植被带大致与山坡等高线平行,并且有一定垂直厚(宽)度,它们的组合排列和更迭顺序形成一定的体系,称为植被垂直带谱(或垂直带结构)。带谱中垂直带的数量、分布高度、带幅宽度、植物种类组成等,都因山地的高度、走向、距海洋远近和其所处的水平自然地带而异。一般来说,从低纬度到高纬度,或从沿海至内陆,带谱的结构趋于简单化,垂直带的数量逐渐减少,厚度逐渐变小,同一垂直带的海拔高度也逐渐降低。到北极,山地植被和平地植被就没有差异,只有冻原带一个类型。

每一个植被垂直带都具有反映该带特征的显域植被类型,即植被垂直地带性能反映所处一定经纬度上的水平地带性,它是从属于水平地带性的特征,植被的水平地带性决定着垂直带性的分布。因此,植被垂直带谱大致反映了不同植物群落类型沿水平方向交替分布的规律。植被垂直带性与水平带性的关系如图 3-50 所示。

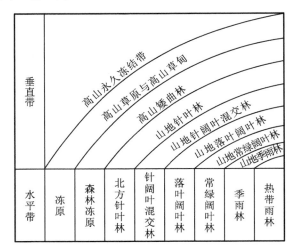

图 3-50　植被垂直带性与水平带性的关系示意图

(引自孙儒泳等,1993)

最后需要强调的是,植被带并非固定不变的。如在第四纪冰期和间冰期内,植被带就曾经历过数次南北进退和上下的变动。在人类历史时期,人类的活动也影响到某些植被分布界线的移动。目前,随着人类活动加剧,全球气候变暖,植被带有从水平方向上北移、从垂直方向上下移的趋势。因此,对植被带的研究,有助于更深刻地理解环境中存在和发展的规律性,有助于提高农林牧业生产和改善人类的生活环境。

(二)淡水生物群落

淡水生物群落主要包括湖泊、池塘、河流等,通常是相互隔离的。淡水群落一般分为流水群落和静水群落两类,流水群落又分为急流群落和缓流群落两种。

急流群落中水的含氧量高,水底没有污泥,栖息在那里的生物为了防止被水冲走而多附着在固着物上,通常有根植物难以生长,但有些鱼类可以逆流而上,在此产卵,以保证育苗发育所需的充分溶氧。缓流群落的水底多污泥,底层易缺氧,游泳动物很多,底栖种类则多埋于基质之中;浮游植物和有根植物少量存在,但它们制造的有机物大多被水流带走,或沉积在河流周围。

静水群落(如湖泊等)分为若干带(图 3-51),在沿岸带(littoral zone)阳光能穿透到底,常见有根植物生长,包括沉水植物、浮水植物、挺水植物等亚带,并逐渐过渡为陆生群落。离岸到远处的水体可分为上层的湖沼带(limnetic zone)和下层的深底带(profundal zone)。湖沼带由于有阳光透入,可有效进行光合作用,具有丰富的浮游植物,主要为硅藻、绿藻和蓝藻。深底带因没有光线,自养生物不能生存,消费者生物的食物依赖于沿岸带和湖沼带下沉的食物颗粒。温带的湖泊分为富养湖和贫养湖两类,富养湖一般较浅,贫养湖则较深。我国淡水生物群落中,高等植物的种类共有 50 多种,许多种类在南方和北方是相同的,但总体上,南方的种类较多,区系也较丰富。

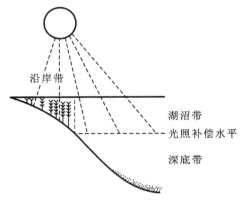

图 3-51　静水群落的主要分带
(引自孙儒泳等,1993)

(三) 海洋生物群落

海洋面积占地球总面积的 71%,海洋中蕴藏着丰富的生物资源,海洋生物分为浮游、游泳和底栖三大类群。但由于海洋广阔而连续,常有洋流和潮汐现象,海水含有盐分,其温度、光照、盐度、深度、溶氧量等因子的特殊性,构成了海洋生物特定的生存条件,导致海洋中生物种类的成分与陆地成分迥然不同。就植物而言,陆地植物以种子植物占绝对优势,而海洋植物中却以孢子植物(主要是各种藻类)占绝对优势。由于水生环境的均一性,海洋植物的生态类型比较单纯,群落结构也比较简单。多数海洋植物是浮游的或漂浮的,但有一些固着于水底或是附生的。

海洋生物的生活方式主要有两大类:在水层中营漂浮或浮游生活的种类和栖息于海洋底部(底上或底内)的种类。因此,将海洋也首先分为水层部分和海底部分两个部分,前者指海洋的整个水体,后者指整个海底,它们各自又可分为不同的环境区域(图 3-52)。水层部分又可分为浅海区(neritic province,水深一般在 200 m 以下)和大洋区(oceanic province),大洋区的水体又可分为上层(水深为 0 ~ 200 m)、中层(200 ~ 1 000 m)、深海(1 000~ 4000 m)和深渊(水深在 4 000 m 以上);海底部分又可分为沿海带(littoral zone)、浅海带(neritic zone)、深海带(bathybenthic zone)和深渊带(abyssobenthic zone)。据此,海洋生物群落如同静水群落一样也分为相应的带。

(1) 滨海带。其也称为沿岸带,即海水涨潮时浪花能够溅到的最高岸线到退潮时的最低岸线之间的区域。它是海洋与陆地之间一个狭窄的过渡带,虽然该带内的生物几乎都是海洋生物,但它们除要防止海浪冲击外,还要经受温度、空气和海水淹没与暴露的交替变化,发展出许多有趣的形态和生理适应。滨海带的底栖生物又因底质为沙质、岩石和淤泥分化为不同类型。

(2) 浅海带。其又称为亚沿岸带(sublittoral zone),即滨海带以外到大陆架边缘的海底区域。这里具有丰富多样的鱼类,世界主要经济渔场几乎都位于这个区域。

(3) 深海带。其是指大陆架以外的海底区域,即浅海带以下包括大陆坡和大陆隆的海底

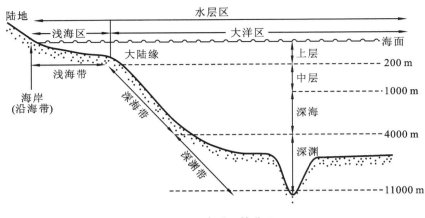

图 3-52　海洋环境分区

（转引自冯江等，2005）

大部分区域。这里的环境条件稳定，无光，温度在 $0 \sim 4 ℃$，海水的化学组成也较稳定，底土是柔软的细粒黏泥，水的压力很大。因为深海中没有进行光合作用的植物，动物的食物条件苛刻，全靠从上层下沉的食物颗粒；由于无光，深海动物的视觉器官大多退化，或者具发光的器官，有的动物眼睛极大，位于长柄末端，可感受微弱的光线；深海动物多具有适应高压的特征，如薄而透孔的皮肤，没有坚固骨骼和有力肌肉等。

（4）深渊带。其为超过 $4\,000$ m 的海底区域，主要包括深海平原和更深的海沟。目前人们对深渊带生物群落知之甚少。但近年来一些学者在加拉帕戈斯（Galapogos）群岛附近深海中央海嵴的火山口周围首次发现热泉，温度比周围高 $200 ℃$，这里栖居有特殊的生物群落，如 $1/3$ m 长的蛤和 3 m 长的蠕虫。这些生物的食物来源都是硫化细菌通过氧化硫化物和还原 CO_2 而制造的有机物和生产的 ATP，这与地球上一切生物都依赖于日光和绿色植物的规律性截然不同。令人难以置信的是，这些细菌竟能在 $200 ℃$ 高温下生长和繁殖。

（5）大洋带。其也称大洋区，从浅海带往开阔大洋，深至日光能透入的最深界线。大洋区面积很大，但水环境相当一致，唯有水温变化，尤其是暖流与寒流的分布。大洋缺乏动物隐蔽所，多种大洋鱼类保护色明显。

浩瀚的海洋包含着许多的生物群落，除以上列举的一些之外，红树林、珊瑚礁、马尾藻海都属于海洋中特殊的生物群落类型。此外，河口是大陆水系进入海洋的特殊地区，许多河口是人类海陆交通要道，受人类活动干扰严重，也易于出现赤潮，河口生物群落是一个重要研究领域。由于海洋生态学研究尚处于蓬勃发展时期，对于海洋生物群落的划分，学者间尚存不一致的看法。例如，自从湿地生态系统受到普遍重视以来，也把红树林群落、河口生物群落等列入为湿地。

思考题

一、名词解释

群落　群落生态学　机体论学派　个体论学派　群落最小面积　建群种　优势种
亚优势种　伴生种　偶见种　特征种　多度盖度　频度　优势度　重要值
综合优势比　种间关联　生物多样性　群落外貌　植物生长型　植物生活型　生活型谱

群落结构　成层现象　层片　群落交错区　边缘效应　中度干扰假说
MacArthur-Wilson 学说　平衡学说　非平衡学说　群落动态　群落波动　群落演替
原生裸地　次生裸地　原生演替　次生演替　旱生演替　水生演替　内因性演替
异养性演替　顶级群落　植被型　群系　群丛　雨林　常绿阔叶林　夏绿林　泰加林
草原　荒漠　冻原

二、简答题

1. 如何理解生物群落的概念？

2. 群落生态学主要研究哪些内容？为什么要进行这些研究？

3. 对某群落进行研究时，如何确定调查的最小面积？

4. 何谓群落的结构？试举例说明群落结构包含的重要的生态内容。

5. 简述影响群落结构的主要因素。

6. 群落波动与群落演替有哪些区别和联系？

7. 举例说明原生演替和次生演替的区别。

8. 何谓植物群落演替？其类型是如何划分的？

9. 简述植物群落演替顶级理论及其意义。

10. 什么是植被型、群系和群丛？它们是如何命名的？

11. 简述生物群落的分布规律。

三、论述题

1. 试举例分析植物群落演替过程中的一般规律。

2. 试论述不同植物种类在群落中的不同重要性。

3. 试论述 3 种演替顶级理论的区别与联系。

4. 试论述我国植物群落分类的原则、单位与系统。

扩充读物

[1] 李振基,陈圣宾. 群落生态学[M]. 北京：气象出版社,2011.

[2] 祝廷成,钟章程,李建东. 植物生态学[M]. 北京：高等教育出版社,1988.

第四章

生态系统生态学

【提要】 生态系统的概念、性质和基本特征;生态系统生态学及其研究内容;生态系统的组成;生态系统的物质循环;生态系统的能量流动;生态系统的信息传递;生态系统的主要类型;生态系统的服务功能。

第一节 生态系统与生态系统生态学

20 世纪 60 年代,生态学的研究重心转向生态系统。

一、生态系统及其基本特征

(一) 生态系统的概念

生态系统(ecosystem)是指在一定的时间和空间范围内,生物与生物之间、生物与非生物(如温度、湿度、土壤、各种有机物和无机物等)之间,通过不断的物质循环、能量流动及信息传递而相互联系、相互影响、相互制约的生态学功能单位。

生态系统一词是英国生态学家坦斯利(Tansley)于 1935 年首先使用的。从生态系统这个术语的产生,就在强调一定地域中各种生物相互之间、它们与环境之间功能上的统一性。稍后,苏联学者苏卡乔夫,在深入研究植物群落种内和种间竞争的基础上于 1940 年提出了"生物地理群落(biogeocoenosis)"的概念,把生物地理群落概括为一个简单而明确的公式:生物地理群落=生物群落+生境。生物群落包括植物群落、动物群落和微生物群落,生境包括气候和土壤,生物地理群落是自然界的基本单位。生物圈是由多种多样的生物地理群落组成的。生物地理群落和生态系统这两个概念非常相近,因此早在 1959 年于加拿大召开的第九届国际植物学会议上,以及 1965 年丹麦哥本哈根召开的国际学术会议上被认定为同义语。目前生态系统这一术语已被各国广泛接受。

(二) 生态系统的发展

当代的生态学家对生态系统贡献较大的,应该首推 E. P. Odulm 和 H. T. Odum 两兄弟,他们创造性地提出了生态系统发展中结构和功能特征的变化规律。他们出版的《生态学基础》一书,对生态系统发展起了很大的推动作用,此书已被译成 20 多种语言,受到广泛重视。

对生态系统理论的建立起重大作用的学者还有林德曼(Lindeman),他于 20 世纪 30 年代末对塞达波格湖(Cedar Bog lake)开展了详细的研究工作,揭示了营养物质转移的规律,又以数学关系定量地表达了群落中的营养相互作用,建立了营养动态模型,提出了著名的"百分之十规律",标志着生态学从定性走向定量的开始。之后 Ricklefs 绘制了生态系统中物质循环和能量流动的基本格局,表明了生态系统中生物和非生物成分间相互作用和相互依赖的关系,指出太阳能为驱动生态系统物质循环的能量来源。Kumar(1992)进一步指出,生态系统是个超系统,它包括了相互作用的植物、动物、微生物及其依赖的非生物环境,所有的初级生产者、次级生产者和分解者都是系统中的主要组分,他强调生态系统的整体性、有限性和复杂性。Schulze 和 Mooney 则指出:在大多数生态系统中,物种多样性对于正在变化环境中的群落具有重要意义,在对抗外来的入侵物种过程中物种的多样性比结构多样性更重要。

早在 1990 年在日本举行的第 5 届国际生态学大会上,Golley 作为国际生态学会主席在开幕式上强调应加强人类活动对生态系统、生物圈和全球变化的影响的研究。马世骏等(1993)在探讨人类生态学的基础上,提出了社会-经济-自然复合生态系统(Social-Economic-Natural Complex Ecosystem,SENCE)模型。该模型反映了当代许多社会问题,或多或少关系到社会体制、经济发展状况和生态系统的真实情况。

总之,生态系统是一定空间范围内,由生物群落与其环境所组成,具有一定格局,借助于功能流(物种流、能量流、物质流、信息流和价值流)而形成的稳态系统。生态系统是客观存在的实体,有时间、空间的概念;它以生物为主体,是由生物与非生物组成的一个整体;系统处于动态之中,其过程就是系统的行为,体现了生态系统的多种功能;生态系统对无论来自系统内部还是外界的变动(干扰)都具有适应和调控能力。

(三)生态系统的基本特征

地球上有无数大大小小的生态系统。大到整个海洋、整块大陆,小至一片森林、一块草地、一个池塘等,都可看成是生态系统。都有一定的生物群落与其栖息的环境相结合,进行着物种、能量和物质的交流。在一定的时间和相对稳定的条件下,系统各组成要素的结构与功能处于协调的动态之中。生态系统不论是自然的还是人工的,都具有如下一些共同特征:

(1)生态系统是生态学上一个主要结构和功能单位,属于生态学研究的最高层次。

(2)生态系统内部具有自我调节能力以及自组织、自更新能力。生态系统的结构越复杂,物种数目越多,自我调节能力就越强,但生态系统的自我调节能力是有限度的,超过了这个限度,调节也就失去了作用。

(3)生态系统具有能量流动、物质循环和信息传递三大功能。能量流动是单方向的,物质流动是循环式的,信息传递则包括营养信息、化学信息、物理信息和行为信息,构成了信息网。通常,物种组成的变化、环境因素的改变和信息系统的破坏是导致系统自我调节失效的主要原因。

(4)营养级的数目有限。生态系统中营养级数目受限于生产者所固定的最大能值和这些能量在流动过程中的损失。因此,生态系统营养级的数目通常不会超过 6 个。

(5)生态系统是一个动态系统。要经历一个从简单到复杂、从不成熟到成熟的发育过程,其早期发育阶段和晚期发育阶段具有不同的特性,即使达到成熟阶段,生态平衡仍然是一种动态平衡。

二、生态系统生态学及其研究内容

(一)生态系统生态学的定义

生态系统生态学(ecosystem ecology)是研究生态系统的组成要素、结构与功能、发展与演替,以及人为影响与调控机制的科学,它是生态学的一个重要分支学科。

(二)生态系统生态学的研究内容

生态系统生态学的研究主要涉及生态系统的组成、结构和功能、发展和演化及其人类的关系等方面。当前人类与环境关系已成为全球性的大问题,自然资源的合理开发利用,成为了生态学研究的核心课题之一。这些问题的解决都有赖于生态系统的结构与功能、生态系统的演替、生态系统的多样性与稳定性,以及生态系统对于干扰的恢复能力与自我调节控制能力的研究。"国际生物学计划(IBP)""人和生物圈计划(MAB)""国际地圈生物圈计划(IGBP)"等国际重大项目的实施,大大地促进了生态系统的研究与发展。因此,目前生态系统生态学的研究主要集中在如下几个方面:①自然生态系统的保护和利用;②生态系统调控机制的研究;③生态系统的退化机理、恢复模型及其修复的研究;④全球性生态环境问题的研究;⑤生态系统健康与可持续发展研究。

第二节　生态系统的组成

生态系统由非生物成分和生物成分两大部分组成。

一、非生物成分

非生物成分主要包括以下 4 个部分。

(1)能源:太阳能以及地热能、化学能等能源。

(2)气候因子:光照、温度、湿度、降水、风等。

(3)基质和媒介:岩石、土壤、水、空气等。

(4)物质代谢原料:CO_2、H_2O、O_2、N_2、无机盐、腐殖质、脂肪、蛋白质、碳水化合物等。

二、生物组分

(一)生产者

生产者(producer)也叫初级生产者,是指利用太阳能或其他形式的能量,将简单的无机物转化为有机物的自养生物(autotroph),包括所有的绿色植物、光合细菌和利用化学能的细菌等,消费者主要是指绿色植物。绿色植物可以通过光合作用把水和二氧化碳等无机物合成为碳水化合物、脂肪和蛋白质等有机化合物,并把太阳辐射转化为化学能,储存在有机物的分子键中。与绿色植物不同,利用化学能的细菌在合成有机物物时,利用的不是太阳能,而是利用某些物质在化学变化过程中产生的能量。生产者源源不断地将太阳能和化学能输入到生态系统,成为消费者和还原者的唯一能源。没有生产者,就不会有消费者和分解者。因此,生产者是生态系统中最基本和最关键的生物成分。

所有自我维持的生态系统都必须是能从事生产的生物,其中最重要的就是绿色植物。各种藻类是水生生态系统中最重要的生产者。陆地生态系统的生产者则有乔木、灌木、草本植物和苔藓等,它们对生态系统的生产各有不同的重要性。所有自我维持的生态系统都必须具有生产者,例如,对于淡水池塘来说,生产者主要为植物、漂浮植物及体形微小的浮游植物。对草地来说,生产者是有根的绿色植物。

(二)消费者

消费者(consumer)是指不能利用太阳能将无机物质转化为有机物,而只能直接或间接依赖生产者制造的有机物质为生的异养生物(heterotrophes)。消费者主要是指以其他生物为食的各种动物,按其营养方式,可分为食草动物、食肉动物、大型食肉动物(顶极食肉动物)、寄生动物及杂食动物等。

(1)食草动物(herbivore),又称植食动物,属一级消费者(primary consumer),指直接以植物体为食的动物。在池塘中包括浮游动物和某些底栖动物,浮游动物以浮游植物为食;草地上的草食动物包括一些植食性昆虫和马、牛、羊、兔、鹿等草食性哺乳动物。

(2)食肉动物(carnivore),主要是指以其他动物为食的动物,也统称为次级消费者(secondary consumer)。其包括一级食肉动物、二级食肉动物、三级食肉动物等。一级食肉动物也称第二级消费者,它们以草食动物为食,如某些鸟类、蜘蛛、蝙蝠、肉食昆虫等;二级肉食物也称第三级消费者,是以一级食肉动物为食的动物,例如狼、狐狸、蛇等;三级食肉动物也称第四级消费者,又称为顶级食肉动物,是以二级食肉动物为食的大型食肉动物,这一类食肉动物都是一些凶禽猛兽,例如狮子、鸷、虎、豹、鹰等。

(3)寄生动物(parasite)是指以其他生物的组织液、营养物和分泌物为生的动物。

(4)腐生动物(saprozoite)是指分解有机物或已死的生物体,并摄取养分以维持生活的生物,如大多数霉菌、细菌等都以这种方式生活。

(5)杂食动物(omnivores)也称兼食性动物,是介于草食动物和食肉动物之间,那些既吃植物又吃动物的生物。如那些既吃水藻、水草,又吃水生无脊椎动物的鱼类以及麻雀等食性随季节而变化的动物。人类也是典型的杂食动物,现代人的食物有88%为植物产品,其中约20%又为谷类。

(三)分解者

分解者(decomposer)又称还原者(decomposer or reducer),亦属于异养生物,是分解已死的动植物残体的异养生物。主要是细菌、真菌和某些营腐生生活的原生动物和小型土壤动物(例如甲虫、白蚁、某些软体动物等)。池塘中的分解者有两类:一类是细菌和真菌,另一类是蟹、软体动物和蠕虫等无脊椎动物。草地中也有生活在枯枝落叶和土壤上层的细菌和真菌,还有蚯蚓、螨等无脊椎动物。

与生产者的作用正好相反,它的基本功能是把动植物残体逐渐分解为极小的颗粒或分子,最终分解为最简单的无机物,归还到非生物环境中,供生产者重新吸收和利用。分解者影响着生态系统的物质再循环,是任何生态系统都不能缺少的组成成分。

它们在生态系统的物质循环和能量流动中,具有重要的意义,大约有90%的初级生产量,都须经过分解者分解归还大地:所有动物和植物的尸体和枯枝落叶,都必须经过还原者进行分解,如果没有还原者的分解作用,地球表面将堆满动植物的尸体残骸,一些重要元素就会出现短缺,生态系统就不能维持。虽然从能量的角度来看,分解者对生态系统是无关紧要的,但从物质循环的角度看,它们是生态系统不可缺少的重要部分。

消费者和分解者都属于异养生物,他们之间没有根本区别,我们可将两者中在生长发育过程中需要消耗大量能量的称为消费者,而在生长发育过程中的消费能量较少的称为分解者。虽然生物在生长发育过程中有很多种消耗能量的方式,但都要通过呼吸分解来获取能量,消耗的能量越多,呼吸量就越大,次级生产量越少,组织生长效率越低。因此,我们可以用组织生长效率的高低来判断生物是属于消费者还是分解者。

对于一个生态系统来说,非生物成分是生物成分赖以生存和发展的基础,也是生物活动的场所及其生命活动所需的能量和物质的来源。如果没有非生物成分形成的环境,生物就没有生存的场所,也得不到维持生命的能量和物质,因此也就难以生存下去。如果仅有非生物环境而没有生物成分,也谈不上生态系统。因此,生态系统中的非生物成分和生物成分缺一不可。我们以草地和池塘作为实例来说明(图 4-1)。

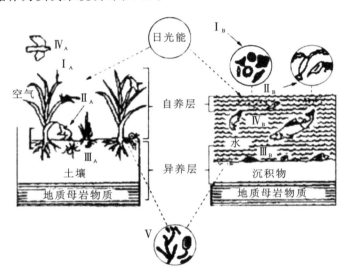

图 4-1 陆地生态系统(草地)和水生生态系统(池塘)营养结构的比较

Ⅰ自养生物:ⅠA 草本植物;ⅠB 浮游植物。Ⅱ食草动物:ⅡA 食草性昆虫和哺乳动物;ⅡB 浮游动物。
Ⅲ食碎屑动物:ⅢA 土壤动物;ⅢB 水体底栖土壤动物。Ⅳ食肉动物:ⅣA 鸟类及其他;ⅣB 鱼类及其他。
Ⅴ腐食性动物、细菌和真菌

(仿 Odum,1983)

第三节 生态系统的基本结构

一般认为,生态系统的基本结构包括空间结构、营养结构和时间结构三大部分。

一、空间结构

生态系统空间结构是指生态系统中的各种生物成分在空间上的配置状态,它包含水平结构和垂直结构两个方面。其中,水平结构是指生态系统中的各种生物类群在水平空间上的分布格局。生态系统内部环境因子在水平空间上的异质性,例如小地形和微地形的变化、土壤水分和养分的差异、人为因素的影响等,致使各种生物种类及其数量在水平空间上的分布不均匀,通常呈现不同面积的斑块相互间镶嵌分布(图 3-18),每一个斑块可以称为一个小群落。而垂直结构是指生态系统内部不同物种及不同个体在垂直空间上的成层现象,包括地上部分和地下部分的成层现象。生态系统地上部分的不同高度(陆生)或深度(水体)都有不同种类的生物各自占据适宜的小生境,从而形成分层的现象;地下部分除了相互交错的各种植物根系外,还有各种穴居的动物,它们同样形成明显的分层现象。陆生生态系统的空间结构取决于植物群落,因为动物和微生物需要依附于绿色植物才能生存。植物群落结构越复杂,为动物和微生物提供的生境条件就越多样,它们的种类就越丰富,整个生态系统就越稳定。总之,各种生物在自然生态系统中按不同的小生境梯度形成了最大限度利用自然资源的合理格局,从而保证了生态系统的稳定和平衡。

二、营养结构

营养结构是指生态系统中生物与生物之间,即生产者、消费者和分解者之间,以食物营养为纽带所形成的食物链和食物网,它是构成物质循环和能量转化的主要途径。

1. 食物链和食物网

在生态系统中,食物链主要有 3 种不同的类型:①牧食食物链(grazing food chain),又称捕食食物链(predator food chain),是指从活的绿色植物开始的食物链,例如草→昆虫→鸟→蛇→鹰,青草→野兔→狐狸→狼;②腐食食物链(saprophagous food chain),也称碎屑食物链(detritus food chain),是指从死亡的有机体或腐屑开始的食物链,例如植物碎屑→虾(蟹)→鱼→食鱼的鸟类;③寄生食物链(parasite food chain)是指活的动植物从植物开始的食物链,例如大豆→菟丝子,哺乳类→跳蚤→原生动物→细菌→过滤性病毒。然而,生态系统中生物之间的取食和被取食关系并不像食物链所表达的那么简单,例如食虫鸟不仅捕食瓢虫,还捕食蝶蛾等多种无脊椎动物,而食虫鸟本身不仅被鹰隼捕食,也是猫头鹰的捕食对象。因此,一个生态系统实际上常存在着多条食物链,这些食物链彼此间交错联结,形成复杂的网状营养关系,这种关系称为食物网(图 3-19),它能直观地表达生态系统的营养结构。

2. 营养级和生态金字塔

营养级(trophic level)是指处于食物链同一环节上的全部生物种类的总称,也就是在生态系统的食物网中,从生产者植物起到顶部食肉动物,凡是以相同的方式获取相同性质食物的植物类群或动物类群都作为一个营养级。例如,所有的绿色植物和其他自养生物都能固定太阳能和制造有机物质,因此它们属于同一个营养级,它们由于是食物链的起点,所以被称为第一营养级。而所有以植物为食的动物,即植食性动物或一级消费者,属于第二营养级,例如蚱蜢和牛都是食草动物,属于同一营养级。同理,所有以植食性动物为食的动物,即二级消费者,属于第三营养级,例如螳螂吃蚱蜢,猫头鹰吃田鼠,它们属于第三营养级,以此类推。通常,不同的生态系统往往具有不同数目的营养级,一般为 3~5 个营养级。在一个生态系统中,不同营养级的组合就是营养结构。

生态金字塔(ecological pyramid),又称生态锥体,是指把生态系统中各个营养级有机体的个体数量、生物量或者能量,按营养级由低到高顺序排列并绘制成的图形,由于其形似金字塔,故称为生态金字塔。实际上,生态金字塔是用来表达各个营养级之间某种数量关系的,这种数量关系可采用生物量单位、能量单位或个体数量单位,采用这些单位构成的生态金字塔分别称为生物量金字塔、能量金字塔和数量金字塔。生态金字塔中的每一个阶级表示每一个营养级现存的个体数量、生物量或者能量(图 4-2)。在生态系统中物质和能量沿着食物链和食物网传递,低级营养级的生物向高级营养级的生物提供物质和能量。由于低位营养级的生物所获得的能量通过自身新陈代谢要消耗一部分,而剩余的能量通常只有百分之几到百分之二十被上一营养级所利用,因此高位营养级在数量上一般远少于低位营养级。一般来说,能量锥体必呈正金字塔形,而生物量锥体和数量锥体则可能会出现倒置或部分倒置的现象。例如,在海洋生态系统中,生产者浮游植物个体小、寿命短,又会不断被浮游动物吃掉,因而某一时间调查到的浮游植物的生物量可能要低于其捕食者浮游动物的生物量(图 4-2(b)),但这并不是说浮游植物这一环节的能量比浮游动物的要少,一年中的总能量还是较浮游动物多。数量金字塔倒置的情况就更多一些,如果消费者个体小而生产者个大,例如昆虫与树木,昆虫的个体数量就多于树木。同样,对于寄生者来说,寄生者的数量也往往多于宿主,这样,就会使数量金字塔在这些环节倒置过来。

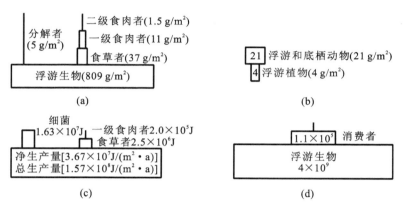

图 4-2　生态金字塔

(a) 生物量金字塔;(b) 生物量金字塔(倒置);(c) 能量金字塔;(d) 数量金字塔

(引自杨持,2000)

三、时间结构

生态系统的时间结构是指生态系统结构随时间的变动所呈现的动态变化格局。许多环境因子具有日变化、季节变化或者年变化的规律,一般称其为环境节律。自然生态系统是长期自然选择的结果,其组成种群的时间结构适应环境资源的变化,及时、巧妙地利用环境资源。实际上,生态系统中垂直结构、水平结构及时间结构的形成和变化,是组成生物群落的各个种群在时间生态位上分化的结果,不同种群的时间生态位不同,它们在群落中的时、空位置不同,从而形成了各种结构。

第四节　生态系统主要类型及特点

由于地球上生态环境复杂,生物种类繁多,由此构成了类型多样、特征各异的生态系统。

一、生态系统类型划分及其特点

一般而言,根据不同的属性,生态系统可作如下的分类。

(一)按自然属性分类

按照生态系统的自然属性以及人类活动及其影响程度,生态系统可以划分为自然生态系统、半自然生态系统和人工生态系统三大类型。

（1）自然生态系统。其是指未受到或者轻度受到人类活动的影响,在一定空间和时间范围内,依靠生物和环境本身的自我调节能力能够维持相对稳定的生态系统,例如原始森林、冻原、海洋生态系统等。

（2）半自然生态系统。其是指受到人类活动的影响,但仍然保持一定自然状态的生态系统,是介于人工和自然生态系统之间的一类生态系统,例如放牧的自然草原生态系统、人类经营和管理的自然生态系统等。

（3）人工生态系统。其是指按照人类的需求建立的,并受到人类活动强烈干预的生态系统,例如城市生态系统、农田生态系统、林业生态系统、水库生态系统等。

（二）按生境条件分类

（1）陆地生态系统。其是指在陆地表面上由陆生生物与其所处环境相互作用形成的生态系统。根据水、热等环境因子及优势植被类型的差异,陆地生态系统可进一步划分为森林生态系统、草地生态系统、荒漠生态系统、苔原生态系统等。

（2）湿地生态系统。其是指由湿地生物与其所处环境相互作用形成的生态系统,是指介于水、陆生态系统之间的一类生态单元。根据水体的形态和位置的差异,湿地生态系统可进一步划分为近海与海岸湿地生态系统、河流湿地生态系统、湖泊湿地生态系统、沼泽湿地生态系统等。

（3）水域生态系统。水域生态系统是以水为基质的生态系统,根据其水环境及特性又可分为海洋生态系统和淡水生态系统。而海洋生态系统包括浅海生态系统、深海生态系统、大洋生态系统、上升流生态系统等,淡水生态系统还可进一步细分为流水生态系统（例如河流生态系统等）,和静水生态系统（例如湖泊生态系统等）。

（三）按生物成分分类

（1）植物生态系统。其主要是由植物和无机环境形成的生态系统。在系统中,以绿色植物为主,吸收太阳能,进行光合作用。

（2）动物生态系统。其主要是由动物和无机环境形成的生态系统。在系统中,以动物为主,以动物取食植物而获得能量为主要过程,例如鱼塘、畜牧等生态系统。

（3）微生物生态系统。其主要是由细菌、真菌等微生物和无机环境形成的生态系统。在系统中,以微生物为主,进行有机物质分解。这是对物质分解和循环起重要作用的生态系统,例如落叶层、活性污泥等生态系统。

（四）按开放程度分类

（1）开放生态系统(open ecosystem)。其是指与外界环境发生能量与物质交换的生态系统。地球上绝大多数的生态系统都属于这种类型。

（2）封闭生态系统(closed ecosystem)。其是指不与外界环境发生物质交换的生态系统。封闭生态系统不是通常意义上的封闭系统,因为能量（特别是光能和热能）还可以进出系统。封闭生态系统必须至少含有一种自养生物,而且一种生物新陈代谢产生的任何废物必须能被另外至少一种生物所利用。

（3）隔离生态系统(isolated ecosystem)。其是指有严格边界的生态系统,不与外界环境发生能量与物质交换。

此外,联合国千年生态系统评估(MA)项目把全球生态系统划分成城镇、岛屿、海滨、海洋、旱区、极地、垦殖、内陆水域、森林和山地共 10 种系统。这些系统本身并不属于严格意义上的生态系统,每一种系统都包含了许多生态系统。

二、生态系统的主要类型

地球上的生态系统从赤道到极地、从水域到陆地、从自然到人工、从开放到隔离到处都有生态系统存在。例如,从赤道到极地依次出现:热带雨林生态系统、亚热带常绿阔叶林生态系统、温带落叶阔叶林生态系统、寒温带针叶林生态系统和极地苔原生态系统。常见的生态系统类型如表 4-1 所示。

表 4-1　常见的生态系统类型

一级分类	二级分类	常见的类型
自然生态系统	陆地生态系统	森林生态系统,例如热带雨林、热带季雨林、亚热带常绿阔叶林、温带落叶阔叶林、北方针叶林等生态系统
		草原生态系统,例如草甸草原、典型草原、荒漠草原、高寒草原等生态系统
		荒漠生态系统,例如草原荒漠、典型荒漠、高寒荒漠、极旱荒漠等生态系统
		苔原生态系统,例如北极或者高山苔原生态系统
	湿地生态系统	近海与海岸湿地生态系统,例如浅海水域、潮下水生层、珊瑚礁、岩石海岸、沙石海滩、淤泥质海滩、潮间盐水沼泽、红树林、河口水域、三角洲、潟湖等生态系统
		河流湿地生态系统,例如永久性河流、季节性或间歇性河流、洪泛平原湿地、喀斯特溶洞湿地等生态系统
		湖泊湿地生态系统,例如永久性淡水湖、永久性咸水湖、季节性淡水湖、季节性咸水湖等生态系统
		沼泽湿地生态系统:藓类沼泽、草本沼泽、灌丛沼泽、森林沼泽、内陆盐沼、季节性咸水沼泽、沼泽化草甸等生态系统
	水域生态系统	海洋生态系统,例如浅海、大陆架、深海、大洋、上升流等生态系统
		淡水生态系统,例如河流、湖泊等生态系统
人工生态系统	农田生态系统	水稻、玉米、小麦、大豆、马铃薯、棉花等各种农作物生态系统
	林业生态系统	马尾松、杉木、桉树、杨树、毛竹等各种人工林生态系统
	城市生态系统	城市社会、城市园林、城市景观等生态系统
	湿地生态系统	水利型湿地生态系统,例如水库、塘坝、运河等生态系统
		生产型湿地生态系统,例如养殖塘、种植塘、盐田等生态系统
		景观型湿地生态系统,例如园林湿地生态系统

第五节　生态系统的生物生产

生态系统中的生物生产(biological production)是指生态系统中某一生物类群形成生物物质的过程。生物有机体在生命活动过程中,吸收环境中的物质和能量,经过生理过程形成新的物质和能量,供其他生物使用。

生态系统的生物生产可以划分为初级生产和次级生产两大类型。

一、初级生产

(一)初级生产的基本概念

(1)初级生产(primary production),又称第一性生产,是指生产者(包括绿色植物和其他自养生物)将无机物转化为有机物并固定能量的生产过程。例如,绿色植物通过光合作用,吸收和固定太阳能,把 CO_2 和 H_2O 转化为有机物,并释放 O_2,这个过程可用下列化学方程式来表示:

$$6CO_2 + 12H_2O \xrightarrow[\text{叶绿素}]{\text{光能}} C_6H_{12}O_6 + 6O_2 + 6H_2O$$

(2)总初级生产量(gross primary production,GP),又称总第一性生产量,是指在单位时间内生产者所固定的全部太阳能或生产者生产出来的全部有机物的量,它决定了进入生态系统的初始物质和能量。在初级生产过程中,生产者所生产的物质或能量有一部分被自己呼吸消耗掉,剩下的部分可用于自身生长和生殖,这部分产量称为净初级生产量(net primary production,NP);净初级生产量可供生态系统中其他生物(主要是各种动物和人)利用。三者之间的关系如下:

$$GP = NP + R$$

式中　　GP——总初级生产量,$J/(m^2 \cdot a)$;

NP——净初级生产量,$J/(m^2 \cdot a)$;

R——呼吸所消耗的能量,$J/(m^2 \cdot a)$。

生产量通常是用每年每平方所生产的有机物质干重$[g/(m^2 \cdot a)]$或者每年每平方所固定能量$[J/(m^2 \cdot a)]$表示。所以初级生产量也可称为初级生产力,它们的计算单位是完全一样的,但生产量强调有机物质或者能量在时间上的积累总量,而生产力强调有机物质或者能量的生产速率。

(3)生物量与现存量。生产量和生物量(biomass)是两个不同的概念,生产量是单位时间单位面积上的有机物质生产量,有速率的含义,而生物量是指在某一定时刻调查时单位面积上积存的有机物质,单位是 g/m^2 或 J/m^2。现存量则是指在某一定时刻调查时单位面积上被食草动物取食及枯枝落叶掉落后剩下的存活部分总量。

生态系统中由生产者固定的物质和能量,除了有一部分被自己呼吸消耗掉之外,剩下的有两个去向:一是通过食草动物捕食,进入到食肉动物、更高级的食肉动物,即所谓牧食食物链;二是生产者死亡后,其尸体被分解为碎屑,通过食碎屑生物和更高营养级的捕食者,即所谓碎屑食物链。

（二）全球初级生产量及其分布特点

早在1919年，Schroeder就估算过陆地总初级生产量，而后Riley（1944）和Lieth（1964）对整个生物圈的初级生产量的估算做了许多工作。Lieth、Whittaker等（1973）估算了整个地球初级生产量为$1.62×10^{14}$ kg/a（表4-2）。然而，表4-2所列的一些数据，仅仅是一种粗略的估计值。今后，随着有关3S技术和精密仪器设备的应用，对于全球初级生产量的测定会越来越准确。

初级生产量在全球的分布是不均匀的，因地区、气候等原因，差别比较大。全球初级生产量的地理分布呈现以下4个特点。

（1）陆地比水域的初级生产量大。陆地生态系统约占地球表面1/3，而初级生产量约占全球的2/3；水域生态系统正好相反。陆地具有全球初级生产量最高的热带雨林生态系统。

（2）陆地初级生产量有随纬度增加而逐渐降低的趋势，由热带雨林向温带常绿林、落叶林、北方针叶林、稀树草原、温带草原、寒漠和荒漠依次减少。主要是由太阳辐射温度和降水所决定的。

（3）海洋初级生产量由河口湾向大陆架和大洋区逐渐降低，主要原因是辽阔的海洋缺少营养物质，生产量平均为125 g/(m^2·a)，有"海洋荒漠"之称。

（4）全球初级生产量可划分为3个主要等级：一是生产量极低的区域，生产量为$2.09×10^6$～$4.19×10^6$ J/(m^2·a)或者更少，大洋和荒漠属于这类区域；二是中等生产量区域，生产量为$2.09×10^6$～$1.26×10^7$ J/(m^2·a)，一些草原、深湖和农田属于这类中等水平区；三是河口湾、珊瑚礁、热带雨林、湿地、精耕细作的农田和冲积平原等高生产量区域，生产量为$4.19×10^7$～$1.05×10^8$ J/(m^2·a)或者更多，这些区域不仅有太阳能还得到了额外的自然能量和营养物质的辅助。热带森林仅覆盖地球5%的面积，其生产量几乎占全球生产量的28%。

表4-2　地球上各类生态系统的净初级生产量和生物量

生态系统类型	面积 /10^6 km²	单位面积的净初级生产量/(g·m⁻²·a⁻¹)		全世界的净初级生产量/(10^{11} kg·a⁻¹)	单位面积的生物量/(kg·m⁻²)		全世界的生物量/10^{11} kg
		范围	平均		范围	平均	
热带雨林	17.0	1 000～3 500	2 200	37.4	6～80	45	765
热带季雨林	7.5	1 000～2 500	1 600	12.0	6～60	35	260
亚热带常绿林	5.0	600～2 500	1 300	6.5	6～200	35	175
温带落叶阔叶林	7.0	600～2 500	1 200	8.4	6～60	30	210
北方针叶林	12.0	400～2 000	800	9.6	6～40	20	240
疏林及灌丛	8.5	250～1 200	700	6.0	2～20	6	50
热带稀树草原	15.0	200～2 000	900	13.5	0.2～15	4	60
温带禾草草原	9.0	200～1 500	600	5.4	0.2～5	1.6	14
苔原及高山植被	8.0	10～400	140	1.1	0.1～3	0.6	5
荒漠与半荒漠	18.0	10～250	90	1.6	0.1～4	0.7	13
石块地及冰雪地	24.0	0～10	3	0.07	0.02	0.02	0.5
耕地	14.0	100～3 500	650	9.1	0.4～12	1	14

续表

生态系统类型	面积 /10⁶ km²	单位面积的净初级生产量/(g·m⁻²·a⁻¹)		全世界的净初级生产量/(10¹¹ kg·a⁻¹)	单位面积的生物量/(kg·m⁻²)		全世界的生物量/10¹¹ kg
		范围	平均		范围	平均	
沼泽与湿地	2.0	800~3 500	2 000	4.0	3~50	15	30
湖泊和河流	2.0	100~1 500	250	0.5	0~0.1	0.02	0.05
陆地总计	149		773	115		12.3	1 837
外海	332	2~400	125	41.5	0~0.005	0.003	1.0
潮汐海潮区	0.4	4 000~10 000	500	0.2	0.005~0.1	0.02	0.008
大陆架	26.6	200~600	360	0.6	0.001~0.04	0.01	0.27
珊瑚礁及藻类养殖场	0.6	500~4 000	2 500	1.6	0.04~4	2	1.2
河口	1.4	200~3 500	1 500	2.1	0.01~6	1	1.4
海洋总计	361		152	55.0		0.01	3.9
地球总计	510		333	170		3.6	1 841

生物量、生产量均以干物质质量计。

(引自 H. Licth and R. H. Wittaker, 1975)

（三）初级生产的生产效率

初级生产量的大小就是生态系统中生产者制造的有机物质总量或储存的总能量,初级生产效率(production efficiency)常用总初级生产量或净初级生产量的能量占总入射日光能的百分比来表示。例如,表 4-3 是最适条件下初级生产的效率估计,其中入射的日光能为 2.9×10^7 J/(m²·a),光合作用形成的碳水化合物所含能量约为 2.7×10^6 J/(m²·a),相当于 120 g/(m²·a)的有机物质,这是最大光合效率的估计值,约占总入射日光能的 9%。然而,大量的研究表明,在自然条件下,各种生态系统的总初级生产效率多数在 3% 以下(表 4-4)。虽然人类精心管理的农业生态系统可达 6%~8%,但一般说来,在富饶肥沃的地区总初级生产效率可以达到 1%~2%,而在贫瘠荒凉的地区大约只有 0.1%,全球平均为 0.2%~0.5%。

表 4-3 最适条件下初级生产的效率估计

能量/(J·m⁻²·d⁻¹)				百分率/(%)	
输 入		损 失		输 入	损 失
日光能	2.9×10^7			100	
可见光	1.3×10^7	可见光以外	1.6×10^7	45	55
被吸收	9.9×10^6	反射	1.3×10^6	40.5	45
光化中间产物	8.0×10^6	非活性吸收	3.4×10^6	28.4	12.1
碳水化合物	2.7×10^6	不稳定中间产物	5.4×10^6	9.1($=P_g$)	19.3
净生产量	2.0×10^6	呼吸消耗	6.7×10^5	6.8($=P_n$)	2.3($=R$)
约为	120 g/(m²·d)			(实测最大值为 3%)	

(引自 McNaughton 和 Wolf,1979)

表 4-4　4 个生态系统初级生产效率的比较

	玉米田/(%) (Transeau, 1926)	荒地/(%) (Golley, 1960)	Meadota 湖/(%) (Lindeman, 1942)	Ceder Bog 湖/(%) (Lindeman, 1942)
总初级生产量/总入射日光能	1.6	1.2	0.4	0.1
呼吸消耗/总初级生产量	23.4	15.1	22.3	21
净初级生产量/总初级生产量	76.6	84.9	77.7	79

（引自孙儒泳等，2002）

（四）影响初级生产的因素

1. 陆地生态系统

光、二氧化碳、水分、营养物质、温度和食草动物的捕食是影响陆地生态系统初级生产量的主要因子。光、二氧化碳、水和营养物质是初级生产量的基本资源，温度是影响光合效率的主要因素，而食草动物的捕食会减少光合作用生物量。在一般情况下，陆生植物有充分的光辐射可以利用，但并不是说不会成为限制因素，例如冠层下的叶子接受光辐射可能不足。水最容易成为限制因子，各地区降水量与初级生产量有最密切的关系。在干旱地区，植物的净初级生产量几乎与降水量有线性关系。温度是影响光合效率的主要因素，它与初级生产量的关系比较复杂：温度上升，总光合效率升高，但超过最适温度则又转为下降；而呼吸速率随温度上升而呈指数上升，其结果是净生产量与温度呈峰型曲线。

2. 水域生态系统

影响淡水生态系统初级生产量的因素主要是光、二氧化碳、营养物质和食草动物的捕食。在沿岸浅水区，阳光能穿透到底，生产者主要是挺水植物、浮水植物和沉水植物；而在离岸较远的深水区，仅水体上层有阳光透入，生产者主要是硅藻、绿藻、蓝藻等浮游植物；深水底部由于没有光线，自养生物不能生存，例如大而深的湖泊主要以生产有机物的浮游植物为主。营养物质对淡水生态系统初级生产量也具有决定意义，其中最重要的是 N 和 P。生物计划（IBP）的有关研究表明，世界湖泊的初级生产量与 P 的含量相关最密切。

在海洋生态系统中，生产者有红树植物、海草、海藻、浮游植物、光合细菌等，其中浮游植物是最大的类群。影响海洋初级生产量的因素主要有光、营养盐、铁、温度、垂直混合和临界深度以及牧食作用。由于光在海水中随深度迅速衰减，根据光照条件，海水在垂直方向上可以划分为如下的几个层次：①透光层，也称真光层（euphotic zone 或 photic zone），有足够的光供植物进行光合作用，且光合作用的量超过植物的呼吸消耗；透光层在清澈的大洋区深度可超过150 m，但在沿岸区只有 20 m，甚至更少。②弱光层（disphotic zone），在透光层下方，植物在一年中的光合作用量少于其呼吸消耗。③无光层（aphotic zone），在弱光层的下方直到大洋海底的水层，除了生物发光外，没有从上方透入的有生物学意义的光线。因此，光是影响海洋初级生产力的最重要的因子，例如莱塞尔（Ryther，1956）提出的预测海洋初级生产力公式，即

$$P = \frac{R}{k} \times C \times 3.7$$

式中　P——浮游植物的净初级生产力；

　　　R——相对光合率；

　　k——光强度随水深度而减弱的衰变系数；

　　C——水中的叶绿素含量。

　　这个公式表明,海洋浮游植物的净初级生产力取决于太阳的日总辐射量、水中的叶绿素含量和光强度随水深度而减弱的衰变系数。

　　浮游植物的光合作用过程同时需要吸收多种营养物质,大部分营养物质在海水中的含量不会构成限制因子,但其中无机营养盐类(NO_3^- 等)的含量是影响初级生产量的重要因子,Fe和 Mn 等微量元素在某些海区的含量不足也能限制初级生产。温度对浮游植物光合作用的影响机制比较复杂,在最适温度范围内,光合作用速率是温度的函数,随着水温升高,光合作用率也随之提高。垂直混合对海洋初级生产力的影响一方面可能通过补充上层的营养盐类而提高生产力;另一方面在垂直混合过程中浮游植物可能会处在不同深度的水层,而在某一深度浮游植物的光合作用总量等于其呼吸消耗的总量,这个深度称为临界深度(critical depth),在临界深度以下,没有净初级生产量。浮游动物摄食或过剩摄食浮游植物使其数量减少而影响初级生产量,例如在某些海区硅藻的数量在经迅速繁殖期一段时间后,海水中营养盐并未完全耗尽,植物数量却突然下降,其中浮游动物摄食是引起硅藻数量下降的原因之一。此外,浮游植物数量有季节波动,其主要原因是气候的季节变化,这种变化同样影响海洋初级生产量。

（五）初级生产的测定方法

1. 收获量测定法

　　这种方法是通过收割和称量植物的生物量来计算初级生产量,通常以每年每平方米的干物质质量来表示。取样时可测定干物质的热当量,并将生物量换算为能量[$J/(m^2 \cdot a)$]。在实际应用中,有时只测定植物的地上部分,有时还测地下根的部分。

2. 氧气测定法

　　氧气测定法,又称黑白瓶法,多用于水生生态系统初级生产的测定。其步骤是取 3 个玻璃瓶,一个用黑胶布包上,并包以铅箔。从待测的水体深度取水,保留一瓶(初始量 IB)以测定水中原来的溶氧量。将另一对黑白瓶沉入取水深度,经过 24 h 或其他时间,将其取出,并进行溶氧量的测定。根据初始瓶(IB)、白瓶(LB)、黑瓶(DB)的溶氧量,即有

$$净初级生产量＝LB－IB$$
$$呼吸量＝ IB－DB$$
$$总初级生产量＝ LB－DB$$

3. 二氧化碳测定法

　　测定二氧化碳的释放与吸收是研究陆地生态系统初级生产力常用的方法,既可测定叶子或植株的光合作用强度,也可用它来估算整个群落的生产量。测定空气中 CO_2 含量可用红外气体分析仪,或用古老的 KOH 吸收法。近年来,采用了空气动力学方法,即在生态系统的垂直方向按一定间隔安置若干二氧化碳检测器,定期对不同层次上的 CO_2 浓度进行检测。

4. 放射性同位素测定法

　　用定量的标记物质作放射性追踪,可以测出稳定状态下生态系统内的物质转换率。例如利用同位素 ^{14}C 测定植物对 ^{14}C 的吸收速率。放射性 ^{14}C 以碳酸盐($^{14}CO_3^{2-}$)的形式,放入含有自然水体浮游植物的样瓶中,并将样瓶沉入水中。经过短时间的培养之后,滤出浮游植物,干

燥后在计数器中测定放射活性,然后通过计算,确定光合作用固定的碳量。

5. 叶绿素测定法

叶绿素测定法主要依据植物叶绿素的含量与光合作用率的密切相关关系。这种方法需要定期对植物进行取样,并测定其叶绿素的浓度,然后依据所测的数据计算初级生产量。

6. pH 测定法

pH 测定法是研究水生生态系统初级生产量的另一种方法,其原理主要是依据初级生产量与溶于水中的二氧化碳有一定的关联,即水体中的 pH 是随着光合作用中吸收二氧化碳和呼吸过程中释放二氧化碳而发生变化的。这种方法的优点是只需连续记录系统中 pH 的变化,并不干扰其中的生物群落,可以根据昼夜的连续记录,分析其中的光合量和呼吸量,便可估算初级生产力。

7. 遥感测定法

遥感是测定生态系统初级生产量的一种新技术。由于不同植被对红外波段的光谱反射率有明显区别,遥感可以辨别大范围内的植被类型,并通过建立遥感信息与实测数据间的数学模式,可推算出群落的初级生产量。

二、次级生产

(一)次级生产的基本概念

次级生产(secondary production),又称第二性生产,是指消费者或者分解者对初级生产者生产的有机物及储存在其中的能量经过同化作用转化成自身物质和能量的过程。因此,消费者和分解者称为次级生产者。次级生产者在转化初级生产品的过程中,不能把全部的能量都转化为新的次级生产量,而是有很大的一部分要在转化的过程中被损耗掉,只有一小部分被用于自身的储存。例如,对动物来说,初级生产量或因得不到,或因不可食,或因动物种群密度低等原因,总有一部分未被利用,即便是被动物吃进的食物,也还有一部分会通过动物的消化道被排出体外,而未被同化和利用。在被同化的能量中,有一部分用于动物的呼吸代谢和生命的维持,最终以热的形式消散掉,剩下的那一部分才能用于动物各器官组织的生长和繁殖新的个体。这就是我们所说的次级生产量。

次级生产的一般过程可以表示如下:

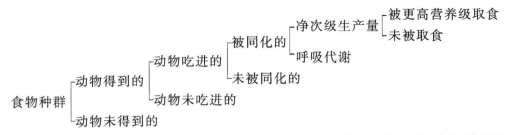

对于食草动物来说,食物种群是指植物(初级生产量);对食肉动物来说,食物种群是指动物(次级生产量)。食肉动物捕到猎物后往往不是全部吃下去,而是剩下毛皮、骨头或者内脏等。因此,能量从一个营养级传递到下一个营养级时往往损失很大。在次级生产过程中,净次级生产量等于动物吃进的能量减掉粪尿所含有的能量,再减掉呼吸代谢过程中的能量损失。

因此,在生态系统中,次级生产量都要比初级生产量少得多。

(二)次级生产的测定方法

1. 根据同化量和呼吸量来估算

根据同化量(A)和呼吸量(R)来估算动物的净次级生产量(P),其计算公式为

$$P=A-R$$

式中,同化量(A)由摄食量(I)扣除粪尿量(FU)来估计,即 $A=I-FU$。

测定动物摄食量(I)可在实验室内或野外进行,按 24 h 的饲养投放食物量减去剩余量求得。摄食食物的热量用热量计测定。在测定摄食量的试验中,同时可测定粪尿量。用呼吸仪测定 O_2 消耗量或 CO_2 排出量,转为热量,即呼吸能。上述的测定通常是在个体的水平上进行的,因此,要与种群数量、性比、年龄结构等特征结合起来,才能估计出动物种群的净生产量。

2. 根据个体生长和出生来估算

动物的净生产量也可以通过计算种群内个体的生长和新个体的出生来获得,测定个体生长的方法是连续多次测量动物个体的体重。但应注意的是,取样间隔时间不应太长,以防止在两次取样之间一些个体出生后又死去。净生产量等于种群中个体的生长和出生之和,即

$$P=P_g+P_r$$

式中　P_g——生殖后代的生产量;

　　　P_r——个体增重的部分。

图 4-3 说明了利用种群个体生长和出生的资料来计算动物的净生产量,即净生产量等于种群中个体的生长和出生之和:

净生产量=生长+出生= 20+10+10+10+10+30-10-10=70(生物量单位)

此外,也可以用另一种方式来计算净生产量,即:净生产量=生物量变化+死亡损失=30+40=70(生物量单位)。因为死亡和迁出是净生产量的一部分,所以不应该将其忽略不计。

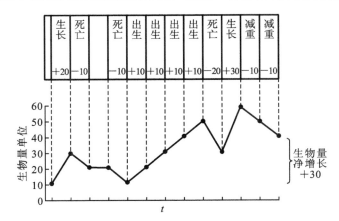

图 4-3　在一个特定时间内生物量的净变化是生长、生殖(增加)和死亡、迁出(减少)的结果

(引自孙儒泳等,2002)

(三)次级生产的生态效率

在次级生产过程中,能量在营养级之间传递,因此估计某一个营养级向上一级营养级的能量传递效率(transfer efficiency)非常重要。Odum 曾将传递效率称为生态效率(ecological efficiency），但一般把林德曼效率称为生态效率。由于对生态效率曾经有过不少的定义，而且名词比较混乱，Kozlovsky（1969）曾加以评述，提出了如下的几个重要的生态效率，并说明了它们之间的相互关系。

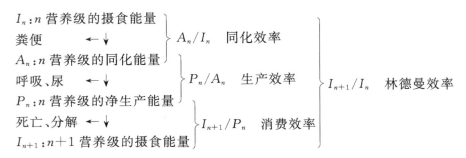

（1）摄食量（I）：表示生物所摄取的能量。对于植物来说，它代表光合作用所吸收的日光能；对于动物来说，它代表动物吃进的食物的能量。

（2）同化量（A）：对于动物来说，它是消化后吸收的能量，对于分解者是指对细胞外的吸收能量；对于植物来说，它指在光合作用中所固定的能量，常常以总初级生产量表示。

（3）呼吸量（R）：指生物在呼吸等新陈代谢和各种活动中消耗的全部能量。

（4）生产量（P）：指生物在呼吸消耗后净剩的同化能量值，它以有机物质的形式累积在生物体内或生态系统中。对于植物来说，它是净初级生产量。对于动物来说，它是同化量扣除呼吸量以后的净剩的能量值，即 $P = A - R$。生产量通常是以生物量来测量的，并可依据能量的换算值将其转化为能量单位。

根据以上的这些参数，就可以计算出营养级内或者营养级间的有关生态效率，例如同化效率、生产效率、消费效率等。

（1）同化效率（assimilation efficiency，A_e）：指植物吸收的日光能中被光合作用所固定的能量比例，或被动物摄食的能量中被同化了的能量比例。

$$同化效率（A_e）= 被植物固定的能量（A_n）/ 植物吸收的日光能（I_n）或$$
$$= 被动物消化吸收的能量（A_n）/ 动物摄食的能量（I_n）$$

其中，n 为营养级数。

（2）生产效率（production efficiency，P_e）：指形成新生物量的生产能量占同化能量的百分比。

$$生产效率（P_e）= n 营养级的净生产量（P_n）/ n 营养级的同化能量（A_n）$$

（3）消费效率（consumption efficiency，C_e）：指 $n+1$ 营养级消费（即摄食）的能量占 n 营养级净生产能量的比例。

$$消费效率（C_e）= n+1 营养级的消费能量（I_{n+1}）/ n 营养级的净生产量（P_n）$$

（4）林德曼效率（Lindemans efficiency，L_e）：是指 $n+1$ 营养级所获得的能量占 n 营养级获得能量之比，它相当于同化效率、生产效率和消费效率的乘积，即

$$林德曼效率（L_e）=（n+1）营养级摄取的能量（I_{n+1}）/ n 营养级摄取的能量（I_n）$$
或
$$= I_{n+1}/I_n = A_n/I_n \times P_n/A_n \times I_{n+1}/P_n。$$

下面具体介绍一下同化效率、生产效率及消费效率。

1. 同化效率

通常，食草和碎食动物的同化效率较低，而食肉动物较高。在食草动物所吃的植物中，含

有一些难消化的物质,因此有许多食物通过消化道排泄出去;而食肉动物吃的是动物的组织,其营养价值较高,但食肉动物在捕食时往往要消耗许多能量。因此,就净生长效率而言,食肉动物反而比食草动物低。也就是说,食肉动物的呼吸或维持消耗量较大。人工饲养的动物,由于活动量减少,净生长效率往往高于野生动物。

2. 生产效率

生产效率随动物类群而异,例如表 4-5。一般说来,无脊椎动物有高的生产效率,为30%~40%。而林德曼认为,每通过一个营养级,其有效能量大约为前一营养级的 1/10,这就是著名的"十分之一法则",这就是说,食物链越长,消耗于营养级的能量就越多。

表 4-5　各类群动物和生产效率

类　群	生产效率(P_n/A_n)
食虫兽	0.86
鸟	1.29
小哺乳类	1.51
其他兽类	3.14
鱼和社会性昆虫	9.77
无脊椎动物(昆虫除外)	25.0
非社会昆虫	40.7

(仿 Begon,1996)

3. 消费效率

各种生态系统中的食草动物利用或消费植物净初级生产量效率是不相同的,具有一定的适应意义,在生态系统物种间协同进化上具有其合理性(表 4-6)。如果生态系统中的食草动物将植物生产量全部吃光,它们就必将全部饿死,原因是再没有植物来进行光合作用制造有机物质和储存能量。脊椎动物捕食者可能消费其脊椎动物猎物的 50%~100% 的净生产量,但对无脊椎动物仅有 5% 左右;无脊椎动物捕食者可消费无脊椎动物猎物 25% 的净生产量。

表 4-6　几种生态系统中食草动物利用植物净生产量的比例

生态系统类型	主要植物及其特征	被捕食百分比/(%)
成熟落叶林	乔木,大量非光合生物量,世代时间长,种群增长率低	1.2~2.5
1~7 年弃耕田	一年生草本,种群增长率中等	12
非洲草原	多年生草本,少量非光合生物量,种群增长率高	28~60
人工管理牧场	多年生草本,少量非光合生物量,种群增长率高	30~45
海洋	浮游植物,种群增长率高,世代短	60~99

(引自 Krebs,1978)

第六节　生态系统的分解作用

生态系统中的分解作用(decomposition)是指动植物的残体或尸体等死的有机物质被分解者逐步分解为简单的无机物质并释放能量的过程。这一过程正好和光合作用相反,即光合作用是将无机物质合成有机物质并储存能量的过程。分解作用的意义在于:①通过分解作用,营养物质得以再循环，给植物提供丰富的养料；②由于分解过程释放 CO_2，有利于维持大气中的 CO_2 浓度；③通过碎化作用，动植物残体或尸体分解成为颗粒和碎屑，排除了由它们造成的交流障碍；④分解过程中产生的有机颗粒物为碎屑食物链提供了物质基础，对维持土壤动物物种多样性具有重要意义；⑤改善土壤物理性状，改造地球表面惰性物质，降低污染物危害程度。

一、分解过程

生态系统的分解作用是一个复杂的过程，是由碎化、降解和淋溶三个主要环节所组成的。

(一) 碎化

碎化(break down)是一种物理过程，是指在物理的和生物的作用下，动植物的残骸被分解成为颗粒和碎屑。

(二) 降解

降解(degradation)是指在酶的作用下，把有机物碎屑转变成为腐殖酸和其他可溶性有机物，即从聚合体变成单体，然后腐殖酸和其他可溶性有机物缓慢分解，逐步变成生产者可以重新利用的无机物。例如，纤维素降解为葡萄糖，葡萄糖再降解为 CO_2 和 H_2O 等。

(三) 淋溶

淋溶(leaching)也是一种物理过程，是指可溶性物质被水淋洗出来，进入土壤。

在自然界中，这3个过程是交叉进行、相互影响的。例如，当枯枝落叶掉落到地面时，不仅被细菌、真菌、线菌、放线菌等微生物分解，同时也会被一些无脊椎动物(例如蜈蚣、弹尾、蚯蚓等)摄食，大量的未被无脊椎动物消化的有机物残体通过消化道排出，又会被微生物再次分解。从这个意义上讲，大部分分解者既是消费者又是分解者。有机残体进入土壤，被分解者开始分解后，物理的和生物的分解复杂性一般随时间的推移而增加，分解者生物的多样性也增加，随分解过程的进展，分解速度逐渐降低，待分解的有机物的多样性也降低，直到最后都还原成为无机物。

二、分解者

分解者是异养生物，其作用是把动植物残体的复杂有机物分解为生产者能重新利用的简单化合物，并释放出能量。

(一) 微生物

微生物中细菌和真菌是主要的分解者。在细菌体内和真菌菌丝体内具有各种完成多种特殊的化学反应所需的酶系统。这些酶被分泌到死的有机体内进行分解活动，一些分解产物作为食物而被细菌和真菌所吸收，另一些继续保留在环境中。细菌和真菌能成为有成效的分解者，主要依赖于生长型和营养方式两种适应方式。例如，微生物的菌丝体能穿透和入侵到有机物质深部，甚至只用酶作用难以分解的纤维素，菌丝体也能分开其弱的氢键。分解过程包括细胞外(胞外)分解和细胞内(胞内)分解。胞外分解是指各类分解者分泌出各种胞外酶将大分子的多糖、蛋白质、核酸、脂类等物质水解成不同的小分子的二聚体或单体，例如细菌、放线菌、真菌中的许多种类，能分泌 α 淀粉酶、β 淀粉酶、异淀粉酶等，将淀粉水解形成麦芽糖、葡萄糖，或者分泌纤维素酶将纤维素水解形成葡萄糖。而胞内分解是指营养物质在分解者的细胞内进行的生物氧化作用,主要是以有氧呼吸的方式或是无氧呼吸的方式,将分解形成的 CO_2 释放到环境中的过程,例如硝酸盐还原菌、硫酸盐还原菌等在细胞内分解营养物质是以无氧呼吸的方式进行的。有关细胞内、外的分解过程如图 4-4 所示。

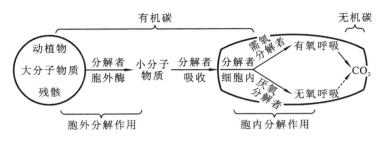

图 4-4　细胞内、外的分解过程
(引自黄福贞,1996)

(二) 动物

在陆地生态系统中,根据身体大小,通常把动物分解者划分为如下的 3 个类群:①小型土壤动物(microfauna),体宽在 100 μm 以下,包括原生动物、线虫、轮虫等,它们都不能碎裂枯枝落叶,属黏附类型。②中型土壤动物(mesofauna),体宽为 100 μm～2 mm,包括弹尾目昆虫、螨、蚯蚓、双翅目幼虫和小型甲虫,大部分都能进攻新落下的枯叶,但对碎裂的贡献不大,对分解的作用主要是调节微生物种群的大小和对大型动物粪便进行处理和加工。只有白蚁,由于其消化管中的共生微生物,能直接影响系统的能流和物流。③大型(macrofauna,2～20 mm)和巨型(megafauna,>20 mm)土壤动物,包括食枯枝落叶的节肢动物,如千足虫、等足目和端足目动物、蛤蝓、蜗牛、较大的蚯蚓。它们是碎裂植物残叶和翻动土壤的主力,对分解和土壤结构有明显影响。

在水域生态系统中,根据其功能,通常动物分解者划分为如下的 5 个类群:①碎裂者,如石蝇幼虫等,以落入河流中的树叶为食;②颗粒状有机物质搜集者,可分为两个亚类,一类从沉积物中搜集,例如摇蚊幼虫和颤蚓;另一类在水体中滤食有机颗粒,如纹石蛾幼虫和蚋幼虫;③刮食者,其口器适应于在石砾表面刮取藻类和死有机物,如扁蜉蝣幼虫;④以藻类为食的食草性动物;⑤捕食动物,以其他无脊椎动物为食,如蚂蟥、蜻蜓幼虫和泥蛉幼虫等。

水域生态系统与陆地生态系统的分解过程,其基本特点是相同的,陆地土壤中蚯蚓是重要的碎裂者生物,而在水体底物中有各种甲壳纲生物起同样作用。

三、影响分解作用的因素

分解过程的特点和速率决定于分解者的生物种类、待分解资源的质量和分解时的理化环境条件三方面因素。三方面的组合决定分解过程每一阶段的速率。

(一) 分解者的生物种类

分解者主要是营腐生生活的细菌、放线菌、真菌等各类微生物,某些土壤动物也有一定的分解能力,通过分解动、植物残骸中的多糖、蛋白质、核酸、脂类等物质,获得个体生存的能源和营养物质,同时将庞大的动、植物残骸分解、清除掉,最终将其中的各类物质以不同的形式归还到环境中。因此,分解者在生态系统中的作用是极为重要的,是不可缺少和不可替代的成分,如果没有它们,动植物尸体将会堆积成灾,物质不能循环,生态系统将毁灭。值得注意的是,分解作用不是一类生物所能完成的,需要多种生物参与,而且不同分解阶段由不同的生物去完成。例如,群落地表的枯枝落叶受动物和微生物的共同作用,很快腐烂和分解。参与植物残体粉碎过程的土壤动物种类、作用顺序及粉碎的速度等,会因时间、地点、气候、土壤等条件以及植物残体种类和形状的不同而有所差异。例如,蚯蚓在温带地区的作用相当重要,但到了亚寒带针叶林,起主要作用的是姬蚯蚓、弹尾、蜱螨等小型土壤动物,在暖温带除蚯蚓外,等足类也发挥较大的作用,在热带,白蚁和蚂蚁则取代了蚯蚓。动物遗体及粪便通常也是由土壤动物来粉碎,但是大型动物的尸体及粪便主要依赖于所谓的"食尸动物(necrophaga)"和"食粪性动物(coprophaga)"等特异类群粉碎。土壤动物本身的尸体、脱皮、弃壳、粪便等往往为其他土壤动物利用,例如蜱螨类尸体被小杆线虫所食。对于地表面大型植物残体(如倒木、朽木和大的枯枝等)进行分解和粉碎的主要是植食性动物(甲虫类,特别是其幼虫及其他昆虫),据报道,橡树从枯死到完全分解的过程中,大约有15种昆虫交替参与分解或粉碎。

(二) 待分解资源的质量

待分解资源在分解者生物的作用下进行分解,因此资源的物理和化学性质影响着分解的速率。资源的物理性质包括表面特性和机械结构,资源的化学性质则因其化学组成不同而不同。图4-5可大致地表示植物死有机物质中各种化学成分的分解速率的相对关系:单糖分解很快,一年后失重达99%;半纤维素其次,一年失重达90%;然后依次为纤维素、木质素、酚。大多数营腐养生活的微生物都能分解单糖、淀粉和半纤维素,但纤维素和木质素则较难分解。纤维素是葡萄糖的聚合物,对酶解的抗性因晶体状结构而大为增加,其分解包括打开网络结构和解聚,需几种酶的复合作用,它们在动物和微生物中分布不广。木质素是一复杂而多变的聚合体,其抗解聚能力不仅由于有酚环,而且还由于它的疏水性。

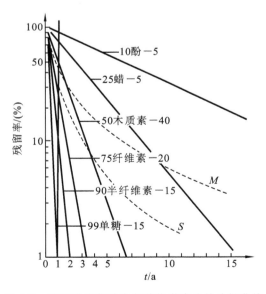

图 4-5　植物枯枝落叶中各种化学成分的分解曲线

各成分前的数字表示每年质量减少率,后面的数字表示各成分质量占枯枝落叶原质量的质量分数;

S 为总和曲线;M 为预测分解过程的近似值

(仿 Anderson,1981)

（三）分解时的理化环境条件

一般来说，温度高、湿度大的地带，其土壤中有机物的分解速率高；而低温和干燥的地带，其分解速率低，因而土壤中易积累有机物质。从湿热的热带森林、温带森林到寒冷的冻原，其有机物分解率随纬度的增高而降低，而有机物的积累过程则随纬度的升高而增高。热带土壤中，除微生物分解外，无脊椎动物也是分解者的重要成员，其对分解活动的贡献明显地高于温带和寒带土壤中同类动物，并且起主要作用的是大型土壤动物。相反，在寒带和冻原土壤中多小型土壤动物，它们对分解过程的贡献甚小，土壤有机物的积累主要取决于低温等理化环境因素。在同一气候带内，局部地方有机物质积累也有区别，它可能取决于该地的土壤类型和待分解资源的特点。例如，受水浸泡的沼泽土壤，由于水泡和缺氧会抑制微生物活动，分解速率极低，有机物质积累量很大，这是沼泽土可供开发有机肥料和生物能源的原因。

第七节　生态系统功能

最早对生态系统功能进行定义的是著名生态学家 Odum，他认为生态系统功能是指生态系统的不同生境、生物学及其系统性质或过程。我们可以从两个层面来理解生态系统功能的涵义，首先生态系统功能即生态系统的过程或性质。生态系统过程就是指构成生态系统的生物及非生物因素为达到一定的结果（如物质、能量和信息的传输）而发生的一系列复杂的相互作用，在这个意义上，生态系统因而具有了能量流动、物质循环和信息传递三大基本功能。其次生态系统功能是生态系统本身所具备的自然属性，是独立于人类而存在的。

一、能量流动

能量流动（energy flow）是生态系统的基本功能之一，是指能量在生态系统内部的输入、传递和散失的过程。在自然界中，太阳能是所有生命活动的能量来源，它通过绿色植物的光合作用进入生态系统，然后从绿色植物转移到各种消费者。

（一）能量传递的热力学定律

1. 热力学第一定律

能量是生态系统的重要驱动力，它在生态系统内的传递和转化规律服从热力学第一定律。热力学第一定律，又称为能量守恒定律，是指自然界一切物体都具有能量，能量有各种不同形式，它可以从一种形式转化为另一种形式，从一个物体传递给另一个物体，但在转化和传递过程中能量的总和保持不变。在生态系统中，光合作用生成物所含有的能量多于光合作用反应物所含有的能量，生态系统通过光合作用所增加的能量等于环境中太阳所减少的能量，总能量不变。所不同的是太阳能转化为化学能输入到了生态系统，表现为生态系统对太阳能的固定。

2. 热力学第二定律

热力学过程是一个自发过程或自动过程。例如，热可以自发地从高温物体传到低温物体，直到两者的温度相同为止。自发过程的共同规律就在于单向趋于平衡状态，而不能自动逆向进行。在生态系统中，复杂的有机物质分解为简单的无机物质是自发过程，但无机物质不能自发地合成为有机物质，需借助于外界能量得以实现。为了判断自发过程进行的方向和限度，可以找出能用来表示各自发过程共同特征的状态函数。熵和自由能就是热力学中两个最重要的状态函数,它们只与体系的始态和终态有关,而与过程的途径无关。热力学第二定律是对能量传递和转化的解释为:在封闭系统中,一切过程都伴随着能量的改变,在能量的传递和转化过程中,除了部分可以继续传递和做功的能量(自由能)外,总有一部分不能继续传递和做功而以热的形式消散的能量,这部分能量使熵增加。因此,能量在生态系统各生物之间每传递一次,一部分的能量就被降解为热而损失掉。开放系统(同外界有物质和能量变换的系统)与封闭系统的性质不同,它倾向于保持较高的自由能使熵较小,只要有物质和能量不断输入和排出,开放系统便可维持一种稳定的平衡状态。生命、生态系统和生物圈都是维持在一种稳定状态的开放系统。低熵的维持是借助于不断地把高效能量降解为低效能量来实现的。在生态系统中,由复杂的生物量结构所规定的"有序"是靠不断"排掉无序"的总群落呼吸来维持的。热力学定律与生态学的关系是明显的,各种各样的生命表现都伴随着能量的传递和转化,例如生长、自我复制和有机物质的合成这些生命的基本过程都离不开能量的传递和转化,否则就不会有生命和生态系统。总之,生态系统内生产者与消费者之间以及捕食者与食物之间的关系都受热力学定律的制约和控制。

热力学定律也决定着生态系统利用能量的限度。在生态系统中,能量的利用效率很低,一般来说,从供体到受体的一次能量传递只能有 $5\%\sim20\%$ 被利用,这样就使能量的传递次数受到了限制,也反映在对生态系统的结构的影响,如食物链的环节数和营养级的级数等。

(二)能量流动的普适模型

1959 年,美国生态学家 Odum 把生态系统的能量流动概括为一个普适的模型(图 4-6)。在这个模型图中,最外面的大方框表示生态系统的边界,小方框表示各个营养级和储存库,并用粗细不等的能流通道把这些小方框按能流的路线连接起来,能流通道的粗细代表能流量的多少,而箭头表示能量流动的方向。因此,从能量流动的普适模型可以看出外部能量的输入以及能量在生态系统中的流动过程。通常,能量可以两种形式输入生态系统中,一是日光能,二是有机物质。其中,日光能是通过绿色植物的光合作用而进入生态系统,能量沿着食物链和食物网流动。因此,在生态系统,能量是以动物、植物物质中的化学潜能形式储存在系统中,或作为产品输出,离开生态系统,或因有机体呼吸释放的热能散发到系统外。由于生态系统是一个开放的系统,其他物质及其所包含的能量也可通过系统的边界输入,例如动物迁移、水流携带、人工补充等。

(三)食物链水平的能量流动

在生态系统中,能量流动可以在种群、食物链和生态系统三个水平或层次上进行。在食物链层次上进行能流分析是把每一个物种都作为能量而从生产者到顶极消费者移动的过程(图 4-7)。当能量沿着一个食物链在几个物种间流动时,测定食物链每一个环节上的能量值,就可提供生态系统内特定点上能流的详细和准确资料。研究表明,食物链每个环节的净初级生产量只有很少一部分被利用,能流过程中能量损失的另一个重要方面是生物的呼吸消耗。也就是说,能量在沿着食物链从一种生物到另一种生物的流动过程中,未被利用的能量和通过呼吸以热的形式消散的能量损失极大。在生态系统中,能量的输入和输出是普遍发生的现象。

(四)营养级水平的能量流动

生态系统层次上分析能量流动,是把每个物种都归属于一个特定的营养级中(依据该物种

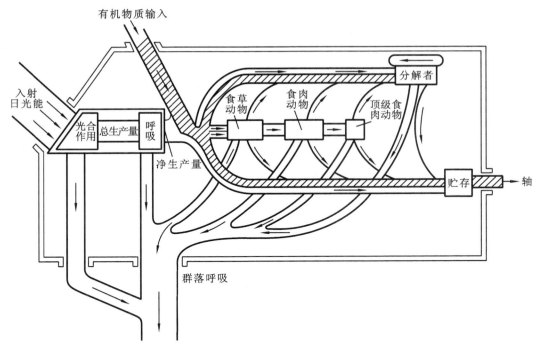

图 4-6　一个普适的生态系统能量流动模型

（引自 Odum，1959）

食物链环节	未利用	GP和NP	R	NP/GP
Ⅰ(植物)	49.3×10^4 (99.6%—ab) 74×10^3 (0.1%—c)	$GP=59.3 \times 10^6$ $NP=49.5 \times 10^6$	8.8×10^6	0.85
Ⅱ(田鼠)	12×10^3 (61.5%—b) 2.6×10^3 (1.3%—c)	$GP=176 \times 10^3$ $NP=6 \times 10^3$ ($+13.5 \times 10^3$输入)	170×10^3	0.03
Ⅲ(鼬)		$GP=55.6 \times 10^2$ $NP=1.3 \times 10^2$	54.3×10^2	0.02

$a.$ 前一环节NP的百分率(%)；$b.$ 未吃；$c.$ 吃后未同化(单位：kcal·ha^{-1}·a^{-1})

图 4-7　食物链水平的能量流动

（引自 Golley，1960）

的主要食性),然后精确地测定每一个营养级能量的输入值和输出值。这种分析目前多见于水生生态系统,因为水生生态系统边界明确,便于计算能量和物质的输入量和输出量,整个系统封闭性较强,与周围环境的物质和能量交换量小,内环境比较稳定,生态因子变化幅度小。由于上述种种原因,水生生态系统(如湖泊、河流、溪流、泉等)常被生态学家用来作为研究生态系统能流的对象。1957年,美国学者曾对佛罗里达州的银泉进行了能流分析,表明当能量从一个营养级流向另一个营养级时,其数量急剧减少,原因是生物呼吸的能量消耗和相当数量的净初级生产量没有被消费者利用,而是通向分解者被分解了。由于能量在流动过程中的急剧减少,以致到第四个营养级时能量已经很少了。如果要增加营养级的数目,则必须先增加生产者的生产量和提高 N/G 的比值,并减少通向分解者的能量。这一能流分析中表明生态系统能量流动的两大特点:①生态系统中的能量流动是单方向和不可逆转的;②能量在流动过程中逐渐减少,这是因为在每一个营养级生物的新陈代谢活动(呼吸)都会消耗相当多的能量,这些能量最终都将以热的形式消散到周围空间中去。能量流动的这两个特点表明:任何生态系统都需要不断得到来自系统外的能量补充,以便维持生态系统的正常功能。如果在一个较长的时期内断绝一个生态系统的能量输入(太阳辐射能或现成有机物质),这个生态系统就会自行消亡。1962年,英国学者曾研究了18年生人工栽培松林的能量流动过程,表明这个森林生态系统所固定的能量中有相当大的部分是沿着碎屑食物链流动的,表现为枯枝落叶和倒木被分解者所分解(占净初级生产量的38%),还有一部分经人类砍伐后以木材的形式移出了松林(占净初级生产量的24%),而沿着捕食食物链流动的能量微乎其微(图4-8)。

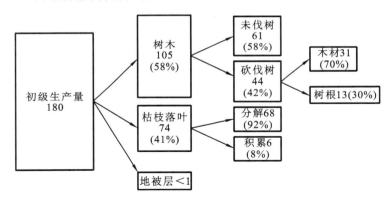

图 4-8 栽培松林的能量流动分析(单位:$\times 10^7$ kcal/hm^2)

二、物质循环

生命的维持不仅依赖于能量的供应,而且也依赖于各种化学元素的供应。对于大多数生物来说,有20多种元素是它们生命活动所不可缺少的。另外,还有大约10种元素对某些生物来说却是必不可少的。生物所需要的糖类虽然可以在光合作用中利用水和大气中的二氧化碳来制造,但是对于制造一些更加复杂的有机物质来说,还需要一些其他元素,例如需要大量的氮和磷,还需要少量的锌和铜等;前者有时被称为大量元素,而后者则被称为微量元素。生物体所需要的大量元素包括碳、氧、氢、氮和磷以及硫、氯、钾、钠、钙、镁、铁和铜等。微量元素包括铝、硼、溴、铬、钴、氟、掠、碘、锰、铝、硒、硅、锯、锡、锑、钒和锌等。

（一）物质循环的一般特点

生态系统中的物质循环（material cycle），又称为生物地化循环（biogeochemical cycle），是指各种有机物质经过分解者分解生成可被生产者利用的形式，归还环境中重复利用，周而复始的循环利用过程。根据范围大小的差异，物质循环分为地球化学循环（地质大循环）和生物循环（生物小循环）两种基本形式。其中，地球化学循环（geochemical cycle）是指化合物或元素经生物体的吸收利用，从环境进入生物有机体内，然后生物有机体以残体或排泄物的形式将物质或元素返回环境，经过五大自然圈（大气圈、水圈、岩石圈、土壤圈和生物圈）循环后再被生物利用的过程。地球化学循环的时间长、范围广，是闭合式的循环。而生物循环（biological cycle）是指环境中的元素经生物体吸收，在生态系统中被相继利用，然后经过分解者的作用，再为生产者吸收、利用，生物循环的时间短、范围小，是开放式的循环。

物质循环和能量流动是生态系统的最基本的过程和功能，它们共同作用使生态系统各个营养级之间和各种成分（非生物成分和生物成分）之间形成了一个完整的功能单位。因此，物质循环与能量流动在生态系统中互相依存、互相制约。能量流动是物质循环的动力，而物质循环是能量流动的载体。但是，物质的流动是循环式的，各种物质都能以被植物利用的形式重返环境（图4-9），而能量流动是单方向的，而且部分以产品或热的形式扩散到系统外，因此生态系统必须不断地从外界获得能量。

生态系统物质循环过程中有两个基本概念是库（pool）和流通率（flow rate）。库是由生态系统中某些生物或非生物成分中一定数量的某种物质所构成的。对于某一种物质而言，存在一个或多个库。物质在生态系统中的循环实质上就是库与库之间的相互流通，这些库借助有关物质在库与库之间的转移而彼此相互联系。例如，在水生生态系统中，磷在水体中的含量是一个库，在浮游植物体内的磷含量又是一个库，在底泥中的磷含量也是一个库。磷在库与库之间的转移就构成了水生生态系统中磷的循环。流通率是指物质或能量在单位时间、单位面积或单位体积内的转移量。为了便于测量和使其模式化，常用周转率（turnover rates）和周转时间（turnover times）来表示某一个物质流通过程对相关库的相对重要性，这种表示十分方便。流通量通常用单位时间、单位面积（或体积）内通过的营养物质的绝对值来表示。为了表示一个特定的流通过程对相关各库的相对重要性，周转率就是出入一个库的流通率（单位/天）除以该库中的营养物质总量；周转时间就是库中的营养物质总量除以流通率，即周转时间表达了移动库中全部营养物质所需要的时间。具体公式如下：

$$周转率＝流通率/库中营养物质总量$$
$$周转时间＝库中营养物质总量/流通率$$

（二）地球化学循环

地球化学循环可以划分为三大类型，即水循环（water cycles）、气体型循环（gaseous cycles）和沉积型循环（sedimentary cycles）。

1. 水循环

水的循环对于生态系统具有特别重要的意义，不仅生物体的大部分（约70%）是由水构成的，而且各种生命活动都离不开水。水中携带着大量的多种化学物质（如各种盐和气体）周而复始地循环，极大地影响着各类营养物质在地球上的分布。除此之外，水对于能量的传递和利用也有着重要的影响，并在防止温度发生剧烈波动方面具有重要的生态调节作用。水的主要

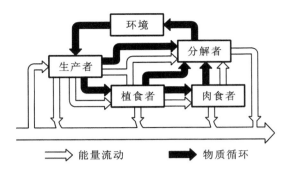

图 4-9   生态系统中的能量流动与物质循环的关系

循环路线是从地球表面通过蒸发进入大气圈,同时又不断从大气圈通过降水回到地球表面(图 4-10)。每年地球表面的蒸发量和全球降水量是相等的,而且这两个相反的过程可以达到一种动态的平衡。蒸发和降水的动力都来自太阳,太阳是推动水在全球进行循环的主要动力。地球表面是由陆地和海洋组成的,陆地的降水量大于蒸发量,而海洋的蒸发量大于降水量,因此,陆地每年都把多余的水通过江河源源不断输送给大海,以弥补海洋每年因蒸发量大于降水量而产生的亏损。生物在全球水循环过程中所起的作用很小,虽然植物在光合作用中要吸收大量的水,但是植物通过呼吸和蒸腾作用又把大量的水送回了大气圈。

水循环的另一个重要特点是,每年降到陆地上的雨雪又以地表径流的形式流入海洋。而这些地表径流能够溶解和携带营养物质,因此它们常把各种营养物质从一个生态系统搬运到另一个生态系统,这对补充某些生态系统营养物质的不足起着重要作用。水的全球循环也影响地球热量的收支情况。从全球观点看,水的循环表明了地球物理和地理环境之间的相互密切作用。水资源问题的产生不是由于降落到地球上的水量不足,而是水的分布不均衡,这尤其与人类人口的集中有关。由于人类已经强烈地参与水的循环,致使自然界可以利用的水资源减少,水的质量下降。现在,水的自然循环已不足以补偿人类对水资源的有害影响。

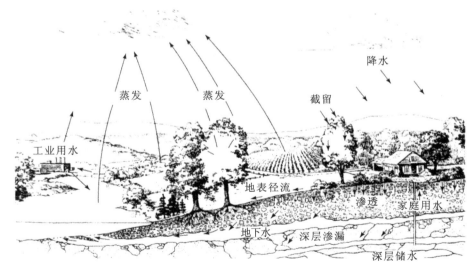

图 4-10   水的循环路线

2. 气体型循环

气体型循环是指物质以气体形态在系统内部或者系统之间循环。在气体型循环中,物质的主要储存库是大气和海洋,其循环与大气和海洋密切相关,具有明显的全球性,循环性能最为完善。凡属于气体型循环的物质,其分子或某些化合物常以气体形式参与循环过程,属于这类的物质有氧、二氧化碳、氮、氯、溴和氟等。

1) 碳循环

碳对生物和生态系统的重要性仅次于水,它构成生物体质量(干重)的 49%。同构成生物的其他元素一样,碳不仅构成生命物质,而且也构成各种非生命化合物。在碳的循环中,更加强调非生命化合物的重要性,因为最大量的碳被固结在岩石圈中,其次是在化石燃料(如石油和煤等)中,这是地球两个最大的碳储存库(图 4-11)。植物通过光合作用从大气中摄取碳的速率和通过呼吸和分解作用把碳释放给大气的速率大体相等。大气中二氧化碳是含碳的主要气体,也是碳参与循环的主要形式。碳循环的基本路线是从大

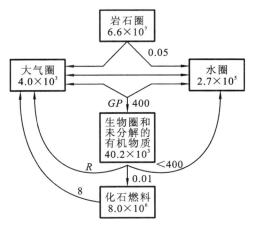

图 4-11　碳的全球循环

气储存库到植物和动物,再从动植物通向分解者,最后又回到大气中去(图 4-12)。在这个循环路线中,大气圈是碳(以 CO_2 的形式)的储存库,二氧化碳在大气中的平均浓度是 0.032%。由于有很多地理因素和其他因素影响植物的光合作用(摄取二氧化碳的过程)和生物的呼吸(释放二氧化碳的过程),所以大气中二氧化碳的含量有着明显的昼夜变化和季节变化。例如,夜晚生物的呼吸作用,可使地面附近大气中二氧化碳的含量上升到 0.05%;而白天植物在光合作用中大量吸收二氧化碳,可使大气中二氧化碳的含量降到平均浓度 0.032% 以下。夏季,植物的光合作用强烈,因此从大气中所摄取的二氧化碳超过其在呼吸和分解过程中所释放的二氧化碳;冬季则刚好相反。结果每年 4—9 月北方大气中二氧化碳的含量最低,冬季和夏季大气中二氧化碳的含量可相差0.002%。除了大气以外,碳的另一个更重要的储存库是海洋。它的含碳量是大气含碳量的 50 倍。特别重要的是,海洋对于调节大气中的含碳量起着非常重要的作用。二氧化碳在大气圈和水圈之间的界面上通过扩散作用而互相交换着,而二氧化碳的移动方向取决于它在界面两侧的相对浓度,它总是从浓度高的一侧向浓度低的一侧移动。在土壤和水域生态系统中,溶解的二氧化碳可以和水结合形成碳酸。碳酸在这个可逆反应中可以生成氢离子和碳酸氢根离子,而后者又可进一步离解为氢离子和碳酸根离子。由于所有这些反应都是可逆的,所以反应进行的方向就取决于参加反应的各成分的浓度。由此可以想到,如果大气中的二氧化碳发生局部短缺,就会引起一系列的补偿反应,水体里的溶解态二氧化碳就会更多地进入大气圈。同样,如果水圈里的碳酸氢根离子在光合作用中被植物耗尽,也可及时通过其他途径或从大气中得到补充。总之,碳在生态系统中的含量过高或过低,都能通过碳循环的自我调节机制而得到调整,并恢复到原有的平衡状态。森林也是生物碳库的主要储存库,相当于目前地球大气含碳量的 2/3。但是,碳循环的调节机制在很大程度上受到人类活动的干扰。大气中二氧化碳含量的变化引起了人们的关注,从长远来看,大气中二氧化碳含量的持续增长将会给地球的生态环境带来什么后果是当前科学家最关心的问题之一。

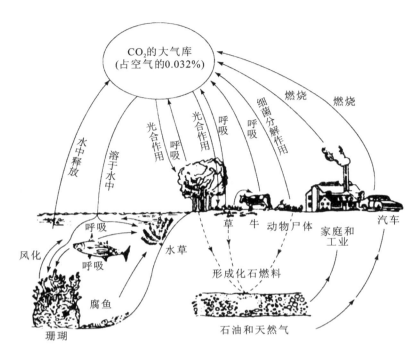

图 4-12　碳的循环路线

2）氮循环

氮是构成生物体蛋白质和核酸的主要元素,在生物学上具有重要的意义。氮的生物地化循环过程非常复杂,循环性能极为完善(图 4-13)。氮的循环与碳的循环大体相似,但也有明显差别。虽然生物所生活的大气圈,其含氮量(79%)比含二氧化碳量(0.032%～0.04%)要多得多,但是氮的气体形式(N_2)只能被极少数的生物所利用。在各种营养物质的循环中,氮的循环是牵连生物最多和最复杂的,这是因为含氮的化合物很多,而且在氮循环的很多环节都有特定微生物的参与。

(1)固氮作用。固氮作用是指大气中氮被转化成氨(铵)的生化过程。在大气成分中 79%是氮气,所以氮最重要的储存库就是大气圈。大多数生物不能直接利用氮气,因此,以无机氮形式(氨、亚硝酸盐和硝酸盐)和有机氮形式(尿素、蛋白质和核酸等)存在的氮库对生物最为重要。大气中的氮只有被固定为无机氮化合物才能被生物利用。虽然固氮的方法有物理化学法和生物法两种,但其中以生物固氮法最为重要。生物固氮需要固氮酶和氢化酶进行催化,且为低能消耗,而工业固氮需要极高的温度和极大的压力。已知有固氮能力的细菌和藻类(蓝藻)很多,一般把它们分为两个类群:一类是共生的固氮生物(主要是细菌,但也可以是真菌和藻类),另一类是营自由生活的固氮生物(包括细菌、藻类和其他一些微生物)。共生的固氮生物主要生活在陆地,而营自由生活的固氮生物在陆地和水域都有。共生固氮生物在数量上至少要比营自由生活的固氮生物多几百倍。在共生固氮生物中,根瘤菌最为重要,也为人类了解的最清楚。在水生生态系统中,固氮生物大都是非共生生物。但满江红及其共生物蓝藻——鱼腥藻,它们广泛分布于我国温带和亚热带的水稻田中,被农民作为肥料加以利用,因此对农业生产有重要意义。

(2)氨化作用。氨化作用是指有机氮化物转化成氨(铵)的过程。当无机氮经由蛋白质和核酸合成过程而形成有机化合物后,这些含氮的有机化合物通过生物的新陈代谢以氮代谢产

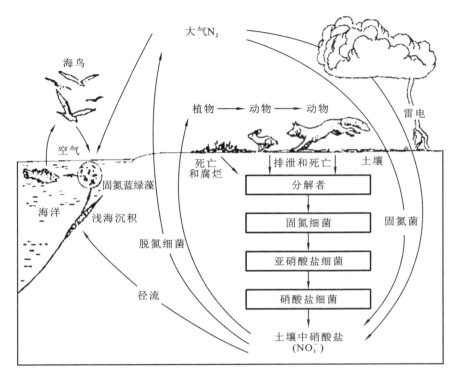

图 4-13　氮的循环

物(尿素和尿酸)的形式重返氮的循环。土壤和水中的很多异养细菌、放线菌和真菌都能利用这种含氮的有机化合物。这些简单的含氮有机化合物在生物的代谢活动中可转变为无机氮化合物,并被释放出来。

(3) 硝化作用。有些自养细菌和海洋中的很多异养细菌可以利用氨或铵盐来合成它们自己的原生质,但对很多生物来说,这些含氮化合物难以被生物利用,而必须使它们在硝化作用中转化为硝酸盐。这个过程在酸性条件下分为两步,第一步是把氨或铵盐转化为亚硝酸盐,第二步是把亚硝酸盐转变为硝酸盐。但硝酸盐和亚硝酸盐很容易通过淋溶作用从土壤中流失。

(4) 反硝化作用(也称脱氮作用)

反硝化作用是指把硝酸盐等较复杂的含氮化合物转化为 N_2、NO 和 N_2O 的过程,这个过程是由细菌和真菌参与的。多数有反硝化作用的微生物都只能把硝酸盐还原为亚硝酸盐,而另一些微生物却可以把亚硝酸盐还原为氮。反硝化作用是在无氧或缺氧条件下进行的,因此,这一过程通常是在透气较差的土壤中进行的。在氧气含量很丰富的湖泊和海洋表层,反硝化作用便很难发生。但在水生生态系统缺氧的状态下,氮分子就可以通过反硝化过程而产生。反硝化作用最重要的终产物是分子氮,没有 NO 和 N_2O,分子氮如果未在固氮活动中被重新利用则会返回大气氮库。

在地球上,每年可以通过生物固氮、工业固氮、光化学固氮和火山活动固氮等方式固氮,但是由于生物的反硝化作用消减了全球的固氮量。近年来由于工业固氮量的日益增长导致所固定的氮为造成水生生态系统污染(如富营养化等)的主要因素。氮有很多条循环路线,而每一条路线都受生物或非生物机制所调节。全球的氮循环是平衡的,固氮过程被反硝化过程所抵消。即如果工业固氮量加速增长,而反硝化作用的增加速度跟不上,那么任何已经达到的平衡都可能受到越来越大的压力。另外一个干扰平衡的因素是来自汽车和其他机动车所排放的含氮气体,它们是造成空气污染的主要因素之一,而且对呼吸系统和大气臭氧层非常有害。

(三)沉积型循环

沉积型循环(sedimentary cycle)的蓄库主要是岩石圈和土壤圈。属于沉积型循环的营养元素主要有磷、硫、钾、钠、钙等。

1. 磷循环

磷没有任何气体形式或蒸气形式的化合物,因此是比较典型的沉积型循环。沉积型的循环物质都存在两种相:岩行相和溶盐相。这类物质的循环都是起自岩石的风化,终于水中的沉积。岩石风化后,溶解在水中的盐便随着水流经土壤进入溪、河、湖、海并沉积在海底,其中一些长期留在海水中;另一些可形成新的地壳,风化后又再次进入循环圈。动植物从溶盐中或其他生物中获得这些物质,死后又通过分解和腐败过程而使这些物质重新回到水中和土壤中(图4-14)。磷的主要储存库是天然磷矿,由于风化、侵蚀作用和人类的开采活动,磷才被释放出来。一些磷经由植物、食草动物和食肉动物而在生物之间流动,待生物死亡和分解后又使其重返环境。在陆地生态系统中,磷的有机化合物被细菌分解为磷酸盐,其中一些被植物吸收,另一些则转化为不能被植物利用的化合物;陆地的另一部分磷则随水流进入湖泊和海洋。

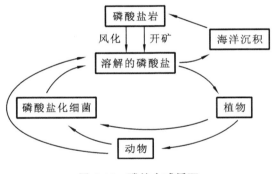

图 4-14　磷的全球循环

在淡水和海洋生态系统中,磷酸盐能够迅速地被浮游植物吸收,而后又转移到浮游动物和其他动物体内(图4-15)。浮游动物每天排出的磷量约与其生物体内所储存的磷量相等,从而使循环持续进行。浮游动物排出的磷有一半以上是可以被浮游植物吸收的无机磷酸盐。水体中其他的有机磷可被细菌利用,细菌又被一些浮游动物取食,这些小动物可以排泄磷酸盐。一部分磷沉积在浅海,一部分磷沉积在深海。这些沉积在深海的磷又可以随着海水的上涌被带到光合作用带并被浮游植物利用。由于动植物残体的下沉,常使水表层的磷被耗尽而深水中的磷过多。人类的活动已经改变了磷的循环过程。由于农作物耗尽了土壤中的天然磷,人们便不得不施用磷肥。由于土壤中含有许多钙、铁和铵离子,大部分用做肥料的磷酸盐都变成了不溶性的盐而被固结在土壤中或池塘、湖泊及海洋的沉积物中。由于很多施于土壤中的磷酸盐最终都被固结在深层沉积物中,并且由于浮游植物不足以维持磷的循环,所以沉积到海洋深处的磷比增加到陆地和淡水生态系统中的磷要多。

2. 硫循环

硫循环(sulfur cycle)的特点是既属沉积型,也属气体型,实际上硫循环有一个长期沉积阶段和一个较短的气体阶段,在气体阶段,硫可以在全球范围内进行流动(图4-16)。硫的主要

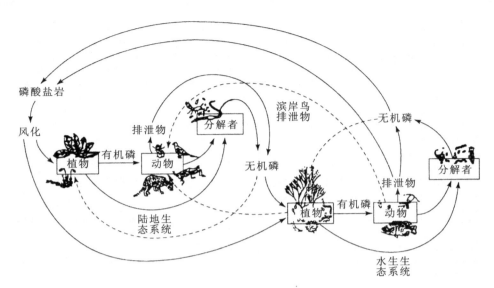

图 4-15　磷的周转时间与生物代谢的关系

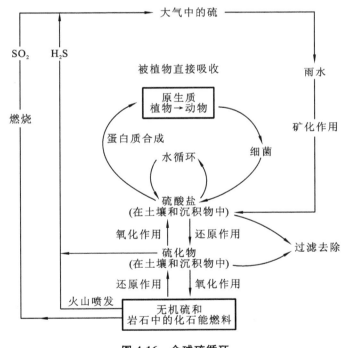

图 4-16　全球硫循环

（引自李博等，2000）

储存库是岩石圈，以硫化亚铁（FeS_2）的形式存在，但它在大气圈中能自由移动。岩石库中的硫酸盐主要通过生物分解和自然风化作用进入生态系统。化能合成细菌能够在利用硫化物中含有的潜能的同时，通过氧化作用将沉积物中的硫化物转变成硫酸盐，这些硫酸盐一部分可以为植物直接利用，另一部分仍能生成硫酸盐和化石燃料中的无机硫，再次进入岩石蓄库中。自然界中的火山爆发也可将岩石蓄库中的硫以硫化氢的形式释放到大气中，化石燃料的燃烧也将蓄库中的硫以二氧化硫的形式释放到大气中,可为植物吸收。人类活动对硫循环的影响很大。例如,由于燃烧化石燃料,人类每年向大气中输入的二氧化硫达 1.47×10^8 t。大气中的二氧化硫以及一氧化氮,在强光照射下,进行光化学氧化作用,并和水汽结合而形成硫酸和硝酸,使雨雪的 pH 值下降。通常 pH 值小于 5.6 的雨水称为酸雨(acid rain),酸雨是目前全球性重大环境问题之一。

(四)有毒有害物质循环

有毒有害物质的循环是指那些对有机体有毒有害的物质进入生态系统,通过食物链和食物网的富集或被分解的过程。由于工农业生产以及城市化的迅速发展,人类向环境中排放的有毒有害物质的种类和数量与日俱增,而且它们像其他物质一样,在食物链和食物网上进行循环流动。由于多数有毒有害物质,尤其是人工合成的大分子有机化合物和不可分解的重金属元素,在生物体代谢过程中不能被排出体外,长期停留在生物体内而呈现富集的现象,毒性加强,从而危害食物链和食物网上的不同营养级生物(包括人),致使生物有机体中毒,甚至死亡。生物富集是指某种元素或某些难以分解的化合物通过食物链在有机体内逐级积累起来,并且随着食物链中营养级的升高,累积量增加。例如,滴滴涕,其化学名为双对氯苯基三氯乙烷(dichlorodiphenyltrichloroethane,DDT),是有效的杀虫剂,20 世纪上半叶在防治农业病虫害、减轻疟疾伤寒等方面起着重要作用。但是,科学家们后来发现滴滴涕在环境中非常难降解,并可在动物脂肪内累积,甚至在南极企鹅的血液中也检测出了滴滴涕。

三、信息传递

在生态系统中,种群和种群之间、种群内部个体和个体之间,甚至生物和环境之间都存在信息传递。信息传递与联系的方式是多种多样的,通常包括营养信息、化学信息、物理信息和行为信息,这些信息构成了生态系统的信息网络,把生态系统各组分联系成一个整体,并且有调节系统稳定性的作用。

(一)信息流

生态系统信息流是指生态系统中存在大量的、复杂的信息,经过信息通路进行传送、交流和反馈的过程。信息流既不是循环流动(物质流),又不是单向流动(能流),而往往是双向流动的。即存在信息输入到信息输出的传递过程,也存在信息输出对信息输入的反馈过程。信息传递是生态系统的三大基本功能之一。与生态系统物质循环和能量流动相比,生态系统信息传递的研究非常薄弱。这主要是因为:第一,生态系统中信息的多样性和复杂性;第二,生态系统中信息量大、信息类型多。

(二)信息传递过程

生态系统信息流动是一个复杂过程,涉及生态系统中的生产者、消费者和分解者等,并且信息在流动过程中会发生复杂的信息交流和转换。其传递的基本过程有如下几点。

1. 信息产生

生态系统中信息产生过程是生物之间、生物与环境之间相互作用的一种体现形式,也是一个自然的过程。只要有生态系统存在,就会有信息的产生。例如,光照对植物和鸟类等是重要的生态因子,而光周期变化则成为植物和鸟类重要的信息。

2. 信息获取

信息获取是指信息的感知和对信息的识别。在生态系统中,不同生物对信息的获取方式是不同的。例如,鸟类的鸣叫和狗对气味的敏感性分别是由二者的听觉和嗅觉来感知和获取信息的。

3. 信息传递

信息传递包括信息的发送、传输和接收等过程和环节。这里涉及几个重要的概念:信源、信道和信宿等。信源即信息源,产生传输的信号;信道是指连接信息输出端和信息接收端的媒介;信宿是指信息接收者,即信息传递的目的地。

4. 信息处理系统

信息处理系统是对信息进行加工和转换的场所。如大脑神经网络系统是信息处理的主体,对接收的信息进行识别、分析和做出反馈。

5. 信息再生

信息再生是指利用已有的信息来产生信息的过程。即由客观信息转变为主观信息的过程。

6. 信息实效

信息实效是指信息发挥作用和利用信息的过程,包括控制、优化和决策等。

(三)信息类型及其传递

生态系统中常见的信息类型及其传递可以划分为物理、化学、行为和营养四大类型。

1. 物理信息及其传递

生态系统中的以各种光、热、声、电、磁等为传递形式的信息称为物理信息。如鸟类的鸣叫、动物的声音和对电的敏感性等都是物理信息的传递方式。

2. 化学信息及其传递

化学信息是生态系统中信息传递的重要方式,是生态系统信息流组成的主要部分。化学信息在生物的种群类和种群间广泛存在。例如,气温、激素、神经体液等。化学信息传递方式主要有动物与植物间的化学信息,动物之间的化学信息,植物之间的化学信息等。

3. 行为信息及其传递

一些动物靠其特殊的行为来传递某种信息,称之为行为信息。如蜜蜂的舞蹈动作可告知其他蜜蜂蜜源所在地。

4. 营养信息及其传递

生态系统中的食物链其实就是一个营养信息系统,各种生物通过营养信息关系组成一个相互关联的整体。根据生态金字塔理论,由前一营养级的生物量可推算出后一营养级的生物量。

第八节　生态系统服务

生态系统是在自然界长期演化过程中,生物群落与生态环境条件相互作用、相互适应而形成的。由于地球上的自然条件千差万别,因此自然生态系统复杂多样。在人类出现以后,与生态系统建立了密不可分的关系,而且在长期对自然资源进行利用和改造过程中,逐渐认识了生态系统的结构、功能和生态过程。人们在生态系统的利用和改造的过程中,不仅注重其直接消费价值或市场价值,同时也重视其生态效益、社会效益。

一、生态系统服务的概念

自1935年Tansley提出生态系统(ecosystem)这个概念以来,人们从不同角度、不同层次针对生态系统开展了大量的研究,其中,生态系统功能(ecosystem functions)和生态系统服务(ecosystem services)已成为当今生态学研究的重要领域。然而,由于不同学者对于这两者内涵的理解不同,从而出现了不同的定义,有些学者将两者完全分开,而有些则将其混为一体。例如,国内常见的"生态系统服务功能"的提法,一方面模糊了"服务"与"功能"的区别,不利于开展生态系统服务产生的功能机理研究,另一方面也给生态系统服务的合理分类和定量价值评估带来了不便。

生态系统服务的概念是随着生态系统结构、功能及其生态过程深入研究而逐渐提出、并不断发展的。生态系统为人类提供"服务"(service)这一概念首先出现在"关键环境问题研究小组"(Study of Critical Environmental Problems,SCEP)1970年出版的《人类对全球环境的影响报告》这本著作中。他们使用了"环境服务"(environmental services)的概念,并列出一系列自然系统提供的"环境服务",例如害虫控制、昆虫传粉、渔业、土壤形成、水土保持、气候调节、洪水控制、物质循环与大气组成等。1974年,Holdren和Ehrilich通过研究生态系统在土壤肥力与基因库维持中的作用,系统分析了生物多样性的丧失将会怎样影响生态服务,以及能否用先进的科学技术来替代自然生态系统的服务等问题,并将"环境服务"概念拓展为"全球环境服务"(global environmental services)。1977年,Westman提出应该考虑生态系统收益的社会价值,以使社会可以做出更加合理的政策和管理决定,并将这些社会收益称为"自然的服务(nature's services)"。1981年,Ehrlich对"环境服务""自然服务"等相关概念进行了梳理和统一,将Westman的"自然的服务"首次称为"生态系统服务(ecosystem services)",这一术语逐渐被学术界所接受,并被广泛使用。此后,也陆续出现了不少关于生态系统服务的定义。例如,Daily(1997)认为生态系统服务是指自然生态系统及其物种所提供的能够满足和维持人类生活需要的条件和过程;Constanza等学者(1997)将生态系统产品(如食物)和服务(如废弃物处理)两者合称为生态系统服务,即生态系统服务是指人类直接或者间接从生态系统中获得的利益,并将生态系统服务具体分为17种类型,每种类型又对应着不同的生态系统功能;在千年生态系统评估(Millennium Ecosystem Assessment,MA)的有关研究报告中,对于生态系统服务的定义基本上采用了Costanza等学者的观点,认为生态系统服务是人类直接或者间接从生态系统中获得的惠益。目前,国内绝大多数学者认为生态系统服务是指生态系统与生态过程所形成及所维持的人类赖以生存的自然效用。它不仅为人类提供食物、医药和其他生产生活原料,还创造与维持了地球的生命支持系统,形成人类生存所必需的环境条件,同时还为人类生活提供了休闲、娱乐与美学享受。

值得注意的是,生态系统功能与生态系统服务两者之间的关系。生态系统功能侧重于反映生态系统的自然属性,因此即使没有人类的需求,生态系统功能照样存在;而生态系统服务则是基于人类的需要、利用和偏好,反映了人类对生态系统功能的利用,如果没有人类的需求,就无所谓生态系统服务。进一步来讲,生态系统功能是构建系统内生物有机体生理功能的过程,是维持生态系统服务的基础,其多样性对于持续地提供产品的生产和服务至关重要,可以说没有生态系统的功能就没有生态系统的服务。生态系统服务是由生态系统功能产生的,是生态系统功能满足人类福利的一种表现。生态系统服务与生态系统功能存在着对应的关系,但两者关系不是一一对应。在有些情况下,一种生态系统服务可由两种或两种以上功能所共同产生;同时,一种功能又可能会同时参与两种或两种以上的生态系统服务的产生过程(图4-17)。例如,粮食、木材等生态系统服务的产生既需要各种营养物质的循环也需要能量的流动,而碳循环功能在气候调节服务与木材提供服务中都有参与。

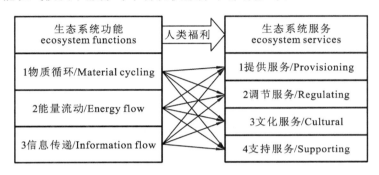

图 4-17　生态系统功能与生态系统服务的关系

(引自冯剑丰等,2009)

二、生态系统服务的类型

生态系统服务具有多功能性,因此不同的学者对生态系统服务的分类存在差异。例如,Daily 将生态系统服务划分为 13 种类型,包括缓解干旱和洪水、废物的分解和解毒、产生和更新土壤和土壤肥力、植物授粉、农业害虫的控制、稳定局部气候、支持不同的人类文化传统以及提供美学、文化以及娱乐等(不包括产品)。Costanza 等从功能的角度将生态系统服务划分为17 种类型,包括气体调节、气候调节、干扰调节、水调节、水供给、控制侵蚀和保持沉积物、土壤形成、营养循环、废物处理、授粉、生物控制、栖息地、食物生产、原材料生产、基因资源、休闲娱乐、文化。千年生态系统评估(2005)则把生态系统服务划分为供给(provisioning)、调节(regulating)、文化(cultural)、支持(supporting)4 大类 20 多个指标。其中供给服务包括供给食物、木材、纤维、遗传资源、生物化学物质、天然药材和药物、淡水等指标;调节服务包括调节空气质量、气候、水源,控制水土流失,净化水源,废物处理,控制疾病及病虫害,授粉,控制自然灾害指标;文化服务包括精神和宗教价值、审美价值、休闲和生态旅游等指标;支持服务包括光合作用、养分循环、土壤形成、初级生产、水循环等指标。在我国,谢高地等学者(2008)将生态系统服务划分为食物生产、原材料生产、景观愉悦、气体调节、气候调节、水源涵养、土壤形成与保持、废物处理、生物多样性维持 9 种类型,其中气候调节功能的价值包括了 Costanza 体系中的干扰调节,土壤形成与保持包括了 Costanza 等分类中的土壤形成、营养循环、侵蚀控制 3 项功能,生物多样性维持中包括了 Costanza 等分类中的授粉、生物控制、栖息地、基因资源 4 项功能(表4-7)。

表 4-7　国内生态系统服务类型与国外划分的对比

一级类型	二级类型	与 Constanza 等分类的对照	生态服务的定义
供给服务	食物生产	食物生产	将太阳能转化为能食用的植物和动物产品
	原材料生产	原材料生产	将太阳能转化为人类生物能,给人类作建筑物或其他用途
调节服务	气体调节	气体调节	生态系统维持大气化学组分平衡,吸收 SO_2、吸收氟化物、吸收氮氧化物
	气候调节	气候调节、干扰调节	生态系统对区域气候的调节作用,如增加降水,降低气温
	水文调节	水调节、水供给	生态系统的淡水过滤、持留和储存功能以及供给淡水
	废物处理	废物处理	植被和生物在多余养分和化合物去除和分解中的作用,滞留灰尘
支持服务	保持土壤	防侵蚀、土壤形成、营养循环	有机质积累及植被根物质和生物在土壤保持中的作用,养分循环和积累
	维持生物多样性	授粉、生物控制、栖息地、基因资源	野生动植物基因来源进化,野生植物和动物栖息地
文化服务	提供美学景观	休闲娱乐,文化	具有(潜在)娱乐用途,文化和艺术价值的景观

(引自谢高地等,2008;蔡晓明等,2012)

三、主要生态系统的服务

(一)森林生态系统服务

森林生态系统比陆地其他的生态系统具有更加复杂的空间结构和营养链式结构,它在维持自身结构和功能的同时也支撑和维持了地球生命支持系统,给人类提供了自然资源和生存环境两个方面的多种服务功能。具体地说,森林生态系统服务大致包括以下几个方面。

1. 提供产品功能

森林生态系统具有较高的生物生产力,高大的树干、庞大的树冠为人类提供了大量的木材以及枝丫、叶、果实等,除了用作木材和燃料外,还是重要的食物和工业原料。

2. 调节功能

(1)调节气候。森林生态系统作为一种特殊的下垫面,在一定程度上对周围湿度、降水、温度、风力都有着明显的调节作用。森林具有强大的蒸散能力,其蒸散量占降水量的30%～95%,能够使周围湿度大大增加,并能在一定程度上增加水平降雨;森林庞大的树冠层在地表和大气之间形成一个绿色的调温器,从而形成特有的林内小气候,并对周围温度产生很大影响。

(2)固定 C。森林生态系统是对 C 循环影响最大的自然因素,其地上部分及土壤中的 C 储存量分别占全球陆地植物和土壤中 C 储量的83%和63%。森林是 CO_2 的主要消耗者,它主

要以 CO_2 作原料进行光合作用,固定和储存 C,同时释放出 O_2。森林每生产 1.0×10^4 kg 干物质,可吸收 1.6×10^4 kg CO_2,释放 1.2×10^4 kg O_2;森林每长出 1 m^3 的蓄积量,大约可吸收固定 350 kg 的 CO_2。每平方千米森林每年净光合吸收碳为:热带林为 $4.5 \times 10^5 \sim 1.6 \times 10^6$ kg,温带林为 $2.6 \times 10^5 \sim 1.125 \times 10^6$ kg,寒带林为 $1.8 \times 10^5 \sim 9 \times 10^5$ kg,而耕地为 $4.5 \times 10^4 \sim 2.0 \times 10^5$ kg,草地约为 1.3×10^5 kg。森林一旦遭到破坏,则不仅会每年减少净同化的 CO_2 量,而且将导致森林生态系统中 C 素库的释放,因此森林生态系统是全球 C 循环的一个重要组成部分,在减缓温室效应、稳定气候方面起重要作用。

(3) 调节径流和涵养水源。森林凭借其庞大的林冠、厚厚的枯枝落叶和发达的根系,能够起到良好的蓄水和净化水质的作用。森林改变了降水的分配形式,其林冠层、林下灌草层、枯枝落叶层、林地土壤层等通过拦截、吸收、蓄积降水,涵养了大量水源。我国热带、亚热带、温带和寒温带 4 种气候带 54 种森林综合涵蓄降水能力在 100 mm 左右,相当于 10^8 kg/km^2。森林依靠其调节径流和涵养水源能力,可以削减洪峰流量、推迟洪峰到来时间、减小洪枯比、增加水资源的有效利用率。

(4) 林冠层对降水的再分配。大面积森林存在时,降水被林冠重新分配成 3 个不同的部分,即穿透水、径流水和截留水。一般而言,森林生态系统冠层穿透水占 15%～60%,林冠截留水占 10%～40%,穿过林冠层后的径流水占 5%～20%。我国主要森林生态系统林冠的截留率的平均值为 11.40%～34.34%。由于林下活地被物的存在,经过林冠的降水在达到林地之前,会发生与林冠相类似的降水截留过程。亚热带地区主要森林活地被物地上部分生物量 $2.9 \times 10^4 \sim 5.04 \times 10^5$ kg/km^2,相当于 $0.03 \sim 0.50$ mm 的降水深度,平均为 0.2 mm。

(5) 枯落物涵养水源。森林枯落物有很强的持水能力,一般吸持的水量可达其自身干重的 2～4 倍,各种森林枯落物的最大持水率平均为 309.54%;不同森林枯落物层的最大持水量相差较大,平均为 4.18 mm。

(6) 土壤涵养水源。各种森林土壤的孔隙结构往往优于草地。例如,热带亚热带常绿落叶阔叶林混交林的非毛管孔隙度、毛管孔隙度和总孔隙度分别比草地高出 3.6 倍、1.6 倍和 2.0 倍;在温寒带和温带地区,森林土壤与草地土壤的孔隙结构差异较小但还是比较明显的。森林土壤层是巨大的“天然水库”。据我国森林土壤 0～60 cm 土层的蓄水量测算结果,非毛管孔隙蓄水量变动于 36.42～142.16 mm,最大蓄水量相应变动于 286.32～486.6 mm。

(7) 净化水质。森林对污染的降解作用也是十分明显的。森林的林冠层和土壤层能吸收、吸附大气降水中携带的各种物质,从而减少了穿透雨中的污染物浓度。例如,对湖南杉木林吸收降水中污染物进行研究发现,大气水携带的 18 种有机污染物质的累计含量为 186 kg/km^2,而相应的林冠穿透水、树干径流、地表径流和地下径流中这些物质的累计含量分别下降到 36.3 kg/km^2、19.3 kg/km^2、2.1 kg/km^2 和 0.4 kg/km^2,下降的幅度分别高达 80.48%、89.62%、98.86% 和 99.68%。

(8) 保持水土。森林保持水土功能主要表现在以下几个方面:林冠可以拦截相当数量的降水量,减弱暴雨强度和延长其降落时间;土壤渗透力强、枯枝落叶层厚减流效果明显,能有效抑制地表径流的形成;减弱土壤冻结程度,延缓融雪,增加地下水储量;根系和树干对土壤起到机械固持作用;林分的生物小循环对土壤的理化性质、抗水蚀、风蚀能力起到改良作用。此外,通过其茂密的枝叶、粗大的树干和林下死活地被物的涵养水源和调节径流功能,减小地表径流的冲刷侵蚀能力,以及林木发达的根系网络固持土体,可以有效防止面蚀、沟蚀的形成和发展,防止或减小滑坡、泥石流的规模和危害。

（9）净化环境。森林生态系统的净化环境功能主要包括吸收污染物质、阻滞粉尘、杀灭病菌和降低噪声。森林能吸收二氧化硫、氟化氢、氧化亚氮、氨、臭氧、汞蒸气、铅蒸汽以及过氧化乙酰硝酸酯、乙烯、苯、醛、酮等有害气体,还具有降低光化学烟雾污染和净化放射性物质的作用。例如,二氧化硫通过一条高 15 m、宽 15 m 的法国梧桐林带,浓度可降低 25%～65%。森林对浮尘和飘尘具有很大的阻挡、过滤和吸附作用。树木能够降低风速,可以使大颗粒灰尘因风速减弱而沉降于地面。由于叶表面粗糙、多绒毛,分泌油脂和黏性物质,所以能吸附、黏着部分尘粒,而叶表面经降水冲洗,可以恢复和保持滞尘效应。例如,一平方千米松林每年可吸附尘埃 3.6×10^6 kg,杉林 3×10^6 kg,栎类林 6.65×10^6 kg;一个位于绿化良好地区的城镇,其降尘量只有树木缺乏城镇的 1/9～1/8。一般来说,针叶林的年滞尘能力为 3.32×10^6 kg/km²,阔叶林为 1.011×10^6 kg/km²。

（10）营养物质循环。生态系统通过生态过程促使生物与非生物环境之间进行物质交换。绿色植物从无机环境中获得必需的营养物质,构成生物体,小型异养生物分解已死的原生质或复杂的化合物,吸收其中某些分解的产物,释放能为绿色植物所利用的无机营养物质。生态系统的营养物质循环主要是在生物库、枯落物库和土壤库之间进行,其中生物与土壤之间的养分交换过程是最主要的过程,同时也是植物进行初级生产的基础,对维持生态系统的功能和过程十分重要。参与生态系统维持养分循环的物质种类很多,其中的大量元素有有机物质、全氮、有效磷、有效钾等。

（11）防风固沙。防护林凭借高大的树干和繁茂的枝叶,林木能够有效降低风速、减弱风能,起到绿色屏障的作用。防护林不但改善了自然环境,而且增加了作物产量;沿海防护林在阻挡台风长驱直入、减轻风害损失方面功能也很显著。我国辽东沿海防护林平均降低风速 20%～60%,减弱风速的高度达 6～12 倍树高,沿海防护林带还具有降低海潮流速、减轻破坏力的功能,对固堤护岸发挥了极其重要的作用。森林植被以其茂密的枝叶和聚积枯落物庇护表层沙粒,避免风的直接作用;同时植物作为沙地上一种具有可塑性结构的障碍物,使地面粗糙度增大,大大降低底层风速;植物也可加速土壤形成过程,提高黏结力,根系也起到固结沙粒作用,从而提高临界风速值,增强抗风蚀能力,起到固沙作用。例如,宁夏沙坡头地区在植被覆盖下的成土作用,每年约以 1.63 mm 的厚度发展。

3. 文化功能

森林生态系统的文化功能是指人们通过精神感受、知识获取、主观印象、消遣娱乐和美学体验从生态系统中获得的非物质利益,主要包括以森林生态系统为基础形成并发展的颇具特色的民族文化多样性、精神和宗教价值、社会关系、知识系统（传说的和有形的）、教育价值、灵感、美学价值及文化遗产价值。此外,还包括由森林生态系统独特的自然景观、气候特色和森林地区长期形成的民族特色、人文特色和地缘优势构成的得天独厚的森林生态旅游资源。

4. 支持功能

支持功能为其他所有生态系统服务提供所必需的基础功能。区别于提供产品功能、调节功能和文化功能,支持功能对人类的影响是间接的或者通过较长时间才能发生,而其他类型的服务则是相对直接的和短期影响于人类。例如,人类不直接利用土壤形成服务功能,但土壤改变将间接地通过影响食物生产和提供服务影响人类。同样,光合作用产氧应归类于支持功能,主要是因为对大气中氧浓度的影响将只能在一个非常漫长的时间内发生。支持功能的其他例子包括太阳能固定、初级生产、氮循环、水循环、生境提供等。

此外,森林生态系统通过其复杂的组织结构,成为自然界物种生存、繁殖与进化的庇护所。

森林是一个庞大的生物世界,森林之中除了各种乔木、灌木、草本植物外,还有苔藓、地衣、蕨类、鸟类、兽类、昆虫和微生物等。目前地球上有 500 万种以上的生物中,有一半以上在森林中栖息繁衍。

(二)草地生态系统服务

草地生态系统为人类提供了多种产品和服务,主要包括:提供净初级生产物质、碳蓄积与碳汇、调节气候、涵养水源、水土保持和防风固沙、改良土壤、生物多样性保育等。

1. 提供净初级生产物质

草地生态系统中的植物群落,通过光合作用提供净初级生产物质,为消费者和分解者提供必需的物质和能量。草地生态系统提供初级生产物质的功能具有重要的意义和价值,它既是草地生态系统的多种功能能否正常发挥的基本条件,同时也是进行次级物质生产的基础。

2. 碳蓄积与碳汇

草地生态系统可以通过光合作用吸收大气中的 CO_2,对调节大气成分具有重要的作用。同时,草地生态系统也是受人类干扰较严重的生态系统,一旦草地受到破坏后,草地中存储的大量的碳将重新回到大气中,这必将增加 CO_2 的排放,加剧温室效应和全球变暖。尽管草地生态系统的碳储量不如森林大,且地上部分经常受到放牧、农垦等影响,但是由于草地地下部分分解缓慢,碳汇作用明显,因此草地生态系统在全球碳平衡中仍有重要的碳汇作用。高寒地区草地拥有丰富的碳储量,可能会对全球碳循环具有重要的影响作用。我国草地的总碳储量占我国陆地生态系统的 16.7%。从全球草地植被碳蓄积的格局来看,中国草地生态系统碳储量占世界草地生态系统的 8% 左右,而且单位面积的碳密度高于世界平均水平,这说明中国草地生态系统在全球碳循环和碳蓄积中占有十分重要的地位。

3. 调节气候

草地生态系统的调节气候主要表现在吸收温室气体,改变地表反射率进而改变地表温度,调节湿度。草地可吸收辐射外地表的热量,故夏季地表温度比裸地低 3~5 ℃;而冬季相反,草地比裸地高 6~6.5 ℃。由于草地表的蒸腾作用具有调节气温和空气中湿度的能力,与裸地相比,草地上湿度一般较裸地高 20% 左右;同时草地植被保护土壤不受阳光直射,从而降低了地面温度和减少了地面热流上升,最终达到改变区域气候的功能。根据计算,草地植物每生产 1 kg 的干物质,需要蒸腾掉 100 kg 的水分,这些水分可以增加空气的湿度。

4. 涵养水源

草地不仅具有截留降水的功能,据试验,冰草的降水截留量可达 50%。草地比空旷裸地有较高的渗透性和保水能力,对涵养土壤中的水分具有积极作用。在保持原有的植物群落和较高植被覆盖度时,土壤上层具有较高的持水能力,降水通过表层向深层土壤渗透的速度缓慢,且具有较均匀的土壤水分空间分布,水源涵养的功能十分明显。

5. 水土保持和防风固沙

草本植物群落对地表形成一定的覆盖,其根系固结着土壤,使土壤可以免受水分侵蚀。因此,草地生态系统对于防止水土流失、减少地面径流作用显著。研究人员还发现,草地防止水土流失的能力明显高于灌丛和林地,如生长 3~8 年的林地,拦截地表径流的能力为 34%,而生长两年的草地拦截地表径流的能力为 54%,高于林地 20 个百分点。研究表明,草地和林地能够减少径流中的含沙量分别为 70.3% 和 37.3%。草地拦截径流量和减少含沙量的能力也分别比林地高出 58.8% 和 88.5%。根据黄土高原区水土流失的测定资料,农田比草地的水土流失量高 40～100 倍。种草的坡地与不种草的坡地相比,地面径流量可以减少 47%,冲刷量减少 77%。植被主要通过 3 种生态过程对地表土壤形成保护作用:覆盖部分地表,使被覆盖部分免受风力的直接作用;增加下垫面粗糙度,吸收和分散地面以上一定高度内的风动量,从而达到减弱到达地表面风动量的目的,拦截运动的沙粒,促使其沉积。

6. 改良土壤

与木本植物相比,草地植被在形成、改良土壤中的作用十分重要,而且很具特色。草地植被在土壤表层下面具有稠密的根系并残遗大量的有机质。据研究,高寒草甸类草地在 0～50 cm 土层中的草根含量,每平方千米分别为 5.22×10^6 kg 和 4.74×10^6 kg,其氮素含量分别为 6.5772×10^4 kg 和 8.1528×10^4 kg。这些物质在土壤微生物的作用下,能够促进土壤团粒结构的形成,从而具有改良土壤,培养肥力的功能,同时由于土壤腐殖质与钙质胶结,能够在一定程度上提高土壤的抗蚀性。在各种草地植被类型中,应该特别提及草地中的豆科牧草,根系上生长大量的根瘤菌,具有固定空气中游离氮的能力,可以为草地生态系统提供大量的氮肥。豆科牧草为主的草地,平均每平方千米每年可固定空气中的氮素 1.5×10^4～2.0×10^4 kg。如生长 3 年的紫花苜蓿(*Medicago sativa*)草地可形成氮素 1.5×10^4 kg,相当于 3.3×10^4 kg 的尿素,形成磷 45 kg。在苜蓿根系中,营养元素含量为:氮 2%,磷 0.7%,钾 0.9%,钙 1.3%,比禾谷类作物根系含量高 3～7 倍(黄振艳,2005)。因此,豆科植物中的秸秆直接还田是增加土壤有机质含量的有效措施之一。

7. 生物多样性保育

草地生态系统在地球上分布十分广泛,跨越多种水平气候区和垂直气候带。自然条件的复杂性带来了物种种群和群落的多样性,致使草地生态系统蕴藏着丰富的生物种质资源,这些物种资源对自然群落的演替,对自然种群的发展和物种的演化起着重要的作用。草地生态系统在生物多样性方面的功能主要是为人类提供了一个储存大量基因物质的基因库,是作物和牲畜的主要起源中心。据初步统计,草地饲用植物种类约有 246 科 1 545 属 6 700 种,我国有 225 属 1 200 余种禾本科植物,分布在各类不同的天然草地生态系统中,这些禾本科植物是草地主要的饲用植物。有些禾本科植物与人类种植的谷物和牧草有亲缘关系,对作物和牧草育种有重要的意义。草地生态系统是动物和微生物的重要栖息地,保存了大量的有价值的物种。这些物种通过自然选择和杂交,可能产生一些新的特性和变种,这必将进一步推动草地生态系统动物种群的发展。

(三)荒漠生态系统的服务

荒漠生态系统环境的严酷性决定了它的脆弱性和不稳定性。然而,正因为如此,从荒漠生态系统的服务及其价值评估进行研究,对提高人们对荒漠生态系统重要性的认识,促使人们转变观念,采取积极有效的措施在保护的前提下,合理利用荒漠资源才具有更重要的现实意义。但由于对荒漠生态系统服务价值的重视程度不够和缺乏相关基础研究数据和监测信息,以及有关的技术和方法方面的限制,国际上对这类生态系统服务及其价值评估的研究并不多见。程磊磊等(2013)把荒漠生态系统服务划分为防风固沙、土壤保育、固碳释氧、水资源调控、生物多样性保育、旅游文化 6 种类型。

1. 防风固沙

防风固沙是荒漠生态系统提供的最为重要的生态服务,主要表现为荒漠植被降低风沙流动从而减少在农业、工业和交通等方面的风沙损害。

2. 土壤保育

荒漠生态系统保育土壤的生态价值主要包括重要营养物质碳、氮、磷在生态系统中的年吸收量与总储量。我国西部荒漠生态系统新吸收的氮总量为 4.8×10^8 kg/a，磷 3.1×10^6 kg/a，钾 3.2×10^8 kg/a。氮、磷、钾 3 种营养元素的总储存量分别为 6.1×10^8 kg/a，4×10^6 kg/a，4.1×10^8 kg/a(任鸿昌等，2007)。荒漠植被可以减少土壤养分流失和减轻泥沙淤积。除此之外，荒漠生态系统的土壤保育价值还表现在沙尘化学循环的全球环境增益方面。从全球范围来看，从荒漠生态系统中吹走的沙尘会影响海洋浮游生物的净初级生产力、酸雨发生频率以及区域大气降水等。沙尘增益是荒漠生态系统提供的最为独特的生态服务，但是，由于缺乏对沙尘化学循环的全球环境影响机理的深入研究，目前仍没有学者尝试评估这类生态系统服务的价值。

3. 固碳释氧

荒漠生态系统植物通过光合作用固定 CO_2，同时释放出 O_2，有利于维持大气中 CO_2 和 O_2 的动态平衡，减缓温室效应，以及为人类生存提供最基本条件。我国西部荒漠生态系统释放 O_2 的数量为 4.231×10^{10} kg/a。固定 CO_2 的总量为 5.817×10^{10} kg/a，储存总量为 7.48×10^{10} kg(任鸿昌等，2007)。学者对 O_2 释放量的核算并不存在异议，但是对 CO_2 固定量的核算范围持有不同看法。其中，一部分学者认为生态系统的固碳量只包括植被的固碳量，另一部分学者则认为还应该包括土壤的固碳量。Lal(1999)对土壤碳吸收潜力进行研究得出，沙漠的土壤碳积累率为 2.0×10^4 kg/(km^2·a)。程磊磊等(2013)研究认为荒漠生态系统中沙漠化土地面积比例比较大。因此，在核算整个荒漠生态系统的固碳量时有必要包括土壤的固碳量。

4. 水资源调控

水资源是荒漠生态系统正常运转、保持生态平衡的限制性因素，也是荒漠生态系统中能量流动、物质循环的重要载体。荒漠生态系统的水资源调控价值主要表现为植被涵养水源和土壤凝结水。荒漠生态系统中在水资源丰富的地方常有大量植被分布，而植被具有涵养水源的功能，主要表现为拦蓄降水、补充地下水、调节径流和净化水质等。在荒漠地区，土壤凝结水是非常重要的水资源，具有重要的生态作用，是维持沙地表土和沙丘稳定的重要因素，也是荒漠生态系统中食物链的主要水分来源，能起到减少土壤蒸发损失的重要作用。

5. 生物多样性保育

荒漠生态系统中的代表性物种，特别是稀有动植物，是荒漠植物多样性研究及其保护的重要组成部分。中国荒漠区植物种类贫乏(1 000 余种)，分布稀疏，生物量小，起源古老，地理成分复杂(有 14 个地理分布型)，特有成分多(80 余种)，珍稀濒危植物种类相对较多(50～60种)，在荒漠气候和特殊的土壤基质条件下，形成了多种生态型和特殊的生活型，为荒漠植物多样性易地保护提供了可能性和必要性。长期适应荒漠环境的各类植物具有多种多样的抗逆性基因，因此有着潜在的开发利用前景。

6. 旅游文化

由于荒漠特殊的景观及其内部的植被、文化遗迹、居民生活方式吸引着旅游者前往，因此荒漠地区成为旅游目的地之一。荒漠旅游资源的地域性、独特性、科学性、知识性以及神秘性都成为其独特的吸引要素。刘敏等(2013)对荒漠旅游资源的特殊性进行分析，总结了荒漠景观观光、荒漠文化遗产考古开发、荒漠探险开发、小众荒漠生态旅游开发、荒漠度假体验开发、沙漠体育公园开发、荒漠主题城市开发 7 种模式。

（四）湿地生态系统服务

1. 提供产品功能

湿地生态系统提供产品功能主要包括为人类提供生活及生产所需的粮食、水产品等动物蛋白和蔬菜；提供家居生活用水、灌溉用水和工业用水；提供木材、薪柴和泥炭；从生物体内提取药物和其他化学物质；提供培育抵抗植物病原体的基因，改进观赏物种的基因等。与其他陆地生态系统相比，湿地的生物生产量较高，净初级生产量平均约为 $1\,000\ g/(m^2 \cdot a)$，最高可为 $2\,000\ g/(m^2 \cdot a)$ 以上，仅次于热带雨林。湿地生态系统每年平均生产蛋白质是陆生生态系统的 3.5 倍。湿地为我们带来丰富的动植物产品，如水稻、藕、菱、芡、藻类、芦苇、虾、蟹、贝、鱼类等。湿地中药用植物有 200 余种，含有葡萄糖、糖苷、鞣质、生物碱、乙醚油和其他生物活性物质。中国有湿地动物 500 余种，其中许多是经济动物（王思元等，2009）。

2. 支持功能

湿地生态系统能保留沉积物，富集有机物。湿地水流速度缓慢，有利于沉积物沉降，在湿地中生长、生活着多种多样的植物、微生物和细菌。生活和生产污水排入湿地后，通过湿地生物化学过程的转换，水中污染物可被储存、沉积、分解或转化，从而使污染物消失或浓度降低。据估算，在湿地水生植物体内富集的重金属浓度比水中的浓度高出 10 万倍以上。香蒲和芦苇都能有效吸收水中有毒物质，并被成功地用于处理含有毒物质的污水（王思元等，2009）。另外，湿地生态系统通过光合作用为其他生物提供能量和生存场所，同时湿地也是水分循环的载体。

3. 调节功能

湿地生态系统的调节功能主要有以下几个方面：①影响温室气体的排放，增加空气湿度，调控小气候。湿地植物通过光合作用固定大气中的 CO_2，在厌氧环境下植物残体分解缓慢，形成富含有机质的土壤和泥炭。加拿大、俄罗斯和芬兰等国家对泥炭地碳积累速度的研究表明，北方泥炭地碳积累速度在 $8\sim20\ g/(m^2 \cdot a)$ 之间，是陆地生态系统中一个重要的碳汇。湿地的碳固存速度非常缓慢，然而湿地被排干后碳分解速度却非常快，以至于几千年储存的碳在几年内被分解并释放到大气中。因此，保护湿地可以有效地防止温室气体的排放。另外，湿地水分蒸发可使附近区域的湿度增大，降雨量增加，具有调节区域气候的作用（刘子刚，2004）。②蓄纳洪水，补充地下水。对于湿地中的沼泽，土壤具有特殊的水文物理性质，土壤中草根层和泥炭层孔隙度达 $72\%\sim93\%$，饱和持水度达 $500\sim10\,000\ g/kg$，甚至更高，沼泽湿地蓄水量达 $2.0\times10^5\sim1.5\times10^6\ m^3/km^2$，具有很强的蓄水性和透水性，被称为蓄水、防洪的天然"海绵"（程军等，2012）。③湿地能吸附、降解、转移水体中过多的养分（如氮、磷、钾等）和污染物。湿地具有强大的净化污水能力，是自然环境中自净能力最强的生态系统之一，同森林相比，它是同等地域森林净化能力的 1.5 倍。

4. 文化功能

中国有许多重要的旅游风景区分布在湿地区域。滨海的沙滩、海水是重要的旅游资源，还有不少湖泊因自然景观壮丽而吸引人们前往，被开辟为旅游和疗养胜地。滇池、太湖、西湖等都是著名的风景区，不但创造直接的经济效益，还具有重要的文化价值。这些湿地生态景观为人类提供发现美学价值的机会和条件，为人们提供休闲活动的场所，为各类宗教提供崇拜的偶像和精神寄托。此外，湿地具有生态系统多样性植物群落、濒危物种等，这些物种在科研中都具有重要地位，湿地为科普教育和科学研究提供了广泛的对象（王思元等，2009）。

（五）淡水水生生态系统服务

淡水生态系统包括江河、溪流、湖泊、池塘、水库等陆地水体。淡水生态系统是重要的水资源库。水资源包括水质、水量、水能和水生生物4个要素。根据水资源的四要素，淡水生态系统服务可分为以下几种类型。

1. 供水

供水是水生生态系统最基本的服务功能。根据水体的水质状况，分为提供生活饮用水、提供工业用水和农田灌溉等用途，其价值是由水质和水量共同决定的。

2. 水能

水力发电是该功能的转换形式，天然河道中的水流，其理论蕴藏的水位差与通过的水量成正比。

3. 水生生物提供的服务

水生生物是淡水生态系统服务的提供主体。水生生物提供的服务主要包括淡水生态系统的初级生产者提供产品的服务功能，即吸收CO_2、释放O_2的功能，营养元素的循环及对污染物的吸收、分解和指示作用等功能。

4. 环境功能

淡水水生生态的环境功能包括：①灾害调节。水库等具有纳洪、排水的功能，在洪涝季节具有较强的蓄洪能力，水库可调节水文过程，减缓流速，降低洪水对下游的冲击能力；在干旱季节，水库的泄水和涵养的地下水可通过河川径流进行补给，维持了河流生态用水。②气候调节。湖（库）区与大气有大面积的接触，降雨通过水汽蒸发和蒸腾作用回到大气中，可对气温、云量和降雨进行调节，一定程度上影响了气候。③水质净化。在一定范围内，水生生物通过自然稀释、扩散、氧化等一系列物理、化学和生物过程净化由径流等带入水体中的污染物，可有效净化水质。④休闲娱乐、精神文化及教育价值。⑤内陆航运。水的浮力特性为承载航运提供了条件，如三峡工程的一个重要功能就是改善航运条件，此项功能主要是对具有一定规模的河流而言的。

（六）海洋生态系统服务

海洋生态系统作为地球巨型系统的重要组成部分，它的丰富资源和巨大功能为人类社会的生存发展和进步提供了强有力的必要支持。据Costanza等（1997）估算，全球的生态系统所提供的服务中的63.0%来自海洋，37.0%来自陆地。在海洋生态系统中，仅大洋总初级生产力每年就达40×10^9 t C，与陆生植物相当。海洋生态系统内的生物种类及生态过程远比陆地生态系统复杂得多，因此使海洋生态系统具有了能够提供更多生态系统服务的可能。海洋生态系统的表现特征与量化指标如表4-8所示。与其他生态系统服务相比较，海洋生态系统服务具有如下的两个特点。

1. 海洋生态系统服务的异地实现性显著

由于海洋生态系统的连续性和流动性，海洋生态系统的服务经常不在本地实现。例如，海洋生态系统的气候调节功能经常是在全球尺度上得以实现。同时海洋生态系统内的生物也可以在更大范围内游动和迁徙，也使得海洋生态系统的服务表现出明显的异地实现。例如，海洋的食品生产功能，由于鱼虾类一般产卵场所与被捕获场所分离，所以经常表现为鱼虾在甲地生出,却在乙地被捕获。从而属于甲地生态系统的服务在乙地得以实现。海洋生态系统服务的这种异地实现、空间分离特点,常常会让人们错误地认为:海洋生态系统提供的服务是无限的,从而造成滥用和难以对服务的源头进行保护和修复的问题。

2. 海洋生态系统服务的开放性明显

广阔的海洋和漫长的海岸线,使得人们可以更为容易地进入海洋生态系统。同时海洋的边界性不明显,在历史上,海洋的所有权从来没有像陆地那样明确和界限分明。这就造成了人人都可以无阻碍进入,对海洋生态系统服务也曾一度滥用。海洋生态的物质产出功能被极度攫取,环境净化功能被超容量使用,这使服务的载体——海洋生态系统——遭受巨大损伤。同时,海洋生态系统服务的开放性也造成人人都想最大程度地享用服务,而不愿为其保护和维持做贡献。开放性也使得海洋生态系统也比陆地更难以管理和限制进入,从而影响到了对该系统的修复与保护工作。海洋生态系统的开放性还造成了人类对其服务使用的非排他性(一个人享用海洋生态系统的服务,并不排斥其他人也享用)与非竞争性(某个人对一种物品的消费并不妨碍别人对该物品的消费)。

海洋生态系统服务上述的两个特点,使其自身往往成为了受害者。由于受到利益驱动,人们只想从中获取服务,从而不愿保护、维持或修复这些服务。针对异地实现的特点,我们的管理应该考虑在服务生产区域与享用区域之间进行协调和补偿,以保持这些服务的持续供给。例如,鱼虾在甲地产卵,而被乙地的人所享受,那么乙地就应该对甲地产卵场进行保护和补偿支付,以便让甲地保护此产卵场,进而维持乙地继续享用此项服务,这也是基于生态系统的管理思路。针对开放性,应该考虑更为明晰的海洋产权政策和可转让匹配制度,在限制进入的同时,对部分生态系统服务的利用实行私有化与市场化。

表 4-8　海洋生态系统的表现特征与量化指标

服务	表现特征	可用的量化指标
(1) 食品供给	海洋生态系统为人类直接提供的各种海洋食品,既包括从海洋中捕捞的产品,也包含了养殖产品。但有些是无法统计的	可食鱼类生产量; 可食虾蟹类生产量; 可食贝类生产量; 可食藻类生产量; 其他可食海洋产品产量(如海参、鱼翅等)
(2) 原材料供给	为人类间接提供食物及日常用品、燃料、药物、添加剂等生产性原料、生物化学物质。将人类不能直接使用的部分转化为可间接利用的各类物质	鱼肝油产量; 鱼粉产量; 几丁质产量; 海洋药物产量; 藻粉、藻胶产量; 其他可利用的原材料产量
(3) 基因资源	动植物繁育和生物技术的基因和基因信息	野生的物种数量
(4) 气候调节	海洋生态系统及各种生态过程对温室气体的吸收,从而对区域或全球的气候调节	对温室气体的吸收数量; CO_2固定量

续表

服 务	表 现 特 征	可用的量化指标
（5）空气质量调节	海洋生态系统向大气中释放有益物质和吸收有害化学物质等过程，并进而保护空气的质量	O_2 的释放量； 臭氧的释放量； 其他有害气体的吸收量
（6）水质净化调节	海洋生态系统帮助过滤和分解化合物及有机废弃物。通过生态过程吸收和降解有害有毒化学物质的过程	环境容量； 主要污染物排海量； 从环境中移除污染物数量
（7）有害生物与疾病的生物调节与控制	对一些有害生物与疾病的生物调节与控制，可以明显地降低相关病害与灾害的发生概率。如浮游动物、贝类等对有毒海藻类的摄食，生态系统对病原生物的控制等	由于养殖贝类减少的赤潮发生次数和面积； 由于浮游动物减少的赤潮发生次数和面积； 自然生态系统与人工生态系统的病害发生次数及损失差异
（8）干扰调节	海洋生态系统对各种环境波动的包容量、衰减及综合作用。如海洋沼草群落、红树林等对海洋风暴潮、台风等自然灾害的衰减作用等； 海草漂浮的叶子对波浪有缓冲作用	有保护与无保护地区间的损失差异； 减少的各种灾害经济损失
（9）精神文化服务	海洋生态系统满足人类精神需求、艺术创作和教育等的非商业性贡献。如产生精神文化多样性，产生创作灵感，增加教育和实践机会	艺术创作人数； 学生教育实践人数
（10）知识扩展服务	由于海洋生态系统的复杂性与多样性，而产生和吸引的科学研究以及对人类知识的补充等贡献，这类服务通常具有潜在的商业价值，即依靠所获得的知识可产生其他收益。如通过对海洋生态系统的科学研究，所形成的人类管理知识及能力，以及仿生工具的开发等陆地生态系统没有的知识与智能	对某些海洋生态系统进行的科学研究投入数量以及获得的科研成果数量
（11）旅游娱乐服务	由海岸带和海洋生态系统所形成的独有景观和美学特征，并进而产生的具有直接商业利用价值的贡献。如海洋生态旅游、渔家游和垂钓活动等	来此旅游及娱乐的人数及费用支出数量
（12）初级生产	有机体对能量和养分的吸收和积累，并为其他生态过程提供初始能量，如各种植物及微生物利用光能、化能的生产	初级生产力水平

服 务	表 现 特 征	可用的量化指标
（13）物质循环	一切生态过程中所需物质的不断形式转化及流转的过程。包括 N、P 等营养物质的循环及水循环等	物质的循环速率及在不同组分中的比率
（14）生物多样性	生物多样性是指由海洋生态系统产生并维持的遗传多样性、物种多样性与系统多样性，对维持生态系统的结构稳定与服务可持续供应具有重要意义	生物多样性指数；物种数量；系统类型的数量
（15）提供生境	主要是指由海洋大型底栖植物所形成的海藻森林、盐沼群落、红树林以及底栖动物形成的珊瑚礁等，对其他生物提供生存生活空间和庇护场所	各种索饵场、栖息地、产卵场和生物避难所的面积大小和环境质量好坏

（引自张朝晖等，2007）

思考题

一、名词解释

生态系统　生态系统生态学　生产者　消费者　分解者　食物链　食物网　营养级
生态金字塔　生态效率　林德曼效率　生物生产　初级生产量　生产量　生物量
生产力　次级生产　物质循环　能量流动　生物地球化学循环　周转率　流通率
蓄库　活动库　气体型循环　氨化作用　硝化作用　反硝化作用　沉积型循环
生态系统功能　生态系统服务

二、简答题

1. 何谓生态系统？各类生态系统的共同特征是什么？
2. 生态系统生态学的研究对象和研究任务是什么？
3. 简述"螳螂捕蝉，黄雀在后"的生态含义。
4. 简述食物链的类型及其特点。
5. 说明生物量和生产量概念的区别及相互联系。
6. 简述生态系统的生产力的测定方法。
7. 简析生态系统的物质循环和能量流动的区别和联系。
8. 说明初级生产力的限制因素。
9. 举例说明次级生产力与哪些因素有关。
10. 简述有毒有害物质循环的一般特点。
11. 简述生态系统功能和生态系统服务的区别与联系。

三、论述题

1. 试举例说明生态系统中物质循环的基本类型及过程。
2. 以碳循环为例说明生物地球化学循环的过程及其生态学意义。

扩充读物

[1]蔡晓明. 生态系统生态学[M]. 北京:科学出版社,2000.

[2]蔡晓明,蔡博峰. 生态系统的理论和实践[M]. 北京:化学工业出版业,2012.

[3]冯剑丰,李宇,朱琳. 生态系统功能与生态系统服务的概念辨析[J]. 生态环境学报,2009,18(4):1599-1603.

第五章

应用生态学

【提要】 应用生态学的含义、研究内容及其分支学科；环境污染的类型及其生态处理工程；土壤退化的类型及其生态修复技术；全球气候变化的成因、生态效应及其生态对策；外来种的入侵途径、危害及其防治技术；生物多样性的价值、丧失原因及其保护途径；人口增长的特点及其产生的生态问题；城市化及其产生的生态问题。

第一节 应用生态学概述

一、应用生态学含义

应用生态学(applied ecology)是指将理论生态学研究所得到的基本规律和关系应用到生态保护、生态管理和生态建设的实践中，使人类社会实践符合自然生态规律，使人与自然和谐相处、协调发展。因此，应用生态学是研究协调人类与生物圈之间的关系和协调此种复杂关系以达到和谐发展目的的科学。

在实际研究中，理论生态学与应用生态学是相互交叉的，很难截然分开，因为前者需要有研究对象的实例，而后者也要有适合研究对象的独特理论和模型。事实上，在理论生态学发展的同时，作为连接生态学与各类生物生产领域和人类生活环境与生活质量领域桥梁和纽带的应用生态学也越来越受到人们的重视。应用生态学的命题给理论生态学提出了许多新的任务，而生态学理论研究成果的积累，如对生态现象、过程和规律的揭示，无疑又为应用生态学在解决实际问题时提供了理论依据。

二、应用生态学的研究内容

作为生态学的一大研究门类，应用生态学的研究对象十分广泛，几乎涵盖了地球表面所有的生态系统类型，因此，它的研究内容也非常丰富。应用生态学的基本研究内容就是对与人类生产、生活密切相关的生态系统的组成、形态、结构、功能、环境，及它们的变化引起的生态系统生产能力的波动、生态环境的变迁、生态灾害的形成与防范、生态系统管理与调控等方面进行深入的探讨，了解生态系统合理、安全的运行机制，以求生态系统处于最佳运行状态，为人类谋求更大的利益。

由于应用生态学与经典生态学的区分是以人类及其活动介入生态系统与否为基本分界的。因此，应用生态学显然包含了极为宽广的研究领域，它不能被视为生态学的一个分支，而是生态学的一大研究门类。所有与研究人类活动有关的生态学分支如农业生态学、渔业生态学、林业生态学、草地牧业生态学、污染生态学、城市生态学、资源生态学以及野生动植物管理保护、生态预测乃至景观生态学、区域生态学及全球生态学中的部分或大部分领域都可归属在应用生态学这一门类之下。基础生态学将重点放在解决新的、富有想象力、能够检验以前没有考虑到的过程"问题"（questions）上，而这些过程问题是理解一般生态系统的关键，回答这些问题对检验生态范式（ecological paradigm）的普适性具有重要的意义。应用生态学则是解决问题（problems）的答案（answers），能够为管理者和决策者提供严谨科学的答案。目前应用生态学已发展成为一个庞大的学科门类。

应用生态学结合动植物生产、资源和环境管理等实践需要，研究应用过程中的生态学原理和方法。由于现代人类对开发生物资源、管理生物环境等更广泛和深入的实际需要，生态学的应用价值显得越来越高，着重从应用需要来研究生态学的领域也不断被开拓。农田生态学、林学、野生动物管理学、动物驯化鱼饲料、自然资源保护、病虫害防治、污染生态学、流行病学、环境卫生学、放射生态学、太空旅行生态学等，都属于或可以看作是应用生态学的研究领域。

三、应用生态学的学科范畴及分支学科

（一）学科范畴

经典生态学研究主要包括个体、种群、群落、生态系统等不同组织水平生命现象的生态格局与生态过程，并且以生态系统作为生态学研究的最高单元，一般将生态系统的生物组成划分为生产者、消费者、分解者三元结构。人是这个食物链上的一个环节，属于杂食性消费者。这种划分对于自然生态系统或只有原始人的生态系统可能是非常正确的，但在今天，生物圈内几乎任何角落都有现代人的影响，而这种影响远非一个普通的杂食性消费者所能施加的，人是现代生态系统的调控者。根据人在生态系统中的特殊生态位，胡涛提出了生态系统生物构成的四元结构：生产者、消费者、分解者和调控者。作为杂食性消费者的人，参与能量流动、物质循环；而作为调控者的人，则在经济活动与社会运行过程中，按照人类自身的经济需求与社会意愿来调控系统的其他组分。这样，一个整体的人被分为两部分，人的自然属性属于自然子系统，人的社会属性属于经济与社会子系统，两者之间的联系正是通过人这个纽带得以实现的。

（二）分支学科

根据各分支学科的特点，可以把应用生态学划分为产业生态学、管理生态学、效益生态学等不同的分支学科。

1. 产业生态学（industrial ecology）

研究各大产业内部及与外部之间的生态关系，它追求产业在生态关系协调的前提下的高生产率，但生产率并不等同于生产效益。各产业部门都有自己独特的生态系统和研究对象，因此就有自己独特的研究理论和方法。例如农业生态学、森林生态学、草地生态学、工业生态学、旅游生态学。

2. 管理生态学（management ecology）

研究某些独特的生态系统的管理理论、方法和策略，以及受损生态系统的修复理论和技术，保护生态系统的平衡发展。例如城市生态学、恢复生态学、生态工程学、资源生态学、灾害生态学、全球变化生态学、景观生态学。

3. 效益生态学(efficiency ecology)

研究生态效益和经济效益的关系,它在生态效益不受损害的前提下追求高的经济效益,但这种经济效益是以长期的可持续发展为特征的。例如生态经济学、可持续发展生态学等。

四、应用生态学的形成与发展

任何学科的产生、发展主要受到社会的需求、学科本身的内在发展规律以及新技术、新方法的影响。应用生态学的产生也不例外。生态学从诞生至今已有 100 多年的历史。从生态学产生的历史看,它一开始就是与许多生产实践紧密联系的;但作为生态学的一大重要门类,应用生态学诞生于 20 世纪 60 年代。

第二次世界大战结束后,尤其是 20 世纪 50 及 60 年代,全球经济得到飞速发展,同时环境问题不断出现,可以说是工业发展、公害泛滥的年代。1935 年 Tansley 提出生态系统的概念;1942 年,Lindeman 发表了关于生态系统能量流动定量分析的论文,标志着生态系统能流研究的开端;1953 年,Odum 出版了《生态学基础》(*Fundamentals of Ecology*)一书,从此许多学者把生态系统作为生态学的研究对象,生态学得到了迅速发展,在研究方法、研究内容和任务上都有很大变化。生态学家在发展生态系统生态学理论基础的同时,也开始面向解决实际问题。生态学从单一学科、小范围的研究,转向综合研究,如研究人类环境遭受破坏的机制,带来危害的程度和后果,生态保护和建设的对策和技术方法。

1962 年美国海洋生物学家卡逊发表《寂静的春天》(*Silent Spring*)。在潜心研究美国使用杀虫剂所产生的危害后,卡逊通过对污染物富集、迁移、转化的描写,阐明了人类同大气、海洋、河流、土壤、动植物的关系,初步揭示了污染对生态系统的影响。该文引发了人类对自身的传统行为和观念进行比较系统和深入的反思。1964 年,英国生态学会创办了《应用生态学》(*Journal of Applied Ecology*)。这是应用生态学发展史上的两个重要事件。人类社会进入 21 世纪后,面临着人口增长与资源环境的矛盾不断加剧的现实,由此呼吁应用生态学的研究者和实践者更应该勇敢去面对这种挑战。回忆过去,应用生态学取得了长足进展;展望未来,应用生态学任重而道远。

(一)应用生态学的萌芽阶段(19 世纪前)

这一阶段与生态学理论发展过程中的"生态学知识累积时期"相对应。在人类社会早期,人们为了生存需要,认识了动植物的生活习性并应用于人类生产生活中。我国古书《尔雅》中就记载了多种动、植物的生存环境及其用途,还有乔木林用、草木药用的思想。春秋战国时期,合理利用森林的思想也有记载。《孟子·梁惠王下》中说,"数罟不入洿池,鱼鳖不胜食也;斧斤以时入山林,林木不可胜用也";《荀子·王制》中说,"斩伐养长,不失其时,故山林不童,而百姓有余材也";《吕氏春秋》中说,"竭泽而渔,岂不得鱼,而明年无鱼;焚薮而田,岂不获得,而明年无兽"。这些都是应用生态学的内容。

这一时期由于生态学科本身没有形成,应用生态学也只是一些零星的思想而已,处于萌芽阶段。应用生态学的形成要在生态学诞生后并且在理论上得到一定发展后才能实现。

(二)应用生态学形成阶段(1800—1910 年)

进入 19 世纪,各国农林牧渔等业比较发达,在生产中,生态学思想已经普遍存在。18 世纪时,欧洲关于人与自然的关系问题存在两种不同意见:一种认为人类与自然应该和谐相处,类似于中国传统"天人合一"的思想;另一种认为人类有权力统治地球上的一切,有权力征服和利用它们。后一种思想得到西方一些作家、画家和艺术家的赞赏,并深刻地影响着人们的思想,直到19世纪中叶后,人们才清醒地认识到保护自然的重要性。Marsh(1864年)在《人和自然》中提出了"保护自然、长期利用"的观点。1872年,美国建立了第一个国家公园——黄石公园。1874年,英国成立了旨在保护历史纪念地自然风景区的"国家信托公司";1898年成立"皇家河流污染委员会",保护自然河流。20世纪初,英美不少学者将生态学知识应用于城市规划和公园的发展,如英国Geddes把植物学知识应用于城市规划,维持和发展了园林规划的传统。1910年地质学家Shaler(英)出版了《人和地球》一书,清楚地表达了生态学家的信念:"人们生活在地球上,他们有权获得一份仅供自己使用的资源,但他们无权挥霍属于他们子孙的资源。"这标志着可持续发展生态学思想的形成。

（三）应用生态学大发展（1910年至今）

20世纪20年代开始,由于人口增长,工业发展,城市速度加快,人类面临许多的挑战,主要有人口问题、资源问题、环境问题等。解决这些问题,都必须以生态学作为基础。生态学不再限于生物学,而是渗透到地学、经济学、环境保护、城乡建设等各个部门,从而使生态学成为举世瞩目的多分支学科。20世纪30年代,人们对环境、生态和资源的问题根源认识尚不清楚,没有认识到人类本身是引起这些问题的根本因素,也没有看到生态环境研究对经济、社会的重大意义。虽然"人类生态学"一词已出现,但没有实质性的内容。后来诞生的《社会生态学》著作,用了生态学中的竞争原理研究社会。从1960年起,生态学家更多地关注经济、社会问题,而经济学家、社会学家也同时更关注生态、环境和资源问题,因此交叉性很强的应用生态学分支学科包括人类生态学、经济生态学、文化生态学等相继出现并逐渐成熟,在社会发展中起到越来越大的作用,这也是应用生态学大发展的标志之一。

第二节 环境污染与污染物处理生态工程

人类对自然界的不断开发和探索,在获得巨大的经济利益的同时,也面临着生存环境不断恶化的问题。大量的污染物出现,使人们居住的环境变得越来越糟糕。这种现象称之为环境污染。

一、环境污染及其类型

（一）环境污染的概念

根据我国的国家标准,环境污染是指环境的物理、化学和生物等条件的变化,是环境系统的结构与功能产生有害于人类和其他生物正常生存和发展的现象。环境污染既可由人类活动引起,如人类生产和生活活动排放的污染物对环境的污染;也可由自然的原因引起,如火山爆发释放的尘埃和有害气体对环境的污染。环境保护中所指的环境污染主要是指人类活动造成的污染。能够引起环境污染的物质被称为污染物,但是对污染物的判定还应遵循生态学的标准,污染物质对环境的污染有一个从量变到质变的发展过程,当某种能造成污染的物质的浓度或其总量超过环境的自净能力,就会产生危害,环境就受到了污染。此外还有一些能量的介入也会使环境质量恶化,如热污染、噪声污染、电磁辐射污染等。

（二）环境污染的类型

按环境要素可分为水体污染、大气污染和土壤污染等；按污染的性质可分为生物污染、化学污染和物理污染；按污染物的形态可分为废气污染、废水污染、固体废物污染、噪声污染、辐射污染等；按污染产生的来源可分为工业污染、农业污染、交通运输污染、生活污染等；按污染物的分布范围又可分为全球性污染、区域性污染、局部性污染等。

1. 水体污染

水是生命的源泉，是生命存在与经济发展的必要条件，同样是构成人体组织的重要部分。不合理的开发和利用水资源，必然会造成污染环境的恶果。当水体因某种物质的介入，而导致其化学、物理、生物或者放射性等方面特性的改变，从而影响水的有效利用，危害人体健康或者破坏生态环境，造成水质恶化的现象即水污染。水污染的实质主要是由于人类排放的各种外源性物质，进入水体后，超出了水体本身自净作用所能承受的范围。

人类的生存活动与水息息相关，例如人类生活用水、渔业及水产养殖业、工业用水、农业用水、水电、能源、航海及污水的排放等。而且自然环境中的水域基本上是连通的，因此水域的污染往往能扩散至远离污染源的地方。根据资料，可以引起水体污染的污染物可以分为：未经处理而排放的工业废水；未经处理而排放的生活污水；大量使用化肥、农药、除草剂而造成的农田污水；堆放在河边的工业废弃物和生活垃圾；森林砍伐，水土流失；因过度开采，产生矿山污水。由于水体有自净作用，在污染物不超量的时候，水体自身可以处理这些污染物，而不表现出水体污染。但是随着人类工业化的发展，大量的污染物排入水体，超出了水体的自净能力。

水域污染直接影响人类及水域生物群落，造成疾病传播、水域生物种类减少等问题。水源由于污染而不能使用，造成缺水危害等。1956年，日本发生的水俣病事件就是由于熊本县水俣镇一家氮肥公司排放的废水中含有汞，这些废水排入海湾后经过某些生物的转化，形成甲基汞。这些汞在海水、底泥和鱼类中富集，又经过食物链使人中毒。1991年，日本环境厅公布的中毒病人仍有2 248人，其中1 004人死亡。1986年11月1日，瑞士巴塞尔市桑多兹化工厂仓库失火，近3×10^4 kg剧毒的硫化物、磷化物与含有水银的化工产品随灭火剂和水流入莱茵河。顺流而下150 km内，60多万条鱼被毒死，500 km以内河岸两侧的井水不能饮用，靠近河边的自来水厂关闭，啤酒厂停产。有毒物沉积在河底，使莱茵河因此而"死亡"20年。2007年，太湖水体由于水体富营养化，产生大量蓝藻污染水源，造成当地饮水困难。2010年日本福岛的核污水泄漏已经使海水和地下水受到污染，严重影响了当地人们的生产和生活。

2. 大气污染

按照国际标准化组织（ISO）的定义，"大气污染通常是指由于人类活动或自然过程引起某些物质进入大气中，呈现出足够的浓度，达到足够的时间，并因此危害人体的舒适、健康和福利或污染环境的现象。"大气污染是环境污染中最复杂和最不易控制的。由于气体很难从大气中分离排除出去，污染物排入大气内会很快扩散，污染面积大。大气的条件（如气压、温度、对流、阴天等）对空气污染的情况有影响，阳光照射到污染物上可改变其化学性质（产毒或解毒），使空气污染源更为广泛。

凡是能使空气质量变差的物质都是大气污染物。大气污染物已知的有100多种。有自然因素（如森林火灾、火山爆发等）和人为因素（如工业废气、生活燃煤、汽车尾气等）两种，并且以后者为主要因素，尤其是工业生产和交通运输所造成的。主要过程是由污染源排放、大气传播、人与物受害这三个环节所构成的。工业及农业产生的空气污染，煤及石油的燃烧产生的SO_2、CO、H_2S及各种碳氢化合物，都能造成对大气的污染。随着化学工业发展，HCl、NO_2及锌、铅、砷等的氧化物也能进入空气产生污染。家庭日常生活也引起空气的污染,每个家庭的加热措施就可能是污染源。另外一个重要的污染源就是汽车,由汽车排出的尾气使每日有数百至数千吨碳氢化合物排入空气中。核能利用不当将会造成更加严重的污染。原子弹爆炸后产生的放射性尘埃,可飘出数千千米以外,因此放射性污染不只是一个国家的问题而是国际问题。另外,工业排放的 SO_2 可形成"酸雨"(SO_2 在空气中经氧化与水蒸气结合而形成硫酸),对自然界的植物、动物以及建筑物都会产生危害。

3. 地面污染

随着人口增加和工业化水平的提高,必然会产生废物的堆积,人们从土地中获取工业原料,使用土地来建房屋及用于交通等行为都是产生固体废物污染的来源。工业固体废物的主要来源是造纸厂、炼油厂、冶炼厂、化学制造厂、热电厂等,其工业加热炉都冒"黑烟",产生燃烧不完全的物质,如工厂烟囱用收集器收集的煤灰可堆放上百万吨。不过现在可用于制造水泥、砖等建筑材料。开矿(露天矿)造成大量挖掘物的堆积,矿渣堆积占据大片土地;化学工业、石油工业的酸碱渣等的堆放,使土地不能再恢复利用;石油的大量开采、有毒物质的泄漏等,使某些土地永远丧失了生产能力。农业上的污染,包括滥用杀虫剂、杀菌剂、除草剂、化肥、农药等。这些物质中有些在土壤中较稳定地存在,除对地表生物有作用外,也影响土壤内的生物。生活垃圾是指在人们日常生活中产生的废物,包括食物残渣、纸屑、灰土、包装物、废品等。固体污染虽不及水域污染和空气污染那样直接和严重,但它占据了大量土地,破坏了土壤、生物区系及自然景观。

4. 噪声污染

噪声是一种特殊的环境污染。从生理学观点来看,凡是干扰人们休息、学习和工作的声音,即不需要的声音,统称为噪声。当噪声对人及周围环境造成不良影响时,就形成噪声污染。产业革命以来,各种机械设备的创造和使用,给人类带来了繁荣和进步,但同时也产生了越来越多而且越来越强的噪声。噪声对人的影响主要表现在对健康、脑力劳动和休息的影响等方面。强噪声损伤人的听力,也会引起惊恐、紧张、循环系统的反应。噪声的单位用分贝(dB)表示。如室内声级标准以 45~60 dB 为宜,室外大于 90 dB 的噪声是难以忍受的。工业及交通噪声即使低于 90 dB,在许多情况下也是有害的。

总的来看,随着经济的发展,人口的增多,污染将大大降低环境对生物及人类的供养能力,从而使地球的负担加重。但另一方面,随着科技的发展以及人类对自然规律的认识及环保意识的提高,人类将能处理好人与环境的关系。

5. 光污染

光污染泛指过量的光辐射对人类生活和生产环境造成不良影响的现象,包括可见光、红外线和紫外线造成的污染。国际上一般将光污染分成 3 类,即白亮污染、人工白昼和彩光污染。

(1) 白亮污染

白亮污染是指当太阳光照射强烈时,城市里建筑物的玻璃幕墙、釉面砖墙、磨光大理石和各种涂料等装饰反射光线,明晃白亮、炫眼夺目。长时间在白色光亮污染环境下工作和生活的人,视网膜和虹膜都会受到程度不同的损害,视力急剧下降,白内障的发病率高达 45%。还使人头晕心烦,甚至发生失眠、食欲下降、情绪低落、身体乏力等类似神经衰弱的症状。夏天,玻璃幕墙强烈的反射光进入附近居民楼房内,增加了室内温度,影响正常的生活。有些玻璃幕墙是半圆形的,反射光汇聚还容易引起火灾。烈日下驾车行驶的司机会毫无防备地遭到玻璃幕墙反射光的突然袭击,眼睛受到强烈刺激,很容易诱发车祸。

（2）人工白昼

人工白昼是指夜幕降临后，商场、酒店上的广告灯、霓虹灯闪烁夺目，令人眼花缭乱。有些强光束甚至直冲云霄，使得夜晚如同白天一样。人工白昼使人难以入睡，扰乱人体正常的生物钟，导致白天工作效率低下。人工白昼还会伤害鸟类和昆虫，强光可能破坏昆虫在夜间的正常繁殖过程。

（3）彩光污染

舞厅、夜总会安装的黑光灯、旋转灯、荧光灯以及闪烁的彩色光源构成了彩光污染。据测定，黑光灯所产生的紫外线强度大大高于太阳光中的紫外线，且对人体有害影响持续时间长。人如果长期接受这种照射，可诱发流鼻血、脱牙、白内障，甚至导致白血病和其他癌变。彩色光源让人眼花缭乱，不仅对眼睛不利，而且干扰大脑中枢神经，使人感到头晕目眩，出现恶心呕吐、失眠等症状。

另外，有些学者还根据光污染所影响的范围的大小将光污染分为室外视觉环境污染、室内视觉环境污染和局部视觉环境污染。其中，室外视觉环境污染包括建筑物外墙、室外照明等；室内视觉环境污染包括室内装修、室内不良的光色环境等；局部视觉环境污染包括书簿纸张和某些工业产品等。

二、污染物处理生态工程

生态工程是以复杂的社会-经济-自然复合生态系统为对象，遵循应用生态系统中物种共生、物质再生循环及结构与功能协调等原则，以整体调控为手段，以人与自然的协调关系为基础，以高效和谐为方向，为人类社会及自然环境双受益和资源环境可持续发展设计的具有物质多层分级利用、良性循环的生产工艺体系。目前，针对主要的污染物都有比较详细的生态工程处理措施，下面将就污水、固体废弃物、大气污染防治和土地污染等几个方面分别介绍。

（一）污水处理生态工程

1. 污水土地处理系统

污水土地处理系统是一种污水处理的生态工程技术，其原理是通过农田、林地、苇地等土壤-植物系统的生物、化学、物理等固定与降解，对污水中的污染物实现净化并对污水及氮、磷等资源加以利用。根据处理目标、处理对象的不同，将污水土地处理系统分为慢速渗滤（SR）、快速渗滤（RI）、地表漫流（OF）、湿地处理（WL）和地下渗滤（UG）五种主要工艺类型。

土地处理系统造价低，处理效果佳，其工程造价及运行费用仅为传统工艺的 $10\%\sim50\%$。其中污水湿地生态处理系统又称人工湿地，目前研究最为深入、应用最广泛。通过人工湿地生态工程进行水污染控制不仅可以使污水中的水得以再生被利用，还能使污水中的有机物、N、P、K 等营养物得到利用。整个系统呈自然式良性循环，构成了具有自适应、自净化能力的水陆生态系统。该系统管理简单，稳定后几乎不需要人的参与，物耗、能耗低，效率高。生态系统中的植物群体不需要另行施肥与灌溉，还兼有美化环境的功能，这种生态净化方法实现了水环境的可持续发展。以人工湿地处理系统为例，土地生态处理系统对污水的净化机理为系统中的填料（介质）具有巨大的比表面积，易形成生物膜，污水流经颗粒表面时，其中的污染物质通过沉淀、过滤、吸附作用被截留。

2. 生态塘氧化系统处理污水

生态塘氧化系统是以太阳能为初始能源，通过在塘中种植水生作物，进行水产和水禽养殖,建立人工生态系统,通过天然的生化自净作用,在自然条件下完成污水的生物处理。有机物质在生态塘氧化处理系统中得到降解,释放出的营养物进入复杂的食物链中,产生的水生作物、水产都可以被收获。生态塘氧化处理系统能够有效地处理生活污水及一些有机工业废水,对有机物和病原体有很好的去除效果,具有投资少、运行费用低、运行管理简单的优点。但该系统占地面积大,易出现短流,温度较高时易散发臭气和孳生蚊虫,对氮、磷的去除效果不稳定。近年来,我国生态塘污水处理工艺研究侧重在两个方面:筛选、培育高效水生净化植物;组合曝气、水生植物、水产养殖多个生物处理单元的综合功能,营建生化一体化水生动植物复合生态体系。该系统是污水处理与资源利用的完美结合,构建了一个完整的生态系统和良好的内部良性循环系统。

3. 蚯蚓微生态滤池系统

蚯蚓生态滤池是在滤床中建立的人工生态系统,由滤床填料、蚯蚓及布水系统等组成。系统利用蚯蚓和微生物的协同作用对污水中含有的各种形态污染物质进行处理和转化。蚯蚓可对污水和污泥进行吸收和分解,清扫滤床,防止堵塞。蚯蚓粪便可以滤除污染物,提高处理效率。蚯蚓的存在可作为家禽饲料。污水中的生物膜污泥微生物通过食物链最终被有效地转化为蚯蚓的增长及其排泄物,而蚯蚓的机体及其排泄物又可成为其他微生物的分解利用对象,从而进行新一轮的生态循环。

4. 地下毛细渗滤系统污水处理技术

利用土壤毛细管浸润扩散原理,研制成功了地下毛细渗滤系统(the underground capillary seepage system,UCSS)。地下毛细渗滤系统(UCSS)的中心部分是地下毛细渗滤槽,它通过土壤过滤和微生物降解来去除污水中的污染物。在一定程度上解决了常规土地净化污水处理系统占地面积和运行费用问题,还可回收污水和营养物质(包括氮、磷和钾等)用于植物生长。

5. 活机器系统污水处理技术

加拿大海洋生物学家约翰·托德(John Todd)发明的活机器(living machine)系统污水处理技术主要是利用太阳能以及利用由多种多样直接或间接从太阳获得能量的生物组成生态系统,将水产养殖与人工湿地结合起来并封闭在温室里,以创造一个高效的污水处理过程,包含了沉淀、过滤、净化、吸收、挥发、硝化和反硝化、厌氧和好氧分解过程,在获得高标准水质的同时避免了自然处理系统占地大、滞留期长、寒冷气候处理效果欠佳等弊端。

(二) 固体废弃物防治生态工程

减少污染源的废物产生量是解决固体废物问题的最佳方案,当前,减少废物的产生在理论上已经被认为是解决固体废物的最好方法,首先应该减少废物的产生,这是尽可能采取的第一选择,其次废物的重复利用,最后才是处理。但是针对目前的现实情况,一方面在倡导采用清洁生产工艺,减少固体废物的产生,另一方面也应该大力发展对已产生的固体废物的资源化处理的工艺措施。

1. 清洁生产

清洁生产是一种生产产品的方法,所有的原料和能源在原料资源—生产—消费—二次原料资源的循环中得到最合理和综合的利用,同时对环境的任何作用都不致破坏它的正常功能。其目的就是解决自然资源的合理利用和环境保护问题。实现无废生产的主要途径是:①原料的综合利用;②改革原有的工艺或开发全新流程;③实现物料的闭路循环;④工业废料转化为二次资源;⑤改进产品的设计,加强废品的回收利用。

2. 固体废物的资源化

固体废物的资源化即废物的再循环利用,以回收能源和资源。随着工业发展速度的加快,固体废物的数量以惊人的速度不断上升。在这种形势下,如果能大规模地建立资源回收系统,必将减少原材料的采用,减少废物的排放量、运输量和处理量。这样可以保护和延长原生资源寿命,降低成本,降低环境污染,保持生态平衡,具有显著的社会效益。

废弃物通过分类循环再利用,就能成为宝贵的再生资源,从这一点讲,废弃物混合是垃圾,分类就是资源。具体步骤如下。

(1) 回收金属材料。一般金属矿都含有多种金属,冶炼只是提取其中一些目标金属,其他的金属随矿渣排出,这不仅浪费资源,也会造成污染。采用资源化手段,就是在这些矿渣中在提取有用的金属。

(2) 用作环保建筑材料。燃料渣、高炉渣和粉煤灰等都可以用来生产各种建筑材料。粉煤灰可以用来生产砖;工业废渣可以生产轻型骨料,生产碎石和水泥等。

(3) 提取燃料或原料。废塑料加热加压成型,可得再生塑料。废塑料经过粉碎、微波溶解、加热分解,可提取石油燃料。

(4) 作为土壤改良剂或肥料。某些无毒无害的工业废渣可以直接用于改良土壤。废渣中的一些微量元素还是农业上不可缺少的肥料。

3. 填埋与焚烧技术

填埋主要分为简单填埋、受控填埋和卫生填埋。简单填埋由于其没有考虑环保而被逐渐淘汰。受控填埋虽然考虑环保措施但是不够完全,很多环保指标不能满足。卫生填埋是考虑了防漏、污水处理、臭气处理及沼气处理等措施的一种填埋方式,这种方式在发达国家普遍采用。我国在深圳的下坪废弃物填埋厂就是典型的卫生填埋场,并于 1997 年投产。

焚烧技术是世界经济发达国家采用的一种生活垃圾处理方式。垃圾焚烧可以产生热量,对热量的利用(如发电)是垃圾资源化的表现形式之一,同时也可以达到无害化、减量化的目的。在欧盟、日本和新加坡等国家垃圾的焚烧率达到 50% 以上。我国东南沿海一些城市也正在建设此类设施,很多已经投产。

4. 堆肥技术

堆肥技术分为好氧堆肥和厌氧堆肥。由于很多固体废弃物有机质含量高(特别是生活垃圾)特别适合堆肥化处理。在人工条件下,以及一定的水分、碳氮比和通风条件下通过微生物的发酵作用,将有机物变成非粮的过程即堆肥。有机物由不稳定态转化为稳定的腐殖质物质,对环境尤其是土壤环境不构成危害。

(三)大气污染防治生态工程

烟尘主要是由工业生产、交通运输工具以及人类生活中的燃料所产生,消除烟尘关键在于改进燃烧设备和改变燃烧方法。而灰尘主要是由高温烟气带出来的不可燃烧的灰分。因此除了解决充分燃烧的问题外,安装除尘设备、发展区域供热也是解决烟尘的有效措施。下面针对大气的主要污染物 SO_2、NO_x 和汽车尾气的治理措施进行介绍。

1. SO_2 废气治理

目前消除和减少烟气中排出的二氧化硫量的方法,主要有三种方法,即用低硫燃料、燃烧脱硫和烟气脱硫。

(1) 用低硫燃料。一吨煤含 5~50 kg 硫磺,一吨石油含 5~35 kg 硫磺,天然气基本不含硫,因此,应根据需要尽量选用含硫量少的燃料。

（2）燃料脱硫。消除煤中的硫分,目前尚无很好的方法,重油脱硫是可以的,重油中的硫分多为有机硫,去除它必须切断硫化物中的 C—S 键,使硫变成简单的固体或者气体的化合物,从而分离出它们。

（3）烟气脱硫。目前常用的烟气脱硫主要是抛弃法和回收法。抛弃法就是将脱硫的生成物作为固体废弃物抛掉,方法简单、费用低廉,在美国和德国等一些国家采用此类方法。回收法就是将二氧化硫转变为有用的物质加以回收,成本高,所得副产品存在应用及销路问题,但对环保有利。

2. NO$_x$ 废气治理

对含有 NO$_x$ 的废气也可采用多种方法进行净化处理,常用的有吸收法、吸附法和催化还原法。

（1）吸收法。采用一些吸收剂来处理,主要有碱液、稀硝酸液和浓硫酸等。设备通常都很简单,操作容易,投资少,但吸收率较低,特别是对 NO 吸收效果差,只能消除 NO$_2$ 所形成的黄烟,达不到取出目的。

（2）吸附法。可以采用的吸附剂为活性炭与氟石分子筛。活性炭对低浓度的 NO$_x$ 具有很好的吸附能力,并经解析后可回收高浓度的 NO$_x$,但由于温度高时,活性炭有燃烧的可能,给吸附和再生造成困难阻碍了该法的使用。分子筛适合净化硝酸尾气,但该法的缺点就是吸附剂吸附容量较小,需要频繁再生,限制了它的应用。

（3）催化还原法。其是在催化剂存在下,用还原剂将 NO$_x$ 还原为无害的 N$_2$ 和 H$_2$O 的方法。该法适合用于硝酸尾气和燃烧尾气处理,技术成熟,净化率高。但催化剂较为昂贵,并且不能回收资源。

3. 汽车尾气治理

控制汽车尾气的有害物排放浓度的方法有两种:一种是改进发动机的燃烧方式,使污染物的产生减少,称为机内净化;另一种方法是利用装置在发动机外部的净化设备,对排出的废气进行净化治理,这种方法称为机外净化。从发展方向来看,机内净化是解决问题的根本途径,也是今后发展的重点。

（四）土壤污染治理生态工程

土壤污染对人类的危害极大,它不仅直接导致粮食减产,而且通过食物链影响人体健康。目前土壤污染问题已经遍及世界五大洲,主要集中在欧洲,其次是亚洲和美洲。重金属和农药残留污染尤为严重。目前针对此类土壤污染的生态工程技术就是污染土壤修复技术,主要有物理修复、化学修复和生物修复三种形式。

1. 重金属污染土壤的生态修复

目前,重金属污染土壤的修复有两种途径,一是固化作用,改变重金属在土壤中的存在形态,使其由活化态转变为稳定态,降低其在环境中的迁移性和生物可利用性;二是活化作用,即从土壤中去除重金属。

（1）物理化学修复。采用工程措施包括客土、换土和深耕翻土等措施,降低土壤中的重金属含量,日本在这方面做得比较成功,如在富士县神通川流域的"痛痛病"发源地,通过去除表土,压实心土,来消除镉的含量。此类措施的优点是彻底、稳定;缺点是工程量大,投资费用高,还会破坏土体结构,引起土壤肥力下降。

采用电动技术在土壤中插入电极对,并通以低直流电,在电场的作用下,土壤中的重金属离子和无机离子以电渗透和电迁移的方式向电极运移,然后集中收集处理。该技术特别适合低渗透的黏土和淤泥土。该技术原位修复,不搅动土层,而且修复时间短。

土壤淋洗是利用淋洗液把固相中的重金属移到液相中去,再进一步回收处理含重金属的废水的方法。该方法的关键是寻找到既能提取各种形态的重金属,又不破坏土壤结构的淋洗液。目前应用较多的有柠檬酸、苹果酸、乙酸、EDTA、DTPA等。

玻璃化技术就是将重金属土壤置于高温高压条件下,形成玻璃态结构,从而使重金属固定其中。该技术常用于重金属污染区的抢救性修复,其缺点是工程量大、费用高。

（2）化学修复。化学修复就是通过化学技术对土壤中的重金属进行原位的固化作用,并不能永久修复土壤的重金属污染。主要的技术有 pH 值控制技术、氧化还原技术、沉淀技术、吸附技术、螯合技术和拮抗技术等。

（3）生物修复。生物修复是利用生物技术治理污染土壤,由于该方法效果好、易于操作,所以越来越受到人们的重视。目前研究比较突出的是植物修复技术、微生物修复技术和农业修复技术。植物修复是指将某种特定的植物种植在重金属污染的土壤上,而该种植物对土壤中的污染元素有特殊的吸收和吸附能力,这样在将该植物收获并妥善处理后即可将重金属转移出土体,达到污染治理与生态修复的目的。这种技术的关键就是找到对某种重金属有特殊吸附能力的植物种或基因型。微生物修复技术就好似利用微生物降低土壤中重金属的毒性,吸附并积累重金属,此外还可以通过改变根际微环境,从而提高植物对重金属的吸收、挥发或固定效率。农业修复是通过因地制宜地改变一些耕作管理制度来减轻重金属的危害,主要包括两个方面,一是有意识地改变耕作制度,在有条件的地区旱田改水田;种植抗污染作物品种,或者种植不进入食物链的植物,如观赏的花木。二是农艺修复措施,通过增施有机肥或者深耕土地等手段调节土壤的各种理化条件,实现对污染物所处环境介质的调控。

2. 农药污染土壤修复技术

目前,土壤农药污染修复技术比较多,可以划分为三类:物理化学修复、化学修复和生物修复。

（1）物理化学修复。土壤真空吸引法是一种典型的物理化学修复法。它是利用真空泵产生负压,驱使空气流过受农药污染的不饱和土壤孔隙而解吸并夹带有机成分流向抽水井,并最终在地面上进行处理。

（2）化学修复。土壤冲洗修复就是利用冲洗液(如水、表面活性物质或有机溶剂)将污染物从土壤中置换出来的技术。一般做法是将冲洗液注入至土壤污染区,使之携带农药到达地下水,然后用泵抽取含有农药的地下水送到污水处理厂处理。

（3）生物修复。采用微生物或者其他生物将存在于土壤、地下水和海洋中的有毒、有害污染物降解为二氧化碳和水或转化为无害物质的方法,与物理化学方法相比,其被认为是有效、安全、廉价和无二次污染的方法。植物修复有机农药一般是植物直接吸收并在植物组织中积累非植物毒性的代谢物,或者释放促进生物化学反应的酶,并强化根际的矿化作用。微生物修复主要是微生物本身就可以降解农药。目前世界各国的科研工作者筛选了大量的降解性微生物。其使用方法就是对污染的土壤人工接种能降解农药的微生物。利用微生物将残存于土壤中的农药降解或去除,使其转化为无害物质或降解成二氧化碳和水。这种方法不会形成二次污染或导致转移,可将农药的残留浓度降到很低,经过长期处理可明显消除农药污染。另一种方法是改善土壤的环境条件,特别是营养条件,定期向地下水投加双氧水和营养物,以满足污染环境中已经存在的降解菌的生长需要,以便增强土著降解菌的降解能力。

第三节　土壤退化与土壤生态修复

随着人口—资源—环境之间矛盾的尖锐化,人类赖以生存和发展的土壤及土地资源的退化日趋严重,从 20 世纪 60 年代以来,世界各国对这个问题十分关注。就我国而言,土壤退化严重。据统计,因水土流失、沙(漠)化、盐渍化、沼泽化、土壤肥力衰减和土壤污染及酸化等造成的土壤退化总面积约 4.6×10^6 km²,占全国土地总面积的 40%,是全球土壤退化总面积的 1/4。因此,充分认识土壤退化的类型、发展规律和后果,通过土壤质量对土壤退化做出全面评价,以寻求控制或防治土壤退化、提高土壤质量的对策,对于保持农业及国民经济可持续发展具有十分重要意义。

一、土壤退化及其类型

(一) 土壤退化的概念

土壤退化(soil degradation)是指在各种自然和人为因素影响下,导致土壤生产力、环境调控潜力和可持续发展能力下降甚至完全丧失的过程。简言之,土壤退化是指土壤数量减少和质量降低。数量减少表现为表土丧失,或整个土体毁坏,或被非农业占用。质量降低表现为物理、化学、生物方面的质量下降。

为了正确理解土壤退化的概念,可从以下三方面进行认识:①土壤退化的原因:土壤退化是一个非常复杂的问题,是自然因素和人为因素共同作用的结果。自然因素包括破坏性自然灾害和异常的成土因素(如气候、母质、地形等),它们是引起土壤自然退化过程(如侵蚀、沙化、盐化、酸化等)的基础原因。而人与自然相互作用的不和谐即人为因素是加剧土壤退化的根本原因。人为活动不仅直接导致天然土地的被占用等,更危险的是人类盲目地开发利用土、水、气、生物等农业资源(如砍伐森林、过度放牧、不合理农业耕作等),造成生态环境的恶性循环。例如人为因素引起的"温室效应",导致气候变暖和由此产生的全球性变化,必将造成严重的土地退化。水资源的短缺也促进土壤退化。②土壤退化的本质就是土壤资源的数量减少和质量降低。土壤资源在数量上是有限的,而不是无限的。随着土壤退化的不断加剧,土壤数量逐渐减少。对于人多地少的我国,潜在危险较大的是土壤质量的降低。从这个意义上来看,改良和培肥土壤,保持"地力常新",提高土壤质量,是一项具有战略地位的重要工作。由此可见,土壤退化和土壤质量是紧密相关的一个问题的两个侧面。因此,要正确认识人与自然的关系,按照自然规律进行生态环境建设、区域开发、兴修水利、合理耕作、培肥土壤,以防止土壤质量的退化。③防治土壤退化的首要任务是保护耕地土壤:因为耕地土壤是人类赖以生存的最珍贵土壤资源,是农业生产最基本的生产资料,是农业增产技术措施的基础。耕地土壤退化虽然受不利自然因素的影响,但人类高强度的利用,不合理地种植、耕作、施肥等活动,是导致耕地土壤生态平衡失调、环境质量变差、再生能力衰退、生产力下降的主要原因。因此,防治土壤退化要切实保护好对农业生产有着特殊重要性的耕地土壤。

土壤退化是土地退化中最集中的表现,是最基础和最重要的,且具有生态环境连锁效应的退化现象。土壤退化即在自然环境的基础上,因人类开发利用不当而导致土壤质量和生产力加速下降的现象和过程。考察土壤退化一方面要考虑到自然因素的影响,另一方面要关注人类活动的干扰。土壤退化的标志是对农业而言的土壤肥力和生产力的下降及对环境来说的土壤质量的下降。研究土壤退化不但要注意量的变化(即土壤面积的变化),而且更要注意质的变化(如肥力与质量问题)。

(二)土壤退化的类型

土壤退化包括一切导致土壤生产力下降和土壤其他功能与属性衰退的现象与过程,如土壤侵蚀、土壤机械压实与地表结壳、土壤酸化、土壤有机质含量减低、土壤肥力衰竭、土壤生物退化以及土壤污染等。

Esser 认为,所有的土壤退化形式可以归结为 4 个方面:①土壤侵蚀即土壤结构物质的损失;②土壤衰竭即土壤中营养元素的消耗;③外来物质积聚即各种外来有害成分在土壤中的积累与固定;④土壤板结即土壤物理结构破坏,容重增加。

1991 年,国际土壤信息参比中心将土壤退化形式分为 5 个大类型,即土壤水蚀、土壤风蚀、土壤化学性质恶化、土壤物理性质恶化以及土壤生物活动退化。

中国科学院南京土壤研究所借鉴了国外的分类,结合我国的实际,采用了二级分类。一级将我国土壤退化分为土壤侵蚀、土壤沙化、土壤盐化、土壤污染、土壤性质恶化和耕地的非农业占用等六大类,在这 6 级基础上进一步进行了二级分类(表 5-1)。

表 5-1　中国土壤退化二级分类体系

一　级		二　级	
A	土壤侵蚀	A_1	水蚀
		A_2	冻融侵蚀
		A_3	重力侵蚀
B	土壤沙化	B_1	悬移风蚀
		B_2	推移风蚀
C	土壤盐化	C_1	盐渍化和次生盐渍化
		C_2	碱化
D	土壤污染	D_1	无机物(包括重金属和盐碱类)污染
		D_2	农药污染
		D_3	有机废物(工业及生物废弃物中生物易降解有机毒物)污染
		D_4	化学肥料污染
		D_5	污泥、矿渣和粉煤灰污染
		D_6	放射性物质污染
		D_7	寄生虫、病原菌和病毒污染
E	土壤性质恶化	E_1	土壤板结
		E_2	土壤潜育化和次生潜育化
		E_3	土壤酸化
		E_4	土壤养分亏缺
F	耕地的非农业占用		

注:本表引自中国科学院南京土壤研究所。

土壤退化是多种因素与过程综合作用的结果,涉及土壤物理过程、化学过程以及生物学过程。一种或者两种退化因素可能在某种土壤退化类型中占主导地位,但多种退化现象均可以同时在土壤退化过程中表现出来。例如,土壤侵蚀是一种最为普遍的土壤退化类型,侵蚀导致富含有机质和各种营养元素的表层土壤失去或者变薄,因此也表现为土壤养分衰竭与土壤物理、化学性状恶化。土壤污染影响土壤的各种化学及电化学过程,进而影响土壤的生物学过程,因此可能会表现出土壤生物活动退化的特点。理解这一点,在土壤退化评价、防治与修复中非常重要。

（三）土壤退化的后果

土壤退化对我国生态环境和国民经济造成巨大影响。其直接后果如下:①陆地生态系统的平衡和稳定遭到破坏,土壤生产力和肥力降低。②破坏自然景观及人类生存环境,诱发区域乃至全球的土被破坏、水系萎缩、森林衰亡和气候变化。③水土流失严重,自然灾害频繁,特大洪水危害加剧,对水库构成重大威胁。④化肥使用量不断增加,而化肥的报酬率和利用率递减,环境污染加剧;农业投入产出比增大,农业生产成本上升。⑤人地矛盾突出,生存环境恶化,食品安全和人类健康受到严重威胁。

二、退化土壤的生态修复技术

（一）土壤侵蚀的生态修复

土壤侵蚀是指土壤或成土母质在外力(如水、风等)作用下被破坏剥蚀、搬运和沉积的过程。广泛应用的"水土流失"一词是指在水力作用下,土壤表层及其母质被剥蚀、冲刷搬运而流失的过程。

按侵蚀外力性质的不同,土壤侵蚀可以分为水力侵蚀、风力侵蚀、冻融侵蚀和重力侵蚀四种类型。其中水力侵蚀习惯上称为水土流失,分为面蚀和沟蚀,主要分布在山区、丘陵区;风蚀分悬移风蚀和推移风蚀,主要分布在长城以北,其次在黄泛平原沙土区与滨海地带;冻融侵蚀主要分布在高寒山区;重力侵蚀表现为滑坡、崩塌和山剥皮,主要形成于广大山丘区的山体自然崩塌泻溜。我国土壤侵蚀以水蚀和风蚀为主,其中水蚀最为严重。主要分布在西北黄土高原、西南云贵高原、北方土石山区、南方丘陵山区和东北黑土地区等五大水土流失区。我国的水蚀地区,又是我国的主要贫困区和经济不发达地区,大多处于干旱半干旱地区,生态环境脆弱。土壤侵蚀已成为我国耕地持续利用的一大制约因素,它严重地影响着农业生产水平和经济水平的提高。

从土地类型分布来看,产生水土流失的土地主要有 3 种:一是坡耕地,山区、丘陵区的耕地50％～90％分布在坡地上;二是荒山荒坡,山丘区的荒山荒坡一般坡度较陡,大部分用作放牧,如果滥垦和过度放牧,水土流失会更加严重;三是沟壑,黄河流域黄土高原地区有沟壑 14.4 万条,这些沟壑都是水力侵蚀和重力侵蚀最严重的地区。

影响土壤侵蚀的因素分为自然因素和人为因素。自然因素包括气候(尤其是季风带来的暴雨)、地形、土壤特性、植被状况等。自然因素是水土流失发生、发展的先决条件,或者叫潜在因素。人为因素是加剧水土流失的主要原因,植被破坏(如滥垦、滥伐、滥牧)和坡耕地垦殖(如陡坡开荒、顺坡耕作、过度放牧),或由于开矿、修路未采取必要的预防措施等,都会加剧水土流失。

土壤侵蚀的主要危害是：破坏土壤资源，土壤肥力和质量下降，生态环境恶化，破坏水利、交通工程设施。土壤侵蚀所造成的危害十分严重，必须予以高度的重视和采取有效措施加以防治。

防治水土流失，保护和合理利用水土资源是改变山区、丘陵区、风沙区面貌，治理江河，减少水、旱、风沙灾害，建立良好生态环境，走农林业生产可持续发展的一项根本措施，是国土整治的一项重要内容。国内、外通过大量的生产实践和科学研究，总结出了以水利工程、生物工程和农业技术相结合的水土保持综合治理经验，经推广应用取得了良好的效果。

1. 水利工程措施

1）坡面治理工程

按其作用可分为梯田、坡面蓄水工程和截流防冲工程。梯田是治坡工程的有效措施，可拦蓄 90% 以上的水土流失。梯田的形式多种多样，田面水平的为水平梯田，田面外高里低的为反坡梯田，相邻两水平田面之间隔一斜坡地段的为隔坡梯田，田面有一定坡度的为坡式梯田。坡面蓄水工程主要是为了拦蓄坡面的地表径流，解决人畜和灌溉用水，一般有旱井、涝池等。截流防冲工程主要指山坡截水沟，在坡地上从上到下每隔一定距离，横坡修筑的可以拦蓄、输排地表径流的沟道，它的功能是可以改变坡长、拦蓄暴雨，并将其排至蓄水工程中，起到截、缓、蓄、排等调节径流的作用。

2）沟道治理工程

主要有沟头防护工程、谷坊、沟道蓄水工程和淤地坝等。沟头防护工程是为防止径流冲刷而引起的沟头前进、沟底下切和沟岸扩张，保护坡面不受侵蚀的水保工程。首先在沟头加强坡面的治理，做到水不下沟。其次是巩固沟头和沟坡，在沟坡两岸修鱼鳞坑、水平沟、水平阶等工程，造林种草，防止冲刷，减少下泻到沟底的地表径流。在沟底从毛沟到支沟至干沟，根据不同条件，分别采取修谷坊、淤地坝、小型水库和塘坝等各类工程，起到拦截洪水泥沙，防止山洪危害的作用。

3）小型水利工程

主要为了拦蓄暴雨时的地表径流和泥沙，可修建与水土保持紧密结合的小型水利工程，如蓄水池、转山渠、引洪漫地等。

2. 生物工程措施

生物工程措施是指为了防治土壤侵蚀，保持和合理利用水土资源而采取的造林种草，绿化荒山，农林牧综合经营，以增加地面覆被率，改良土壤，提高土地生产力，发展生产，繁荣经济的水土保持措施，也称水土保持林草措施。林草措施除了起涵养水源、保持水土的作用外，还能改良培肥土壤，提供燃料、饲料、肥料和木料，促进农、林、牧、副各业综合发展，改善和调节生态环境，具有显著的经济、社会和生态效益。生物防护措施可分两种：一种是以防护为目的的生物防护经营型，如黄土地区的塬地护田林、丘陵护坡林、沟头防蚀林、沟坡护坡林、沟底防冲林、河滩护岸林、山地水源林、固沙林等；另一种是以林木生产为目的的林业多种经营型，有草田轮作、林粮间作、果树林、油料林、用材林、放牧林、薪炭林等。

3. 农业技术措施

水土保持农业技术措施，主要是水土保持耕作法，是水土保持的基本措施。它包括的范围很广，按其所起的作用可分为如下三大类。

（1）以改变地面微小地形，增加地面粗糙率为主的水土保持农业技术措施：拦截地表水，减少土壤冲刷，主要包括横坡耕作、沟垄种植、水平犁沟、筑埂作垄等高种植丰产沟等。

（2）以增加地面覆盖为主的水土保持农业技术措施：其作用是保护地面，减缓径流，增强土壤抗蚀能力，主要有间作套种、草田轮作、草田带状间作、宽行密植、利用秸秆杂草等进行生物覆盖、免耕或少耕等措施。

（3）以增加土壤入渗为主的农业技术措施：疏松土壤，改善土壤的理化性状，增加土壤抗蚀、渗透、蓄水能力，主要有增施有机肥、深耕改土、纳雨蓄墒、并配合耙耱、浅耕等，以减少降水损失，控制水土流失。

防治土壤侵蚀，必须根据土壤侵蚀的运动规律及其条件，采取必要的具体措施。但采取任何单一防治措施，都很难获得理想的效果，必须根据不同措施的用途和特点，遵循如下综合治理原则：治山与治水相结合，治沟与治坡相结合，工程措施与生物措施相结合，田间工程与蓄水保土耕作措施相结合，治理与利用相结合，当前利益与长远利益相结合。实行以小流域为单元，坡沟兼治，治坡为主，工程措施、生物措施、农业措施相结合的集中综合治理方针，才可收到持久稳定的效果。

（二）土壤沙化的生态修复

土壤沙化和土地沙漠化泛指良好的土壤或可利用的土地变成含沙很多的土壤或土地甚至变成沙漠的过程。土壤沙化和土地沙漠化的主要过程是风蚀和风力堆积过程。在沙漠周边地区，由于植被破坏或草地过度放牧或开垦为农田，土壤因失水而变得干燥，土粒分散，被风吹蚀，细颗粒含量降低。而在风力过后或减弱的地段，风沙颗粒逐渐堆积于土壤表层而使土壤沙化。因此，土壤沙化包括草地土壤的风蚀过程及在较远地段的风沙堆积过程。

我国沙漠化土地面积约 3.34×10^5 km²，根据土壤沙化区域差异和发生发展特点，我国沙漠化土壤大致可分为 3 类：①干旱荒漠地区的土壤沙化，主要分布在内蒙古的狼山—宁夏的贺兰山—甘肃的乌鞘岭以西的广大干旱荒漠地区，沙漠化发展快、面积大。该地区气候极端干旱，沙化后很难恢复。②半干旱地区的土壤沙化，主要分布在内蒙古中西部和东部、河北北部、陕西及宁夏东南部。该地区属于农牧交错的生态脆弱带，由于过度放牧、农垦，沙化呈大面积区域化发展，人为因素影响很大，土壤沙化有逆转可能。③半湿润地区的土壤沙化，主要分布在黑龙江、嫩江下游，其次是松花江下游、东辽河中游以北地区，呈狭带状断续分布在河流沿岸。沙化面积小，发展程度较轻，并与土壤盐渍化交错分布，属林-牧-农交错地区，降水量在 500 mm 左右，这类沙化可控制和修复。

影响土壤沙化的因素包括：①干旱气候引起的风沙。第四纪以来，随着青藏高原的隆起，西北地区干旱气候日益加剧，雨水稀少，风大沙多，使土壤沙化逐渐发展。②人为活动引起的风沙。人为活动是土壤沙化的主导因素，原因是人类活动使水资源短缺，加剧干旱和风蚀；农垦和过度放牧，植被覆盖降低。据统计，人为因素引起的土壤沙化占总沙化面积的 94.5%，其中农垦不当占 25.4%，过度放牧占 28.3%，森林破坏占 31.8%，水资源利用不合理占 8.3%，开发建设占 0.7%。

土壤沙化对经济建设和生态环境危害极大。首先，土壤沙化使大面积土壤失去农、林、牧生产能力，使有限的土壤资源面临更为严重的挑战。我国从 1979 年到 1989 年 10 年间，草场退化每年约 1.3×10^4 km²，人均草地面积由 0.004 km² 下降到 0.003 6 km²。其次，使大气环境恶化。由于土壤大面积沙化，风挟带大量沙尘在近地面大气中运移，所以极易形成沙尘暴，甚至黑风暴。近几年，我国沙尘暴发生越来越频繁，连续袭击华北地区，乃至长江以南。2000年的一次特大沙尘暴甚至刮到韩、日，直至美国西海岸。20 世纪 30 年代在美国，60 年代在苏联均发生过强烈的黑风暴。70年代以来,我国新疆发生过多次黑风暴。土壤沙化的发展,造成土地贫瘠,环境恶劣,威胁人类的生存。我国汉代以来,西北的不少地区是一些古国的所在地,如宁夏地区是古西夏国的范围,塔里木河流域是楼兰古国的地域,大约在1500年前还是魏晋农垦之地,但现在上述古文明已从地图上消失了。从近代时间看,1961年新疆生产建设兵团32团开垦的土地,至1976年才15年时间,已被高$1\sim1.5$ m的新月形沙丘所覆盖。

土壤沙化的防治必须重在防。从地质背景上看,土地沙漠化是不可逆的过程。防治重点应放在农牧交错带和农林草交错带,在技术措施上要因地制宜。主要防治途径如下。

1. 营造防沙林带

我国沿吉林白城地区的西部—内蒙古的兴安盟东南—哲里木盟和赤峰市—古长城沿线是农牧交错带地区,土壤沙化正在发展中。我国已实施建设"三北"地区防护林体系工程,应进一步建成为"绿色长城"。一期工程已完成6×10^4 km²植树造林任务。目前已使数万平方千米农田得到保护,轻度沙化得到控制。

2. 实施生态工程

我国的河西走廊地区,昔日被称为"沙窝子""风库",当地因地制宜,因害设防,采取生物工程与砌石工程相结合的办法,在北部沿线营造了1220多千米的防风固沙林1.32×10^3 km²,培育天然沙生植被2.65×10^3 km²,在走廊内部营造起约500 km²农田林网,河西走廊一些地方如今已成为林茂粮丰的富庶之地。

3. 建立生态复合经营模式

内蒙古东部、吉林白城地区、辽宁西部等半干旱、半湿润地区,有一定的降雨量资源,土壤沙化发展较轻,应建立林农草复合经营模式。

4. 合理开发水资源

这一问题在新疆、甘肃的黑河流域应得到高度重视。塔里木河建国初年径流量为10^{10} m³,20世纪50年代后上游站尚稳定在$4\times10^9\sim5\times10^9$ m³。但在只有2万人口、20多平方千米土地和30多万只羊的中游地区消耗掉约40×10^8 m³水,中游地区大量耗水致使下游断流,300多千米地段树、草枯萎和残亡,下游地区的4万多人口、100多平方千米土地面临着生存威胁。因此,应合理规划,调控河流上、中、下游流量,避免使下游干涸,控制下游地区的进一步沙化。

5. 控制农垦

土地沙化正在发展的农区,应合理规划,控制农垦,草原地区应控制载畜量。草原地区原则上不宜农垦,旱粮生产应因地制宜控制在沙化威胁小的地区。印度在1.7×10^6 km²草原上放牧4亿多头羊,使一些稀疏干草原很快成为荒漠。内蒙古草原的理论载畜量应为49只羊/km²,而实际载畜量每平方千米达65只羊,超出33%。因此,从牧业持续发展看必须减少放牧量。实行牧草与农作物轮作,培育土壤肥力。

6. 完善法制,严格控制破坏草地

在草原、土壤沙化地区,工矿、道路以及其他开发工程建设必须进行环境影响评价。对人为盲目垦地种粮、樵柴、挖掘中药等活动要依法从严控制。

(三)土壤盐渍化的生态修复

土壤盐渍化是指易溶性盐分在土壤表层积累的现象或过程,也称盐碱化。我国盐渍土或称盐碱土的分布范围广、面积大、类型多,总面积约10^6 km²,主要发生在干旱、半干旱和半湿润地区。盐碱土的可溶性盐主要包括钠、钾、钙、镁等的硫酸盐、氯化物、碳酸盐和重碳酸盐。

硫酸盐和氯化物一般为中性盐,碳酸盐和重碳酸盐为碱性盐。

盐渍化的危害机理是,①引起植物"生理干旱"。当土壤中可溶性盐含量增加时,土壤溶液的渗透压提高,导致植物根系吸水困难,轻者生长发育受到不同程度的抑制,严重时植物体内的水分会发生"反渗透",导致凋萎死亡。②盐分的直接毒害作用。当土壤中盐分含量增多,某些离子浓度过高时,对一般植物直接产生毒害。特别是碳酸盐和重碳酸盐等碱性盐类对幼芽、根和纤维组织有很强的腐蚀作用,会产生直接危害。③降低土壤养分的有效性。盐渍化土壤中的碳酸盐和重碳酸盐等碱性盐在水解时,呈强碱性反应,高 pH 条件会降低土壤中磷、铁、锌、锰等营养元素的溶解度,从而降低了土壤养分对植物的有效性。④恶化土壤物理和生物学性质。当土壤中含有一定量盐分时,特别是钠盐,对土壤胶体具有很强的分散能力,使团聚体崩溃,土粒高度分散,结构破坏,导致土壤湿时泥泞干时板结坚硬,通气透水性不良,耕性变差。同时,不利于微生物活动,影响土壤有机质的分解与转化。

气候干旱、地势低洼、排水不畅、地下水位高、地下水矿化度大等是盐渍化形成的重要条件,母质、地形、土壤质地层次等对盐渍化的形成也有重要影响。在干旱、半干旱和半湿润的平原灌区,不合理的人类活动是引起土壤次生盐渍化的主要原因。如灌排、轮作等措施不当,会使土壤发生盐碱化。这种由于人为生产措施不当而造成的土壤盐渍化,称为次生盐渍化。土壤次生盐渍化的发生,从内因来看,是土壤具有潜在盐渍化。从外因来看,主要是人类活动所致。归纳起来有,①灌排系统不配套:有灌无排或排水不畅,地下水位上升,导致土壤积盐。②大水漫灌、串灌:土地不平整,灌水量不加节制,大量水分渗入提高了地下水位,带来了次生盐渍化。③渠道渗漏:长期引水后,提升了渠道两侧的地下水位,引起水道两侧的次生盐渍化。④平原蓄水不当:平原水库的水位一般都接近于地面,如在水库周围不修建截渗设施,则由于水库水体的静水压,势必导致水库周围地下水位的升高,最终使土壤发生次生盐渍化。⑤利用矿化度较大的地面水或地下水进行灌溉所致。⑥不合理的耕种方式:有些灌区水旱插花种植,水田周围又无截渗措施,使四周旱田区的地下水位因稻田灌水而抬高,造成旱田土壤发生次生盐渍化。此外,在灌区耕作粗放、施肥不合理、土地不平整等,都易造成土壤次生盐渍化的加重。

我国盐碱化土地成因复杂多变,东部滨海地区盐碱化土地主要是由海水作用所致;华北平原多是由于水资源调控不当,过量灌溉造成的次生盐碱化土壤;东北西部地区及西北内陆干旱地区除自然因素外,人类滥垦过牧造成相当面积草地盐碱化,不合理灌溉也导致大面积土壤次生盐碱化。

我国盐渍土总面积约 10^6 km²,其中现代盐渍化土壤约 3.7×10^5 km²,残余盐渍化土壤约 4.5×10^5 km²,潜在盐渍化土壤约 1.7×10^5 km²。由于受气候及水资源条件的限制,以及科学技术开发能力的限制,很多盐渍土尤其是现代盐渍土及残余盐渍土尚不可能得到有效利用。从土地盐碱化程度看,重度盐碱化土地应以保护为主,可引入耐盐碱植被进行生态恢复;中轻度盐碱化土地则可适量开发利用。盐渍土综合治理配套技术主要包括引淡淋盐、浅群井强排、覆盖抑盐技术以及培肥土壤和良种良法等农业与生物措施。

1. 引淡淋盐

根据排灌工程设计要求,完善排灌系统,建设引淡水渠道和排涝排盐渠道两个独立水利工程系统。其技术主要包括洗盐灌水定额、淋盐方式和淋盐时间的确定。功能是调节根栖区的盐分,配合强排技术,促使土体快速脱盐。

2. 浅群井强排技术

包括浅群井井深设计与井距布设、淋盐灌水定额与排盐量估算、浅群井设备的设计与安装、碱化防治措施与适生作物选择。通过浅群井强排强灌,加强作物根栖层土体脱盐,促使上层位地下水逐渐淡化。

3. 覆盖抑盐

包括覆盖物种类、覆盖时间和覆盖方式的选择,以及覆盖保墒抑盐效果的估算和评价。覆盖功能主要是减少土壤水分蒸发,抑制土壤返盐,将土壤耕作层的盐分控制在农作物生长的适宜范围内。

4. 农业与生物措施

包括综合防护林带设计与营造;培肥改土,抗逆、耐盐及适生的良种的引进与繁育;农业内部结构调整,以达到改良土壤性状,提高土壤肥力,改善农田生态环境,巩固水盐调节的效果。

这些技术措施的基本功能是,①从时间和空间上逐步调控土壤耕层强表聚性积盐,特别是春秋季节性积盐,使水盐状况由恶性循环逐步转向良性循环,改善土壤环境条件,使其适于农作物生长;②使盐荒地、中低产田逐渐转向有产、高产,由过去单一的粮棉生产逐步转向农、林、牧、副、渔各业协调发展,为单一性经济向综合性经济发展奠定基础。

（四）土壤潜育化的生态修复

土壤潜育化是土壤处于地下水和饱和、过饱和水长期浸润状态下,在 1 m 内的土体中某些层段氧化还原电位(E_h)在 200 mV 以下,并出现因 Fe、Mn 还原而生成的灰色斑纹层,或腐泥层,或青泥层,或泥炭层的土壤形成过程。土壤次生潜育化是指因耕作或灌溉等人为原因,土壤(主要是水稻土)从非潜育型转变为高位潜育型的过程,常表现为 50 cm 土体内出现青泥层。

我国南方有潜育化或次生潜育化稻田 4 万多平方千米,约有一半为冷浸田,是农业发展的又一障碍。广泛分布于江、湖、平原,如鄱阳平原、珠江三角洲平原、太湖流域、洪泽湖以东的里下河、江南丘陵地区的山间构造盆地,以及古海湾地区等。

次生潜育化稻田的形成与土壤本身排水条件不良,水过多以及耕作利用不当有关。

潜育化和次生育化土壤的障碍因素:①还原性有害物质较多。强潜育性土壤的 E_h 大多在 250 mV 以下。Fe^{2+} 含量可高达 $4×10^3$ mg/kg,为非潜育化土壤的数十至数百倍,易受还原物质毒害。②土性冷。潜育化或次生潜育化土壤的水温、土温在 3—5 月间,比非潜育化土壤分别低 3～8 ℃和 2～3 ℃,是稻田僵苗不发、迟熟低产的原因。③养分转化慢。土壤的生物活动较弱,有机物矿化作用受抑制,有机氮矿化率只有正常土壤的 50%～80%。土壤钾释放速率低,速效钾、缓效钾均较缺乏,还原作用强,有较高的 CH_4、N_2O 源。

潜育化和次生潜育化土壤的改良和治理应从环境治理做起,治本清源,因地制宜,综合利用。主要方法措施有如下几个方面。

1. 开沟排水,消除渍害

在潜育化和次生潜育化土壤周围开沟,排灌分离,防止串灌。明沟成本较低,但暗沟效果较好,沟距以 6～8 m(重黏土)和 10～15 m(轻黏土)为宜。

2. 多种经营,综合利用

潜育化和次生潜育化土壤可以施行与养殖系统结合,如稻田-鱼塘、稻田-鸭-鱼系统。或者开辟为浅水藕、茭白等经济作物田。有条件的实施水旱轮作。

3. 合理施肥

潜育化和次生潜育化土壤氮肥的效益大大降低,宜施磷、钾、硅肥以获增产。

4. 开发耐渍植物品种

这是一种生态适应性措施。探索培育耐潜育化水稻良种,已收到一定的增产效果。

(五) 土壤污染的生态修复

土壤污染的污染源主要来自工业"三废"和肥料、农药等,归纳起来主要有以下几方面:①污水灌溉污染。污水灌溉是指利用城市污水或工业废水灌溉农田或是水质污染随着灌溉而进入土壤。②施肥污染。主要指施用化学肥料、污泥、矿渣、粉煤灰等引起的污染。③使用农药污染。④工业废气污染。工业废气和粉尘、烟尘、金属飘尘等首先污染大气,然后降落到地面而污染土壤。最常见的是含二氧化硫或氟化氢的废气,它们分别以硫酸和氢氟酸形式随降水进入土壤。⑤工业废渣和城市垃圾污染。

土壤污染物质大致可分为无机污染物和有机污染物两大类。无机污染物主要包括①重金属:主要指镉、铅、铬、汞、铜、锌、砷、镍等,我国对土壤中重金属污染调查较多的是镉、汞污染。其他元素污染在局部地区有所发现,但面积较小。②酸、碱、盐、硒、氟、氰化物等。③化学肥料、污泥、矿渣、粉煤灰等。④工业三废:包括废气、废渣、污水。⑤放射性污染物。磷肥中含铀系放射性衰变物质对农田会产生一定程度的污染。有机污染物主要包括①有机农药:如杀虫剂、杀菌剂、除草剂等。②有机废弃物:如矿物油类、表面活性剂、废塑料制品、酚、三氯乙酸(许多化工产品的原料)、有机垃圾等。③有害微生物:如寄生虫、病原菌、病毒等。

污染物质通过土壤—植物—动物—人体系统的食物链,使人类和动植物遭受危害。主要表现如下:①土壤(土地)生产力下降。土壤被污染后有毒有害物质增多,引起土壤酸碱度显著变化,造成土壤结构破坏,土壤养分元素失去平衡,阻碍或抑制土壤微生物和植物的生命活动,影响土壤营养物质和能量的转化,从而使生物生产量受到影响,严重者会使土壤丧失生产力。②环境污染加剧。土壤污染是环境污染的一种。土壤污染会对其他环境因素产生影响。例如土壤表层的污染物随风飘起被搬到周围地区,扩大污染面。土壤中一些水溶性污染物受到土壤水淋洗作用而进入地下水,造成地下水污染;另一些悬浮物及其所吸附的污染物,也可随地表径流迁移,造成地表水体的污染等。③食品质量受到威胁。污染物通过以土壤为起点的土壤—植物—动物—人类的食物链,使有害物质逐渐富集,从而降低食物链中农副产品的生物学质量,造成残毒,直接或间接地危害人类的生命和健康。如镉污染全国涉及 11 个省市,北起黑龙江、辽宁,南至广东、广西,面积约 100 km²,并已出现了"镉米"(镉含量最高的稻米)。2002年农业部稻米及制品质量监督检验测试中心对全国市场稻米进行安全性抽检,结果镉超标率10.3%。

根据我国制定的"全面规划、合理布局、综合利用、化害为利、依靠群众、大家动手、保护环境、造福人民"的方针,贯彻"预防为主的原则",彻底清除污染源。对已经污染的土壤,必须采取一切有效的措施加以改良,从而提高土壤的环境质量,促进人类与动植物的健康成长。

1. 土壤污染的预防措施

(1) 依法预防。制定和贯彻防止土壤污染的有关法律法规,是防止土壤污染的根本措施。严格执行国家有关污染物排放标准,如"农药安全使用标准"、"工业三废排放标准"、"农用灌溉水质标准"、"生活饮用水质标准"等。

(2) 建立土壤污染监测、预报与评价系统。在研究土壤背景值的基础上,应加强土壤环境质量的调查、监测与预控。在有代表性的地区定期采样或定点安置自动监测仪器,进行土壤环境质量的测定,以观察污染状况的动态变化规律。以区域土壤背景值为评价标准,分析判断土壤污染程度,及时制定出预防土壤污染的有效措施。当前的主要工作是继续进行区域土壤背景值的研究,调查区域土壤污染状况和污染程度,对土壤环境质量进行评价和分级,确定区域污染物质的排放量,允许的种类、数量和浓度。

(3)发展清洁生产,彻底消除污染源。控制"三废"的排放:在工业方面,应认真研究和大力推广闭路循环,无毒工艺。生产中必须排放的"三废"应在工厂内进行回收处理,开展综合利用,变废为宝,化害为利;对于目前还不能综合利用的"三废",务必进行净化处理,使之达到国家规定的排放标准;对于重金属污染物,原则上不准排放;对于城市垃圾,一定要经过严格机械分选和高温堆腐后方可施用。

(4)加强污灌管理。建立污水处理设施,污水必须经过处理后才能进行灌溉,要严格按照国家规定的"农田灌溉水质标准"执行。污水处理的方法包括通过筛选、沉淀、污泥消化等,除去废水中的全部悬浮沉淀固体的机械处理;将初级处理过的水用活性污泥法或生物曝气滤池等方法降低废水中可溶性有机物质,并进一步减少悬浮固体物质的二级处理,又称生化曝气处理;以及化学处理。通过这些过程处理后的水还可通过生物吸收(如水花生、水葫芦等)进一步净化水质。灌溉前进一步检测水质,加强监测,防止超标,以免污染土壤。

(5)控制化肥农药的使用。为防止化学氮肥和磷肥的污染,应因土因植物施肥,研究确定出适宜用量和最佳施用方法,以减少农药在土壤中的累积量,防止流入地下水体和江河、湖泊进一步污染环境。为防止化学农药污染,应尽快研究筛选高效、低毒、安全、无公害的农药,以取代剧毒有害化学农药。积极推广应用生物防治措施,大力发展生物高效农药。同时,应研究残留农药的微生物降解菌剂,使农药残留降至国家标准以下。

(6)植树造林,保护生态环境。土壤污染以大气污染和水质污染为媒介的二次污染为主。森林是个天然的吸尘器,对于污染大气的各种粉尘和飘尘都能被森林阻挡、过滤和吸附,从而净化空气,避免了由大气污染而引起的土壤污染。此外,森林在涵养水源,调节气候,防止水土流失以及保护土壤自净能力等方面也发挥着重要作用。因此,提高森林覆盖率,维护森林生态系统的平衡是关系到保护土壤质量的大问题,应当给予足够的重视。

2. 污染土壤的综合治理措施

对于被污染的土壤或进入土壤的污染物,可采用以下措施进行综合治理。

(1)生物修复。土壤污染物质可以通过生物降解或植物吸收而被净化。蚯蚓是一种能提高土壤自净能力的环境动物,利用它还能处理城市垃圾和工业废弃物以及农药、重金属等有害物质。因此,蚯蚓被人们誉为"生态学的大力士"和"环境净化器"等。积极推广使用农药污染的微生物降解菌剂,以减少农药残留量。利用植物吸收去除污染:严重污染的土壤可改种某些非食用的植物如花卉、林木、纤维作物等,也可种植一些非食用的吸收重金属能力强的植物,如羊齿类铁角蕨属植物对土壤重金属有较强的吸收聚集能力,对镉的吸收率可达到10%,连续种植多年则能有效降低土壤含镉量。

(2)化学修复。对于重金属轻度污染的土壤,使用化学改良剂可使重金属转为难溶性物质,减少植物对它们的吸收。酸性土壤施用石灰,可提高土壤pH值,使镉、锌、铜、汞等形成氢氧化物沉淀,从而降低它们在土壤中的浓度,减少对植物的危害。对于硝态氮积累过多并已流入地下水体的土壤,一则大幅度减少氮肥施用量;二则施用配施脲酶抑制剂、硝化抑制剂等化学抑制剂,以控制硝酸盐和亚硝酸盐的大量累积。

（3）增施有机肥料。增施有机肥料可增加土壤有机质和养分含量,既能改善土壤理化性质特别是土壤胶体性质,又能增大土壤环境容量,提高土壤净化能力。受到重金属和农药污染的土壤,增施有机肥料可增加土壤胶体对其的吸附能力,同时土壤腐殖质可络合污染物质,显著提高土壤钝化污染物的能力,从而减弱其对植物的毒害。

（4）调控土壤氧化还原条件。调节土壤氧化还原状况在很大程度上影响重金属变价元素在土壤中的行为,能使某些重金属污染物转化为难溶态沉淀物,控制其迁移和转化,从而降低污染物危害程度。调节土壤氧化还原电位即 E_h 值,主要是通过调节土壤水、气比例来实现的。在生产实践中往往通过土壤水分管理和耕作措施来实施,如水田淹灌,若 E_h 可降至 160 mV时,许多重金属都可生成难溶性的硫化物而达到降低土壤毒性的目的。

（5）改变轮作制度。改变轮作制度会引起土壤环境条件的变化,可消除某些污染物的毒害。据研究,实行水旱轮作是减轻和消除农药污染的有效措施。如 DDT、六六六农药在棉田中的降解速度很慢,残留量大,而棉田改水后,可大大加速 DDT 和六六六的降解。

（6）换土和翻土。对于轻度污染的土壤,采取深翻土或换无污染的客土的方法。对于污染严重的土壤,可采取铲除表土或换客土的方法。这些方法的优点是改良较彻底,适用于小面积改良。对于大面积污染土壤的改良,此方法非常费事,难以推行。

（7）实施针对性措施。对于重金属污染土壤的治理,主要通过生物修复、使用石灰、增施有机肥、灌水调节土壤 E_h、换客土等措施,降低或消除污染;对于有机污染物的防治,通过增施有机肥料、使用微生物降解菌剂、调控土壤 pH 值和 E_h 等措施,加速污染物的降解,从而消除污染。

第四节　全球气候变化与生态对策

全球气候系统是一个涉及阳光、大气、陆地和海洋等内容的复杂系统。气候与人类每天的生活息息相关。但是,随着世界人口爆炸式的增长,资源和能源消费的迅速增加,生活和生产排放出大量化学物质,给自然净化作用造成了巨大负担。这不仅使区域性环境问题的范围明显扩大,而且由于二氧化碳等物质大量排放到大气中,导致了大气气温升高、臭氧层破坏等全球性大气环境问题。这些问题由于其影响面大,已被提到国际议事日程,引起了全世界的关注。

一、全球气候变化及其成因

全球气候变化(climate change)是指在全球范围内,气候平均状态统计学意义上的巨大改变或者持续较长一段时间(典型的为 10 年或更长)的气候变动。这种改变包括平均值和离均差两者中的一个或两者同时随时间出现了统计意义上的显著变化。平均值的升降,表明气候平均状态的变化;离均差增大,表明气候状态不稳定性增加,离均值越大,气候异常越明显。

在地质历史上,地球的气候发生过显著的变化。一万年前,最后一次冰河期结束,地球的气候相对稳定在当前人类习以为常的状态。地球的温度是由太阳辐射照到地球表面的速率和吸热后的地球将红外辐射线散发到空间的速率决定的。从长期来看,地球从太阳吸收的能量必须同地球及大气层向外散发的辐射能相平衡。大气中的水蒸气、二氧化碳和其他微量气体,如甲烷、臭氧、氟利昂等,可以使太阳的短波辐射几乎无衰减地通过,但却可以吸收地球的长波辐射。从长期气候数据比较来看,在气温和二氧化碳之间存在显著的相关关系。目前国际社会所讨论的气候变化问题,主要是指温室气体增加产生的气候变暖问题,以及由此所带来的一系列全球变化。

（一）温室效应

1. 温室效应的概念

通常所谓"全球变暖（global warming）"指的是全球平均地表气温的升高。而普遍认为温室效应（greenhouse effect）是造成全球变暖的主要原因。所谓温室效应，是指大气中对长波辐射具有屏蔽作用的温室气体浓度增加，从而使较多的辐射能被截留在地球表层而导致温度上升。具有这种作用的气体被称为温室气体（greenhouse gases），包括 CO_2、CH_4、NO_x 等。图5-1是近百年全球地表温度年平均值的变化曲线。图中 0 线为 1860—2000 年 140 年的平均值，曲线是按各年的温度值相对于这个平均值的偏差（距平）绘制的。由图可以看出，一百多年来全球平均地表温度经历了冷—暖—冷—暖两次波动，总的趋势是上升的。过去 100 年里，全球平均气温上升了 0.2～0.5 ℃，全球海平面上升了 10～25 cm，全球陆地降雨量增加了 1%。如果对目前的温室气体排放不采取有效控制措施，预计到 2020 年，全球气温将升高 1～3 ℃，全球海平面将上升 15～100 cm，降雨强度还可能进一步增加。

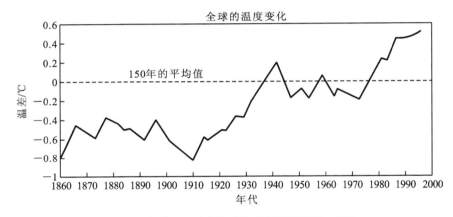

图 5-1　全球年平均气温的变化情况（IPCC，1995）

2. 主要温室气体

温室气体在大气中含量较少或极少，主要包括二氧化碳（CO_2）、一氧化碳（CO）、甲烷（CH_4）、氧化亚氮（N_2O）、臭氧（O_3）、氟氯烷烃（CFCs）、六氟化硫等，它们对全球变暖的贡献不同（表 5-2），其中二氧化碳贡献最大，对温室效应的贡献超过 50%。尽管其他气体对热辐射的吸收能力远远高于二氧化碳，但由于其浓度基数低，所以作用较小，对全球变暖的贡献甲烷占 19%，氟氯烷烃（CFCs）的贡献占 15%。

表 5-2　主要温室气体对温室效应增加的贡献

主要温室气体	在大气中的体积分数（1985）	年增长率/（%）	居停时间/a	辐射吸收潜力	对全球变暖的贡献/（%）
CO_2	345×10^{-6}	0.5	100	1	50
CO	90×10^{-6}	0.6～1.0	0.2	不明	不明
CH_4	1.65×10^{-6}	1.0	8～12	32	19
N_2O	300×10^{-6}	0.25	100～200	150	4
O_3	不明	2.0	0.1～0.3	2 000	8
CFCs（氟利昂）	$0.18 \times 10^{-9} \sim 0.28 \times 10^{-9}$	3.0	65～110	＞10 000	15

二氧化碳的浓度在过去的近 200 年中增加了 25％,年均增加 0.5％。现在的增加速度更快。多种模型预测,到 2030 年大气中二氧化碳的浓度将加倍。二氧化碳浓度增加的原因是由于工业燃料燃烧迅速增加,同时也由于森林植被及林下土壤碳库中碳的分解释放。全球森林植被和土壤中储藏的碳是农业生态系统碳量的 $20\sim100$ 倍。在温带和热带地区,由于大量森林被砍伐,在 1850 至 1987 年间,以 C 计大约有 1.15×10^{15} kg 被释放到大气中。近些年来,热带地区森林破坏速度加快,该地区以 C 计每年平均释放 $1\times10^{11}\sim2.6\times10^{11}$ kg,其中 $2\times10^{10}\sim9\times10^{10}$ kg 来自于林下土壤。工业燃烧释放的二氧化碳在 1850 至 1987 年间,以 C 计大约有 2×10^{14} kg 被释放到大气中。第二次世界大战后,其增加速度非常快,以 C 计每年平均释放 $5.7\times10^{11}\sim6.0\times10^{11}$ kg。与能源有关的二氧化碳释放量在全球各地是不均匀的,在北美、西欧和苏联地区释放量较大。

甲烷是第二大温室气体。其来源主要是工业园、湿地、水域、稻田、农田中的有机物质厌氧分解等。目前 CH_4 的自然源排放量不到其总排放量的 25％。从 20 世纪 70 年代开始,大气中甲烷浓度每年增加 1％,由 1978 年的 1 520 $\mu g/kg$ 增加到 1990 年的 1 710 $\mu g/kg$,净增 12％,增长速度比 CO_2 还快。

氟氯烷烃(CFCs)完全属于工业化的产物,其中应用最多的是 CFC-11 和 CFC-12。20 世纪 20 年代开始生产,主要用于冷冻剂、清洁剂和灭火剂等。据估计,从 20 世纪 70 年代中期开始,每年大约有 1×10^4 kg CFCs 产品被排放到大气。到 1990 年大气中 CFCs 已达 0.29×10^{-3} $\mu L/L$。CFCs 的大气温室效应是非常高的,增加一个 CFC-11 或 CFC-12 分子所产生的增温效果相当于增加 $4\ 500\sim7\ 100$ 个二氧化碳分子。

氧化亚氮(N_2O)主要来源于土壤的反硝化作用,它每年增加 0.6 $\mu g/kg$,约 0.2％。浓度提高的原因至今还未清楚。N_2O 的天然源有土壤、海洋与淡水水域与闪电;人为源包括矿物燃料燃烧和含氮肥料的施用。

3. 温室效应的影响

普遍认为,温室效应的影响是深远和广泛的,将造成全球气温升高,降水分配在时间和空间格局上的变化,以及灾害性天气的增加。近年来受关注的厄尔尼诺(El Nino)与拉尼娜现象就是由于海水温度变化导致的气候变化。厄尔尼诺现象是指东太平洋洋面在赤道处的海水变暖的现象,它与北太平洋和北美洲的天气特点密切相关。当发生的厄尔尼诺现象较强烈时,附近就会产生很明显的气候变化——风力风向异常,降雨量多于平常年,导致台风和洪水灾害。在包括太平洋、北美大陆和大西洋的广大地区甚至全球范围内,都能观察到厄尔尼诺现象所带来的显著影响。拉尼娜现象是指东太平洋洋面在赤道附近的海水变冷的现象。同样,拉尼娜现象也会显著影响全球气候。此外,全球气温升高可能会导致气候带北移,使湿润区与干旱区重新配置。如我国亚热带北界可能移到黄河以北,垂直气候带将上升 $200\sim400$ m,结果将使我国总降水量大大减少,有可能在我国东部形成较强的近南北向分布的少雨带,尤其是长江中下游和黄淮海平原,天气变得干热,水资源紧张,农牧业生产将受到严重影响。另外,气候变暖导致的海平面上升将影响到地势较低的沿海城市,部分城市可能要迁移,同时大部分沿海平原将发生盐碱化和沼泽化,不适合农业生产。

气候变化将会改变原有的植被类型和物种结构。区域性的森林等植被中,原有物种的变迁可能会因来不及适应气候变化的速率而消亡;一些特殊的生态系统(如常绿植被、极地生态系统等)及候鸟、冷水鱼类会因气候变暖而面临生存困境;温度的上升还会增加病虫害等自然灾害的发生。

气候变化还会导致极端天气(如炎热)等发生频率的增加,使患有心血管和呼吸道疾病的病人死亡率增高,尤其是老人和儿童;传染病(如疟疾,脑膜炎等)的频率会因病原体(如病菌、蚊子等)易于繁殖和更广泛的传播而增加。

温室效应对农业的影响:①对作物生产力的影响:二氧化碳的影响与植物的不同光合代谢途径有关,C_3植物(如小麦、水稻、大豆等)对二氧化碳浓度升高呈较高的正效应,而C_4植物(如玉米、高粱等)对二氧化碳浓度的增加反应较弱。②对气候带和农业带的影响:气候变化可能使气候带和农业带向两极方向移动,表现为农业区的作物布局和面积将会发生较大的变化。一些研究表明,在北半球中纬度地区,若平均气温升高 1 ℃,作物的北界一般可以向北移动 $150\sim200$ km,而海拔向上移动 $150\sim200$ m。③对病虫害发生的影响:气温升高后,病虫害的分布区域将会扩大,而发生的世代数可能增加,从而影响农作物生长。

4. 防治对策

全球气候变化主要是由于温室气体的增加所致。此外大气颗粒物数量的增加也是一个重要原因。因此减缓全球气候变化的关键是控制温室气体的排放和颗粒物的形成,即最主要是控制化石能的消耗。联合国在 1992 年制定了国际气候变化公约,旨在使多国合作,共同控制温室气体的排放。1997 年在日本京都召开的公约第三次缔约方大会上,签署了《京都议定书》,议定书以法律形式要求工业化国家控制并减少 6 种温室气体的排放。目前全球正在努力,控制温室气体的排放。控制化石能消耗量的措施,一是通过各种技术措施提高化石能的能效以降低使用量,大量研究表明在今后二三十年内,通过各种节能措施,在无需增加费用的前提下便可提高能效 10%~30%。二是开发其他形式的能源,减少对化石能的依赖。如太阳能、核能、风能、水能、地热能、生物能等。非化石能的利用不但可减少温室气体的排放和颗粒物的形成,也可减少环境影响的其他方面。

减缓温室效应涉及技术、管理、法律、教育等多个方面。①技术:技术的改进可以使化石能燃烧效率提高,也有助于开发利用其他形式的替代资源。②管理:管理是技术得以实现的保障。除了企业行政管理外,自然资源和环境的管理将对减缓温室效应有重要影响。如通过管理森林或其他生态系统可以吸收固定大气中的二氧化碳。管理也包括政府通过政策进行调控。③法律:环境法和资源法是以保护资源环境为目的而制定的约束人们行为的规则。由于全球环境问题的跨国管理,国际间的合作是减缓全球变化的重要机制,国际公约是类似于法律的一种约定和规则。④教育:全球环境的改善有赖于全球公民环境意识的提高,而教育是提高环境意识的关键。通过学校、媒体、社会、宗教等形式可加强公民的环境教育。

(二)臭氧层破坏

1. 臭氧层空洞的形成

位于大气层上部,距地球 $25\sim40$ km 的大气平流层中的臭氧是地球的保护层。臭氧对地球有两个主要作用,即防止有害紫外线辐射和吸收来自地面的长波辐射。对太阳的紫外辐射有很强的吸收作用,能有效地阻挡太阳辐射对地面生物的伤害作用。使得生物能够离开海洋变为陆生的不仅仅是由于大气中氧气的存在,而且更重要的是由于平流层中臭氧的存在。因此,直到臭氧层形成以后,生命才有可能在地球上生存、延续和发展,臭氧层是地表生物的"保护伞"。许多生物离开氧气也能生存,因此形成富氧大气层对生物的重要性不在氧气本身,而在于下一级化学反应需要氧气的参与。

Chapman 于 1930 年就提出平流层臭氧的反应机制。他认为,高空的氧分子吸收能量较

高的光波而发生分解,产生两个游离态的氧原子,其化学反应式为:

$$O_2 + h\gamma(\lambda < 240 \text{ nm}) \longrightarrow O + O$$

这些氧原子具有很强的化学活性,能很快与大气中含量很高的 O_2 发生进一步的化学反应,生成臭氧分子: $O_2 + O \rightarrow O_3$。在大气中一百万个 O_2 分子仅能形成 $3 \sim 4$ 个 O_3 分子,但由于它们相对集中在平流层,所以称该层为"臭氧层"。臭氧之所以能在平流层这样的高度上形成"层",有两个原因:一是在超过 50 km 的高空,氧气浓度很低,不足以成为"层"的主要因子;二是在低于 15 km 的大气层,接受的太阳光能量不如上方高,也没有能力进行形成臭氧的化学反应。

来自太阳的紫外辐射根据波长可分为 3 类,波长为 $315 \sim 400$ nm 的紫外光为 UV-A 区,该区的紫外线不能被臭氧有效吸收,但是也不会造成地表生物圈的损害;波长为 $280 \sim 315$ nm 的紫外光为 UV-B 区,该波段的紫外辐射对人类和地球其他生命造成危害最严重;波长为 $200 \sim 280$ nm 的紫外光称为 UV-C 区,该区波长短,能量高,并能完全被平流层大气吸收。

近 30 年来,随着社会经济发展,工业化程度的提高,高层大气中的臭氧浓度不断地下降。当英国科学家 Farman 1985 年发现在南极上空臭氧层出现了一个空洞后,人们发现臭氧浓度的不断下降和臭氧层破坏已成为威胁人类生存的全球性环境问题之一,臭氧层耗损问题引起了社会的广泛关注。1987 年 10 月,南极上空的臭氧浓度降到了 1957—1978 年间的一半,臭氧洞面积则扩大到足以覆盖整个欧洲大陆。1994 年 10 月观测到的臭氧空洞一度蔓延到了南美洲最南端的上空。1997 年至今,科学家观察到臭氧空洞发生的时间在提前,持续时间也更长。近 20 多年的研究表明,地球大气平流层中的臭氧体积分数正在减少。进一步的研究和观测还发现,臭氧层的损耗不只发生在南极,在北极上空和其他中纬度地区也都出现了不同程度的臭氧层损耗现象。与南极的臭氧破坏相比,北极的臭氧损耗程度要轻得多,而且持续时间也相对较短。

臭氧层破坏(ozone layer destruction)与人类活动紧密相关。罪魁祸首是人工合成的含氯和含溴的物质,最典型的是氟氯碳化合物(Halons)。氟利昂(CFCs)作为制冷剂、烟雾剂、发泡材料、溶剂、灭火材料、杀虫剂而被广泛应用。CFCs 和 Halon 分子在强烈紫外线照射下发生解离,释放出高活性原子态的氯和溴,氯和溴通过催化化学过程破坏臭氧。据估算,一个氯(Cl)原子可以破坏 $104 \sim 105$ 个臭氧分子,而制冷剂哈龙(Halon)释放的溴原子对臭氧的破坏能力是 Cl 原子的 $30 \sim 60$ 倍。臭氧层破坏过程中涉及的反应如下:

$$\left. \begin{array}{l} Cl + O_3 \longrightarrow ClO + O_2 \\ ClO + O \longrightarrow Cl + O_2 \end{array} \right\}$$

除了氟氯烷烃和哈龙外,甲烷、氧化亚氮、一氧化碳和二氧化碳浓度的增加,也可能间接引起臭氧层的破坏。

2. 臭氧层破坏的危害

1) 对人体健康的影响

臭氧层的破坏,会使其吸收紫外辐射的能力大大减弱,导致到达地球表面 UV-B 区强度明显增加,给人类健康和生态环境带来严重的危害。潜在的危险包括引发和加剧眼部疾病、皮肤癌和传染性疾病。据分析,平流层臭氧每减少 1%,全球白内障的发病率将增加 $0.6\% \sim 0.8\%$,全世界由于白内障而引起失明的人数将增加 10 000~15 000 人。由紫外辐射增加可能导致的后果有如表 5-3 所示的几个方面。

表 5-3　臭氧层减少对人类健康的影响

分　类	具体表现
急性的	阳光灼伤、皮肤变厚
慢性的	皮肤变化、表皮变薄
致癌的	非黑色素皮肤癌、细胞癌、有毒黑瘤
眼的疾病	白内障、雪盲、视网膜伤害、角膜肿瘤
免疫障碍	传染性疾病、自身免疫系统紊乱

2）对生态系统的影响

UV-B 辐射影响植物的生理生化过程,长期受到 UV-B 的照射,会造成植物形态的改变,植物各部位物质的分配改变,各发育阶段的时间改变及新陈代谢改变等。同时会改变森林和草地物种的组成,进而影响不同生态系统的生物多样性分布。已研究过的植物品种中,超过 50% 的植物有来自 UV-B 的负影响,比如豆类、瓜类等作物,其他作物如土豆、番茄、甜菜等的质量也会下降。对于水生生物,研究表明,浮游植物生产力下降与臭氧减少造成的 UV-B 辐射增加直接有关。另一项科学研究结果表明,如果平流层臭氧减少 25%,浮游生物的初级生产力将下降 10%,将导致水面附近的生物减少 35%。UV-B 辐射还会对鱼、虾、蟹、两栖动物和其他动物的早期发育产生危害作用。

3）对空气质量和大气组成的影响

平流层臭氧减少的一个直接后果是使到达低层大气的 UV-B 辐射增加,由于 UV-B 辐射的高能量,这一变化将导致对流层的大气化学更为活跃。在污染地区(如工业和人口稠密的地区),UV-B 的增加会促进对流层臭氧和其他相关的氧化剂如过氧化氢(H_2O_2)和 OH 自由基等的生成和增加,使得一些城市地区的臭氧超标率大大增加。而与这些氧化剂的直接接触会对人体健康、陆生植物和室外材料等产生不良影响。H_2O_2 浓度的变化还可能对酸沉降的地理分布带来影响,造成污染向郊区蔓延,清洁地区的面积逐渐减小。OH 自由基浓度的增加会使甲烷和 CFCs 替代物(如 HCFCs 和 HFCs)的浓度比例下降,从而对温室气体的效应产生影响。此外,对流层反应活性的增加还会导致颗粒物生成的变化。如云的凝结核是来自人为源和天然源的硫(如二氧化碳和二甲基硫)的氧化和凝聚形成的。

4）对材料的影响

UV-B 的增加会加速建筑、喷涂、包装及电线电缆等所用材料,尤其是高分子材料的降解和老化变质。特别是在高温和阳光充足的热带地区,这种破坏作用更为严重。由于这一破坏作用造成的损失估计全球每年达到数十亿美元。

UV-B 无论是对人工聚合物,还是天然聚合物以及其他材料都会产生不良影响,加速它们的光降解,从而限制它们的使用寿命。研究结果已证实 UV-B 辐射对材料的变色和机械完整性的损失有直接的影响。

3．防治对策

为了保护臭氧层,必须控制氟氯烃类物质的生产量和消耗量,研制氟氯烃类物质的代用品。除禁止 CFCs 等物质作气溶胶、灭火剂外,还应该采取各种措施减少其排放量。例如,循环使用 CFCs,可以大大减少排放量;将生产中用过的 CFCs 回收,经净化处理后继续使用,如制泡沫塑料用 CFCs 等作发泡剂时,收集用过了的 CFCs,经活性炭过滤,再生使用,可以减少 50％的 CFCs 损失。这一方面节约了 CFCs 用量,另一方面也保护了环境。在研发 CFCs 的代用品分子中,尽量减少氯和溴原子,尽量把氢原子加到 CFCs 中去。研究更新的化合物,如各种碳链上加入 O、N、S、Si 等,使分子容易分解,当它们被排到大气中时,由于很快分解,就不可能上升到臭氧层起破坏作用。此外研究新的无氟制冷技术,如磁制冷技术、气体制冷技术、热电制冷技术、吸收(吸附)制冷技术等,这可以从根本上改变人造物质使用的途径。

自从 20 世纪 70 年代以来,国际上针对臭氧层的破坏问题,已经开展了一系列保护活动,通过了一系列的公约或行动计划。1977 年通过了《保护臭氧层行动世界计划》,1985 年通过了《保护臭氧层的维也纳公约》,明确了保护臭氧层的原则。继而又经谈判于 1987 年 9 月在加拿大的蒙特利尔制定了《关于消耗臭氧层的蒙特利尔议定书》(简称《议定书》),其目的在于具体落实《保护臭氧层的维也纳公约》,具体均衡控制含氟氯烃类物质的全球生产、排放和使用的长期和短期战略。我国已于 1991 年 6 月 14 日经全国人大常委会批准,正式加入了经修订的《关于消耗臭氧层的蒙特利尔议定书》。我国还制定了《中国消耗臭氧层物质逐步淘汰国家方案》和《中国淘汰哈龙战略》。1996 年 1 月,《关于消耗臭氧层的蒙特利尔议定书》开始执行,发达国家停止了氟氯烃工业化学品的生产,发展中国家要逐步淘汰,10 年后停止生产。在应对全球变化的国际合作中,臭氧层的保护是最成功的。全世界都在共同努力保护臭氧层,据最近报道,南半球臭氧耗损的程度有所缓解,这是一件令人鼓舞的事情。但专家提醒,由于臭氧层在大气层中存留的时间很长,在 2050 年前臭氧层完全恢复的可能性不大。保护臭氧层的国际合作将是任重道远的。

(三)酸雨

1. 成因

pH 值低于 5.6 的降水称为酸雨(acid rain)。酸雨的形成是一个十分复杂的过程,涉及的主要污染物有硫氧化物、氮氧化物、重金属微粒、环境中稳定的有机化合物和有助于形成光化学氧化剂的活性有机物。这些物质在大气输送过程中,在太阳光的照射下会发生一系列复杂的物理化学作用和转化,使硫氧化物转化为硫酸、氮氧化物转化为硝酸、有机物转化为有机酸,这些产物又与云中的水蒸气作用,最后以酸性雨和雪的形式沉降下来。但与此同时,大气中还存在碱性物质,如碱性气体和碱性颗粒物,也会进入降水,对降水的酸性起一定的中和作用。当降水中的离子平衡最终呈现酸性,降水的 pH 值小于正常降水的 pH 值时,就形成了酸雨。如果大气中碱性物质含量高,即使酸性物质含量不低,也不能形成酸雨。在碱性土壤地区或大气颗粒物浓度高时常出现这种情况。我国北方气候干燥,土壤多属碱性,这些碱性土壤粒子容易被风刮到大气中,对雨水中的酸起中和作用;而在我国南方,气候湿润,土壤呈酸性,因而大气中缺乏碱性粒子,对雨中的酸的中和能力低,易形成酸雨。

大气中的硫和氮的氧化物有自然和人为两个来源。二氧化硫的自然来源包括微生物活动和火山活动,含盐的海水飞沫也会增加大气中的硫含量。自然排放的大约占大气中全部二氧化硫的一半,但由于自然循环过程,自然排放的硫基本上是平衡的。人为排放的硫大部分来自储存在煤炭、石油、天然气等化石燃料中的硫,在燃烧时以二氧化硫形态释放出来,其他一部分来自金属冶炼和硫酸生产过程。随着化石燃料消费量的不断增长,全世界人为排放的二氧化硫在不断增加(图 5-2)。

2. 危害

(1)对植物的影响。酸雨被称为"空中死神",对植被的影响很大。大多数研究表明,酸雨

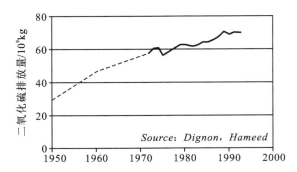

图 5-2　世界化石燃料燃烧排放的二氧化硫(1950—1993)

在 pH 值大于 4.0 时,只会对极少数敏感植物的生长产生不良影响,而 pH 值在小于 3.0 时能对大多数植物的叶片、生长发育、生理过程、产量形成、病虫害的感染和侵袭、生产力等产生不良的影响。世界上有 1/4 的森林程度不同地受到酸雨的侵袭,每年价值数百万美元的林木被毁坏。

（2）对土壤的影响。酸雨会引起土壤性质的一系列变化,土壤的 K、Na、Ca、Mg 等养分离子淋溶,阴离子交换能力降低,营养元素的流失,重金属阳离子活化;土壤微生物数量和群落结构发生改变,使有机质的分解、硝化作用、氨化作用、反硝化作用和固氮过程减弱等。导致土壤酸化和贫瘠化,影响植物的生长。另外,酸雨使重金属离子活化,进而影响微生物的活性,抑制土壤有机物的转化和氮的固定。中北欧、美国和加拿大出现了明显的土壤酸化现象,我国的研究也表明,酸雨使土壤盐基(K、Na、Ca、Mg 离子)流失。

（3）对水体的影响。酸雨可使湖泊和河流酸化,导致底泥中铝等有害金属释放到水中,也会使鱼类骨骼中 Ca 含量减少,成为驼背鱼;还会使水体营养成分减少,浮游生物和群落结构改变并且种类和数目减少,鱼类不能繁殖和生存。不仅毒害鱼类,同时污染饮用水源。美国、加拿大和北欧的水体受酸雨影响而酸化的问题越来越严重,瑞典有 2 万个湖泊受到酸雨的影响,1 500 个湖泊已酸化,450 种鱼类已死亡。

（4）酸雨还会影响动物和人类的健康,诱发疾病。酸雨特别是在形成酸雾的情况下,其微粒侵入人体肺部,可引起肺水肿和肺硬化等疾病而导致死亡。加利福尼亚的科研人员发现癌症发病率的上升与酸雨有关系。历史上发生的伦敦烟雾事件也与酸雨有关。1980 年美国和加拿大有 5 万多人因受酸雨影响而死亡。

（5）此外,酸雨具有很强的腐蚀性,能加速建筑物、金属、材料、雕塑、古文物等的腐蚀。据报道瑞典仅一年就因酸雨的腐蚀损失数亿克朗。威尼斯的大理石石雕文物,崩坏的主要原因也是酸雨造成的。酸雨使材料表面的涂料失去光泽或变质而剥落。使光洁的大理石建筑转变为松软的石膏。著名的圣保罗教堂的外部表层,正以每 100 年 2.5 cm 的速度被酸雨腐蚀剥落。

我国的酸雨主要分布在南方。华中(东)酸雨区是全国酸雨污染最重的区域,降水年均 pH 值低于 5.0,酸雨出现频率大于 70%；西南酸雨区污染也很重,除重庆外,中心区域降水年均 pH 值低于 5.0,酸雨出现频率为 70%；华南酸雨区主要分布于珠江三角洲及广西中东部地区,部分城市降水酸度有所降低,但酸雨出现频率有所上升。我国北方地区酸雨较少出现可能是由于其碱性近地尘埃的中和作用造成的。

3. 防治对策

通过减少燃煤、燃油和汽车尾气排放的污染物质从而减少 SO_2、NO_x 的排放,这是根本的措施。1985 年 7 月,欧洲和北美的 21 个国家在赫尔辛基签署了关于到 1993 年把 SO_2 排放量从 1980 年的水平减少 30% 的议定书。人们称为"30% 俱乐部",这是一个十分明智的决定。大气污染没有国界,使得解决酸雨问题变得更加复杂和敏感。例如,在加拿大西部降落的酸雨,有一半是来自美国的污染物引起的;挪威南部有 43% 的 SO_2 和 36% NO_x 是从英国传送过来的。

酸雨防治的主要对策包括:①调整能源战略。一方面节约能源,减少煤炭、石油的消耗量,以减少硫氧化物、氮氧化物等大气污染物的排放量;另一方面开发新能源,尽快利用无污染或少污染的能源,如太阳能、水能、地热能、风能等。②解决污染大气问题,并以法律形式加以固定;实施一些具体的国际合作,规定减少各国的 SO_2 排放标准。此外其他措施包括降低烟筒的高度,减少污染物排放高度,还可在烟筒内加入某些中和物质;培育抗性生物;施用石灰等。

(四) 全球气候变化的原因

全球气候系统指的是一个由大气圈、水圈、冰雪圈、岩石圈(陆面)和生物圈组成的高度复杂的系统,这些部分之间发生着明显的相互作用。在这个系统自身动力学和外部强迫作用下(例如火山爆发、太阳变化、人类活动引起的大气成分的变化和土地利用的变化),气候系统不断地随时间演变(渐变与突变),而且具有不同时空尺度的气候变化与变率(月、季节、年际、年代际、百年尺度等气候变率与振荡)。

全球气候系统非常复杂,影响气候变化因素非常多。全球气候变化的原因可能是自然的内部进程,或是外部强迫,或者是人为持续地对大气组成成分和土地利用的改变。因此,既有自然原因也有人为原因(图 5-3)。自然原因涉及太阳辐射、火山活动、海洋、陆地和自然变率等诸多方面,对气候变化趋势,在科学认识上还存在不确定性,特别是对不同区域气候的变化、趋势及其具体影响和危害,还无法做出比较准确的判断。但有充分的证据表明,在过去的 50 年里,观测到的全球变暖现象主要是由人类活动造成的。

1. 自然原因

(1) 太阳辐射。气候系统所有的能量基本上来自太阳,因此,太阳能量输出的变化被认为是导致气候变化的一种辐射强迫,也就是说太阳辐射的变化是引起气候系统变化的外因。引起太阳辐射变化的另一原因是地球轨道的变化。地球绕太阳轨道有 3 种规律性的变化:一是椭圆形地球轨道的偏心率(长轴与短轴之比)以 10 万年的周期变化;二是地球自转轴相对于地球轨道的倾角在 $21.6° \sim 24.5°$ 间变化,其周期为 41000 年;三是地球最接近太阳的近日点时间的年变化,即近日点时间在一年的不同月份转变,其周期约为 23000 年。

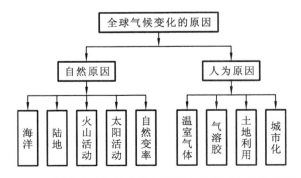

图 5-3　影响全球气候变化主要的自然原因和人为原因

（2）火山活动。最近几十年科学家对火山活动进行了一系列的观测,记录到火山活动影响气候系统的整个过程。火山爆发之后,向高空喷放出大量硫化物气溶胶和尘埃,可以到达平流层高度。它们可以显著地反射太阳辐射,从而使其下层的大气冷却。火山喷发产生火山灰尘、水蒸气,以及 SO_2 等酸性气体。但对气候影响最大的是 SO_2 气体,它随火山喷发上升到平流层,随后形成硫酸盐气溶胶,能存留很长时间。在这个过程中,大量的气溶胶扩散至周围区域甚至全球,反射和折射太阳辐射,减少太阳对地表的直接辐射量,降低地表温度。一系列的研究表明,在地质历史时期火山活动与全球冰期有密切关系。通过近现代观测与模拟,发现火山活动后的一年至几年内,局部地区或全球会出现不同程度的降温。总之,在未来全球气候变化问题上,不能不考虑火山活动等不确定因素的影响。

2. 人为原因

根据模型估计,过去 100 年的全球变暖现象,不可能只是自然界内部变异的结果;分析过去 1000 年的资料,也可以得出结论,过去 100 年的全球变暖现象是不正常的,不可能完全是自然现象。仅仅模拟自然因素的作用不能解释 20 世纪下半叶全球变暖的现象。人类造成的硫酸烟雾的作用,尽管不确定,但却具有变冷效果,因而也不能解释变暖。若仅仅模拟太阳辐射与火山爆发等自然因素,或仅仅模拟温室效应与硫酸烟雾排放等人类活动作用,都不足以与观测结果吻合,只有同时对两者进行模拟,才能使模拟温度与观测温度接近。

影响全球气候变化的人为因素中,主要是由工业革命以来人类活动特别是发达国家工业化过程的经济活动引起的。化石燃料燃烧、毁林以及土地利用变化等人类活动所排放温室气体导致大气温室气体浓度大幅度增加,温室效应增强,从而引起全球气候变暖。一方面,人们在日常生产和生活中通过燃烧化石燃料释放大量的温室气体。近年来,主要温室气体的排放量不断增加,引起温室效应增强,使全球气候变暖;另一面,砍伐森林、耕地减少等土地利用方式的改变间接改变了大气中温室气体的浓度,也可使气候变暖。

据美国橡树岭实验室研究报告,自 1750 年以来,全球累计排放了 10^{15} kg 多二氧化碳,其中发达国家排放约占 80%。事实上,自然界本身也排放着各种温室气体,也在吸收或分解它们。在地球的长期演化过程中,大气中温室气体的变化是很缓慢的,处于一种循环过程。碳循环就是一个非常重要的化学元素的自然循环过程,大气和陆生植被、大气和海洋表层植物及浮游生物每年都发生大量的碳交换。从天然森林来看,二氧化碳的吸收和排放基本是平衡的。人类活动极大地改变了土地利用形态,特别是工业革命后,大量森林植被迅速砍伐一空,化石燃料使用量也以惊人的速度增长,人为的温室气体排放量相应不断增加。从全球来看,从 1975 年到 1995 年,能源生产就增长了 50%,二氧化碳排放量相应有了巨大增长。发达国家是二氧化碳等温室气体的主要排放国,美国是世界上头号排放大国;包括中国在内的一些发展中国家的排放总量也在迅速增长,中国的排放量位居世界第二,成为发达国家关注的一个国家。但从人均排放量和累计排放量而言,发展中国家还远远低于发达国家。

自 1750 年以来,由于人类活动的影响,全球大气二氧化碳、甲烷和氧化亚氮等温室气体浓度显著增加,2005 年全球大气 CO_2 浓度为 379 $\mu g/g$,目前已经远远超出了根据冰芯记录得到的工业化前 65 万年以来的自然变化浓度范围,是 65 万年以来最高的。根据多种研究结果证实了过去 50 年观测到的全球大部分地区平均温度的升高非常可能是由人为因素导致温室气体浓度的增加引起的。

不过专家们也表示在过去的十年中变热的速率已经放慢了很多。根据哈德雷气候预测研究中心公布的数据显示,自 20 世纪 70 年代末期开始地球表面温度每隔十年上升 0.16 ℃;在

2000 年至 2009 年之间,上述增幅降至 0.05 ℃到 0.13 ℃之间,但同期的 CO_2 排放量却有所增加。目前科学家对于上述变化的起因还并不明确,但表示大自然的变异性可能是气候变化的因素之一。

二、全球气候变化的生态效应

全球气候变化的影响是多尺度、全方位、多层次的,正面和负面影响并存,但它的负面影响更受关注。全球气候变暖对全球许多地区的自然生态系统已经产生了影响,如海平面升高、冰川退缩、湖泊水位下降、湖泊面积萎缩、冻土融化、河(湖)冰迟冻与早融、中高纬生长季节延长、动植物分布范围向极区和高海拔区延伸、某些动植物数量减少、一些植物开花期提前等。自然生态系统由于适应能力有限,容易受到严重的,甚至不可恢复的破坏。正面临这种危险的系统包括冰川、珊瑚礁岛、红树林、热带雨林、极地和高山生态系统、草原湿地、残余天然草地和海岸带生态系统等。随着气候变化频率和幅度的增加,遭受破坏的自然生态系统在数目上会有所增加,其地理范围也将增加。

气候变化对国民经济的影响可能以负面为主。农业可能是对气候变化反应最为敏感的部门之一。气候变化将使我国未来农业生产的不稳定性增加,产量波动大;农业生产部门布局和结构将出现变动;农业生产条件改变,农业成本和投资大幅度增加。气候变暖将导致地表径流、旱涝灾害频率和一些地区的水质等发生变化,特别是水资源供需矛盾将更为突出。对气候变化敏感的传染性疾病(如疟疾和登革热)的传播范围可能增加;与高温热浪天气有关的疾病的发生率、死亡率增加。气候变化将影响人类居住环境,尤其是江河流域和海岸带低地地区以及迅速发展的城镇,最直接的威胁是洪涝和山体滑坡。人类目前所面临的水和能源短缺、垃圾处理以及交通等环境问题,也可能因高温多雨加剧。

全球变暖将导致地球气候系统的深刻变化,使人类与生态环境系统之间已建立起来的相互适应关系受到显著影响和扰动,因此全球变化特别是气候变化问题得到各国政府与公众的极大关注。全球气候变化问题,已不仅是科学问题、环境问题,而且是能源问题、经济问题和政治问题。

全球气候系统非常复杂,影响气候变化的因素非常多,涉及太阳辐射、大气构成、海洋、陆地和人类活动等诸多方面。对气候变化趋势,在科学认识上还存在不确定性,特别是对不同区域气候的变化趋势及其具体影响和危害,还无法做出比较准确的判断。但从风险评价角度来说,大多数科学家断言气候变化是人类面临的一种巨大环境风险。最近几十年来,世界各国出现了几百年来历史上最热的天气,厄尔尼诺现象也频繁发生,给各国造成了巨大经济损失。发展中国家抗灾能力弱,受害最为严重,发达国家也未能幸免于难。现有资料显示,人类对气候变化,特别是气候变暖所导致的气象灾害的适应能力是相当弱的,需要采取行动防范。科学家预测全球气候变化的生态效应主要包括以下几个方面。

(一) 气温升高

自 1861 年起,全球表面平均温度(接近地表的平均气温与海面温度)开始上升。

世界气象组织和联合国环境规划署共同组建的政府间气候变化专门委员会(IPCC)所做的气候变化评价报告公布,20 世纪全球平均地表温度增加了 0.6 ℃左右,其中增幅最大的两个时期为 1910—1945 年和 1976—2000 年。20 世纪可能是过去 1000 年增温最大的 100 年,而 20 世纪 90 年代是最暖的 10 年(图 5-4)。

(二)冰川融化,雪盖与冰区范围减少

卫星资料表明,雪盖范围自 20 世纪 60 年代后期以来可能减少了 10%。地面观测站资料表明,在 20 世纪,北半球中、高纬度地区每年的河、湖冰盖期大约减少了 2 周。在 20 世纪,非极地山区冰川出现大范围退缩现象。自 20 世纪 50 年代以来,北半球春夏海冰范围减少了10%~15%,近 10 年来,北极夏末至秋初的海冰厚度可能已减少 4%,而冬季的海冰厚度减少得十分缓慢。

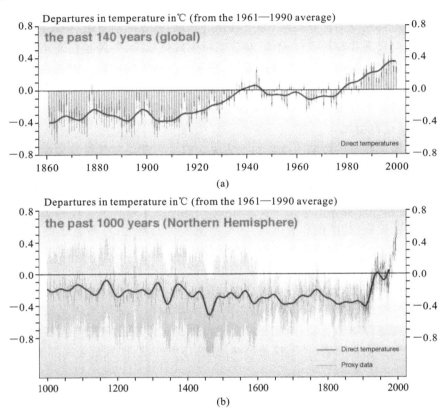

图 5-4　地球表面温度的变化

(a) 近 140 多年的变化;(b) 近 1000 年的变化

(引自 IPCC)

(三)海水膨胀,全球平均海平面上升,海洋含热量增加

全球各潮位站观测资料显示,在 20 世纪全球平均海平面上升了 0.1~0.2 m。自 20 世纪50 年代末以来,全球海洋含热量增加了。全世界大约有 1/3 的人口生活在沿海岸线 60 km 的范围内,这些地方经济发达、城市密集。全球气候变暖导致的海洋水体膨胀和两极冰雪融化,使海平面上升,危及全球沿海地区,特别是那些人口稠密、经济发达的河口和沿海低地。这些地区可能会遭受淹没或海水入侵,海滩和海岸遭受侵蚀,土地恶化,海水倒灌和洪水加剧,港口受损,并影响沿海养殖业,破坏供排水系统。

就我国的情况来看,海平面上升最严重的影响是增加了风暴潮和台风发生的频率和强度,海水入侵和沿海侵蚀也将引起经济和社会的巨大损失。

（四）全球水资源分布发生改变，降水量有增加的趋势

北半球大陆大多数中、高纬度地区在 20 世纪降水量每 10 年增加 $0.5\%\sim1\%$，热带（北纬 $10°$ 到南纬 $10°$）陆地雨量每 10 年增加 $0.2\%\sim0.3\%$，北半球亚热带（北纬 $10°$ 到北纬 $30°$）大部分陆地区在 20 世纪降水量每 10 年约减少 0.3%。北半球中、高纬度地区在 20 世纪下半叶，大雨的频率增加了 $2\%\sim4\%$。

（五）厄尔尼诺现象更加频繁

同过去 100 年比较，自 20 世纪 70 年代以来，温暖的厄尔尼诺南方涛动（ENSO）现象更加频繁、持续时间更长、强度更大。

（六）部分地区干旱有所增加

在 1900—1995 年，全球陆地普遍出现严重干旱与严重洪涝的机会增加不多，在许多地区，类似 ENSO 趋于更暖的变化主要表现为 10 年内以及数十年内的气候变化。在近数十年里，像亚洲的部分地区，干旱的频率与强度有所增加。气候变暖导致的气候灾害增多可能是一个更为突出的问题。

（七）影响农业和自然生态系统

与农田、人工草场和人工经营管理的森林相比，自然生态系统对未来气候变化显得更为脆弱。未来人口增长和经济发展将使自然生态系统继续向退化方向发展，这将进一步增加自然生态系统对未来全球气候变化的脆弱程度。湿地的地理分布将随温度、降水和径流的变化而迁移。内陆水生生态系统由于未来气候变化引起水温、水文体系和水位的变化而受到影响。有些沿海生态系统由于气候变化的影响处于十分危险的状态，它们的变化对旅游业、淡水供应、渔业和生物多样性均产生不利影响。

随着二氧化碳浓度增加和气候变暖，可能会增加植物的光合作用，延长生长季节，使世界一些地区更加适合农业耕作。但全球气温和降雨形态的迅速变化，也可能使世界许多地区的农业和自然生态系统无法适应或不能很快适应这种变化，从而使其遭受很大的破坏性影响，造成大范围的森林植被破坏和农业灾害。

（八）影响海洋生态系统

气候变化将深刻影响海洋生态系统生物多样性和群落结构。结合陆地生态学的研究成果，我们认为海洋生物多样性和陆地生物多样性对于气候变化的响应具有一致性，特别是在极地和热带水域。和陆地生态系统一样，海洋生物多样性同样受到诸多人为干扰因素的影响（诸如过度捕捞、生境破坏和水域污染等）。气候变化可能放大这些因素对于生物多样性的影响程度。海洋生物群落结构及其多样性的变化将影响捕捞活动的运作形式，可能对脆弱的近海生态系统带来更多的灾难。因此，亟须减少温室气体的排放量，降低人为引起的气候变暖的幅度，并形成行之有效的海洋管理方案以应对气候变化对于生物多样性的影响。同时，应尽量降低过度捕捞、水域污染等因素的干扰，以恢复生物机体及生态系统结构功能，以便最终适应气候变暖对其造成的影响。

（九）社会基础设施和人类健康影响

全球平均气温上升 $1\sim3.5\ ℃$，海平面将由于海水热膨胀和冰山、冰盖融化而上升，从现在

到 2100 年将升高 15～95 cm。气候变化和海平面上升将对能源、工业、运输等基础设施及人类居住环境产生不利影响。据估算目前每年约有 4 800 万人受到风暴潮引起的洪水威胁,在未采取相应措施且不考虑人口增长因素的情况下,如未来海平面上升 50 cm,则受威胁的人口将增到 9 200 万人。气候变暖有可能加大疾病危险和死亡率,增加传染病。高温会给人类的循环系统增加负担,热浪也会引起死亡率的增加。由昆虫传播的疟疾及其他传染病与温度有很大的关系,温度升高可能使许多国家疟疾、淋巴腺丝虫病、血吸虫病、黑热病、登革热、脑炎增加或再次发生。在高纬度地区,这些疾病传播的危险性可能会更大。

（十）对世界经济的影响

全球气候变化规则是指国际范围内为实现温室气体减排所做的各种制度性安排。围绕全球气候变化规则争议的核心是经济利益的分配与成本的分担。未来气候变化规则将不仅重塑全球产业结构的形态和布局,而且将为清洁能源和低碳经济的发展创造制度环境。这将在一定程度上决定各国在未来国际分工中的地位。

据 2006 年我国发布的《气候变化国家评估报告》,气候变化对我国的影响主要集中在农业、水资源、自然生态系统和海岸带等方面,具体可能导致农业生产不稳定性增加、南方地区洪涝灾害加重、北方地区水资源供需矛盾加剧、森林和草原等生态系统退化、生物灾害频发、生物多样性锐减、台风和风暴潮频发、沿海地带灾害加剧、有关重大工程建设和运营安全受到影响。

三、全球气候变化的生态对策

目前,要遏制全球气候变化,就必须控制大气中二氧化碳等温室气体,其对策一是控制对策,即控制化石燃料消耗,以抑制 CO_2 的排放;二是固定化对策,使已生成的 CO_2 变为其他物质,以防止其向大气中排放;三是适应对策,在已发生全球变暖的情况下,采取相适应的对策以使其影响降低到最低程度。其中最根本的有效途径就是减少二氧化碳等温室气体的排放,使用清洁能源(如太阳能、风能、水能等),减少化石燃料的燃烧,提高能源利用率,进行清洁生产,植树造林,绿化大地等。

《气候变化框架公约》和《京都议定书》提到的及一些国家采用的控制全球气候变化的策略手段主要有行政控制、征收碳税、排放许可证交易、清洁发展机制和技术措施等。

（一）行政控制

行政手段是命令-控制型的。就是首先制定温室气体排放量的控制标准,然后以行政命令的方式,要求污染者达到标准。目前的环境政策都是以命令-控制模式为基础的。行政管理意味着为初始的排污者设定一些必须遵循的目标。控制包括监测、监理和惩罚。这种手段虽然直接有效,但可能产生两个方面的低效率,即管理者为获取污染者是否已遵从命令的信息,需要投入一定的人力、物力、财力;由于污染者可以采取难易程度不同的方式来消除污染,他们就可能只注意用花费最少的方法而不注重消除污染源,造成治标不治本的后果,这种手段也不能迫使企业寻求新技术,因为该手段本身是以可得到现有最佳技术为基础的。

从各国政府可能采取的政策手段来看,一是实行直接控制,包括限制化石燃料的使用和温室气体的排放,限制砍伐森林;二是应用经济手段,包括征收污染税费,实施排污权交易(包括各国之间的联合履约),提供补助资金和开发援助;三是鼓励公众参与,包括向公众提供信息,进行教育、培训等。

（二）征收碳税

征收碳税是一种以市场为基础的刺激手段,是污染税的一种。污染税是根据污染者的污染物排放水平对其征税,它通过增大工业成本,使工业界和消费者支付的价格发生改变,或直接向那些使用污染商品的消费者征税。征收碳税的目的,在于限制二氧化碳的排放量。征税的具体办法是根据所烧燃料的含碳量对其释放二氧化碳的过程收税。因此,对煤炭的征税率比对石油的征税率要高,对石油又比对天然气高。征收碳税将会引导以含 C 量相对较低的燃料取代含碳量较高的燃料;以不含 C 的其他能源(如核能)和可再生能源取代含 C 能源。碳税属于刺激性税收而不是敛财性税收,其本质在于鼓励那些能够获得免税的行为。因为征收碳税具有系统而持续的刺激作用,所以能促使温室气体排放者去研究开发新技术来削减排放量,以便减轻其税赋负担。

有一种方案认为,征收碳税如进行国际性管理,对每个国家确定相同的税率,然后将碳税收入根据某种方法予以返还。这样,每个国家就会采取行动使其纳税总额及防治费用最小化。这是一种理想的做法,实施的难度还是很大的,而且可能成为一些发达国家控制国际能源市场及二氧化碳排放的主要途径。虽然其研究还在进行中,但应持极为谨慎的态度。

（三）许可证交易

排放许可证交易也是一种基于市场的刺激手段。这种办法需要首先确定一个可接受的温室气体总的排放水平,然后据此给各排放者签发排放许可证。至于如何签发初始排放许可证,一个流行的办法就是以过去的排放水平为基础,根据过去的排放量来确定排污权。一旦初始分配完成,污染者就可以自由交易其排污权了。这种可交易性是许可证制度的特色,因为它可以使污染者达到法规要求排放量的成本降低。一般情况下,消除污染代价较低廉的企业,将自己的排污许可证卖给消除污染代价高的企业,是有利可图的。因为该企业出卖许可证的价格要超过其目前必须承担的消除污染费用。而消除污染代价高的企业购买许可证的价格比自行消除污染的费用要低,所以对它也是有利的。因此,交易双方都可以从许可证交易中获益。由于许可证发放的总数没有改变,所以总的环境标准便能得到保障。这种交易不仅发生于不同的污染者之间,也可发生在同一污染者的不同污染源之间,其效果仍然相同。因为该企业将通过对治理成本低的污染源进行控制并将许可证转让给治理成本高的污染源而获益。一些国家和研究人员提出,对于温室气体的排放控制来说,这种制度能使各国之间进行许可证交易,而且可以在不损害总排放目标的条件下获得净收益。但目前对此并没有达成共识。

（四）清洁发展机制

清洁发展机制是以节能、降耗、减污为目标,以技术、管理、政策、法规为手段,通过对发展特别是经济发展全过程的排污审计,筛选并实施污染防治,以消除和减少经济发展对人类健康和环境的不利影响,达到防治污染、提高经济效益双重目的的综合措施。它要求对生产工艺和产品不断运用一体化的预防性环境战略以减少对人体和环境的危害。在生产工艺方面,清洁发展包括节约原材料和能源,消除有毒原材料,并在一切排放物和废物离开制作过程之前削减其数量和毒性。对于产品,沿产品的整个生命周期,即从原材料提取到产品的最终处置,减少其各种对环境的不良影响。由此可见,建立清洁发展机制是控制各种温室气候排放的一项根本措施。

（五）技术措施

能源获取和使用技术的开发和进步，在控制全球气候变化和城市大气污染等方面，具有全局性的重要影响。在能源获取技术领域，那些生产非矿物燃料能源的技术，为降低温室气体排放和环境风险提供了巨大的潜力，尽管许多这类技术尚处于早期开发阶段。在能源使用技术领域，技术的革新和进步，对提高能源使用效率、节约能源、减少温室气体排放，从而提高经济增长的集约程度和减轻环境污染负荷，也有巨大潜力和作用。各种温室气体排放控制技术的开发，应与各产业部门自身的技术发展密切结合起来，对工业、民用、交通农业等部门的终端节能技术，先进的能源转换技术，能源替代技术，以及减排其他温室气体如甲烷的技术，应给予特别重视。

调整能源战略可以从提高现有能源利用率，向清洁能源转化等方面着手。提高现有能源利用率可采取多方面的措施，比如提高现有能源利用技术，提高单位能源的利用效率；发展节能技术，如建筑物节能，家电节能，汽车等交通工具节能，生活节能，利用工业废热、余热集中供暖节能等。鼓励开发使用清洁能源，如太阳能、风能、水能、地热能，特别是生物质能。

CFCs（氟利昂）不仅是主要的温室气体，还是破坏臭氧层的"杀手"。随着工业化的不断扩大，CFCs 的浓度以每年 5% 的速度在增长。我们要采取各种措施减少 CFCs 排放量，禁止生产和使用 CFCs 物质含量高的气溶胶、灭火剂等，积极寻找 CFCs 的替代品，并开发回收已投入使用的 CFCs。同时，应研究和推广新无氟制冷原理，以期从根本上解决 CFCs 的使用问题。

目前全球热带雨林年损失 1.4×10^5 km^2，每年从空气中就少吸收 4×10^{11} kg 的 CO_2，为抑制 CO_2 含量增加，应大面积植树种草，绿化荒山荒地。林地可以净化大气、调节气候、吸收 CO_2，每平方千米森林年净产氧量为：落叶林 1.6×10^6 kg，针叶林 3×10^6 kg，常绿阔叶林 $2 \times 10^6 \sim 2.5 \times 10^6$ kg，而消耗的 CO_2 为上述值的 1.375 倍。因此，世界每年应净增林地 5×10^5 km^2，20 年后新增林地将可以吸收 CO_2 约 2×10^{13} kg，可以达到阻止 CO_2 增加的目的。

此外，一些科学家还在研究消耗 CO_2 的其他方法。例如，法国科研人员提出一种一举两得的新方法：将二氧化碳"埋"入地下，既减少了二氧化碳的排放，又可用这些气体把地层深处的石油"挤"出来。

第五节　外来物种入侵与有害生物的防治

一、外来入侵种及其影响

（一）外来入侵种的概念

什么是外来物种入侵？当一种生物体进入以往未曾分布过的地区，并能通过繁殖以延续自己的种群，即可称为外来物种入侵。外来物种入侵是一种普遍存在的现象。在地质学时间尺度上，它对地球上的生物分布与进化产生着深远的影响。

千万年来，海洋、山脉、河流和沙漠为珍稀物种和生态系统的演变提供了隔离性天然屏障。在近几百年间，这些屏障受到全球变化的影响已变得无效，外来物种远涉重洋到达新的生境和栖息地，并成为外来入侵物种。非土著种对新环境的入侵已经成为一个全球化的重要的生物安全问题,由外来物种入侵所引起的严重的生态、经济和社会问题已受到世界各国的广泛关注。

从生物地理学时空范围的角度观察,土著种(native species)是指在一定的时期以前自然起源于某一特定地域或地区的物种。如果一种生物借助人力直接或间接作用而克服其自身不可自然逾越的空间障碍,从其自然地理分布区被引入到一个新的环境,那么,对于它所到达的新环境而言,它就是一个引入种(introduced species)。在新环境中,大部分引入种必须在人工控制条件下才能完成其生活史,有的甚至不能完成生活史,因此不能归化到新环境中;另一些则可以逃逸归化为野生。当引入种在新的环境中能自然生长、繁殖并建立种群,它便成为其新栖息地的外来种(alien species)。外来种可能一直或在相当长的时期内并不为人所关注,但有一些外来种在其种群建立后,可以出现失去自然控制的爆发性种群增长和栖息地扩张,造成严重的环境破坏、经济损失和社会危害,这样的外来种就称为入侵种(invasion species)。在外来种进入一个新的地区并存活、繁殖,形成野生归化种群后,如果其种群的进一步扩散已经或即将造成明显的生态、经济和社会后果,那么这一过程就称为生物入侵(biological invasion)。

外来物种入侵分有意和无意两种。尽管大多数的入侵者无所作为,但有些入侵者则会对入侵的生态系统产生强烈影响,既有可能造福人类(如当年欧洲移民把作物和牲畜引入北美),也有可能危害当地生态环境和经济发展。自 20 世纪 80 年代中期以来,由生物入侵引起的负面效应开始受到重视。

在当代生态学的英语文献中,入侵一词的含义和使用相当模糊,还没有统一的标准,最常见的定义有以下 3 种:①指生物进入一个进化史上从未曾分布过的新地区,不考虑以后该物种是否永久定居。英国当代研究生物入侵的权威 Williamson(1996)采用的就是这种定义。②指生物种向近代进化史上不曾分布到的区域所进行的永久性的扩展,物种在新的地域里可以自由繁衍。这种定义为大多数生态学家所采用。如果后代在离母体很远的地方自然生长,这种外来种便称为入侵种;但如果后代的生长主要在其母体附近,往往只称作驯化。入侵种定居能力、扩张性、对自然生态系统的危害程度以及对景观的改变有强有弱,不可一概而论。③指非本地种在一个生态系统中已达到某种程度的优势,即非本地种不仅定居,而且具有扩张趋势,常把这样的物种称为广义上的害虫或杂草,一般使用“有害生物”一词来进行描述。这一定义广泛应用于环境保护和资源管理实践中。1999 年美国发布总统令,将入侵种定义为“已引起或很可能引起对经济、环境或人类健康产生危害的外来种”。

目前,主要采用第 2 种定义来描述生物入侵,因为它最能全面体现入侵事件在生态学和进化生物中的意义,同时又没有因过分强调入侵种的现存优势而忽略其过去和未来的作用(入侵的发生与潜在的危害极难预料,许多入侵种从入侵到产生危害需要相当长的一段时间),因而在理论和实践指导上有更深远的意义。

(二) 外来物种入侵的后果

外来种中入侵种的比例虽然很低,可是一旦成功侵入,就会给新栖息地的生态环境、生物多样性和社会经济造成巨大危害。鉴于物种引入的数量与多样性,可以毫不夸张地说,外来物种入侵正在消除用以产生和蓄养地球上大多数动植物种类的生物地理屏障,从而降低局部区域生物群系的独特性,尽管所有的外来物种入侵都代表着环境的变化,但人们对这些物种的关注是因为它们的入侵带来的后果。同时,外来物种入侵的危害也许要经过几十年甚至更长的时间才能表现出来。人类对外来物种入侵的危害尚有待研究和提高认识。

1. 人类健康方面

外来种入侵会直接危害人类健康。如紫茎泽兰的茎叶可引起人的手脚皮肤发炎；豚草所产生的花粉是引起人类花粉过敏症的主要过敏源，也可导致"枯草热"症。

大多数传染性的疾病本身在其主要分布区域里都是人类传播的生物学入侵者。几个世纪前，天花对于北美的印第安人就是外来致命的入侵者，就像当代西方人看待艾滋病一样。

引入种本身可作为疾病的载体。如亚洲虎蚊（*Aedes albopixfus*）能够在大多数哺乳动物和鸟类身上吸血取食。在其天然分布区，它是登革热和其他人类疾病病毒的载体；在美国，它是马脑炎（一种人与马的致死病毒）感染的载体。

海洋入侵同样引起健康危害。如有毒赤潮的频繁出现会危及公众健康和海洋渔业发展；霍乱菌（*Vitrio choletae*）可附在海洋与河湾口处的各种生物体上，或随压舱水到处流传（McCarthy 和 Khambaiy，1994）。

2. 人类经济与物质财富方面

外来种入侵影响到庄稼、牧草和经济林，收成的减少和用于控制入侵的管理费用导致每年巨大的经济损失。据报道，外来植物在美国引起的经济损失每年为 366 亿美元；其中外来杂草造成的经济损失每年为 266 亿美元，加上控制杂草的费用，总额每年高达 296 亿美元。

我国外来植物造成的经济损失目前还没有一个确切数字，但仅从每年用于农业杂草清除和除草剂施用的费用来看已是一个巨大的数字。据国家环保总局的统计，我国几种主要外来入侵种所造成的经济损失每年就高达 70 亿美元。对于发展中国家，由于可用作额外费用的余地较少，所以生物入侵显得更为昂贵。亚洲水稻生态系统中的金苹螺（*Pomacea canaliculata*）是一个典型的例子。这种螺最初是从南美洲引入我国台湾省的，用以提供辅助性蛋白质资源，以期增进小型水稻农场出口的收入。然而，不仅预期的效益因出口市场的关闭化为泡影，而且更重要的是，这种螺的种群繁殖极快，通过灌溉渠道飞速传播并大量侵食水稻幼苗。如今这种螺已遍及东亚和东南亚各国。

3. 生态系统效应方面

外来种入侵可在个体、种群、群落、生态系统等各个水平上产生影响，造成物种濒危、灭绝，生物多样性丧失，并严重影响原有生态系统的结构和功能。

入侵者可以改变生态系统过程，诸如初级生产力、枯枝落叶分解、水文、地貌、营养循环以及干扰体系等。它们不只是与本地种竞争或取食本地种，而且还会改变物种生存的规则。

入侵者通过与土著生物争夺生存空间而破坏生态环境。20 世纪 80 年代，为了保滩护堤、促淤造地、开辟海上牧场，闽东沿海开始种植大米草。由于大米草繁殖力极强，根系发达，所以草籽可随海潮四处漂流蔓延，时至今日，它已占据闽东约 80 km² 的滩涂，导致近岸海洋生态环境的破坏以及红树林的消灭，赶走了滩涂鱼、虾、贝等海洋经济生物，原来生活在这里的 200 多种生物现仅存 20 多种。

随着生境片段化，残存的次生植被常被入侵种分割、包围和渗透，使本土生物种群进一步破碎化，造成一些植被的近亲繁殖及遗传漂变。入侵者还通过与土著生物杂交，造成遗传污染。有些入侵种可与同属近缘种，甚至与不同属的物种杂交，如加拿大一枝黄花不仅可与同属植物杂交，还可与假蓍紫菀杂交。入侵种与本地种的基因交流可能导致后者的遗传侵蚀。在植被恢复中将外来种与近缘本地种混植（如在华北和东北本地种落叶松产区中种植日本落叶，在海南本地的海桑属产区混植从孟加拉国引进的无瓣海桑），也存在相似的问题。

4. 外来物种入侵与物种绝灭

在所有正在发生的全球变化中,具有独特遗传特性的种群以前所未有的速率灭绝是不可逆转的一种变化。许多事实证明,外来种入侵对种群消亡起着至关重要的作用。自 1980 年以来,美国大陆已知的 40 种灭绝鱼种,有 27 种曾受到引入鱼种的影响。尽管大多数已知由于引入种造成的灭绝发生在岛屿或水生生态系统中,但陆地生态系统入侵导致灭绝的潜力也很大。

二、外来物种入侵的基本途径

(一) 入侵模式

植物外来种的入侵可以通过多种途径,大多数外来种的传入与人类活动有关。在我国的 108 种外来杂草中,有 63 种是作为有用植物被引进的,占 58%;部分是随交通工具、进口货物、旅游者无意带入的;只有少数是通过野生动物、风力、水流自然传入。外来物种入侵的模式大致分为 6 类:自然入侵、人类辅助的入侵、屏障去除后的入侵、人类运输引起的意外入侵、从动植物园或养殖场逃逸出去的入侵以及有意引入。从以上 6 类入侵模式可以看出,绝大部分的生物入侵是由人类活动直接或间接造成的,因而生物入侵完全可以看成是人类所造成的全球变化之一。

(二) 入侵种的入侵过程

某个生物种由最初的引入演变为入侵种,一般要经历以下几个阶段:引入种(introduced species)→偶见种群(seldom seen population)→建成种群(formation population)→入侵种群(invasion population)。

李博等(2001)认为外来入侵种的入侵过程可分为以下几个时期。

(1) 引入和逃逸期。外来物种被有意或无意引入到以前没有这个物种分布的区域。有些个体经人类释放或无意逃逸到自然环境中。

(2) 种群建立期。外来物种开始适应引入地的气候和环境,在当地野生环境条件下,依靠有性或无性繁殖形成自然种群。

(3) 停滞期。外来物种经过一定时间适应当地气候、环境,开始有一定的种群数量,但是通常并不会马上大面积扩散,而是表现为停滞状态。有些物种要经过几十年才开始显示出入侵性。例如薇甘菊在 20 世纪 80 年代初传入广东,但直到近十几年才开始造成危害。停滞期持续的时间长短因物种和当时的地理和生态条件而有很大的不同。

(4) 扩散期。当外来物种形成了适宜于本地气候和环境的繁殖机制,具备了与本地物种竞争的强大能力,当地又缺乏控制该物种种群数量的生态调节机制的时候,该物种就大肆传播蔓延,形成生态大爆发,并导致生态和经济危害。

经验统计数据表明,从一个阶段成功演变到下一个阶段的物种比例约为 10%(5%～20%),称为“十数定律”,但在受干扰地区和有目的的引入等情况下,这一比率要增加。

(三) 外来入侵种的一般表征

李博(2001)列举了入侵杂草的许多生物学特征。对于植物入侵种而言,这些特征普遍且典型。它们通常有如下特点,①生物发育快,成熟早。②繁殖力强,营养繁殖体适应力强或者果实和种子产量高。例如水葫芦能以有性和无性两种方式繁衍后代,而在入侵的早期,无性生殖更是主要的。每逢春夏之际,水葫芦依靠匍匐枝与母株分离的方式,每5天就能克隆出一个新植株,用不了多少时间它就能铺满整个水域,手拉手、根连根,形成绵延数十千米长的绿岛,淤塞河道,影响通航。③种子寿命长,种子活力维持时间长,有的多达数年;种子一般具有休眠特性,可以周期性地萌发,因而避免同时萌发所带来的灭绝风险。④分布区广,例如空心莲子菜具有水生、陆生两种生态型,入侵时可以由陆至水,顺水而下,再由水至陆。⑤繁殖体具有长距离传播的机制。⑥能产生生物毒素以抑制其他植物的生长,例如加拿大一枝黄花,它的根系能分泌抑制其他植物生长的化学物质,从而破坏土著种的生长,占领大片领域。⑦有的具有寄生习性。⑧种子的形态性状相似于作物,可以伴随作物传布。⑨抗逆性强,例如空心莲子菜,不但不畏严寒酷暑,而且就算死亡了,只要植株没有完全腐烂,待到时机成熟,依然会复活为害。⑩光合速率高,生长快,生物量大,具竞争优势等。

动物方面,入侵种主要表现为:①入侵种引起对土著种的非直接过度捕食;②携带病原体协同入侵,例如松材线虫以松墨天牛为载体,松墨天牛入侵其他土著种时,病原体随之入侵,土著种对外来病原体缺乏有力的免疫防御,从而导致该病原体的爆发而使土著种大规模覆灭;③繁殖力强,发育快,竞争力强,迅速占领大部分资源。

(四) 发生在中国的外来物种入侵

中国从北到南5 500 km,东到西5 200 km,跨越50个纬度,5个气候带(寒温带、温带、暖温带、亚热带和热带)。这种自然特征使中国容易遭受入侵物种的侵害。来自世界各地的大多数外来种都可能在中国找到合适的栖息地。

中国是个农业大国,9.6×10^6 km² 的土地要养育13亿多人口,这个事实决定了中国在农业、林业、牧业和渔业等领域会大量引进新的物种。这些大量的引进的新物种里相当一部分已经自然驯化,成为当地动植物区系的一部分(如桉树、松树以及合欢树已是广东省最常见的森林物种),但也有一部分会成为入侵种。

物种的引入在当初都包含着良好的愿望。在近代的生态文献中,对引入物种的研究报道似乎只有成功的例子(白嘉雨等,1996;萧嘉,1990;Chew,1993)或探讨如何成功地引种(如戴情等,1993),而少有失败或负面的例子。在世界面临全球化、一体化的今天,对于全球变化和生物多样性的重视更是呼唤着入侵生物学在中国的发展。

截止到目前,中国已被研究记载的较常发生的外来植物共有76属,108种,其中属于恶性杂草的有1种,属于区域性恶性杂草的有14种,属于常见杂草的有8种,其余为一般性杂草。2003年3月6日国家环保总局公布了首批入侵我国的16种具有严重危害的外来物种名单,包括紫茎泽兰、微甘菊、空心莲子草、豚草、毒麦、互花米草、凤眼蓝、假高粱、蔗扁蛾、湿地松粉蚧、美国白蛾、非洲大蜗牛、福寿螺、牛蛙等。

入侵种是外来物种中归化了的生物物种。确定入侵种的标准是:①借助人类活动越过不能自然逾越的空间障碍而入境;②已在当地自然或人为的生态系统中定居,并可自行繁殖和扩散;③对当地的生态系统和景观造成了明显的影响,损害了生物多样性。中国的外来入侵种几乎无处不在,表现出以下特点。①涉及面广。全国34个省市自治区均已发现入侵种。除少数偏僻的保护区外,或多或少都能找到入侵种。②涉及的生态系统多。几乎所有的生态系统,包括森林、农业区、水域、湿地、草地、城市居民区等都可见到,其中以低海拔地区及热带岛屿生态系统的受损程度最为严重。③涉及的物种类型多,包括脊椎动物(哺乳类、鸟类、两栖爬行类、鱼类),无脊椎动物(昆虫、甲壳类、软体动物),高等植物,低等植物,以及细菌和病毒,都能够找到生物入侵的例证。中国的入侵植物以草本植物为主。

三、有害生物的防治技术

有害生物是指在一定条件下,对人类的生活、生产甚至生存产生危害的生物,也是由于数量多而导致圈养动物和栽培作物、花卉、苗木受到重大损害的生物。在全球范围内,时至今日,包括动物、植物、微生物乃至病毒在内的各种有害生物(如各种杂草、病害、虫害和鼠害等)在人们种植、养殖、加工、储存和运输过程中仍然是严重的威胁,尤其是在工业加工中,除化学和物理污染外,与虫害相关的影响会造成庞大的经济损失。

事实上,有害生物作为生态系统的重要组成成分,对生态系统中的物质循环和能量流动起着非常重要的作用。但对于人类来说,由于有害生物与人类共同竞争农林资源,其会引起农业生产的损失,所以被视为人类的"敌人"。在农业生产中,每年因有害生物所造成的损失巨大。据联合国粮农组织(FAO)统计,全世界农业生产中每年因虫害、病害和杂草危害造成的损失占总产值的37%。其中,虫害占14%,病害占12%,杂草占11%。因此,有害生物防治是农业生产中的一个重要环节,也是农业生态系统中的一个重要组成部分,它直接影响农业的可持续发展。人类自从有了固定居所并开始从事作物栽培,就与有害生物发生了联系。如害虫就是因为与人类争夺资源,损害人类利益而被加上"害虫"标签的节肢动物。有害生物是农、林业生产的重要制约因素,在我国古代就被列为与旱、涝齐名的自然灾害加以防治。有害生物的主要的防治技术包括以下几个方面。

(一) 生物防治技术

利用生物间相生相克关系和食物链原理防治病虫草害,主要是利用有害生物的天敌,对有害生物进行调节、控制甚至让其消灭。包括利用昆虫、微生物、脊椎动物天敌的技术,如利用赤眼蜂防治玉米螟,蚜虫防治空心莲子草;利用真菌防治大豆寄生性杂草菟丝子;利用稻田养鱼、养鸭等,旱地作物养鸭、养鸡等控制农田虫害、杂草。

1. 利用植物化感作用控制有害生物

利用松、柏、钩吻(冶葛)、食芹、桂花、芝麻、蚕沙、羊粪尿、石灰、牡蛎灰等可以使杂草减少。芝麻挂树上可以避蓑衣虫。利用麻梗防止竹鞭侵害房屋、道路。用蚕粪作基肥或用芝麻渣作肥也可以减少稻田虫害和杂草。在种树时置大蒜和甘草于根下,可以防虫,如"杨树根下,先种大蒜一枚,不生虫"(《博闻录》)。小麦椿象通过种植芥和种麻驱除,还可以在种麦时混合芥子末拌种。

2. 以虫治虫

我国劳动人民以黄猄蚁防治柑橘害虫的实践,是世界上以虫治虫的最早记载,首见于晋代嵇含《南方草木状》(公元304),说是岭南一带柑农,常到市场连窠买蚁治虫,"南方柑树,若无此蚁,则其实皆为群蠹所伤,无复一完者矣"。其后,唐代的《岭表录异》,宋代《鸡肋编》,明代《种树书》,清代《广东新语》《岭南杂记》《南越笔记》等书均有记载。此外,我国民间,长期以来还流传着利用红蚂蚁防治甘蔗条螟、甘蔗二点螟和甘蔗黄螟的经验,值得进一步研究和总结。

3. 青蛙食虫

青蛙是捕虫能手,历史上一些有见识的官吏,常用行政力量加以保护。《墨客挥犀》卷六记载沈文通(1025—1062)曾在浙江钱塘禁捕青蛙,南宋赵葵《行营杂录》则记载马裕斋在处州禁民捕蛙的事迹。清代王凤生在《河南永城县捕蝗事宜》书中也曾提出保护青蛙用以捕蝗的主张。

4. 益鸟捕虫

《礼记·月令》载有禁止在早春时节探巢取卵、捕杀雏鸟的禁令,汉宣帝元康三年(公元前63年)曾下诏禁止在春夏鸟类繁殖季节"摘巢探卵,弹射飞鸟"。

5. 家禽治虫

利用家鸭防治害虫和有害动物是我国人民的一种创造。明代霍韬(1487—1540)记载了珠江三角洲农民利用家鸭防治稻田膨蜞(Grapsussp),稻鸭两利,效果甚佳。(《明经世文编》卷188)陈经纶首创用家鸭防治稻田蝗蝻的经验,记录于 1597 年他写的《治蝗笔记》中,后来陆世仪(1611—1672)《除蝗记》以及江志伊、顾彦等的除蝗著作都曾提到家鸭治蝗的经验。事实上鸭子不仅能除蝗,而且还能捕食稻田中的飞虱、叶蝉、稻螟、黏虫、负泥虫等多种害虫,在珠江三角洲沙田地区还能起中耕除草的作用。另外,稻田养青蛙和鱼也有利于减少虫害。

6. 鼠害防治

古人用黄鼠狼、猫、猴、蛇等捕鼠,养松鼠赶家鼠,用去势的雄鼠咬死其他鼠,多是至今仍在使用的有效方法。

生物防治是农林植物病虫害治理的一项重要的技术措施,其利用对有害生物的捕食、寄生致病生物体等,控制有害生物的发生与危害,是一种比较安全、持久和经济的防治措施。但生物防治效果较慢,防治范围狭窄,往往使农业生产承担大的风险。此外,人们对生物防治的意义认识不足,以及引进的生物材料对非目标生物的攻击等,都可能成为农业可持续发展中的新问题。

随着分子生物学的进展,分子生物学技术正在开辟病虫害防治的新途径。利用植物转基因抗病虫、病虫转基因遗传防治和转基因的天敌增效等策略,从植物、害虫(病菌)、天敌 3 个营养水平上防治病虫。生物技术经过 20 多年的发展,理论和实践上不断深入和日趋成熟,农业领域开始实际应用。但是,生态系统是复杂的、变动的,某个转基因产品的应用往往会产生一些新问题。例如害虫对转基因植物产生抗性,转基因天敌对非目标昆虫的攻击等。这些问题都将使应用生物技术治理病虫害的难度增加。

(二)物理防治技术

物理防治包括人力扑打、捕捉、烧杀和饵诱等。此外,农民还实践了多种行之有效的物理防治方法,如用假人驱鸟,用胶黏鸟,用水覆盖稻种防鸟,用牛羊骨头诱杀瓜类害虫和果树蚁虫,利用水沤或火烫防木材生虫等。

(三)农业措施防治技术

农业措施防治技术就是利用农业生产过程中各种技术环节,加以适当改进,创造有利于植物生长而不利于有害生物生长和繁殖的条件,从而避免或减轻病虫危害,减少其对农田生态系统和环境的压力。目前采取的措施有抗病、抗虫育种,以增强作物、家畜家禽的抗病虫能力;实行间套作、轮作换茬和改变播种耕作制度,以减少病、虫、草的种群数量和危害;调整作物的播种期和生长发育时期,以避开病虫草的危害时间;中耕除草、清理田园,以消灭病、虫的中间寄主。

早在春秋战国时代,古代农民就懂得调整或结合农业栽培措施,创造有利于作物生长发育而不利于病虫杂草繁殖的农田生态环境,从而达到避免或抑制病虫草的危害。具体措施包括选择和利用农作物抗性品种,采取合理的复种轮作制度,对农田土壤和小气候条件进行必要的调控,采取人工捕捉害虫和灯光诱杀害虫等。有关的农业防治措施常见诸各种古农书。

(1) 深耕翻土。春秋战国时期农民已懂得利用耕作栽培措施防治病害虫,"五耕五耨,必审以尽,其深殖之度,阴土必得",从而达到"大草不生,又无螟蜮"的效果。(《吕氏春秋·任地》)《种莳直说》引"古法",认为耙功到位可以防治作物"悬死、虫蛟、乾死诸等病"。《元史·食货志》记载仁宗皇庆二年(1313)曾复申秋耕之令,认为秋耕可使"蝗蝻遗种,皆为日所曝死"。《农政全书·蚕桑广类》也反复强调翻耕土地对杀虫的重要作用。我国民间一直流行着"一户不秋耕,万户遭虫殃""霜降到立冬,翻地冻虫虫"的农谚,正是这些历史经验的总结。

(2) 选育抗虫品种。选择抗虫作物和抗虫品种也是古代治虫法之一,贾思勰《齐民要术》曾记载86个粟的品种中,明确标明"有虫灾则尽"的就有10个,而"免虫"的有14个。董煟《救荒活民书》引北宋吴遵路的经验,针对蝗虫不食豆苗的特性,教民广种豌豆,以避蝗害。后来许多治蝗专著都有类似记载,并总结出除豌豆外,还有绿豆、豇豆、芝麻、薯蓣以及桑、菱等十多种蝗虫不食的作物。

(3) 掌握农时。适时种植和适时收获也能防治病虫,如适时种植能使大麻"不蝗",大豆"不虫",麦"不煦蛆"(《吕氏春秋·审时》),《氾胜之书》也强调了适时栽植的防虫作用,认为种麦得时无不善,宿麦(冬麦)早种则虫而有节。《四月月令》《齐民要术》和《种树书》等还介绍了适时砍代竹木可起防蛀作用的经验,"凡伐木,四月七月则不生虫而坚韧"(《齐民要术·伐木第五十五》)。

(4) 耘除杂草。《诗经》中已多次提及除草,但仍未明确除草与防虫的关系,《吕氏春秋》则把除草与防虫相提并论,但仍未谈及它们之间的因果关系,《种艺必用》认为,若不及时除草,则作物必为杂草所蠹耗,所谓"蠹耗",应当包括虫害在内。《陈旉农书》明确提到防虫是桑田除草的目的之一。《沈氏农书》更进一步认识到杂草是害虫越冬和生息的场所,强调了冬季铲除草根的除虫作用,这和农谚中"若要来年害虫少,冬天除去田边草"的说法是一致的,秋冬季清园除草压青至今仍是果园等的常规工作。水稻害虫提倡冬天晒田和清除田边杂草,以减少越冬虫数,蝗虫的控制则通过落干低洼积水繁殖地来清除,这些方法至今仍是有效的措施。

(5) 轮作换茬。通过采用合理耕作制度来防治病虫,如通过减少施肥及中耕后晒田"炼苗"等措施防治水稻病害,或者在田里积水过冬可以消灭虫害。《齐民要术》已经提到轮作换茬,但仍未注意到轮作的防虫作用,《农政全书》认为种棉二年,翻稻一年,则虫螟不生,超过三年不换种则生虫害,明确提到轮作的目的之一是防虫。《沈氏农书》认为种芋,年年换新地则不生虫害,我国民间也流传着"倒茬换种,消灭害虫"的农谚,反映了人们对轮作防虫作用的极度重视。

(6) 控制温湿度。控制温度、湿度、光照防治虫害,也是行之有效的方法。在古代多用于收获物的处理和种子预措方面,例如王充《论衡》认为藏宿麦之种,烈日乾暴,投于干燥器,则虫不生。如不乾暴,"闸蝶之虫生如云烟"。《齐民要术》提到窖麦法"必须日暴令乾,及热埋之"。"多种,久居,供食者,宜用劁麦:倒刈、薄布、顺风放火,火既着,即以扫帚扑灭,仍刈之,如此者经夏不生虫。"《齐民要术》还把这种方法用到处理木材方面,"凡非时之木,水沤之一月或火煏之取乾,虫皆不生"。在种子预措方面,《农政全书》认为"棉子用腊雪水浸过,不蛀";《豳风广义》提到"种(棉)时,先取……棉子置滚水缸内,急翻数次,即投以冷水,搅令温和";《农圃便览》提到"于种子时以滚水泼过,即以雪水、草木灰拌匀种之"。

（四）低毒少残留农药防治技术

前人利用的药物范围颇广：有植物性的，如嘉草、莽草、牡鞠、艾、苍耳、芫花、烟茎、百部、巴豆、桐油等；有动物性的，如蜃灰、原蚕矢、馒鳢鱼骨、鱼腥水等；有矿物质的，如石灰、食盐、白矾、硫磺、雄黄、雌黄、贡粉等。施用方法也多种多样，有的混入种子收藏，有的浸水或煮汁洒喷，有的熏烟，有的直接塞入或涂在虫蛀孔内，还有些是混合施用。

化学防治使用自然或合成的化学药剂控制有害生物。其特点是见效快、效率高、受区域限制小，特别对大面积、突发性病、虫、草害可短期迅速控制。化学防治具有高效及使用简便的特点，使生产者比较容易接受。但农药的污染、残毒和病虫抗药性问题，使其对社会造成诸多负面影响。由于农药本身含有有毒的化学成分，所以生产中排出的废弃物，产品含有杂质和使用不当，会造成环境污染、人畜中毒和植物药害等。目前采取的措施主要有积极研究筛选高效、低毒、低残留和高选择性农药及生物农药，改进施用方法，合理施用农药，把化学农药对环境的危害减小到最低限度。

此外，还有以物理、化学、生物技术相结合的现代防治技术。如人工合成的昆虫激素制剂和性外激素的应用，造成害虫不育，达到除虫的目的。

第六节　生物多样性的丧失和保护

一、生物多样性的概念及其价值

（一）生物多样性的概念

根据联合国《生物多样性公约》，生物多样性（biodiversity）是指所有来源的形形色色的生物体，这些来源包括陆地、海洋和其他水生生态系统及其所构成的生态综合体；也包括物种内部、物种之间和生态系统的多样性。

生物多样性包含 3 个层次，即遗传多样性（genetic diversity）、物种多样性（species diversity）和生态系统多样性（ecosystem diversity）（图 5-5）。

遗传多样性是种内所有遗传变异信息的总和，蕴藏在动植物和微生物个体的基因里。遗传多样性的表现形式是多层次的：在分子水平可表现为核酸、蛋白质、多糖等生物大分子的多样性；在细胞水平上可体现为染色体结构的多样性以及细胞结构与功能的多样性；在个体水平可表现为生理代谢差异、形态发育差异以及行为习性的差异。遗传变异是生物进化的内在源泉，因此遗传多样性及其演变规律是生物多样性及进化生物学研究中的核心问题之一。

物种多样性是指以种为单位的生命有机体，包括动物、植物、微生物物种的复杂多样性。全世界有 500 万～5000 万种，但据 Wilson 1992 年统计，科学描述的仅有 141.3 万种，其中昆虫 75.1 万种，其他动物 28.1 万种，高等植物 24.84 万种，真菌 6.9 万种，真核单细胞有机体 3.08 万种，藻类 2.69 万种，细菌 0.48 万种，病毒 0.1 万种。物种是遗传信息的载体，是生态系统中最主要的成分，因此，物种多样性在生物多样性研究中占有举足轻重的地位。其评价指标通常包括物种丰富度（species richness）、物种密度（species density）、特有物种比例（endemic species ratio）以及物种分布的均匀程度（species evenness）等。

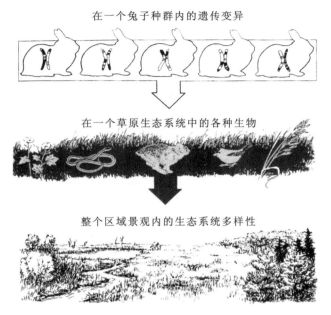

在一个兔子种群内的遗传变异

在一个草原生态系统中的各种生物

整个区域景观内的生态系统多样性

图 5-5　生物多样性的不同层次图解
(引自 Primack,1993)

生态系统多样性是指生物圈内生境、生物群落和生态系统的多样性以及生态系统内生境差异、生态过程变化的多样性。生态系统的主要功能是物质循环和能量流动,它是维持系统内生物生存与演替的前提条件。保护生态系统多样性就是维持系统中能量和物质流动的合理过程,保证物种的正常发育和生存,从而保持物种在自然条件下的生存能力和种内的遗传变异度。因此生态系统多样性是物种多样性和遗传多样性的前提和基础。

（二）生物多样性的价值

生物多样性的意义主要体现在生物多样性的价值。对于人类来说,生物多样性具有直接使用价值、间接使用价值和潜在的使用价值。

（1）直接使用价值。生物为人类提供了食物、纤维、建筑和家具材料及其他工业原料。生物多样性还有美学价值,可以陶冶人们的情操,美化人们的生活。如果大千世界里没有色彩纷呈的植物和神态各异的动物,人们的旅游和休憩也就索然寡味了。正是雄伟秀丽的名山大川与五颜六色的花鸟鱼虫相配合,才构成令人赏心悦目、流连忘返的美景。另外,生物多样性还能激发人们文学艺术创作的灵感。

（2）间接使用价值。间接使用价值指生物多样性具有重要的生态功能。无论哪一种生态系统,野生生物都是其中不可缺少的组成成分。在生态系统中,野生生物之间具有相互依存和相互制约的关系,它们共同维系着生态系统的结构和功能。野生生物一旦减少了,生态系统的稳定性就要遭到破坏,人类的生存环境也就要受到影响。

（3）潜在使用价值。就药用来说,发展中国家人口有 80％依赖植物或动物提供的传统药物,以保证基本的健康;西方医药中使用的药物有 40％含有最初在野生植物中发现的物质。例如,据近期的调查,中医使用的植物药材达 1 万种以上。野生生物种类繁多,但人类对它们做过比较充分研究的只占极少数,大量野生生物的使用价值目前还不清楚。但可以肯定的是,这些野生生物具有巨大的潜在使用价值。任何一种野生生物一旦从地球上消失就无法再生,它的各种潜在使用价值也就不复存在了。因此,对于目前尚不清楚其潜在使用价值的野生生物,同样应当珍惜和保护。

二、生物多样性的丧失

有些学者将生物多样性比喻为储存知识的图书馆。Wallace(1863)说过,"物种的丧失就像在一个大的图书馆里放火,烧毁其中的一部分书籍,而这些包含了大量信息的书还没有人读过。"Meadows(1990)说过,"生物多样性中蕴涵了大自然所积累的智慧和通往其未来之门的钥匙"。如果你想毁灭一个社群,你应当做的是烧掉它所有的图书馆,杀掉社群中的智者,毁掉它所有的知识。大自然的知识就蕴藏在生活的细胞的 DNA 之中。遗传变异的信息是驱动进化历程的引擎,生命的免疫系统则是适应力的源泉。随着人类经济和社会的快速发展,生物多样性的现状令人十分担忧。

(一)物种丧失速度加快

生物物种的灭绝是自然过程,但是灭绝的速度,由于人类活动对地球的影响而大大增加。据估计,自 1600 年以来,已有 2.1% 的哺乳动物、1.3% 的鸟类灭绝(表 5-4、表 5-5)。据联合国环境规划署报告,目前世界上每分钟有 1 种植物灭绝,每天有 1 种动物灭绝,远远高于自然界的本底灭绝速度,而且灭绝的速度越来越快。以鸟类为例,在公元前 3500 万年到公元前 100 万年间,平均每 300 年有 1 种灭绝,从公元前 100 万年到现在,平均每 50 年有 1 个种灭绝,最近 300 年间,平均每 2 年就有 1 个种灭绝,进入 20 世纪,几乎每年灭绝 1 个种。农作物传统品种的灭绝现象也十分严重。1949 年中国种植的 1 万个小麦品种到 20 世纪 70 年代只剩下1 000个种,菲律宾 1970 年前种植的水稻品种 3500 个,现在仅有 5 个占优势的品种。在过去的 100 年中,美国的西红柿品种丧失了 81%,玉米品种丧失了 91%。

中国是生物多样性特别丰富的地区之一,有高等植物 30 000 种,占世界的 10%,有脊椎动物 6347 种,占世界的 14%,但生物多样性受到严重威胁。被子植物有濒危物种 1 000 种,极危种 28 种,已灭绝或可能灭绝 7 种;裸子植物有珍稀濒危种 63 种,极危种 14 种,灭绝 1 种;脊椎动物受威胁 433 种,灭绝或可能灭绝 10 种。

表 5-4 1600 年以来的灭绝记录

分类阶元	大陆[a]	岛屿[b]	海洋	总计	大约的物种数	灭绝所占比例/(%)
哺乳类	30	51	4	85	4 000	2.1
鸟类	21	92	0	113	9 000	1.3
爬行类	1	20	0	21	6 300	0.3
两栖类[c]	2	0	0	2	4 200	0.05
鱼类[d]	22	1	0	23	19 100	0.1
无脊椎动物	49	48	1	98	1 000 000	0.01
显花植物[e]	245	139	0	384	250 000	0.2

a. 大量的额外物种甚至没有被科学家记录到就可能已经灭绝了;b. 那些面积达到 100 km² 或更大的陆地(等于或大于格陵兰)为大陆区,而小于该面积的陆地被认为是岛屿;c. 两栖类的种群数量在最近的 20 年已经有了令人震惊的减小,一些科学家相信许多两栖类物种正处于灭绝的边缘;d. 给出的数字仅仅代表了北美和夏威夷;e. 显花植物的数字也包括灭绝的亚种和变种。

(引自戈峰,2000)

表 5-5 地球上大的灭绝回顾

时　　间	地质年代	灭绝物种
5 亿年前	寒武纪末期	50％的动物科（包括三叶虫）
3.5 亿年前	泥盆纪末期	30％的动物科（包括无颌鱼类、盾皮鱼类和三叶虫）
2.3 亿年前	二叠纪末期	40％的动物科和95％的海洋物种形成了现在的煤
1.85 亿年前	侏罗纪	35％的动物科和80％的爬行动物
6500 万年前	白垩纪	许多海洋生物和恐龙
1 万年前	更新世	岛屿型物种,大型哺乳类和鸟类

注:前面 5 次灭绝的原因尚无定论,有人认为是进化的自然结果,有人认为是灾变等。可以肯定的是,灭绝是由于对环境的不适应。第 6 次灭绝则与人类的活动密切相关,至今仍在进行。

　　由于人为活动,直接或间接地引起许多物种濒临灭绝的边缘。引起物种灭绝或濒危的最主要人为影响有:栖息地的破坏、破碎和改变;过度狩猎和砍伐;捕食者、竞争者和疾病的引入所产生的效应;污染和有毒物质的产生。这些压力导致产生了一些小而分散的种群,这些种群易遭受近亲繁殖和种群数量不稳定的有害影响,从而引起种群数量减少,最终消失或灭绝。其机制如图 5-6 所示。

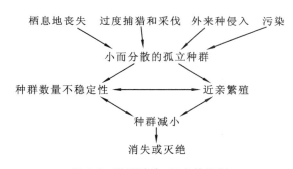

图 5-6 种群消失、灭亡的机制

(二)生态系统多样性受到威胁

　　人为活动使生态系统不断遭受破坏已成为世界性的环境问题。生态环境遭受破坏主要表现有森林减少、草原退化、土地沙漠化、水土流失、水质恶化、湖泊面积减少,赤潮发生频繁、经济资源锐减和自然灾害加剧等方面。生态环境的破坏使得森林、草原、农田、水域等各种生态系统多样性面临严重的退化和丧失。

　　森林是陆地生态系统中分布范围最广,生物量最大的植被类型。最近联合国发布报告指出,全球森林面积继续迅速减少,森林砍伐主要集中在发展中国家,在 1980—1995 年之间,全球森林净损失为 1.8×10^6 km²,即每年平均损失 1.2×10^5 km²(FAO,1997)。巴西亚马孙河流域是热带森林的典型代表,森林年砍伐在 2×10^4 km²,大约 1/3 是为对原始森林进行开垦。我国森林资源长期受到乱砍滥伐、毁林开荒及森林病虫害的破坏,致使森林特别是天然林的面积大幅度减少。目前我国天然林已不多,主要集中在东北和西南的天然林区。海南岛热带雨林和季雨林生态系统受到严重破坏,天然林覆盖率从 1956 年的 25.7％减到 1964 年的18.1％,1981 年仅有 8.1％。云南西双版纳的森林覆盖率从解放初期的 55％下降到 28％,毁掉了近一半。大兴安岭已难找到大片老林,其他各省情况也类似。两千年前的中国,森林覆盖率达 50%,而现在经过大力植树造林也才达到 16.55%。

约占我国国土面积 1/3 的草原地带,近 20 年来,产草产粮已下降 1/3~1/2,尤其北半干旱地区草场,产草量本来不高,加之超载放牧、毁草开荒及鼠害的影响,退化极为严重,草原生态系统面临严重衰退的局面。

水域生态系统也受到了相当严重的破坏。中国是湿地大国,位居亚洲首位、世界第四,湿地面积约 6.6×10^5 km²(其中还不包括江河、池塘等),占世界湿地的 10%。其他主要湿地位于中非、南美和俄罗斯。近 20 多年来,中国海岸湿地已被围垦 7 万多平方千米。长江流域的大量湖区湿地被人为转变为农田;湖北号称"千湖之省",目前只剩下 326 个湖泊,湖面由 8.2×10^3 km² 减小到 2.3×10^3 km²,这不仅缩小了湿地和水生生物生境,还带来了洪水调节能力下降的问题,同时也堵塞了某些重要经济鱼类的回游通道。发生在我国的 1998 年长江流域特大水灾,有长江上游森林植被遭破坏的原因,也与下游湖区及河道生态系统遭破坏有重要关系。我国淮河流域,由于各种污染物的排放,造成淮河污染极其严重,部分河段水质恶化,生物多样性几乎丧尽。据估算,1986 年我国与污染有关的生物多样性损失价值为 83.15×10^9 元,生态破坏损失值是环境污染损失值的 7 倍,两者总计为 95.32×10^9 元,占当年我国 GNP 的比例为 9.84%。

(三) 遗传资源严重流失

每个物种都有一个基因库,物种和生态系统多样性的降低或减少,必将导致遗传多样性的丧失。世界范围内,大约 492 个遗传上显著不同的乔木种群受到威胁,以热带雨林等生态系统的基因损失量最大。遗传多样性的丧失直接危及农业的发展。绿色革命导致一些单一的现代高产品种正逐步取代传统地方品种,使得当地种类大大减少甚至丧失。在印度尼西亚,一方面,1 500 个当地水稻品种在过去 15 年里消失了,另一方面,74% 的水稻品种来自同一母系。中国是水稻的原产地,拥有丰富的种质资源。但由于品种不断单一化,品种的遗传基础越来越窄。20 世纪 40 年代中国种植水稻品种有 46 000 多个,现在只有 1 000 余个,其中面积在 70 km² 以上的只有 322 个(1991 年),而且有 50% 是杂交稻。这些杂交稻的不育系绝大部分是"野败型",恢复系大部分是从国际水稻所引进的 IR 系统,遗传基础非常狭窄,极易受到突如其来的自然灾害或病虫害的侵袭,造成巨大损失。野生种和野生近缘种植物也面临灭绝的危险。我国广东和海南 1978—1980 年的普查显示,共有 1 182 个野生稻分布点,到 1994 年冬,发现两省 15 个县的原有 16 个分布点中 13 个消失,剩下的 3 个野生稻的面积也大大缩小。

三、导致生物多样性丧失的原因

(一) 人口迅猛增加

自从有了人类以来,人口的数量就一直在增长。在生产力落后的时候,人口的数量受到自然因素如旱灾、虫灾、火灾、水灾、地震等的控制;另外,人类自身制造的灾难如战争、贫困也使得人口数量得以控制。但是,现代科学技术的进步使人的数量与寿命都提高了。19 世纪工业革命后,人口的增加就成了全球的主流。1830 年全球人口只有 10 亿,1930 年达到 20 亿,2000 年达到了 60 亿;中国 1790 年人口约 3 亿,1860 年约 4 亿,1970 年 8 亿人口,2000 年就超过 13 亿人口了。

人口增加后,必须扩大耕地面积,满足吃饭的需求,这样就对自然生态系统及生存其中的生物物种产生了最直接的威胁。由于人口增长过快,加上"大跃进"等政策错误,我国形成了大量的退化生态系统。目前,我国境内水土流失面积约为 $1.8×10^5$ km²,占国土面积的19%,其中黄土高原地区约80%地方水土流失;北方沙漠、戈壁、沙漠化土地面积为 $1.49×10^6$ km²,占国土面积的16%,1987年已沙漠化土地 $2×10^5$ km²,潜在沙漠化土地 $1.3×10^5$ km²。目前有 $3.93×10^4$ km²农田和 $4.93×10^4$ km²草场受到沙漠化威胁。草原退缩面积 $8.67×10^5$ km²,每年以 $1.33×10^4$ km²增加。每年使用农药防治面积 $1.53×10^6$ km²,劣质化肥污染农田 $1.67×10^4$ km²。

(二)生境的破碎化

生物多样性减少最重要的原因是生态系统在自然或人为干扰下偏离自然状态,生境破碎,生物失去家园。一般地,与自然系统相比,退化的生态系统种类组成发生变化,群落或系统结构改变,生物多样性减少,生物生产力降低,土壤和微环境恶化,生物间相互关系改变。

Daily(1995)对造成生态系统退化和生物多样性减少的人类活动进行了排序:过度开发(含直接破坏和环境污染等)占35%,毁林占30%,农业活动占28%,过度收获薪材占6%,生物工业占1%。其中前三项人类活动占93%,而这些破坏最直观的结果是造成了物种生境的破碎化,栖息地环境的岛屿化。

生物多样性减少的程度取决于生态系统的结构或过程受干扰的程度,例如人类对植物获取资源过程的干扰(如过度灌溉影响植物的水分循环,超量施肥影响生物地球化学循环)要比对生产者或消费者的直接干扰(如砍伐或猎取)产生的负效应要大。一般地,在生态系统组成成分尚未完全破坏前排除干扰,生态系统的退化会停止并开始恢复(例如少量砍伐后森林的恢复),生物多样性可能会增加;但若在生态系统的功能过程被破坏后排除干扰,则生态系统的退化很难停止,而且有可能会加剧(例如火烧山地后的林地恢复)。

(三)环境污染

随着人类的发展,环境污染也加剧。环境污染会影响生态系统各个层次的结构、功能和动态,进而导致生态系统退化。环境污染对生物多样性的影响目前有两个基本观点:一是由于生物对突然发生的污染在适应上可能存在很大的局限性,故生物多样性会丧失;二是污染会改变生物原有的进化和适应模式,生物多样性可能会向着污染主导的条件下发展,从而偏离其自然或常规轨道。环境污染会导致生物多样性在遗传、种群和生态系统3个层次上降低。

(1)在遗传层次上的影响。虽然污染会导致生物的抵抗相适应,但最终会导致遗传多样性减少。这是因为在污染条件下,种群的敏感性个体消失,这些个体具有特质性的遗传变异因此而消失,进而导致整个种群的遗传多样性水平降低;污染引起种群的规模减小,由于随机的遗传漂变的增加,可能降低种群的遗传多样性水平;污染引起种群数量减小,以至于达到了种群的遗传学阈值,即使种群最后恢复到原来的种群大小时,遗传变异的来源也大大降低。

(2)在种群水平上的影响。物种是以种群的形式存在的,最近研究表明,当种群以复合种群的形式存在时,由于某处的污染会导致该亚种群消失,而且由于生境的污染,该地方明显不再适合另一亚种群入侵和定居。此外,由于各物种种群对污染的抵抗力不同,有些种群会消失,而有些种群会存活,但最终的结果是当地物种丰富度会减少。

(3)在生态系统层次上的影响。污染会影响生态系统的结构、功能和动态。严重的污染可能具有趋同性,即将不同的生态系统类型最终变成基本没有生物的死亡区。一般的污染会改变生态系统的结构,导致功能的改变。值得指出的是,重金属或有机物污染在生态系统中经食物链作用,会有放大效应,最终会影响到人类健康。

(四)外来物种入侵

外来种的入侵从字面上理解是增加了一个地区的生物多样性,事实上,历史上有一些无害的生物通过人的努力扩大了分布范围,一些驯化的作物或动物已经成了人类的朋友,如我们食物中的马铃薯、西红柿、芝麻、南瓜、白薯、芹菜等;树木中的洋槐、英国梧桐、火炬树等;动物饲料中的苜蓿;动物中的虹鳟鱼、海湾扇贝等,这些物种进入到异国他乡带来的利益是大于危害的。

然而,对于生态平衡和生物多样性来讲,生物的入侵毕竟是个扰乱生态平衡的过程,因为,任何地区的生态平衡和生物多样性都是经过了几十亿年演化的结果,这种平衡一旦打乱,就会失去控制而造成危害。

人们最初引进物种时,仅是引进了原产地生态系统的一个组分,食物网中的一些天敌或者它所控制的物种是没有办法引进的,这样,若控制不好成灾就不可避免,而成灾的一个直接后果是会对当地的生态多样性造成危害,甚至是灭顶之灾。

四、生物多样性的保护途径

(一)制定保护生物多样性的国际公约和国家政策

1992 年 6 月在巴西里约热内卢召开的"联合国环境与发展大会"上通过了《生物多样性公约》,它是关系万物生灵命运和可持续发展大计的国际性公约,是世界各国对保护生物多样性、可持续利用生物资源和公平地分享遗传资源所创效益所做出的承诺。而为了纪念《生物多样性公约》1993 年 12 月 29 日正式生效,1994 年联合国大会通过了 49/119 号议案,决定从 1995 年起,每年的 12 月 29 日定为"国际生物多样性日"。《濒危野生动植物种国家贸易公约》(CITES)已经成功地制止了许多濒危物种动物产品的非法进出口,并在解救大象等动物免受灭绝上做出了重要贡献。

我国是世界上最先加入《生物多样性公约》的少数国家之一,并参与了该公约的起草和谈判的整个过程。1993 年底,我国编制完成了《中国生物多样性行动计划》,对我国生物多样性现状及保护工作做了初步概括性的分析和评估,列出了具体优先目标和行动。1997 年完成《中国生物多样性国情研究报告》,该报告表明我国全面认真履行《生物多样性公约》,实施生物多样性保护战略。在履行公约方面,我国各级政府有关部门先后制定了《全国生态环境建设规划纲要》《中国 21 世纪议程——林业行动计划》《中国生物多样性保护林业行动计划》《全国林业生态建设规划》《中国大熊猫移地保护计划》《中国农业生物多样性保护行动计划》《中国海洋生物多样性保护行动计划》等。这些规划和行动计划为我国生物多样性的保护奠定了坚实的基础。

(二)建立自然保护区和国家公园

就地保护是保护生物多样性的主要具体措施之一。自然保护区和国家公园是生物多样性就地保护的主要措施。它是针对有代表性的自然生态系统、珍稀濒危野生动植物物种、有特殊意义的自然遗迹等保护对象所在的陆地、陆地水体或者海域,依法划出一定面积予以特殊保护和管理的区域。

国际上一般将自然保护区划分为科学保护区/严格自然保护区、国家公园、自然遗迹/自然纪念地、自然保护区/野生生物禁猎区、风景保护区、多用途管理区/资源保护区 6 大类。截止到 2000 年底,我国已建立自然保护区 1 276 个,总面积 1.23×10^6 km²,约占国土面积的 12.44%。其中国家级自然保护区 155 个,面积 5.75×10^5 km²。并有 15 个自然保护区被联合国教科文组织列入"国际人与生物圈保护区网",它们分别是长白山、鼎湖山、卧龙山、梵净山、武夷山、锡林郭勒草原、博格达、神农架、盐城、西双版纳、茂兰、天目山、丰林、九寨沟、南麂列岛等,其中有 6 个自然保护区被列入"国际重要湿地名录"。

(三)迁地保护

迁地保护指将濒危动植物迁移到人工环境中或易地实施保护。动物园、植物园、水族馆、濒危物种保护中心等是实施迁地保护的主要手段。加州兀鹰、黑足鼬等都是在数量低的时候通过迁地保护拯救过来的。原产于我国的麋鹿在濒临灭绝时又从国外引入到北京南海子和江苏大丰,目前生长良好,已形成繁殖群体。白鳍豚是世界级的稀有濒危动物,是现代鲸类中最古老的一种,我国在湖北境内的长江天鹅洲建立了国家级白鳍豚自然保护区,后来又在中国科学院水生生物所内建成了一个现代化的白鳍豚馆。植物园或树木园也在植物多样性保护方面发挥了重要作用。世界上最大的植物园英国皇家植物园栽培了 2.5 万种植物,约占世界植物种类的 10%,其中 2 700 种植物是世界自然保护联盟红皮书上受威胁种类。有些植物园专门搜集某一类型的植物,如美国哈佛大学的 Amold 树木园搜集了大量的温带树木种类;英格兰野花协会的 Woods 花园中,栽培了数百种多年生温带草本植物;美国加州的松树园中生长着世界上 110 种松树中的 72 种。我国植物园目前保存的各类高等植物有 2.3 万种,其中属于中国植物红皮书(第一批)公布的种类约 300 种,占红皮书公布数字 354 种的 80% 以上。我国的鼎湖山树木园、西双版纳热带植物园等保护了大量的珍稀濒危植物。

(四)建立种子库和基因资源库

除了将濒危物种就地保护、迁地保护或迁入人工生境进行保护外,还可对濒危物种的遗传资源,如植物的种子、动物的精液、胚胎以及真菌的菌株等,进行长期的保存。美国国家种子种质库,保存了 8700 种植物的 40 万份种子。我国建立的国家作物种子库保存着各种作物的遗传资源 30 多万份。基因资源库为物种保存提供了新手段,例如保存在液氮中的优质家畜的精液、卵子和胚胎,在解冻后可用于人工授精、卵移植和胚胎移植。中国科学院已经在上海细胞生物研究所和昆明动物研究所建立了细胞库,收集了 170 万种野生动物的细胞。

第七节 人口增长与城市化

一、人口增长导致的生态问题

(一)人口增长的特点

人口是生活在特定社会、特定区域具有一定数量,并与各种自然因素和社会因素组成复杂关系的人的总称。据联合国人口基金会推算,截至 2011 年 10 月 31 日,世界人口已突破 70 亿人。综观世界人口发展的历程,大致经历了以下三个历史阶段。①高出生率、高死亡率、低增长率阶段。人类诞生至工业革命前,人口增长缓慢。据估算每 200 km² 少于 1 个人,平均每千年人口增长 20%,是现在增速的 1/1000。②高出生率、低死亡率、高增长率阶段、工业革命之后,人口迅速增长。人类社会的生产力水平迅速提高,人们生活和医疗卫生水平也有显著改善,1600 年世界人口达到了 5 亿人;之后经过 200 年的工业革命,1800 年人口达到 10 亿人;二战后出现了人口爆炸的局面,2011 年达到 70 亿人。③低出生率、低死亡率、低增长率阶段。目前,全球人口增长速度开始减缓。欧美发达国家中人口的自然增长率呈现了下降的趋势,有一些国家出现了人口零增长甚至负增长现象,但发展中国家的人口依然继续增长,全世界每年仍能增加近1亿人。

目前,世界人口发展呈现如下的特点:①随经济的发展而有所不同,发达国家人口出生率下降,不发达地区人口出生率上升。20 世纪 60 年代开始,发达国家的人口出生率已呈下降的趋势,如西欧、北美、澳大利亚、新西兰等国。而不发达地区和国家呈上升趋势,其中人口增长最快的是非洲和印度。②人口老龄化。由于生活水平的提高和改善,人类寿命在延长。大约在两千年以前,人类的人口平均寿命约为 20 岁,18 世纪 30 岁,19 世纪末 40 岁。1985 年,世界人口平均寿命提高到 62 岁,发达国家为 73 岁,发展中国家为 58 岁。2010 年中国全国人口普查时人均寿命 74.83 岁。人类种群年龄结构中少年人口比重逐渐降低,老年人口比重逐年上升。从全球来看,世界人口正在老化,年龄中值从 1950 年的 22.9 岁提高到了 1985 年的23.3 岁。预计到 2025 年,年龄中值将超过 30 岁。③城市人口急剧膨胀。城市是一个国家经济和技术发达和集中的地方,人口增长速度远远高于其他地区。伴随人口增加的过程,出现了城市人口过密的问题。1800 年,全世界城市人口仅占总人口的 3%,而现在世界城市面积仅占陆地总面积的 0.3%,却集中了 50% 以上的人口。

按目前的年龄结构和增长率估计,到 2025 年世界人口将超过 80 亿人,并将继续增长,直到 22 世纪初世界人口才能达到稳定值(联合国预测 72 亿～149 亿人)。然而,地球能养活多少人,即地球的承载力究竟有多大,这个问题不仅依赖于自然条件,如土地面积、气候条件和其他自然资源,还由社会的生产力水平、生活方式,以及科学技术的进步程度所决定。1972 年,联合国人类环境会议公布的资料认为,世界人口应稳定在 110 亿人或略多一点,这是能使全世界人民吃得好,并维持正常生活水平的人口限度。

(二)人口增长产生的生态问题

自然环境是人类赖以生存的基本自然条件和物质基础,也是人类生活生产不可缺少的资源。随着人口的不断增加,必然大量开发和利用土地、水、森林、能源、草原、矿产等资源,而资源又是有限的,因此人口增长对环境必将产生巨大的影响。生态环境是一个系统,对一种资源的破坏和污染会影响到另一种资源,甚至扩大为总体环境的恶化。要找出环境污染和破坏的根源及寻求解决的办法,就必须认真研究人口的发展规律,从而制定出适当的对策,离开人口去研究环境问题,或者离开环境问题去研究人口问题,都不可能得出科学的结论,也就不能制定出正确的策略。

1. 对土地资源的影响

人口增长使得人口与耕地的矛盾尖锐化。人们高强度地使用耕地,人均土地面积逐年下降,人均土地面积从 1975 年的 3.1×10^{-3} km² 下降到目前的 1×10^{-3} km² 以下;加上大量的不合理的开发、占用土地,使土地退化,大量耕地被毁,导致生态系统失衡,自然灾害频发,污染加剧,危害严重。"用占世界 7% 的土地养活了占世界 22% 的人口",此话一方面说明了我国农业取得的惊人成绩,另一方面也反映了人口与耕地的矛盾。这种矛盾具体表现在:①随着人口增加,人均耕地日趋减少。现在人均耕地不足 1×10^{-3} km²,只有世界水平的 1/4。据估计,21 世纪中叶,人均耕地将减少到国际公认的警戒线 5×10^{-4} km²。②为保证粮食供应,加剧开发土地,致使土质更加恶化,如加剧土壤侵蚀、沙漠化、盐渍化;人口增长对耕地的压力导致陡坡开荒,毁林开荒,滥樵柴薪,造成全国 1/3 耕地受到水土流失危害,表土每年损失 5×10^{12} kg,最终造成河川浑浊,冲刷两岸平原,甚而带来各种水旱灾害;过量使用化肥农药,不仅造成土壤有机质下降,土地污染,土地板结,而会造成土地次生盐渍化和沙漠化等恶果。结果是土地肥力下降,产量下降,产量不能满足需要,但由于人口膨胀的需要仍需千方百计向土地索取,造成恶性循环。③住房用地、工业用地、交通用地等使耕地不断减少。如 1992 年,建设用地 2.97×10^3 km²,各类开发区 2 700 多个占地 1.5×10^4 km²,其中 80% 是耕地。北京城区从新中国成立前的 60 多平方千米,到现今的 1 000 多平方千米,面积扩大了近 17 倍,由二环建到了六环。

中国粮食进口 2012 年全年超过了 7×10^{10} kg,是历史上粮食进口量最多的一年。其中,谷物净进口 1.317×10^{10} kg,小麦、玉米、大米净进口量分别达到 3.415×10^9 kg、5.153×10^9 kg 和 2.088×10^9 kg。此外,总进口大豆 5.838×10^{10} kg,不断刷新纪录。而事实上,2012 年全国粮食总产量实现 9 连增,达到 5.9×10^{11} kg,比上年增长 3.2%。数据显示,2012 年中国粮食的自给率约 89.4%,已经低于 95% 以上的政策“红线”。

2. 对水资源的影响

随着人口增长和人类文明程度的提高,地球的耗水量不断增长。在某些国家的某些地区,对水的需求量已达到本地区供应能力的极限。公元前每人每天 12 L 水,中世纪增加到 20~40 L,18 世纪为 60 L,当前欧美一些大城市每人每天耗水达 500 L,每年人均耗水超过 10^4 m³,每年消耗水资源的数量远远超过其他任何资源的使用量。据统计,全世界每年用水总量接近 3×10^{12} m³,目前许多地区缺水问题十分严重。在急剧膨胀的世界人口中,有 1/3 的人生活在缺水地区。人类对水消耗的增长速度比人口的增长快两倍,到 2025 年世界 2/3 的人口将遭受到缺水的痛苦。大多数人只看到城市人口增多了、生活用水消费也多了,但没看到消费用水占了整个淡水量的 6% 左右,全世界都没有超过全部淡水用量的 10% 的,而用水量比较大的是工农业,特别是农业,后者在我国常常占到 70% 左右,工业也占到 20%~30%,用水激增是人口压力的必然后果。人口多了必须增加粮食产量和其他农产品产量,这时不得不求助于多施肥多灌溉,甚至改种高产水稻。工业用水许多也和人口数及人口增长有关,例如造纸业是用水大户,同人口多用纸多有密切关系。我国水资源总量并不少,按年降雨量计,全国年降水量约为 6×10^{12} m³,相当于全球降水量的 5%,居世界第三位;按地表径流量计,我国多年平均河川径流量为 2.72×10^{12} m³,多年地下水资源量为 8.29×10^{11} m³。扣除重复计算量后以上各项合计,全国多年平均水资源总量为 2.81×10^{12} m³,居世界第六位,仅次于巴西、俄罗斯、加拿大、美国和印度尼西亚。但是由于我国人口众多、幅员辽阔,按人口和耕地平均计算的年径流量都不高。我国人均水资源为每人每年 2.58×10^3 m³,只相当于世界人均资源占有量的 1/4,居世界第 110 位;单位耕地面积占有水资源量则为世界平均水平的 80%,远低于印度尼西亚、巴西、加拿大、日本等国。因此,应该说,我国水资源并不十分丰富。由于我国人口众多,尤其是城市化的快速发展,城市人口剧增,所以耗水量也随之剧增,水资源短缺问题严重,水资源供需矛盾十分突出。从 1972 年开始的黄河断流现象就是水资源日渐枯竭的一个集中表现。进入 20 世纪 90 年代以来,黄河断流越来越严重,断流天数逐年增加,1992 年为 70 天,1995 年为 122 天,1996 年增加至 133 天,1997 年竟达 226 天,黄河下游几近干涸,不能不引起我们的警觉。

3．对能源的影响

人口的激增和消费水平的提高，使能源消耗猛增，造成能源短缺。煤、石油、天然气等能源属于不可再生资源，总有一天会枯竭。为了满足人口的增加和经济增长对能源的需求和消耗，除了煤、石油、天然气等化石燃料外，木材、秸秆、动物粪便都成了能源，对环境造成了巨大压力。秸秆、粪便被烧掉，使农田肥力减退，粮食减产，人们生活更加贫困。此外，化石燃料燃烧释放出大量的二氧化碳，加上森林面积的减少，大气中二氧化碳含量增加，导致温室效应增加，从而引起全球气候变化，危害生态系统。人口增长必然会使我国能源供给长期短缺的情况日趋严重。已有报道，我国煤炭储量 10 000 亿吨，陆地石油储量 300 亿～1 000 亿吨，海洋石油储量 53 亿吨；1994 年原煤产量 12 亿吨，占世界第一，石油产量 1.46 亿吨，占世界第五位，可以称得上是能源大国。但能源的人均占有量很少，特别是同工农业快速发展的要求仍有很大差距。因此，能源短缺一直是制约我国经济发展的因素。根据我国第五次人口普查数据，2000 年我国总人口为 12.95 亿人。按小康水平的人均能耗 1.5～1.6 吨标准煤计算，2000 年需要 19.4 亿～20.7 亿吨标准煤。这种逐年增长的能源消耗，加上中国以煤为主的不合理的能源结构，对环境将产生巨大的压力。

4．对森林资源的影响

森林生态系统是世界上最大的生态系统，也是维系生物圈、保持生态平衡的重要环节，是地球环境最坚强的守护者。但人类为满足其不断增加的需求，保证自身的发展，正不断进行着掠夺性开发，全球森林已面临无法控制的退化和毁林的威胁。由于人口的激增，大量的毁林造田、建房，加之不当的管理，使森林资源遭到严重破坏，全球的森林已出现无法控制的退化，世界森林从 7.6×10^7 km² 降至 2×10^7 km²。1975—1980 年的 5 年间，由于人口大量增加，非洲森林被毁面积达 3.7×10^5 km²，亚洲毁林 1.2×10^5 km²，拉丁美洲毁林 1.84×10^5 km²。我国在历史上曾是一个森林资源丰富的国家，但随着人口和耕地需求的增加，大量的森林被砍伐而使我国变为一个少林国。虽然经过"全民植树运动"、"三北防护林"等生态工程的建设，使森林覆盖率有所提高，目前为 16.55％，但是仍然远低于世界森林覆盖率的平均水平，而人均森林面积为 1.1×10^{-3} km²，只及世界人均水平的 1/6。在世界 160 个国家和地区中，我国仅名列第 120 位。由于我国人均占有林木蓄积量很低，森林资源已经承受着过重的压力，加之人口增长和经济建设的需要，诱发了过量开采；农村人口增长和能源缺乏，也导致了乱砍滥伐；人口增长对粮食和土地的需求，加剧了毁林开荒，这些都使我国的森林资源遭到了严重破坏。

5．对物种资源的影响

物种灭绝导致生物资源锐减，地球难以支撑人类。物种资源提供给我们全部的食物、大多数原材料、工农医行业所需物种和优雅的生存环境。随着人口的急剧增加，人类活动对自然界的干预也增强了，如毁林开荒、焚草种地、围湖造田、滥砍滥伐、向荒野和滩涂进军、大批水利工程、交通建设、开发区的兴建等。这些活动破坏了生物的栖息地，很多珍贵物种的生存环境缩小，甚至消失。结果是新物种的形成速率下降，现存物种的灭绝过程加速，现正在以每天100～200 种的速度从地球上消失。据专家估计，2050 年约有 6 万种植物将会灭绝或成为濒危物种，以此为生的动物也将随之灭绝，估计全部灭绝的生物种将有 66 万～186 万种，而且将是无法恢复的。这不是危言耸听，而是我们即将面对的事实。如果我们对人口不加以严格控制的话，不但上述结果会很快到来，而且人类的生存将受到严重的威胁。我国是物种繁多、生物资源丰富的国家，据计算，中国生物资源的经济价值在 1 000 亿美元以上。但在人口急剧增加的情况下,为解决吃饭问题和发展经济,恣意破坏生物栖息地,许多珍贵物种的生存环境缩小。例如,白鳍豚、熊猫等珍贵物种分布区面积和种群数量都显著减小。另外,属于中国特有的珍贵野生动物濒危物种有312多种,濒危珍稀植物有354多种。生物资源的减少将损害中国的生态潜力,特别是对农业的打击可能非常严重。

6. 对环境的污染

人类在地球生存,"衣、食、住、行"都与地球环境密不可分。人类生存首先要有大量的食物;其次,人类的衣、住、行,需要大量的能源;最后,人类的一系列活动(如生产和生活)还会制造大量的三废,严重污染生态环境。

二、城市化与生态城市建设

(一)城市化及其产生的生态问题

1. 城市化的概念

城市化是指一个国家或地区的城市人口在总人口中的比例不断提高的过程。人口城市化在一个国家的现代化过程中有着举足轻重的地位,它是现代化的组成部分之一。没有产业的工业化和人口的城市化,一个国家就不可能真正实现现代化。

城市是文明时代最重要的标志。2010年上海世博会的中心主题就是"城市,让生活更美好"。从聚集经济的角度,人类之所以选择以城市的方式聚居,根本原因在于城市的规模效益和聚集效益适合于工业化基础上的经济发展。以东京为例,大东京仅占全日本4%的面积,却聚集了25%的人口,一个地方的GDP就占日本总产出的40%,人均高出日本全国平均值67.4%,哪怕采取"更平衡的增长"的政策也没能停下它聚集的脚步。随着技术的进步,极富创造力的经济活动不断转化自然界的物质和能量,哺育着城市社会的发展,同时也深刻地影响着其所处的自然环境。从生态学观点来看,城市的实质是由社会、经济、自然三类异质性的系统相互联系、相互作用、相生相克、互为因果耦合而成的社会-经济-自然复合生态系统。在3个异质性的系统中,经济系统可以看作是将人类社会系统与城市自然系统相连接的中介,城市的振兴也就包括社会、经济、文化等各个方面的进步。

城市化是不可逆转的世界潮流。我国在迈向现代化的征途中渐次暴露出来的问题中,城市化滞后于工业化,或城市化不足是一个重要的方面。因此,中国要加快城市化步伐。但在资源、人口、环境等约束条件下,要科学规划城市的发展,必须选择走生态化的道路。生态城市是人与环境间保持高效和谐的生态关系的城市。

2. 城市化产生的生态问题

传统的城市建设和发展观念往往注重经济发展方面,在传统线性经济模式下,经济发展忽略了自然环境的生态支撑功能的限制以及人类与自然的自觉协调,把资源源源不断地变成废弃物,发展只意味着人类对自然无限索取。自然环境的生态支撑功能,包括资源的持续供给能力、环境的持续自净和容纳能力、自然的持续缓冲能力都是有限的。在人口急剧膨胀、经济飞速发展的今天,城市的生态支撑能力受到前所未有的挑战。改革开放以来,我国城市化进程稳步发展,国民经济和社会发展取得了长足的进步。但与此同时,城市与环境问题空前突出,生态赤字进一步扩大。直接表现在土地资源锐减;地下水位下降,湖泊面积缩小;水体污染明显加重;大气污染严重等。西方发达国家所经历的上百年的城市环境问题,在我国却在近30多年集中爆发出来。统计数据表明,过去30多年的经济快速增长是以牺牲自然资源和生态环境透支为代价的。当前中国生态环境整体功能仍在下降,抵御各种自然灾害的能力在减弱。同时,生态恶化的范围在扩大,程度在加大,危害在加重。单就目前我国城市垃圾而言,产生量每年达 1.4 亿吨以上,并且还在以每年 8%～10%的增长率不断增加,工业固体废物每年大约产生 6 亿多吨,其中,危险废物占 5%～6%。我国近 200 所城市已经发展到无合适的场所倾倒垃圾,"垃圾围城"导致城乡结合带生态环境恶化,严重危及城市可持续发展和城市社会的健康。

全球生态环境的日益恶化,从根本上说就是人类放纵自我的结果。只有走促使包括人类自身在内的自然万物复归其自然本性的道路,人类才能弥补过失,免遭倾覆。

中国改革开放以来城镇化扩张走的是一条粗放外延式的城镇化道路。一方面,城镇化推进重速度,轻质量,农业转移人口市民化程度低,城镇化速度与质量不匹配;另一方面,高消耗、高排放、高扩张特征明显,资源配置效率低,城镇化推进的资源环境代价大。高消耗、高排放与快速城镇化相伴相生,一些地方政府和部门讲形象,重增长,挤压民生投入,忽略城镇品质,造成城乡分割,城镇"千城一面",使得城镇体系不尽合理、城市空间低效开发、大城市无序蔓延、城市社会和资源环境等问题日益突出。由此导致城镇化进程中的不协调、不可持续、不和谐和非包容性问题严重阻碍了生态文明建设进程。

当前我国生态城市建设存在五方面问题:①健康指数靠前的城市从整体看已经走在前列,但空气质量、水质等重点单项指标仍不达标;②以个人和局部利益损害生态环境问题还未根本扭转;③生产生活园区建设还需规范;④城市内外自然带、农业带和人文带建设未能和谐发展;⑤环境影响评价缺乏。因此,生态城市建设必须坚持"绿色发展三阶段走"战略,坚持"普遍性要求与特色发展相结合"的原则,用"核心指标＋扩展指标"建立动态评价模型,按"分类评价,分类指导,分类建设,分步实施"的梯次推进新路径。并在分类评价中引入建设侧重度、建设难度和建设综合度等概念。使得不同历史阶段生态城市建设评价、指导性、咨询性更强,更具操作性。

(二)生态城市建设

1. 生态城市的概念及其特点

(1)生态城市的概念。生态城市是联合国教科文组织发起的"人与生物圈"计划研究过程中提出的一个概念,是城市生态化发展的结果;是社会和谐、经济高效、生态良性循环的人类居住形式,也是自然、城市与人融合为一个有机整体所形成的互惠共生结构。简而言之,生态城市是一类生态健康的城市。生态城市建设就是城市的生态化过程,就是城市的各组成部分的协调、平衡的生态化过程。它取决于政治、经济、社会、文化和环境等五个方面的协同作用,而不仅仅是植被和绿化。它追求低碳、宜居、可持续。

(2)生态城市的主要特点。生态城市与传统城市比较,主要有以下几大特点:①和谐性。生态城市的和谐性,不仅反映在人与自然的关系、自然与人共生、人回归自然、自然融于城市等方面,更重要的是反映在人与人的关系上。②高效性。生态城市能提高一切资源的利用效率,物尽其用、地尽其利、人尽其才、各施其能、各得其所,使物质、能量得到多层次分级利用,废弃物循环再生,使各行业、各部门之间共生关系得以协调。③可持续性。生态城市是以可持续发展思想为指导的。同时兼顾不同时间、空间,合理配置资源。既满足当代人的需要,又不对后代人满足其需要的能力构成危害,保证其健康、持续、协调的发展。④整体性。生态城市不是单纯追求环境的优美或自身的繁荣,而是兼顾社会、经济和环境三者的整体效益,不仅重视经济发展与生态环境的协调,更注重对人类生活质量的提高,是在整体协调的秩序下寻求发展。⑤区域性。生态城市作为城乡统一体,其本身即一区域概念,是建立于区域平衡基础之上的。而城市之间是相互联系、相互制约的,只有平衡协调的区域才有平衡协调的生态城市。

2. 生态城市建设的意义

大力提倡建设生态型城市,这既是顺应城市演变规律的必然要求,也是推进城市持续快速健康发展的需要。

(1)抢占科技制高点和发展绿色生产力的需要。发展建设生态型城市,有利于高起点涉入世界绿色科技先进领域,提升城市的整体素质、国内外的市场竞争力和形象。

(2)推进可持续发展的需要。党中央把"可持续发展"与"科教兴国"并列为两大战略,在城市建设和发展过程中,当然要贯彻实施好"可持续发展"战略。

(3)解决城市发展难题的需要。城市作为区域经济活动的中心,同时也是各种矛盾的焦点。城市的发展往往引发人口拥挤、住房紧张、交通阻塞、环境污染、生态破坏等一系列问题,这些问题都是城市经济发展与城市生态环境之间矛盾的反映,建立一个人与自然关系和谐的生态型城市,可以有效解决这些矛盾。

(4)提高人民生活质量的需要。随着经济的日益增长,城市居民生活水平也逐步提高,城市居民对生活的追求将从数量型转为质量型、从物质型转为精神型、从户内型转为户外型,生态休闲正在成为市民日益增长的生活需求。

3. 生态城市建设的原则

生态城市是一个强调资源高效利用、经济持续发展、社会进步和谐、生态保护优良、技术和自然充分融合的人工环境复合系统,是社会-自然-经济及人与自然和谐统一的人类新型城市居住区。生态城市建设对构建和谐社会具有重要意义。生态城市建设的基本原则包括以下几方面。

(1)要坚持按规律建设的原则。在处理人与自然关系的时候,一定要谨慎小心,切不可妄自尊大、为所欲为,正确的做法是顺其自然。古人云"人法地,地法天,天法道,道法自然",说的就是这个道理。我们在建设生态城市的过程中,要按照环境保护的要求,深化城市总体规划的内涵,做好城市绿地系统规划,使城市市区与郊区甚至更大区域形成统一的市域生态体系。确定以环境建设为重点的城市发展战略,优化城市发展布局,形成与生态环境协调发展的综合考核指标体系。在城市工程建设、环境综合整治中,从规划、设计、建设到管理,从技术方案选择到材料使用等都要贯彻"生态"的理念,坚持"环境优先"的原则,要开发新技术,大力倡导节约能源,提高资源利用效率。首先要勘察和摸清所在地域的自然环境情况,特别是其中的生态变动规律,然后再根据实际情况进行规划和设计。

(2)要坚持以人为本的原则。城市是人群高度集中的地方,城市建设必须代表最广大人民群众的根本利益,注重城市经济和社会的协调发展,注重城市的可持续发展,满足人们对生活、工作、休闲的要求,建设良好的人居环境。在这些系统中,人不是处于中心地位的主宰者,而是与其他物种一样必须依赖自然恩泽才能生存发展的普通物种。人过去没有、现在也没有、将来也不可能有超自然和反自然的主观力量,人只能发挥主观能动性去认识自然,尊重自然,以及顺其自然地与自然和谐相处,而绝不是相反地让自然与自己相和谐。而"以人为本"的本质却恰恰是让自然服从人的意志,让自然服务于自己的需要和利益,而根本不顾及自己意志的实现会给自然系统带来的伤害以及自然会因此给自己实施多少报复,导致自己遭受多大的灾难。这一原则恰当地提出了处理人及其所在的社会系统与自然系统相互关系的行为准则,即和谐。这一准则并不排斥人应当具有正当的社会目标和为实现社会目标所具有的主观能动性,而是强调人的社会目标和为实现社会目标所发挥的社会生产力决不能违反自然规律,不能超越自然承载力。

（3）要坚持环境是生产力的原则。大量的历史事实证明,环境是构成生产力的第六大要素。环境和生产力是不可分割的一体化的事物,把两者割裂开来甚至对立起来的后果是不堪设想的。环境同劳动者、劳动资料、劳动对象、科学技术和管理这些要素一样,都是构成生产力实体的不可或缺的要素,从某种意义上讲,是更重要的条件性要素。因此,我们在建设生态城市、发展生产力时,千万不要忘记环境这个大要素,必须善待环境、保护环境和改善环境,必须用系统的观点从区域环境和区域生态系统的角度考虑城市生态环境问题,制定完整的城市生态发展战略、措施和行动计划。在以城市绿地系统建设为基础的情况下,坚持保护和治理城市水环境、城市市容卫生,城市污染物控制等方面的协调统一。因为"保护环境就是保护生产力,改善环境就是发展生产力。"

（4）要坚持因地制宜的原则。如果说城市未来的生态变动规律不易掌握,因而对生态城市建设进行规划有难度的话,那么进行逆向思维,对城市经历过的生态变动轨迹进行考察和描述,找到城市发展过程中逐步偏离生态要求的关节点,及其以后逐步发生更大偏离的原因和教训,特别是要找到当前的城市与自然生态相融共生状态下的城市的差距。这种差距可以近似地反映出该城市在发展过程中对自然生态带来的破坏。因此,建设生态城市的突破口应该首先放在对城市原有生态的恢复和修复上,这不仅是科学的态度,更是一种行之有效的思维方式和方法。

（5）要坚持可持续发展的原则。现代城市逐步背离生态要求的主要症结是传统经济发展模式造成的巨大的经济外部性。这种外部性主要表现在快速发展的经济总量所带来的环境恶化和生态失衡。可持续发展本质上是一种生态经济,其要求自觉地运用生态学规律来指导社会经济活动。可持续发展一反传统发展模式"高投入、低产出、高排放、高污染"的常态,使出入系统中的物质流以互相关联的方式进行交换、衔接和往复利用,从而使进入系统中的物质和能量得到最大限度的利用,形成了"低投入、高产出、低排放、低污染"的经济运行机制。由于可持续发展坚持循环经济理念,循环经济系统中各种产业系统和企业系统之间的连接和交换关系遵循一定的生态学规律,所以某一子系统中排放的废弃物又变为另一子系统的资源,从而使原来的废弃物和污染排放趋近于零,这就从根本上解决了经济发展与环境资源之间的尖锐矛盾,进而极大地缓解了由于环境污染和资源短缺、破坏而造成的生态脆弱和生态失衡,使城市最终走向生态良性循环的轨道。

思考题

一、名词解释

应用生态学　环境污染　清洁生产　生态农业　有机食品　物理修复　化学修复
生物修复　生态修复　生态工程　土壤退化　沙漠化　全球气候变化　温室效应
温室气体　酸雨　外来入侵种　生物多样性　遗传多样性　物种多样性　生态系统多样性
景观多样性　城市化　生态城市　生态安全　可持续发展

二、简答题

1. 简述应用生态学的研究对象和内容以及应用生态学的分支学科。

2. 简述环境污染类型。

3. 简述水体污染的污染源及其主要污染物。

4. 简述大气污染的污染源及其主要污染物。

5. 简述土壤污染的主要类型及其主要污染物。

6. 简述温室效应的后果。

7. 简述全球变化的生态后果。

8. 减缓全球变化的途径有哪些?

三、论述题

1. 目前人类面临着什么样的人口、资源和环境问题?

2. 试述全球气候变化的生态效应及其生态对策。

3. 试述土壤退化的类型及其主要生态修复技术。

4. 什么是有害生物? 如何有效地防治有害生物?

5. 城市化过程会产生哪些生态环境问题? 应该如何进行生态城市建设?

扩充读物

[1]张金屯. 应用生态学[M]. 北京:科学出版社,2003.

[2]宗浩. 应用生态学[M]. 北京:科学出版社,2011.

参考文献

[1] 阿拉腾，巴根，刘新民. 呼和浩特市粪金龟子群落动态特征研究[J]. 内蒙古师范大学学报：自然科学汉文版，2011，4：17.

[2] 白哈斯. 基础生态学发展趋势[J]. 内蒙古民族大学学报：自然科学版，2001，16(1)：101-103.

[3] 毕润成. 生态学[M]. 北京：科学出版社，2012.

[4] 蔡晓明，蔡博峰. 生态系统的理论和实践[M]. 北京：化学工业出版社，2012.

[5] 蔡晓明. 生态系统生态学[M]. 北京：科学出版社，2000.

[6] 陈灵芝，王献博，汪松. 中国的生物多样性现状及其保护对策[M]. 北京：科学出版社，1993.

[7] 陈灵芝，王祖望. 人类活动对生态系统多样性的影响[M]. 杭州：浙江科学技术出版社，1999.

[8] 陈艳，赵景玮. 美洲斑潜蝇实验种群的密度效应[J]. 福建农业大学学报，1998，27(1)：78-81.

[9] 陈玉福，董鸣. 生态学系统的空间异质性[J]. 生态学报，2003，23(2)：346-352.

[10] 陈佐忠，汪诗平. 中国典型草原生态系统[M]. 北京：科学出版社，2001.

[11] 程发良，长慧. 环境保护基础[M]. 北京：清华大学出版社，2002.

[12] 程杰. 黄土高原草地植被分布与气候响应特征[D]. 杨凌：西北农林科技大学，2011.

[13] 程军，韩晨. 湿地的生态功能及其保护研究[J]. 安徽农业科学，2012，40(18)：9851-9854.

[14] 程磊磊，郭浩，卢琦. 荒漠生态系统服务价值评估研究进展[J]. 中国沙漠，2013，33(1)：281-287.

[15] 程胜高，罗泽娇，曹克峰. 环境生态学[M]. 北京：化学工业出版社，2003.

[16] 池振明. 现代微生物生态学[M]. 北京：科学出版社，2005.

[17] 崔向慧. 陆地生态系统服务功能及其价值评估——以中国荒漠生态系统为例[D]. 北京：中国林业科学研究院，2009.

[18] 崔振东. 土壤动物的作用[J]. 动物学杂志，1985(2)：48-52.

[19] 达尔文. 物种起源[M]. 王敬超，译. 北京：京华出版社，2000.

[20] 丁圣彦，宋永昌. 常绿阔叶林植被动态研究进展[J]. 生态学报，2004，24(8)：1769-1779.

[21] 董世魁，刘世梁，邵新庆，等. 恢复生态学[M]. 北京：高等教育出版社，2009.

[22] 董小刚，赵成章. 石羊河上游退耕区紫花苜蓿草地群落动态特征[J]. 干旱地区农业研究，2011，29(4)：228-232.

[23] 董哲仁，孙东亚，赵进勇，等. 河流生态系统结构功能整体性概念模型[J]. 水科学进

展，2010，21(4):550-559.

[24] 杜峰，山仑，陈小燕，等. 陕北黄土丘陵区撂荒演替研究-撂荒演替序列[J]. 草地学报，2005，13(4)：328-333.

[25] 方萍，曹凑贵. "生态学"定义新解[J]. 江西农业大学学报:社会科学版，2008，7(1)：107-110.

[26] 方精云. 群落生态学迎来新的辉煌时代[J]. 生物多样性，2009，17(6)：531-532.

[27] 方精云. 我国森林植被带的生态气候学分析[J]. 生态学报，1991，11(4):377-387.

[28] 方精云. 群落生态学迎来新的辉煌时代[J]. 生物多样性，2009，17(6)：531-532.

[29] 房学宁，赵文武. 生态系统服务研究进展——2013 年第 11 届国际生态学大会 (INTECOL Congress)会议述评[J]. 生态学报，2013，33(20)：6736-6740.

[30] 冯剑丰，李宇，朱琳. 生态系统功能与生态系统服务的概念辨析[J]. 生态环境学报，2009，18(4):1599-1603.

[31] 冯江，高玮，盛连喜. 动物生态学[M]. 北京:科学出版社，2005.

[32] 凤鸣. 化学生态学[M]. 北京:科学出版社，2003.

[33] 傅伯杰，等. 景观生态学原理及应用[M]. 北京:科学出版社，2002.

[34] 高贤明，黄建辉，万师强，等. 秦岭太白山弃耕地植物群落演替的生态学研究Ⅱ演替系列的群落 a 多样性特征[J]. 生态学报，1997，17(6)：619-625.

[35] 高增祥，季荣，徐汝梅，等. 外来种入侵的过程、机理和预测[J]. 生态学报，2003，23(3):559-570.

[36] 戈峰. 现代生态学[M]. 2 版. 北京:科学出版社，2008.

[37] 葛金梅，张拥忠. 生物多样性在生物防治中的应用[J]. 聊城师范学院学报:自然科学版，1999，12(2):62-66.

[38] 谷铁成. 对森林生态系统特点的认识[J]. 林业勘查设计，2008(1):35-36.

[39] 顾德兴，张桂权. 普通生物学[M]. 北京:高等教育出版社，2000.

[40] 郭朝霞，邓玉林，王玉宽，等. 森林生态系统生态服务功能研究进展[J]. 西北林学院学报，2007，22(1):173-177.

[41] 郭传友，王中生，方炎明. 外来种入侵与生态安全[J]. 南京林业大学学报:自然科学版，2003，27(2):73-78.

[42] 韩炜，孙辉，唐亚. 生态系统服务价值及其评估方法研究进展[J]. 四川环境，2005，24(1):20-27.

[43] 韩文轩，方精云. 植物种群的自然稀疏规律——-3/2 还是-4/3？[J]. 北京大学学报:自然科学版，2008，44(4):661-667.

[44] 郝京华. 地球科学精要[M]. 北京:高等教育出版社，2003.

[45] 郝守刚，马学平，董熙平，等. 生命的起源与演化[M]. 北京:高等教育出版社，2000.

[46] 何汉杏，何秀春. 湖南舜皇山常绿阔叶林种类组成数量综合特征Ⅰ乔木物种重要值[J]. 中南林学院学报，2003，23(2)：16-21.

[47] 何兴元，曾德慧. 应用生态学的现状与展望[J]. 应用生态学报，2004，15(10):1691-1697.

[48] 胡伯智，邵顺流，钱华，等. 百山祖冷杉森林植物群落的外貌与结构特征研究[J]. 浙江林业科技，2004，24(3)：12-16.

[49] 华东师范大学. 动物生态学[M]. 上海:华东师范大学出版社,1990.

[50] 黄福贞. 分解者在生态系统物质循环中的作用[J]. 生物学通报,1996,31(12):15-16.

[51] 黄振艳. 草地的生态功能[J]. 呼伦贝尔学院学报,2005,13(2):54-56.

[52] 蒋高明. 植物生理生态学[M]. 北京:科学出版社,2007.

[53] 蒋志刚,马克平,韩兴国. 保护生物学[M]. 杭州:浙江科学技术出版社,1997.

[54] 金岚,王振堂,朱秀丽,等. 环境生态学[M]. 北京:高等教育出版社,1992.

[55] 靳德明,彭卫东,史红梅. 现代生物学基础[M]. 北京:高等教育出版社,2000.

[56] 康立新,王述礼. 沿海防护林体系功能及其效益[M]. 北京:北京科学技术文献出版社,1994.

[57] 孔繁德. 生态保护概论[M]. 北京:中国环境科学出版社,2001.

[58] 孔祥海,黄素华,陈小红,等. 闽西常绿阔叶林群落特征分析[J]. 福建林学院学报,2009,29(4):351-356.

[59] 孔祥海. 植物性别及其决定的分子生物学研究进展[J]. 龙岩师专学报,2002,20(3):40-42.

[60] 冷平生. 园林生态学[M]. 北京:中国农业出版社,2003.

[61] 李博. 生态学[M]. 北京:高等教育出版社,2000.

[62] 李传磊,沈年华,倪伟. 紫薇群落结构与物种多样性分析[J]. 西北林学院学报,2010,25(005):45-48.

[63] 李继侗. 植物地理学、植物生态学和地植物学的发展[M]. 北京:科学出版社,1958.

[64] 李江平,李雯. 指示生物及其在环境保护中的应用[J]. 云南环境科学,2001(1):51-54.

[65] 李金坤. 《诗经》自然生态意识新探[J]. 毕节学院学报,2009,27(9):67-73.

[66] 李明启. 《管子地员篇》中的植物生理学知识[J]. 植物生理学通讯,1979(1):7-9.

[67] 李同华,姜静,陈建名,等. 种子植物性别的多态性[J]. 东北林业大学学报,2004,32(5):48-52.

[68] 李文华,赵景柱. 生态学研究回顾与展望[M]. 北京:气象出版社,2004.

[69] 李文华. 生态系统服务功能价值评估的理论、方法与应用[M]. 北京:中国人民大学出版社,2008.

[70] 李文华. 生态农业——中国可持续农业的理论与实践[M]. 北京:化学工业出版社,2003.

[71] 李文华. 我国生态学研究及其对社会发展的贡献[J]. 生态学报,2011,31(19):5421-5428.

[72] 李艳琼,林莉,陆星星,等. 玉溪湿地水生植物群落及伴生种初步研究[J]. 云南农业大学学报:自然科学版,2012,27(4):590-599.

[73] 李振基,陈圣宾. 群落生态学[M]. 北京:气象出版社,2011.

[74] 李振基,陈小麟,郑海雷. 生态学[M]. 2版. 北京:科学出版社,2004.

[75] 林祥磊. 梭罗、海克尔(Haeckel)与"生态学"一词的提出[J]. 科学文化评论,2013,10(2):18-28.

[76] 林育真,付荣恕. 生态学[M]. 北京:科学出版社,2004.

[77] 刘国华,傅伯杰,陈利顶,等. 中国生态退化的主要类型、特征及分布[J]. 生态学报,

2000，20(1):13-19.

[78] 刘红，袁兴中. 泰山土壤动物群落结构特征[J]. 山地研究，1998，16(2):114-119.

[79] 刘华训，魏忠义. 中国地理之最[M]. 北京：中国旅游出版社，1987.

[80] 刘敏，石金莲，刘春凤. 荒漠生态旅游资源及开发模式研究[J]. 资源开发与市场，2013，29(7):769-772.

[81] 刘世荣，温远光，王兵，等. 中国森林生态系统生态水文规律[M]. 北京：中国林业出版社，1996.

[82] 刘瑛心. 我国荒漠植物区系形成的探讨[J]. 植物分类学报，1982，20(2):131-141.

[83] 刘育，夏北成. 生物入侵的危害与管理对策[J]. 广州环境科学，2003，18(3):29-33.

[84] 刘云国，李小明. 环境生态学导论[M]. 长沙：湖南大学出版社，2000.

[85] 刘仲敏，曹友生. 钾细菌及其在农业生产上的应用[J]. 河南农业科学，1993(5):22-23.

[86] 刘子刚. 湿地生态系统碳储存和温室气体排放研究[J]. 地理研究，2004，24(5):634-639.

[87] 柳劲松，王丽华，宁秀娟. 环境生态学基础[M]. 北京：化学工业出版社，2003.

[88] 卢升高，吕军. 环境生态学[M]. 杭州：浙江大学出版社，2004.

[89] 骆世明，陈聿华，严斧. 农业生态学[M]. 长沙：湖南科学技术出版社，1987.

[90] 骆世明. 农业生态学[M]. 北京：中国农业出版社，2009.

[91] 马世俊，丁岩钦，李典模. 东亚飞蝗中长期数量预测的研究[J]. 昆虫学报，1965，14(1):319-338.

[92] 马世骏. 中国的农业生态工程[M]. 北京：科学出版社，1987.

[93] 缪丽华，李忠. 湿地生态系统服务功能展示探讨——以中国湿地博物馆为例[J]. 中国博物馆，2010，4:70-73.

[94] 聂呈荣，李明辉，崔志新，等. 3S技术及其在生态学上的应用[J]. 佛山科学技术学院学报：自然科学版，2003，21(1):70-74.

[95] 聂荣，翟建平，王传瑜，等. 水生生态系统在污水处理中的应用[J]. 2006，7(6):1-7.

[96] 牛翠娟，娄安如，孙儒泳，等. 基础生态学[M]. 2版. 北京：高等教育出版社，2007.

[97] 牛建明. 内蒙古主要植被类型与气候因子关系的研究[J]. 应用生态学报，2000，11(1):47-52.

[98] 欧阳志云，王如松. 中国生物多样性简介价值评估[M]. //王如松，方精云，等. 现代生态学的热点问题研究. 北京：中国科学技术出版社，1996.

[99] 齐麟，代力民，于大炮，等. 采伐对长白山阔叶红松林乔木群落的影响[J]. 湖南农业科学，2009，8:129-132.

[100] 秦姣，施大钊. 植物生长期布氏田鼠种群密度波动特征[J]. 草地学报，2008，16(1):85-88.

[101] 任昌鸿，吕永龙，姜英，等. 西部地区荒漠生态系统空间分析[J]. 水土保持通报，2004，24(5):54-59.

[102] 任海，刘世忠，彭少麟，等. 植物群落波动的类型与机理[J]. 热带亚热带植物学报，2001，9(2):167-173.

[103] 任海，彭少麟. 恢复生态学导论[M]. 北京：科学出版社，2001.

[104] 任鸿昌,孙景梅,祝令辉,等. 西部地区荒漠生态系统服务功能价值评估[J]. 林业资源管理,2007,6:67-69,95.

[105] 尚玉昌,蔡晓明. 普通生态学[M]. 北京:北京大学出版社,1992.

[106] 尚玉昌. 普通生态学[M]. 北京:北京大学出版社,2010.

[107] 尚玉昌. 生态学概论[M]. 北京:北京大学出版社,2003.

[108] 沈国英,施并章. 海洋生态学[M]. 北京:科学出版社,2002.

[109] 沈善敏. 应用生态学的现状与发展[J]. 应用生态学报,1990,1(1):2-9.

[110] 沈显生. 生态学[M]. 北京:科学出版社,2008.

[111] 盛连喜,冯江,王娓. 环境生态学导论[M]. 北京:高等教育出版社,2002.

[112] 石晓丽,王卫. 生态系统功能价值综合评估方法与应用——以河北省康保县为例[J]. 生态学报,2008,28(8):3999-4006.

[113] 舒勇,刘扬晶. 植物群落学研究综述[J]. 江西农业学报,2008,20(6):51-54.

[114] 孙儒泳,彭少麟,王安利. 生态学进展[M]. 北京:高等教育出版社,2008.

[115] 孙儒泳,李博,诸葛阳,等. 普通生态学[M]. 北京:高等教育出版社,1993.

[116] 孙儒泳,李庆芬,牛翠娟,等. 基础生态学[M]. 北京:高等教育出版社,2002.

[117] 孙儒泳. 动物生态学原理[M]. 北京:北京师范大学出版社,1987.

[118] 孙振钧,周东兴. 生态学研究方法[M]. 北京:科学出版社,2010.

[119] 唐文浩,唐树梅. 环境生态学[M]. 北京:中国林业出版社,2006.

[120] 汪有奎,杨全生,倪自银,等. 青海云杉林昆虫群落垂直结构研究[J]. 林业科学研究,2006,19(4):431-435.

[121] 王伯荪,李鸣光,彭少麟. 植物种群学[M]. 广州:广东高等教育出版社,1995.

[122] 王伯荪,彭少麟. 植被生态学:群落与生态系统[M]. 北京:中国环境科学出版社,1997.

[123] 王伯荪. 植物群落学[M]. 北京:高等教育出版社,1987.

[124] 王思元,牛萌. 湿地系统的生态功能与湿地的生态恢复[J]. 山西农业科学,2009,37(7):55-57.

[125] 王贤荣,谢春平,何志滨. 福建武夷山野生早樱群落的外貌特征[J]. 浙江林学院学报,2007,24(6):702-705.

[126] 王彦鑫. 生态城市建设:理论与实证[M]. 北京:中国致公出版社,2011.

[127] 卫智军. 中国荒漠草原生态系统研究[M]. 北京:科学出版社,2013.

[128] 邬建国. 景观生态学[M]. 北京:高等教育出版社,2002.

[129] 邬建国. 生态学范式变迁综论[J]. 生态学报,1996,16(5):449-460.

[130] 坎贝尔,瑞斯,西蒙. 生物学导论[M]. 吴相钰,尚玉昌,安利国,等,译. 北京:高等教育出版社,2006.

[131] 吴征镒. 中国植被[M]. 北京:科学出版社,1980.

[132] 武吉华,张绅,江源,等. 植物地理学[M]. 2版. 北京:高等教育出版社,2004.

[133] 武模戈,候建军. 关于动物婚配制度[J]. 四川动物,2000,19(5):20-21.

[134] 夏丹. 来自太空的撞击[J]. 中国国家地理,2003,12:24-40.

[135] 肖笃宁. 景观生态学[M]. 北京:科学出版社,2003.

[136] 肖生春,肖洪浪,卢琦,等. 中国沙漠(地)生态系统水文调控功能及其服务价值评估

[J]. 中国沙漠，2013，33(5)：1568-1576.

[137] 谢高地，甄霖，鲁春霞，等. 一个基于专家知识的生态系统服务价值化方法[J]. 自然资源学报，2008，23(5)：911-919.

[138] 徐均涛. 进化长河[M]. 南京：江苏科学技术出版社，2000.

[139] 许凯扬，叶万辉. 生态系统健康与生物多样性[J]. 生态科学，2002，21(3)：279-283.

[140] 阎传海，张海荣. 宏观生态学[M]. 北京：科学出版社，2003.

[141] 杨持. 生态学[M]. 2版. 北京：高等教育出版社，2008.

[142] 杨桂华，钟林生，明庆忠. 生态旅游[M]. 北京：高等教育出版社，2000.

[143] 杨京平. 生态系统管理与技术[M]. 北京：化学工业出版社，2004.

[144] 叶万辉. 物种多样性与植物群落的维持机制[J]. 生物多样性，2000，8(1)：17-24.

[145] 尹林克. 中国温带荒漠区的植物多样性及其易地保护[J]. 生物多样性，1997，5(1)：40-48.

[146] 于翠玲. 中国古代动植物工具书的文化特征[J]. 图书与情报，2004(1)：33-36.

[147] 于格，鲁春霞，谢高地. 草地生态系统服务功能的研究进展[J]. 资源科学，2005，27(6)：172-179.

[148] 袁建立，王刚. 生物多样性与生态系统功能：内涵与外延[J]. 兰州大学学报：自然科学版，2003，39(2)：85-89.

[149] 云正明，刘金铜. 生态工程[M]. 北京：气象出版社，1998.

[150] 张朝晖，叶属峰，朱明远. 典型海洋生态系统服务及价值评估[M]. 北京：海洋出版社，2008.

[151] 张合平，刘云国. 环境生态学[M]. 北京：中国林业出版社，2001.

[152] 张金屯. 应用生态学[M]. 北京：科学出版社，2003.

[153] 张璐，苏志尧，陈北光. 山地森林群落物种多样性垂直格局研究进展[J]. 山地学报，2005，23(6)：736-743.

[154] 张永利，杨锋伟，王兵，等. 中国森林生态系统服务功能研究[M]. 北京：科学出版社，2010.

[155] 张正春，王勋陵，安黎哲. 中国生态学[M]. 兰州：兰州大学出版社，2003.

[156] 章家恩. 生态学野外综合实习指导[M]. 北京：中国环境科学出版社，2012.

[157] 赵福庚，何龙飞，罗庆云. 植物逆境生理生态学[M]. 北京：中国水利水电出版社，2004.

[158] 赵怡冰，许武德，郭宇欣. 生物的指示作用与水环境[J]. 水资源保护，2002，2：11-16.

[159] 郑度. "生态学"一词出现的最早年代[J]. 地理译报，1988，3：60.

[160] 植被生态学研究编辑委员会. 植被生态学研究[M]. 北京：科学出版社，1994.

[161] 中国可持续发展林业战略研究项目组. 中国可持续发展林业战略研究总论[M]. 北京：中国林业出版社，2002.

[162] 中国植被编辑委员会. 中国植被[M]. 北京：科学出版社，1980.

[163] 中国植物学会. 中国植物学史[M]. 北京：科学出版社，1994.

[164] 周长发. 生态学精要[M]. 北京：高等教育出版社，2010.

[165] 周道玮，盛连喜，孙刚，等. 生态学的几个基本问题[J]. 东北师大学报：自然科学版，

1999，2:69-74.

[166] 周广胜，王玉辉，白莉萍，等. 陆地生态系统与全球变化相互作用的研究进展[J]. 气象学报，2004，62(5):692-706.

[167] 周纪纶，郑师章，杨持. 植物种群生态学[M]. 北京:高等教育出版社，1993.

[168] 周其仁. 城乡中国(上)[M]. 北京:中信出版社，2013.

[169] 周晓峰. 森林生态系统功能与经营途径[M]. 北京:中国林业出版社，1999.

[170] 朱华，周虹霞. 西双版纳热带雨林与海南热带雨林的比较研究[J]. 云南植物研究，2002，24(1)：1-13.

[171] 朱立安，魏秀国. 土壤动物群落研究进展[J]. 生态科学，2007，26(3)：269-273.

[172] 朱有勇. 生物多样性持续控制作物病害理论与技术[M]. 昆明:云南科技出版社，2004.

[173] 祝廷成，钟章程，李建东. 植物生态学[M]. 北京:高等教育出版社，1988.

[174] 宗浩. 应用生态学[M]. 北京:科学出版社，2011.

[175] Berry H K，Dobzhansky T，Gartler S M，et al. Chromatographic studies on urinary excretion patterns in monozygotic and dizygotic twins. I. Methods and analysis[J]. American Journal of Human Genetics，1955，7:93-107.

[176] Cain A J，Sheppard P M. Natural selection in Cepaea[J]. Genetics，1954，39：89-116.

[177] Connell J H，Slatyer R O. Mechanisms of succession in natural communities and their role in community stability and organization[J]. The American Naturalist，1977，111：1119-1144.

[178] Costanza R，d'Arge R，de Groot R，et al. The value of the world's ecosystem services and natural capital. Nature，1997，387：253-260.

[179] Daily G C. Nature's Services：Societal Dependence on Natural Ecosystems[M]. Washington DC：Island Press，1997.

[180] Dellaporta S L，Calderon Urrea. A Sex determination in flowering Plant. Plant Cell，1993，5:1241-1251.

[181] Ehrlich P R，Ehrlich A H. Extinction：the Causes and Consequences of the Disappearance of Species[M]. New York：Random House，1981.

[182] Ford E B. Ecological genetics[M]. London：Methuen，1964.

[183] Gams H. Prinzipiebfragen der Vegetations for schung[J]. Vjschr. Naturf. Ges. Zurich，1918，63：293-493.

[184] Gartler S M，Dobzhansky T，Berry H K. Chromatographic studies on urinary excretion patterns in monozygotic and dizygotic twins. II. Heritability of the excretion rates of certain substances[J]. American Journal of Human Genetics，1955，7:108-121.

[185] Holdren J，Ehrlich P R. Human population and the global environment [J]. American Scientist，1974，62(3)：282-292.

[186] Kaiser-Bunbury C N，Muff S，Memmott J，et al. The robustness of pollination networks to the loss of species and interactions：A quantitative approach

incorporating pollinator behavior[J]. Ecology Letters, 2010, 13: 442-452.

[187] Lal R. Soil management and restoration for C sequestration to mitigate the accelerated greenhouse effect[J]. Progress in Environmental Science, 1999, 1(4): 307-326.

[188] Möbius K A. Die Auster und die Austernwirtschaft[M]. Berlin: Hempel & Parey, 1877.

[189] Molles M C. Ecology: Concepts & Applications[M]. 4th ed. Beijing: Higher Education Press, 2007.

[190] Olesen J M, Bascompte J, Dupont Y L, et al. The modularity of pollination networks[J]. Proceedings of the National Academy of Sciences of the United States of America, 2007, 104: 19891-19896.

[191] Paine R T. Food web complexity and species diversity[J]. American Naturalist, 1966, 100: 65-75.

[192] Putman R J. Community Ecology[M]. London: Capman & Hall, 1995.

[193] Sale P F. Maintenance of high diversity in coral reef fish communities[J]. American Naturalist, 1977, 111: 337-359.

[194] Study of Critical Environmental Problems SCEP. Man's Impact on the Global Environment[M]. Massachusetts: MIT Press, 1970.

[195] Sousa W P. Experimental investigation of disturbance and ecological succession in a rocky intertidal algal community[J]. Ecological Monographs, 1979, 49: 227-254.

[196] Study of Critical Environmental Problems (SCEP), Matthews WH. Man's impact on the global environment: assessment and recommendations for action[M]. Cambridge. MA: MIT Press, 1970.

[197] Theeraapisakkun M, Klinbunga S, Sittipraneed S. Development of a species diagnostic marker and its application for population genetics studies of the stingless bee Trigona collina in Thailand[J]. Genetics and Molecular Research, 2010, 9(2): 919-930.

[198] Warming E. Oecology of Plants-an introduction to the study of plant communities [M]. Translated by Groom P, Balfour B. Oxford: Clarendon Press, 1909.

[199] Westman W E. How much are nature's service worth? [J]. Science, 197: 960-964.

[200] Whitmore T C. An Introduction to Tropical Rain Forest[M]. Oxford: Clarendon Press, 1990.